全国高职高专机电与机器人专业“工学结合”“十三五”规划教材

PLC控制系统项目式教程(西门子系列)

（第二版）

主　编　付晓军　廖世海　夏路生
副主编　丁度坤　胡利军　吴森林　胡继明
参　编　刘　欢　籍文东　赵春红　侯国栋
　　　　杨彦伟
主　审　姜新桥

华中科技大学出版社
中国·武汉

内容简介

本书以目前广泛使用的S7-200系列PLC为例，以项目任务为载体，将PLC的结构与原理、PLC的基本指令、PLC的功能指令、模拟量控制、通信指令等PLC知识嵌入八个项目二十一个任务中，使学生可以在做中学、在学中做，从而适应现代高职高专教育要求——培养高素质技术技能型人才。每个任务都有“研讨与训练”，方便学生巩固所学的知识。每个任务的内容都来自工程实践或与工程实践相似，且具有趣味性、实用性。

本书内容精练、概念讲解清楚、通俗易懂，顺应了当前项目导向、任务驱动的课改需求。本书可作为高职高专自动化、机电一体化、机器人、数控等专业的教材，也可作为培训机构的培训教材和相关工程技术人员的参考书。

图书在版编目(CIP)数据

PLC控制系统项目式教程. 西门子系列/付晓军，廖世海，夏路生主编. —2版. —武汉：华中科技大学出版社，2021.1

ISBN 978-7-5680-6788-1

Ⅰ. ①P… Ⅱ. ①付… ②廖… ③夏… Ⅲ. ①PLC技术-高等职业教育-教材 Ⅳ. ①TM571.61

中国版本图书馆CIP数据核字(2021)第002823号

PLC控制系统项目式教程(西门子系列)(第二版)
PLC Kongzhi Xitong Xiangmushi Jiaocheng(Ximenzi Xilie)(Di-er Ban)

付晓军 廖世海 夏路生 主编

策划编辑：余伯仲
责任编辑：姚同梅
封面设计：廖亚萍
责任校对：吴 晗
责任监印：周治超
出版发行：华中科技大学出版社(中国·武汉) 电话：(027)81321913
武汉市东湖新技术开发区华工科技园 邮编：430223
录 排：武汉楚海文化传播有限公司
印 刷：武汉市洪林印务有限公司
开 本：787mm×1092mm 1/16
印 张：16.75
字 数：436千字
版 次：2021年1月第2版第1次印刷
定 价：49.80元

全国高职高专机电及机器人专业
工学结合“十三五”规划教材
编审委员会

丛书顾问：孙立宁 苏州大学

委 员（按姓氏笔画排序）

丁季丹 江苏农牧科技职业学院
丁度坤 东莞职业技术学院
毛诗柱 广东轻工职业技术学院
尹 霞 湖南化工职业技术学院
邓 婷 湖南科技职业学院
龙 芬 咸宁职业技术学院
生 良 抚顺职业技术学院
付晓军 仙桃职业学院
吕世霞 北京电子科技职业学院
朱 佳 襄阳职业技术学院
李大明 武汉软件工程职业学院
杨彦伟 咸宁职业技术学院
吴小玲 广东工程职业技术学院
吴森林 湖北轻工职业技术学院
沈 玲 湖北工业职业技术学院
张 宇 黑龙江职业学院
张 红 中山职业技术学院
张 毅 广东交通职业技术学院
张庆乐 武汉工程职业技术学院
张军涛 广东松山职业技术学院
张泽华 广州市市政职业学校
张艳霞 郑州信息科技职业学院
陈土军 湖南化工职业技术学院
易秀英 湖南科技职业学院
罗彩玉 阿克苏职业技术学院
金 濯 江苏农牧科技职业学院
周 宇 武汉船舶职业技术学院
周 威 荆州理工职业学院
周北明 重庆工业职业技术学院
郑火胜 武汉城市职业学院
胡利军 江西环境工程职业学院
侯国栋 安徽国防科技职业学院
姜新桥 武汉职业技术学院
贾丽仕 咸宁职业技术学院
夏继军 黄冈职业技术学院
夏路生 江西工业工程职业技术学院
郭小进 武汉电力职业技术学院
郭选明 重庆工业职业技术学院
章小印 江西工业工程职业技术学院
梁 健 广东水利电力职业技术学院
梁生龙 珠海城市职业技术学院
舒金意 咸宁职业技术学院
谢超明 湖北职业技术学院
廖世海 江西工业工程职业技术学院
熊小艳 湖北科技职业学院
魏国勇 山东药品食品职业学院
籍文东 滨州职业学院

第二版前言

可编程逻辑控制器(PLC)具有集成度高、功能强大、结构简单、易于掌握、应用灵活、性能稳定等特点。它常与传感器、变频器以及人机界面等配合,构成操作方便、功能齐全的自动控制系统,在工业控制领域中得到了广泛的应用。特别是随着工业控制网络化进程的推进,具有网络功能的 PLC 系统越发显示出在先进工业控制中的作用与优势。本书自 2016 年第一版出版以来,得到了较为广泛的使用,在推广 PLC 技术、培养机电及机器人等专业学生的学习兴趣方面起到一定的积极作用。本书旨在使相关专业学生或工程技术人员较快地掌握 PLC 编程及应用技术。

本书基于工作过程的项目组织内容,以西门子 S7-200 系列 PLC 在生产实践的典型应用为载体,将基本概念、理论知识、编程技巧贯穿于项目中,突出技能训练和能力培养。本书共设计了八个项目,每个项目又分为若干个工作任务,以任务形式展开教学,以能力培养为目标,将 PLC 课程内容构建与实际生产过程相结合,重点放在概念建立、基本知识的应用、产品开发方法的快速掌握上,注重应用技能的系统性和完整性,力求使读者通过对本书的学习,培养可编程控制应用系统开发能力。

本书由付晓军、廖世海、夏路生担任主编并统稿,丁度坤、胡利军、吴森林、胡继明担任副主编,参加修订的还有刘欢、籍文东、赵春红、侯国栋、杨彦伟。具体修订分工情况如下:东莞职业技术学院丁度坤负责项目一;湖南科技职业学院刘欢、安徽国防科技职业学院侯国栋负责项目二;湖北轻工职业技术学院吴森林负责项目三;仙桃职业学院付晓军负责项目四;江西环境工程职业学院胡利军负责项目五;江西工业工程职业技术学院夏路生负责项目六;江西工业工程职业技术学院夏路生、廖世海负责项目七;江西工业工程职业技术学院胡继明、赵春红负责项目八;滨州职业学院籍文东负责附录;咸宁职业技术学院杨彦伟负责书稿插图。

本书由武汉职业技术学院姜新桥教授主审,他对稿件提出了很多宝贵的意见和建议。此外,本书的编写也得到了参与编写的各兄弟院校的大力支持,在此一并表示衷心感谢!

本书适合高职高专机电一体化、自动化、机器人、数控等专业使用,也可作为培训机构的培训教材和相关工程技术人员的参考书。

由于编者水平有限,书中难免存在不足,欢迎读者批评指正。

编　者

2020 年 10 月

第一版前言

可编程序逻辑控制器(PLC)具有集成度高、功能强大、结构简单、易于掌握、应用灵活、性能稳定等特点,在工业控制中广泛应用已经成为一种趋势。特别是随着工业控制网络化进程的发展,PLC 与现场总线技术获得了更加完美的结合,具有网络功能的 PLC 系统越发显示出在先进工业控制中的作用与优势。因此,熟悉和掌握先进控制手段和方法,学习和应用 PLC 技术已成为各高等院校相关专业和工程技术人员的一项迫切任务。

已有的 PLC 教材大都是先介绍原理,再介绍指令,最后介绍应用,教学效果不尽如人意。编者在几十年的教学生涯中一直在探索快速高效地学习 PLC 应用技术的有效途径,经过和企业工程师的多次探讨,并总结多年教学实践经验,得出了独具特色的教材内容编排。本书分为八个可编程序控制器(西门子)应用的典型项目,每个项目又分若干个工作任务,以任务形式展开教学,以能力培养为目标,将 PLC 课程内容构建与实际生产过程相结合,不强调高深理论知识的面面俱到,重点放在概念建立、基本知识的应用、开发产品方法的快速掌握上,注重应用技能的系统性和完整性,力求使读者通过对本书的学习,具有可编程控制应用系统开发的能力。

本书由廖世海、付晓军、夏路生担任主编,丁度坤、胡利军、吴森林、胡继明担任副主编,参加编写的还有刘欢、籍文东、赵春红、侯国栋、杨彦伟。具体编写分工情况如下:东莞职业技术学院丁度坤编写项目一;湖南科技职业学院刘欢、安徽国防科技职业学院侯国栋编写项目二;湖北轻工职业技术学院吴森林编写项目三;仙桃职业学院付晓军编写项目四;江西环境工程职业学院胡利军编写项目五;江西工业工程职业技术学院夏路生编写项目六;江西工业工程职业技术学院夏路生、廖世海编写项目七;江西工业工程职业技术学院胡继明、赵春红编写项目八;滨州职业学院籍文东编写附录;咸宁职业技术学院杨彦伟担任书稿插图的绘制、处理工作;廖世海教授负责全书的统稿工作。

本书由武汉职业技术学院姜新桥教授主审,他对稿件提出了很多宝贵的意见和建议。在编写过程中,编者得到了江西工业工程职业技术学院电子工程系的大力支持,也得到了参与编写的兄弟院校的支持,在此一并表示衷心感谢。

本书适合高职高专机电一体化、自动化、机器人、数控等专业使用,也可作为培训机构的培训教材和相关工程技术人员的参考书。

由于编者水平有限,书中难免有疏漏和不足,恳请广大读者批评指正。

编　者

2016 年 2 月

目　　录

项目一　自动送料小车控制系统

工矿企业中常见的自动送料小车采用了带有停止功能的自动往返控制系统。利用可编程序逻辑控制器(programmable logic controller,PLC)可以很方便地将自动送料小车控制系统设计出来,但是在设计的过程中需要考虑停止功能的实现。停止按钮发送的是随机控制命令,要保证不管在什么状态下按下停止按钮,执行完一个周期后自动送料小车都能停在初始位置。

在这个项目中我们将循序渐进地完成认识可编程序逻辑控制器,三相异步电动机的点动与长动控制、正反转控制,以及两台电动机的顺序启动逆序停止控制等学习任务,最终完成两地自动送料小车控制系统的整体设计。

任务一　认识可编程序逻辑控制器

一、任务目标

知识目标

(1) 了解 PLC 的定义、发展、分类、特点;

(2) 掌握 PLC 的结构和工作原理。

技能目标

(1) 认识常见的小型 PLC;

(2) 掌握西门子 S7-200 系列 PLC 的编程软件的简单使用方法。

二、任务描述

PLC 是在继电器-接触器控制系统的基础上,随着计算机技术的发展而产生,专为工业环境下的应用而设计的工业计算机。对于现代工控系统的从业人员,设计和维护一个 PLC 自动控制系统,首先要掌握的是其核心装置——PLC 的相关知识。在学习 PLC 之初,可通过了解 PLC 的定义、产生、发展及 PLC 的分类、特点与应用,对 PLC 建立一个初步认识。

三、相关知识

1. PLC 的产生和定义

电气控制包括电路的通断、电动阀门的开关、单台或多台电动机的启动与调速等。传统的继电器-接触器控制系统具有结构简单、价格低廉、操作容易、技术难度较小等优点,长期广泛地应用在工业控制的各领域中。

但是,这种系统存在着以下缺点:需采用大量的连接导线,控制功能单一,更改困难;设备体积庞大,不宜搬运;设备故障率高,排除故障困难;系统的动作速度较慢。因此继电器-接触器控制系统越来越不能满足现代化生产的控制要求，特别当产品更新换代时，生产加工工艺改变，就需要对旧的继电器-接触器控制系统进行改造，改造成本高，耗时长，效率低。

20 世纪 60 年代末期，美国汽车制造工业竞争十分激烈，为了适应市场从少品种大批量生产向多品种小批量生产的转变，尽可能减少转变过程中控制系统的设计制造时间，减少经济成本，1968 年美国通用汽车(GM)公司公开招标，要求用新的控制装置取代生产线上的继电器-接触器控制系统，其具体要求是：

① 程序编制、修改简单，采用工程技术语言；

② 系统组成简单、维护方便；

③ 可靠性高于继电器-接触器控制系统；

④ 与继电器-接触器控制系统相比，体积小、能耗小；

⑤ 在购买、安装成本方面比继电器-接触器控制系统有优势；

⑥ 能与中央数据收集处理系统进行数据交换，以便监视系统运行状态及运行情况；

⑦ 采用市电输入(美国标准系列电压 AC 115 V)，可接收现场的按钮、行程开关信号；

⑧ 采用市电输出(美国标准系列电压 AC 115 V)，具有驱动电磁阀、交流接触器、小功率电动机的能力；

⑨ 系统能以最小的变动、在最短的停机时间内，从最小配置扩展到最大配置；

⑩ 程序可存储，存储器容量至少能扩展到 4 KB。

1969 年美国数字设备公司(DEC)根据上述要求，首先研制出了世界上第一台可编程的控制器 PDP-14，用于通用汽车公司的生产线，取得了满意的效果。由于这种新型工业控制装置可以通过编程改变控制方案，且专门用于逻辑控制，因此人们称这种新的工业控制装置为可编程序逻辑控制器，简称为可编程序控制器。

PLC 的历史只有四十多年，但其发展极为迅速。为了确定它的性质，国际电工委员会(International Electrotechnical Committee，IEC)于 1982 年颁布了 PLC 标准草案第一稿，1987 年 2 月颁布了第三稿，对 PLC 做了如下定义："PLC 是一种数字运算操作的电子系统，专为在工业环境下应用而设计，它采用可编程的存储器，用来在其内部存储和执行逻辑运算、顺序控制、定时、计数和算术运算等操作指令，并通过数字式或模拟式的输入和输出，控制各种类型的机械或生产过程。PLC 及其相关设备，都应按易于与工业控制系统形成一个整体，易于扩展其功能的原则设计。"

2. PLC 系统结构与工作原理

1) PLC 系统的组成

PLC 系统是由硬件和软件两大部分组成的。

PLC 系统的硬件由主机、输入/输出(I/O)扩展机(单元)及外部设备组成。主机和扩展机采用微型计算机的结构形式，其内部由运算器、控制器、存储器、输入单元、输出单元及接口等部分组成。PLC 系统硬件组成框图如图 1-1 所示。运算器和控制器集成在一片或几片大规模集成电路中，称为微处理器(CPU)，或称微处理机、中央处理器。存储器主要有可擦程序只读存储器(EPROM)和随机存取存储器(RAM)。主机内各部分之间均通过总线连接。总线有电源总线、控制总线、地址总线和数据总线。

输入、输出单元是 PLC 与外部开关、被控设备等连接的转换电路，通过外部接线端子可直接与现场设备相连。例如将按钮、行程开关、继电器触点、传感器等接至输入端子，通过输入单元把它们的输入信号转换成微处理器能接收和处理的数字信号。输出单元则接收经过微处理

器处理过的数字信号，并把这些信号转换成被控设备或显示设备能够接收的电压或电流信号，通过输出端子输出以驱动接触器线圈、电磁阀、信号灯、电动机等执行装置。

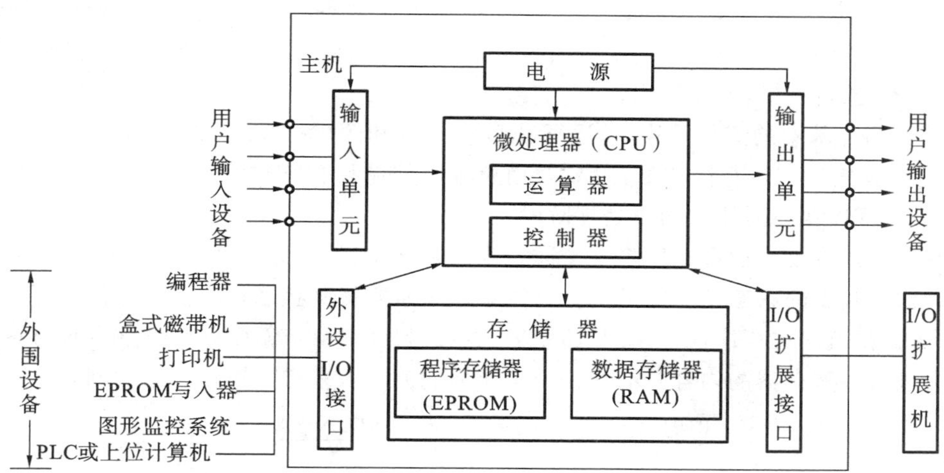

图 1-1　PLC 系统硬件组成框图

PLC 输出接口可分为继电器输出型和晶体管输出型。继电器输出型 PLC 输出接口是一个小型继电器，可以驱动 230 V、200 W 的白炽灯。晶体管输出型 PLC 输出接口是一个场效应晶体管，只可以控制直流负载，但其工作频率可达 20～100 kHz。

编程器是 PLC 重要的外围设备，一般 PLC 都配有专用的编程器。通过编程器可以输入程序，并可以对用户程序进行检查、修改、调试和监视，还可以调用和显示 PLC 的一些状态和系统参数。PLC 编程还可以用通用的计算机来完成，只要在通用计算机上加上适当的接口和软件即可。

PLC 系统的软件是指 PLC 所使用的各种程序的集合，包括系统程序（或称为系统软件）和用户程序（或称为应用软件）。系统程序主要包括系统管理和监控程序，以及对用户程序进行编译处理的程序，各种性能不同 PLC 的系统程序会有所不同。系统程序在出厂前已被固化在 EPROM 中，用户不能改变。用户程序是用户根据生产过程和工艺要求而编制的程序，通过编程器或计算机输入 PLC 的 RAM 中（有些 PLC 是写入 EEPROM 中），并可以进行修改或删除。

2）PLC 的工作原理

（1）PLC 与外部信号的关系　PLC 与外部信号的关系如图 1-2 所示，现场的控制按钮、限位开关、传感器都与 PLC 的输入端相连，一个端子对应一个输入信号。PLC 用户根据具体控制要求编制程序，PLC 运行程序时读取输入信号的状态，将运算结果送至输出端以驱动被控制的接触器、电磁阀等设备。

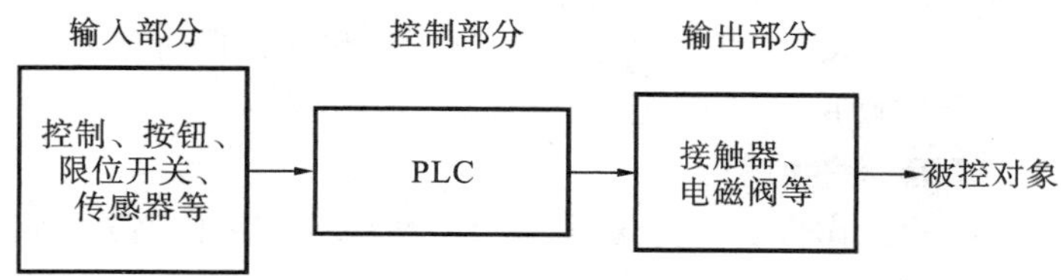

图 1-2　PLC 与外部信号的关系

(2) PLC 内部工作原理　PLC 采用循环扫描工作方式。在 PLC 中,用户程序按先后顺序存放,CPU 从第一条指令开始执行程序,直至遇到结束符,然后返回第一条指令,如此周而复始、不断循环。在这种工作方式下,PLC 顺次扫描各输入点的状态,按用户程序进行运算处理,然后顺序向输出点发出相应的控制信号。整个工作过程可分为五个阶段:自诊断,通信处理,扫描输入,执行程序,刷新输出。

PLC 有两种基本的工作模式,即运行(RUN)模式和停止(STOP)模式,如图 1-3 所示。

① 运行模式　在运行模式下,PLC 对用户程序的循环扫描过程一般分为三个阶段,即输入处理阶段、程序执行阶段和输出处理阶段。

a. 输入处理阶段　输入处理阶段又称为输入采样阶段。PLC 在此阶段,以扫描方式顺序读入所有输入端子的状态——接通/断开(ON/OFF),并将其状态存入输入映像寄存器。接着转入程序执行阶段,在程序执行期间,即使输入状态发生变化,输入映像寄存器的内容也不会变化。输入映像寄存器的内容只能在一个工作周期的输入采样阶段被读入和刷新。

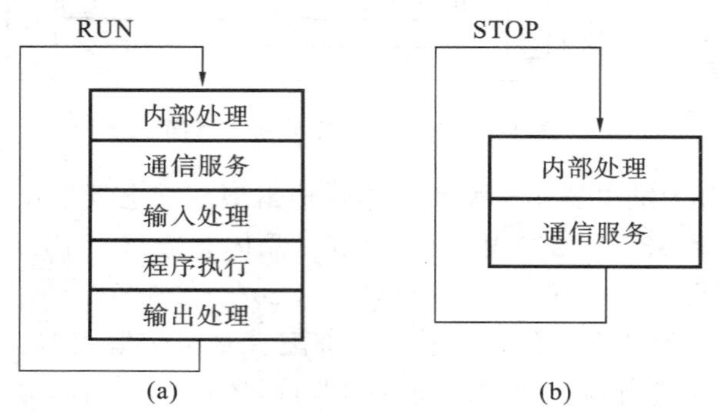

图 1-3　PLC 基本的工作模式

(a)运行模式;(b)停止模式

b. 程序执行阶段　在程序执行阶段,PLC 对程序按顺序进行扫描。如果程序用梯形图表示,则总是按先上后下、先左后右的顺序进行扫描。每扫描一条指令时,将所需的输入状态或其他元件的状态分别由输入映像寄存器和元件映像寄存器中读出,然后进行逻辑运算,并将运算结果写入元件映像寄存器。也就是说,在程序执行过程中,元件映像寄存器内元件的状态可以被后面将要执行到的程序所应用,它所寄存的内容也会随程序执行的进程而变化。

c. 输出处理阶段　输出处理阶段又称为输出刷新阶段。在此阶段,PLC 将元件映像寄存器中所有输出继电器的状态——接通/断开,转存到输出锁存电路,再驱动被控对象(负载)。

PLC 重复地执行上述三个阶段,这三个阶段也是分时完成的。为了连续地完成 PLC 所承担的工作,系统必须周而复始地按一定的顺序完成这一系列的具体工作。这种工作方式即循环扫描工作方式。PLC 执行一次扫描操作所需的时间称为扫描周期,其典型值的范围为 1～100 ms。一般来说,一个扫描过程中,执行指令的时间占了一个扫描周期的绝大部分。

② 停止模式　在停止模式下,PLC 只进行内部处理和通信服务工作。在内部处理阶段,PLC 检查 CPU 模块内部的硬件是否正常,进行监控、定时器复位等工作。在通信服务阶段,PLC 与其他带 CPU 的智能装置通信。

总之,采用循环扫描的工作方式也是 PLC 区别于微型计算机的最大特点,使用者应特别注意。

3. S7-200 系列 PLC 简介

德国的西门子(SIEMENS)公司是世界上著名的,也是欧洲最大的电气设备制造商。其在1975 年推出了 SIMATIC S3 系列 PLC,1979 年推出了 S5 系列 PLC,20 世纪末推出了 S7 系列 PLC。

西门子公司的 PLC 在我国的应用十分普遍,尤其是大、中型 PLC,由于其可靠性高,在自动化控制领域中应用广泛。其中 S7 系列的 PLC 根据控制系统规模的不同,分成三个子系列,即 S7-200、S7-300、S7-400,分别对应小型 PLC、中型 PLC、大型 PLC。基于 S7 系列 PLC 的各种功能模板、人机界面、工业网络、工业软件及控制方案发展迅速,PLC 控制系统的功能强大,而系统的设计和操作也越来越简便。

S7-200 系列 PLC 是单元式(整体式)、具有很高性价比的小型 PLC,其外形组成如图 1-4 所示。根据控制规模的大小(即 I/O 点的多少),可以选择相应的 CPU 主机。除了 CPU221 主机以外,其他 CPU 主机均可进行系统扩展。在需要进行系统扩展时,系统组成中还可包括数字量扩展单元模板、模拟量扩展单元模板、通信模板、网络设备、人机接口(HMI)等。

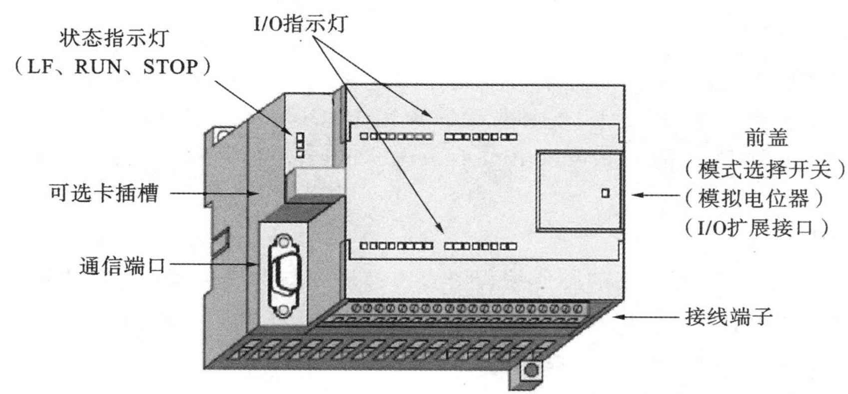

图 1-4　西门子 S7-200 系列 PLC 基本结构

S7-200 系列 PLC 的主机单元的 CPU 共有两种类型:CPU21X 和 CPU22X。CPU21X 型包括 CPU212、CPU214、CPU215、CPU216,CPU22X 型包括 CPU221、CPU222、CPU224、CPU224XP、CPU226、CPU226XM。CPU22X 型 PLC 内部资源如表 1-1 所示。

表 1-1　CPU22X 型 PLC 内部资源

特　　性	CPU221	CPU222	CPU224	CPU226
外形尺寸	90 mm×80 mm ×62 mm	90 mm×80 mm ×62 mm	120.5 mm×80 mm ×62 mm	196 mm×80 mm ×62 mm
程序存储区	2048 字	2048 字	4096 字	8192 字
数据存储区	1024 字	1024 字	4096 字	5120 字
掉电保持时间	50 h	50 h	190 h	190 h
本机 I/O 接口	6 入/4 出	8 入/6 出	14 入/10 出	24 入/16 出
扩展模块	0 个	2 个	7 个	7 个

续表

特　　性		CPU221	CPU222	CPU224	CPU226
高速计数器	单相	4 路 30 kHz	4 路 30 kHz	6 路 30 kHz	6 路 30 kHz
	双相	2 路 20 kHz	2 路 20 kHz	4 路 20 kHz	4 路 20 kHz
脉冲输出(DC)		2 路 20 kHz	2 路 20 kHz	2 路 20 kHz	2 路 20 kHz
模拟电位器		1 个	1 个	2 个	2 个
实时时钟		配时钟卡	配时钟卡	内置	内置
通信口		1 RS-485	1 RS-485	1 RS-485	2 RS-485
浮点数运算		有			
I/O 映像区		256(128 入/128 出)			
布尔指令执行速度/(μs/指令)		0.37			

4. PLC 的编程语言

PLC 是按照程序进行工作的。编程就是用一定的语言把控制任务描述出来。国际电工委员会于 1994 年 5 月在 PLC 标准中推荐的常用 PLC 编程语言有梯形图(LAD)、指令表(instruction list)、顺序功能图(sequential function chart,SFC)和功能块图(function block diagram)等。

1）梯形图

梯形图是 PLC 使用得最多的图形编程语言。梯形图与电气控制系统的电路图很相似,具有直观易懂的优点,很容易被电气工程人员掌握,特别适用于开关量逻辑控制。梯形图常被理解为电路或程序,梯形图的设计称为编程。

例如,三相异步电动机的点动控制梯形图如图 1-5 所示。

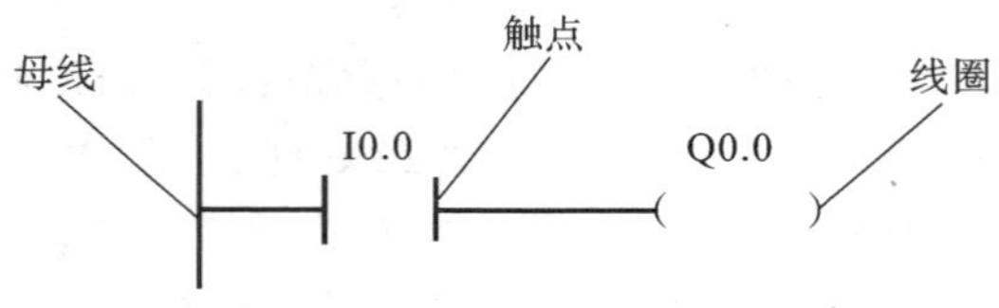

图 1-5　梯形图示例

梯形图基本结构由母线、触点、线圈(或用方框表示的功能块)和连接线组成,其中母线在最左侧,线圈在最右侧,每一个触点和线圈都有对应的软元件编号。在分析梯形图的逻辑关系时,可以借用继电器电路图的分析方法,想象左侧母线与右侧线圈之间有一个左正右负的直流电源电压,母线与线圈之间有“能流”从左向右流动。图 1-5 表示:当动合触点 I0.0 接通时,线圈 Q0.0 得电;当触点 I0.0 断开时,线圈 Q0.0 失电。

2）指令表

指令表的形式类似于计算机汇编语言,它是用指令的助记符来进行编程的。通过编程器按照指令表的指令顺序逐条将指令写入 PLC,PLC 即可直接运行。指令表的指令助记符比较直观易懂,编程也简单,便于工程人员掌握,因此指令表得到了广泛的应用。但要注意,不同厂家制造的 PLC,所使用的指令助记符有所不同,即对于同一梯形图,用指令助记符写成的指令

表也不相同。

3）顺序功能图

顺序功能图应用于顺序控制类程序的设计，包括步、动作、转换条件、有向连线和转换五个基本要素。顺序功能图编程方法将复杂的控制过程分成多个工作步骤（简称步），每个步又对应着工艺动作，把这些步依据一定的顺序要求进行排列组合，形成整体的控制程序。

4）功能块图

功能块图是一种类似于数字逻辑电路的编程语言，熟悉数字电路的技术人员比较容易掌握。该编程语言用类似与门、或门的方框来表示逻辑运算关系，方框的左侧为逻辑运算的输入变量，右侧为输出变量，输入端、输出端的小圆圈表示“非”运算，信号自左向右传递。

5．S7-200 系列 PLC 编程软件的基本操作

1）Micro/WIN[①] 编程环境

安装好软件后，在桌面上将自动生成 Micro/WIN 快捷键，双击鼠标左键，即可进入编程。

2）Micro/WIN 窗口组件

Micro/WIN 窗口各组件如图 1-6 所示。

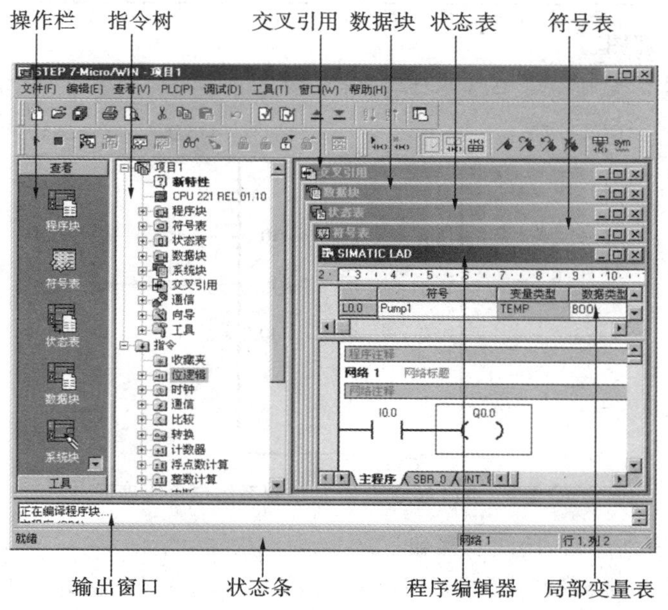

图 1-6　Micro/WIN **窗口各组件**

详细功能将在以后的实践中逐步介绍，查看 Micro/WIN 帮助可以获得更多信息。

四、任务实施

本任务的实施内容如下。

（1）认识 PLC（实物），理解其型号的含义。

实验台上分别摆放 CPU221、CPU222CN、CPU224CN、CPU224XP、CPU226CN 等型号的

注：①本书采用 V4.0 STEP 7-Micro/WIN SP9 编程软件，简写为 Micro/WIN 软件。

PLC,要求学生辨认型号,分辨各型号的异同。

(2) 学习编程软件基本操作,完成PLC程序的下载,观看其动作效果。

下面以一个简单的点亮彩灯的PLC控制系统为例,介绍如何使用Micro/WIN软件。

1) 设计要求

按下开关K1,红灯L1点亮;断开时,红灯L1熄灭。

按下开关K2,绿灯L2点亮;断开时,绿灯L2熄灭。

2) PLC的I/O地址分配表

点亮彩灯的PLC控制系统中PLC的I/O地址分配表如表1-2所示。

表1-2 PLC的I/O地址分配表

符号名称	(触点、线圈)形式	I/O地址	说　明
K1	常开	I0.0	红灯开关
K2	常开	I0.1	绿灯开关
L1	灯	Q0.0	红灯
L2	灯	Q0.1	绿灯

3) 系统电气原理图

点亮彩灯的PLC控制系统电气原理图如图1-7所示。

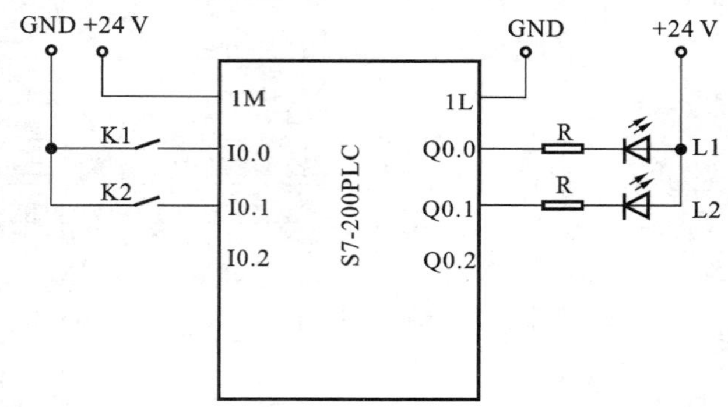

图1-7 点亮彩灯的PLC控制系统电气原理图

按图1-7连接硬件电路,接线步骤如下。

步骤一:将+24V电源的"+"端子接至PLC输入公共端1M,将PLC的I0.0、I0.1端分别接至K1、K2,并将开关公共端接至+24V电源的"GND"端子。

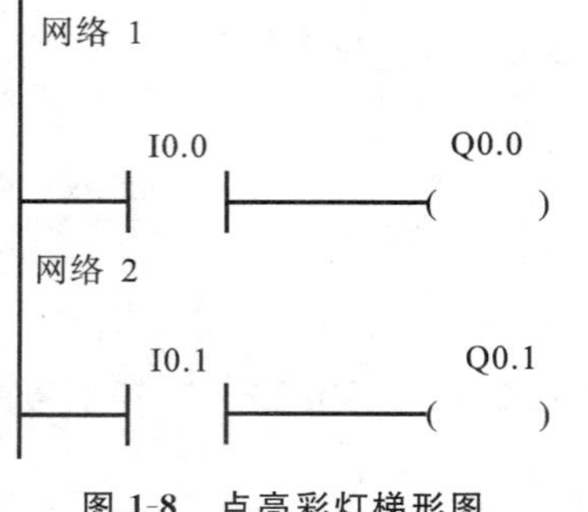

图1-8 点亮彩灯梯形图

步骤二:将+24V电源的GND端子接至PLC的输出公共端1L,将PLC输出端Q0.0、Q0.1分别接至发光二极管L1、L2上,将发光二极管共阳端接至+24V电源的"+"端子上。

步骤三:连接好PLC到计算机的数据线(PC/PPI或USB/PPI)。

步骤四:打开PLC的24V电源。

4) 程序设计与调试

应用Micro/WIN软件将图1-8所示的梯形图程序下载

到 PLC 中并运行，按动 K1、K2，观察发光二极管亮灭情况是否与设计要求相符。

步骤一：打开 Micro/WIN 软件，新建项目并另存为“二极管.MWP”。

步骤二：将程序录入 Micro/WIN 软件的主程序。

步骤三：单击编译按钮。

步骤四：当窗口下部出现提示“总错误数目：0”之后，单击下载按钮，在之后出现的对话框中都单击“是”。

步骤五：按动开关 K1、K2，观察二极管亮灭情况是否符合要求，如不符，修改使之达到设计要求。

五、知识拓展

1. PLC 按外形和安装结构分类

按外形和安装结构，PLC 可分为单元式（又称整体式）、模块式、叠装式三种。

（1）单元式 PLC　单元式 PLC 的三大组成部分都装在一个金属或塑料外壳之中，即其所有的电路都装在一个模块内，构成了一个整体，因而具有结构紧凑、体积小、成本低、安装方便等特点。为了达到 I/O 点灵活配置及易于扩展的目的，某一系列的产品通常都由不同点数的基本单元和扩展单元构成。其中的某些单元为全输入或全输出型。单元的品种越丰富，其配置就越灵活。西门子的 S7-200 系列 PLC，三菱的 F1、F2 系列 PLC，欧姆龙的 CPM1A、CPM2A 系列 PLC 就属于这种形式，它们都属于小型 PLC。各种不同点数的 PLC 都做成同宽、同高、不同长度的模块，几个模块装起来后就成了一个整齐的长方体结构。

单元式 PLC 可以直接装入机床或电气控制柜中。现在 PLC 还有许多专用的特殊功能单元。在小型 PLC 中，也可以根据需要配置各种特殊功能单元。例如，西门子 S7-200 系列产品就可配置热电阻、热电偶、模拟量 I/O 模块等，三菱 F1、F2 系列产品就可配置模拟量 I/O 单元、高速计数单元、位置控制单元、凸轮控制单元、数据 I/O 单元等。大多数单元都是通过主单元的扩展口与 PLC 主机相连的。有部分特殊功能单元通过 PLC 的编程器接口相连接。还有的通过主机上并联的适配器接入，不影响原系统的扩展。

S7-200 系列 PLC 属于典型的单元式 PLC，它由基本单元、扩展单元、扩展模块及特殊适配器等四种产品构成，仅采用基本单元或将上述各种产品组合起来使用均可。不管用何种基本单元与扩展单元（或扩展模块）组合，均可使所控制的 I/O 点数达到 128。

（2）模块式 PLC　模块式 PLC 采用搭积木的方式组成系统，在一个机架上插上 CPU、电源、I/O 模块及特殊功能模块，即构成一个总 I/O 点数很多的大规模综合控制系统。

这种结构形式的特点是 CPU 为独立的模块，I/O 模块也是独立的模块。因此其配置很灵活，可以根据不同的系统规模选用不同档次的 CPU 及各种 I/O 模块、功能模块。其模块尺寸统一、安装整齐，对于 I/O 点数很多的系统，选型、安装调试、扩展、维修等都非常方便。目前大型系统多采用这种形式，如 S7-400 系列 PLC 等。这种结构形式的 PLC 除了各种模块以外，还需要用机架（主机架、扩展机架）将各模块连成整体；有多块机架时，则还要用电缆将各机架连在一起。

(3) 叠装式PLC　单元式PLC和模块式PLC各有特色,但二者也各有缺点。单元式PLC由于其点数有搭配关系,加之各单元尺寸大小不一致,因此不易安装整齐。而模块式PLC虽点数配置灵活、易于构成较多点数的大系统,但尺寸较大,难以与小型设备相连。为此,有些公司开发出了叠装式结构的PLC,它从结构上来看也是由各种单元及CPU相互独立的模块构成,但安装不用机架,仅用电缆进行单元间连接,且各单元可以一层层地叠装,这样既能达到配置灵活的目的,又可以做得体积小巧。

2. PLC按功能、I/O点数和存储器分类

按功能、I/O点数和存储器容量不同,PLC可分为小型、中型和大型三类。

(1) 小型PLC　小型PLC又称为低档PLC。这类PLC的规模较小,其I/O点数一般为20～128。其中I/O点数少于64的PLC又称为超小型机,其用户存储器容量小于2 KB,具有逻辑运算、定时、计数、移位及自诊断、监控等基本功能,有些还有模拟量I/O、算术运算、数据传送、远程I/O和通信等功能,可用于开关量控制、定时/计数控制、顺序控制及少量模拟量控制等场合,通常用来代替继电器-接触器控制,在单机或小规模生产过程中使用。常见的小型PLC产品有三菱公司的F1、F2和FX0,欧姆龙CPM系列、西门子公司的S7-200系列和施耐德电气公司的NEZA系列、Twido系列等。

(2) 中型PLC　中型PLC的I/O点数通常在120～512之间,用户程序存储器的容量为2～8 KB,除具有小型机的功能外,还具有较强的模拟量I/O、数字计算、过程参数调节、数据传送与比较、数制转换、中断控制、远程I/O及通信联网功能。中型PLC适用于既有开关量又有模拟量的较为复杂的控制系统,如大型注塑机控制、配料和称重等中小型连续生产过程控制。常见的机型有三菱公司的A1S系列,立石公司的(欧姆龙)C200H、C500系列,西门子公司的S5-115U、S7-300系列等。

(3) 大型PLC　大型PLC又称为高档PLC,其I/O点数在512以上,其中I/O点数多于8192的又称为超大型PLC,用户程序存储器容量在8 KB以上。除具有中型机的功能外,大型PLC还具有较强的数据处理、模拟量调节、特殊功能函数运算、监视、记录、打印等功能,以及强大的通信联网、中断控制、智能控制和远程控制等功能,一般用在大规模过程控制、分布式控制系统,以及工厂自动化网络等中。如三菱公司的A3M、A3N,立石公司的C100H、C2000H,AB公司的PLC-5,西门子公司S5-135U、S5-155U、S7-400系列等都属于大型PLC。

六、研讨与训练

(1) 查询西门子S7-200系列PLC各型号的I/O点数及其他参数。

(2) 查找资料,了解PLC的发展历史及未来发展趋势,了解主流PLC厂商。

(3) 了解目前PLC的主要应用领域。

(4) 用K1～K8共八个开关控制八个彩灯L1～L8,要求任何一个开关按下,都对应有一个彩灯点亮,断开时,彩灯熄灭。

任务二　三相异步电动机的点动与长动控制

一、任务目标

知识目标

(1) 掌握 S7-200 系列 PLC 的输入继电器和输出继电器的应用;

(2) 掌握 LD、LDN、= 指令的含义。

技能目标

(1) 掌握三相异步电动机点动和连续运行的硬件电路的连接;

(2) 学会三相异步电动机点动和连续运行程序的编写及程序录入。

二、任务描述

在工业现场,超过八个继电器的拖动系统都用 PLC 进行控制,点动与连续运行控制电路是电动机运行控制中最基本的控制环节,是构成机床控制电路的基本单元。在本任务中,要通过 PLC 实现三相异步电动机的点动与连续运行控制,掌握 PLC 的 I/O 编程元件及其寻址方式、I/O 指令、梯形图语言结构。

图 1-9 所示为三相异步电动机点动运行控制电路,SB 为启动按钮,KM 为交流接触器。启动时,合上 QS,引入三相电源。按下 SB,KM 线圈得电,主触头闭合,电动机 M 接通电源直接启动运行;松开 SB,KM 线圈断电释放,KM 常开主触头断开,三相电源断开,电动机 M 停止运行。

图 1-10 所示为三相异步电动机的连续运行控制电路。启动时,合上 QS,引入三相电源。按下 SB2,交流接触器 KM 线圈得电,主触头闭合,电动机接通电源直接启动。同时与 SB2 并联的 KM 常开辅助触头闭合,使接触器 KM 线圈有两条回路通电。这样即使手松开 SB2,接触器 KM 线圈仍可通过自己的辅助触头继续通电,保持电动机的连续运行。按下 SB1,KM 失电,电动机 M 停止运行。

任务要求用 PLC 来实现图 1-9 所示的三相异步电动机点动运行控制电路和图 1-10 所示的三相异步电动机的连续运行控制电路。

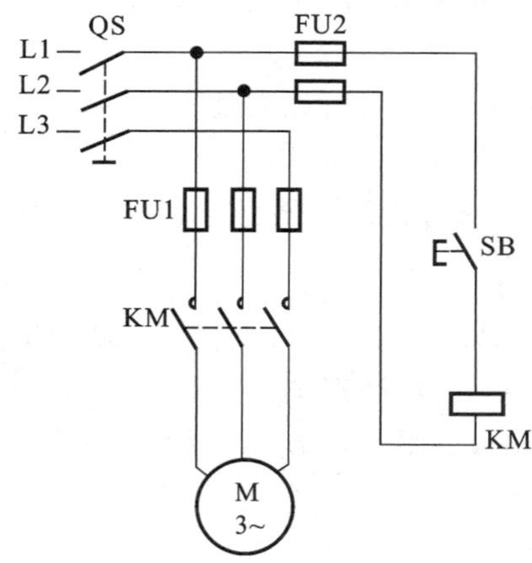

图 1-9　三相异步电动机点动运行控制电路

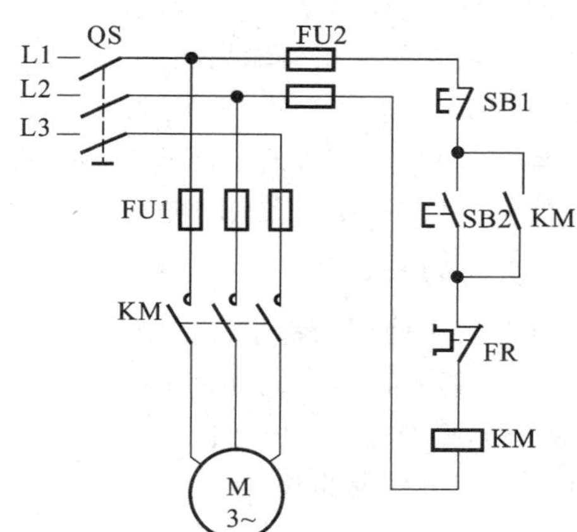

图 1-10　三相异步电动机的连续运行控制电路

三、相关知识

1. S7-200 系列 PLC 的编程元件

PLC 梯形图中的某些编程元件沿用了继电器这一名称,如输入继电器、输出继电器、内部辅助继电器等,但是它们不是真实的物理继电器,而是存储单元,称为软继电器。每一个软继电器与 PLC 存储器中映像寄存器的一个存储单元相对应。如果该存储单元的值为 1,则表示梯形图中对应软继电器的线圈“通电”,其常开触点接通、常闭触点断开,称该软继电器处于“ON”状态。如果该存储单元的值为 0,则对应软继电器的线圈和触点的状态与上述的相反,称该软继电器处于“OFF”状态。使用中也常将这些软继电器称为编程元件。在 S7-200 系列 PLC 中的主要编程元件有许多,本任务用到输入继电器、输出继电器两种。

1) 输入继电器 I(I0.0～I15.7)

输入继电器就是 PLC 存储系统中的输入映像寄存器,接收来自现场的控制按钮、行程开关及各种传感器的输入信号。输入继电器在 PLC 的存储系统与外部输入端子(输入点)之间建立起明确对应的连接关系,它的每一个位对应一个数字量输入点。输入继电器的状态通过扫描周期内输入采样阶段由现场送来的输入信号的状态(用 1 和 0 表示)确定。

由于 S7-200 系列 PLC 的输入映像寄存器是以字节为单位的寄存器,CPU 一般按“字节.位”的编址方式来读取一个继电器的状态,例如 I1.0 表示第 1 个字节第 0 位,也可以按字节(8 位,用 B 表示)或者按字(2 字节 16 位,用 W 表示)、双字(4 字节 32 位,用 D 表示)来读取相邻一组继电器的状态,例如 IB1 表示 I1.0～I1.7 这八个位,IW1 表示 IB1、IB2 这两个字节,即 I1.0～I2.7 这十六个位。输入继电器不能通过编程的方式改变状态,其触点可以使用无数次。在输入端子上未接输入器件的输入继电器只能空着,不能挪作他用。

2) 输出继电器 Q(Q0.0～Q15.7)

输出继电器就是 PLC 存储系统中的输出映像寄存器。输出继电器在 PLC 的存储系统与外部输出端子(输出点)之间建立起明确对应的连接关系。S7-200 系列 PLC 的输出继电器也是以字节为单位的寄存器,它的每一个位对应一个数字量输出点,与输入继电器一样采用“字节.位”的编址方法。输出继电器的状态完全是由编程的方式决定的。其触点可以使用无数次。输出继电器与其他内部器件的一个显著不同点是,它有且仅有一个实实在在的物理动合触点,用来接通负载。这个动合触点可以是有触点的(继电器输出型),也可以是无触点的(晶体管输出型或双向晶闸管输出型)。

输出继电器 Q 的线圈一般不能直接与梯形图的逻辑母线连接,如果某个线圈确实不需要经过任何编程元件触点,则可借助于特殊继电器 SM0.0 的动合触点来控制。

在实际使用中,输入、输出继电器的数量要视具体系统的配置情况而定。

2. 数据的长度

在计算机中使用的都是二进制数,其最基本的存储单位是位(bit),8 位二进制数组成一个字节(byte),其中的第 0 位为最低位(LSB),第 7 位为最高位(MSB),两个字节(16 位)组成一个字(word),两个字(32 位)组成一个双字(double word),如图 1-11 所示。把位、字节、字和双字占用的连续位数称为长度。

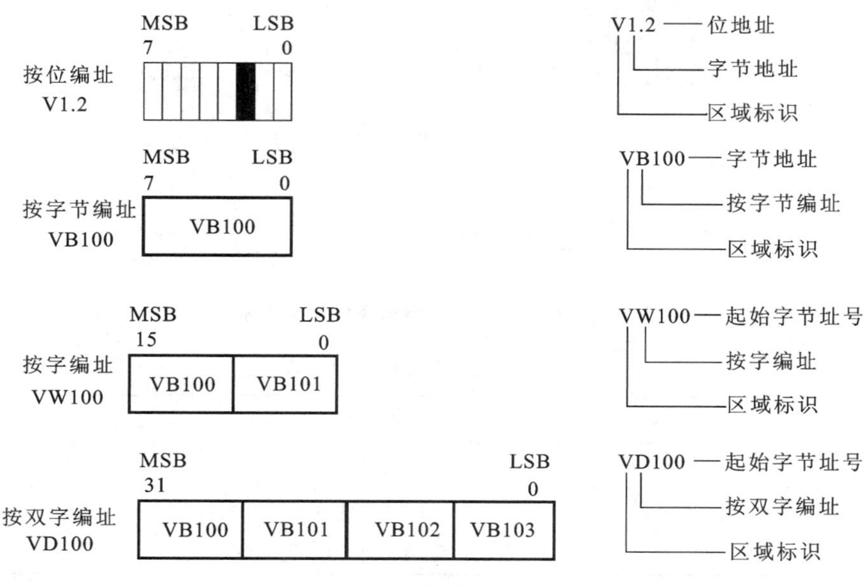

图 1-11　位、字节、字、双字的编址

3. 数据类型及范围

西门子 S7-200 系列 PLC 数据类型可以是布尔型、整型和实型(浮点数)。实数采用 32 位单精度数来表示，其数值有较大的表示范围：正数为 $+1.175495\times10^{-38}\sim+3.402823\times10^{38}$；负数为 $-3.402823\times10^{38}\sim-1.175495\times10^{-38}$。

不同长度的整数所表示的数值范围如表 1-3 所示。

表 1-3　不同长度的整数所表示的数值范围

基本数据类型	内　容	数 值 范 围
布尔型(1 位)	布尔型	0 或 1
字节型(8 位)	无符号型	0～255
字型(16 位)	无符号整数	0～65535
整数型(16 位)	有符号整数	−32767～+32767
双字型(32 位)	无符号双整数	$0\sim2^{32}-1$
双整数型(32 位)	有符号双整数	$-2^{31}\sim+2^{31}-1$
实数型(32 位)	IEEE32 位浮点数	$-10^{38}\sim+10^{38}$

4. 基本指令

基本指令包括装载指令 LD(load)、LDN(load not)与线圈驱动指令 =(out)。

LD、LDN、= 指令的使用说明：

(1) LD、LDN 指令总是与母线相连(包括在分支点引出的母线)。

(2) = 指令不能用于输入继电器。

(3) = 指令的操作数一般不能重复使用。例如，在程序中不允许多次出现“=Q0.0”指令。

(4) 图 1-12 为 LD、LDN、= 指令的应用示例，操作数(即可使用的编程元件)如表 1-4 所示。

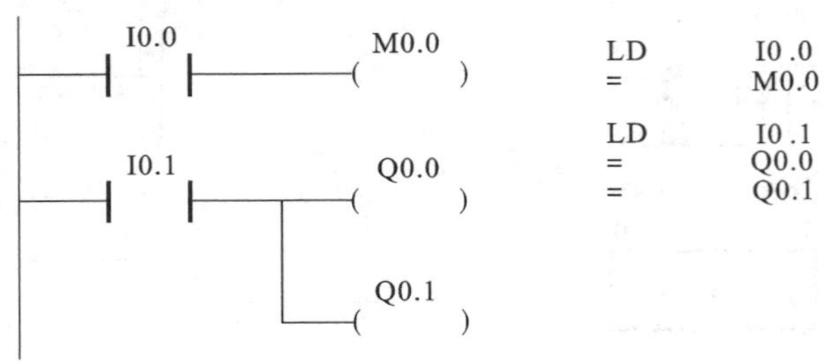

图 1-12　LD、LDN、=指令的应用示例

表 1-4　指令与操作数对应表

指　　令	操　作　数
LD	I、Q、M、SM、T、C、V、S
LDN	I、Q、M、SM、T、C、V、S
=	Q、M、SM、T、C、V、S

四、任务实施

1. 任务分析

点动与连续运行的主电路相同,若用 PLC 替代控制电路部分,则只需将按钮控制信号送入 PLC 输入端,将接触器线圈作为被控装置接到 PLC 的输出端,然后对 PLC 编制控制程序即可。

2. PLC 的 I/O 地址分配

对点动来说,一个按钮和一个接触器,需要一个输入端子和一个输出端子;连续运行的两个按钮和一个接触器则需要两个输入端子和一个输出端子,此时 PLC 的 I/O 地址分配情况如表 1-5 所示。复杂系统可能有几十上百个甚至更多的现场控制信号和被控设备,每一个元件都需要分配一个固定编号的 I/O 端子与其相连接。

表 1-5　三相异步电动机连续运行控制系统 PLC 的 I/O 地址分配表

<table>
<tr><th colspan="4">点动控制</th><th colspan="4">长动控制</th></tr>
<tr><th colspan="2">输入</th><th colspan="2">输出</th><th colspan="2">输入</th><th colspan="2">输出</th></tr>
<tr><td>启动 SB</td><td>I0.0</td><td>KM</td><td>Q0.0</td><td>停止 SB1</td><td>I0.1</td><td>KM</td><td>Q0.0</td></tr>
<tr><td></td><td></td><td></td><td></td><td>启动 SB2</td><td>I0.2</td><td></td><td></td></tr>
</table>

3. PLC 的选型

根据 I/O 资源的配置,系统共有三个开关量输入信号、两个开关量输出信号。考虑 I/O 资源利用率及 PLC 的性价比要求,选用西门子 S7-200 系列 CPU221 AC/DC/RLY 型 PLC。

4. 系统电气原理图

与继电器-接触器控制系统相比,PLC 控制系统的硬件要简单得多。控制信号与被控设备之间的逻辑关系都在程序中实现。根据 I/O 地址分配表画出的电路原理图如图 1-13 所示。

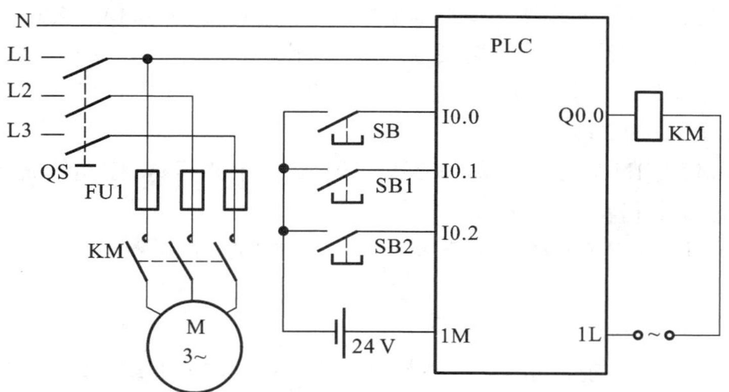

图 1-13　三相异步电动机连续运行控制系统电气原理图

5. 梯形图程序设计和系统调试

1）点动程序

点动程序梯形图如图 1-14 所示。按下启动按钮 SB，输入点 I0.0 接通，程序中的动合触点 I0.0 闭合，线圈 Q0.0 得电，输出点 Q0.0 对应的 KM 线圈回路闭合，KM 得电。松开按钮 SB，输入点 I0.0 断开，程序中的触点 I0.0 复位为断开状态，线圈 Q0.0 失电，输出点 Q0.0 对应的 KM 也断电。

2）连续运行程序

连续运行梯形图如图 1-15 所示。按下启动按钮 SB2，输入点 I0.2 接通，程序中的动合触点 I0.2 闭合，且 I0.1 的动断触点处在闭合状态，线圈 Q0.0 得电，输出点 Q0.0 对应的 KM 线圈回路闭合，KM 得电，同时动合触点 Q0.0 闭合。松开按钮 SB2，输入点 I0.2 断开，程序中的触点 I0.2 复位为断开状态，线圈 Q0.0 在触点 Q0.0 闭合的作用下仍然处于得电状态，即实现连续运行。按下停止按钮 SB1，输入点 I0.1 接通，程序中的动断触点 I0.1 断开，线圈 Q0.0 断电，输出点 Q0.0 对应的 KM 也断电。

对比梯形图程序和电气控制线路，可以发现梯形图程序与控制线路很相似。

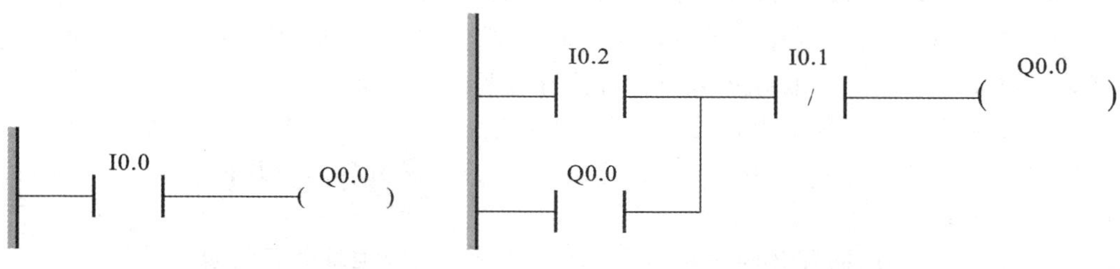

图 1-14　点动程序梯形图　　**图 1-15　连续运行梯形图**

3）系统调试

（1）按图 1-13 连接硬件电路。

接线步骤如下。

步骤一：将实验台的三相交流电 U、V、W 相分别接至接触器的输入侧三个端子上。

步骤二：将接触器的输出侧三个端点分别接至电动机（星形接法）的 U1、V1、W1 相上，并将电动机的另外三个接线柱短接。

步骤三：将＋24V 电源的“＋”端子接至 PLC 输入公共端 1M 上，将 PLC 的输入点 I0.0、I0.1、I0.2 分别接至 SB、SB1、SB2 上，并将按钮公共端接至＋24V 电源的“－”端子上。

步骤四:将电源的零线 N 接至 PLC 的输出公共端 1L 上,将 PLC 输出点 Q0.0 接至接触器的线圈一端,将接触器线圈另外一端接至电源 U 相上。

步骤五:连接好 PLC 到计算机的数据线(PC/PPI 或 USB/PPI)。

步骤六:打开 PLC 的 24V 电源。

(2) 应用 Micro/WIN 软件将点动程序下载到 PLC 中并运行,按动按钮 SB 观察电动机运行情况是否与设计要求相符。

步骤一:打开 Micro/WIN 软件,新建项目并另存为“点动.MWP”。

步骤二:将点动程序录入 Micro/WIN 软件的主程序。

步骤三:单击“编译”按钮。

步骤四:当窗口下部出现提示“总错误数目:0”之后,单击“下载”按钮,之后出现的对话框都单击“是”。

步骤五:合上主电路电源开关(按钮)。

步骤六:按动按钮 SB,观察电动机运行情况是否符合要求,如不符,修改使之达到要求。

(3) 应用 Micro/WIN 软件将连续运行程序下载到 PLC 中并运行,分别按动按钮 SB1、SB2 观察电动机运行情况是否与设计要求相符。

步骤一:打开 Micro/WIN 软件,新建项目并另存为“连续运行.MWP”。

步骤二:将连续运行程序录入 Micro/WIN 软件的主程序。

步骤三:单击“编译”按钮。

步骤四:当窗口下部出现提示“总错误数目:0”之后,单击“下载”按钮,之后出现的对话框都单击“是”。

步骤五:合上主电路电源开关(按钮)。

步骤六:按动按钮 SB1、SB2,观察电动机运行情况是否符合要求,如不符,修改使之达到设计要求。

五、知识拓展

1. 编程元件的直接寻址

S7-200 系列 PLC 将信息存放于不同的存储器单元,每个存储器单元都有唯一确定的地址。存储器单元中信息的存取方式可分为直接寻址和间接寻址。

所谓直接寻址就是明确指出存储单元的地址,在程序中直接使用编程元件的名称和地址编号,使用户程序可以直接存取这个信息。直接寻址方式又分为以下几种。

1) 位寻址(A$x.y$)

采用位寻址方式时,同样必须指定编程元件的名称、字节地址和位地址。

例如:输入点 I3.4 的寻址方式的描述如图 1-16 所示。

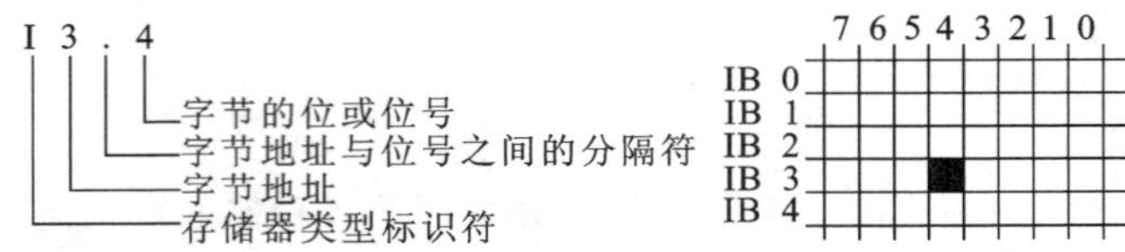

图 1-16　CPU 存储器中位数据表示方法(字节、位寻址)

在 S7-200 系列 PLC 中,可以进行位寻址的编程元件有:输入映像寄存器 I、输出映像寄存器 Q、内部标志位存储器 M、顺序控制继电器 S、特殊标志位存储器 SM、变量存储器 V。

2）字节寻址（ABx）

采用字节寻址方式时，必须指定编程元件的名称和字节地址，如 QB0、IB0、MB0、VB0 等。用户程序存取字节地址的信息时，将该字节的 8 位数据同时进行处理。

3）字寻址（AWx）

采用字寻址方式时，必须指定编程元件的名称和字节地址，这里的字节地址 x 是两相邻字节（x，x+1）的低位字节地址。对模拟量输入/输出是以字长（2 字节，16 位）为单位进行寻址的，如 QW0、IW0、MW0、VW0 等。

4）双字寻址（ADx）

采用双字寻址方式时，必须指定编程元件的名称和字节地址，这里的字节地址是 4 个相邻字节（x，x+1，x+2，x+3）的低位字节，如 QD0、ID0、MD0、VD0 等。

对定时器 T、计数器 C、高速计数器 HSC、累加器 AC 这些编程元件，由于其数量较少，不采取“字节. 位”的编址方式，而直接采用名称＋编号的寻址方式。

2. 置位指令(S)与复位指令(R)

置位指令及复位指令的格式如表 1-6 所示。

表 1-6　置位及复位指令的格式与功能

梯　形　图	指　令　表	功　　能
BIT ——(S) N	S　BIT，　N	置位从 BIT 开始的 N 个元件并保持
BIT ——(R) N	R　BIT，　N	复位从 BIT 开始的 N 个元件并保持

图 1-17 所示为置位与复位指令应用示例。该图表示：上电时初始化脉冲辅助继电器 SM0.1 并接通一个扫描周期，置位以 Q0.0 开始的两位，即 Q0.0 和 Q0.1；按下 I0.1 时，复位以 Q0.0 开始的两位，即 Q0.0 和 Q0.1。

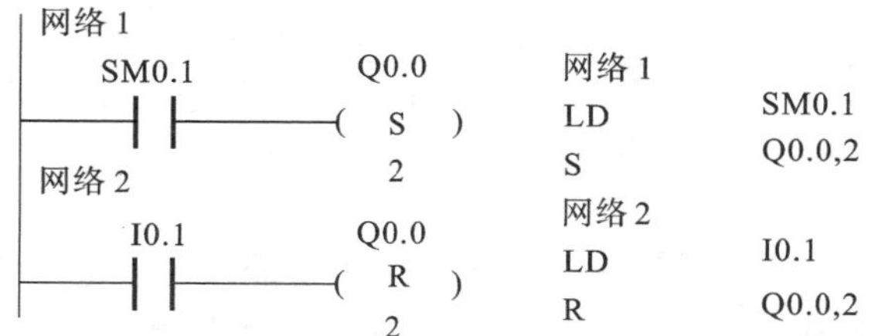

图 1-17　置位与复位指令应用示例

3. RS、SR 双稳态触发指令

RS 触发器和 SR 触发器都具有置位与复位的双重功能。RS 触发器是复位优先，当置位（S）和复位（R）同时为真时，输出为假。SR 触发器是置位优先触发器，当置位（S）和复位（R）同时为真时，输出为真。图 1-18（a）所示为 RS、SR 双稳态触发指令应用梯形图。其时序图如图 1-18（b）所示，从时序图中可以看出 RS 触发器是复位优先，而 SR 触发器是置位优先。

4. 上升沿检测指令(EU)和下降沿检测指令(ED)

边沿触发是指用边沿触发信号产生一个机器周期的扫描脉冲，通常用于脉冲整形。边沿触发指令分为正跳变（上升沿）触发和负跳变（下降沿）触发两大类。

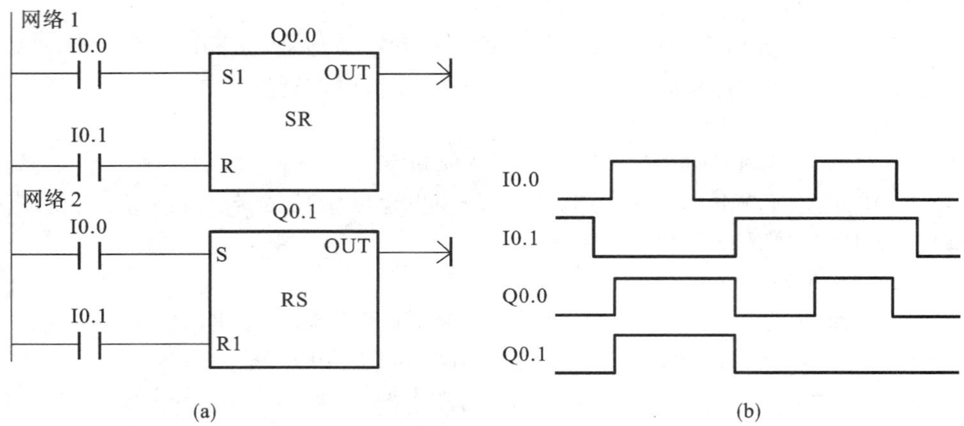

图 1-18　RS、SR 双稳态触发指令应用梯形图和时序图

正跳变触发指输入脉冲的上升沿使触点闭合一个扫描周期。负跳变触发指输入脉冲的下降沿使触点闭合一个扫描周期。上升沿、下降沿检测指令的格式与功能如表 1-7 所示。

表 1-7　上升沿、下降沿检测指令的格式与功能

梯　形　图	指　　令	功　　能
─┤P├─	EU	正跳变,无操作数,接通一个扫描周期
─┤N├─	ED	负跳变,无操作数,接通一个扫描周期

5. 取反指令(NOT)和空操作指令(NOP)

取反和空操作指令格式及功能如表 1-8 所示。

表 1-8　取反和空操作指令格式及功能

梯　形　图	指　　令	功　　能
─┤NOT├─	NOT	对存储位取反
N ─[NOP]	NOP　*N*	空操作,延长扫描时间

1) 取反指令

取反指令用于实现对存储器位的取反操作,以改变能流的状态。取反指令在梯形图中用触点形式表示。触点左侧为 1 时,右侧为 0,能流不能到达右侧,输出无效。反之,触点左侧为 0 时,右侧为 1,能流可以通过触点向右传递。

2) 空操作指令

空操作指令起增加程序容量的作用。使能输入有效时,执行空操作指令,使扫描周期稍微延长,但不影响用户程序的执行,不会使能流输出断开。操作数 N 为执行空操作指令的次数,$N=0\sim255$。

六、研讨与训练

(1) 利用 PLC 控制电动机,使其既能实现点动又能实现连续运行。

(2) 楼上、楼下各有一只开关(SB1、SB2),用于共同控制一盏照明灯(HL1)。要求两只开关均可对灯的状态(亮或熄)进行控制。试用 PLC 来实现上述控制要求。

(3) 在某一控制系统中，SB0 为总停止按钮，SB1、SB2 分别为电动机 M1、M2 的启动按钮，电动机 M2 只有在电动机 M1 启动后才能启动，且 M2 启动后 M1 仍然工作，试用 PLC 实现这一控制功能。

(4) 某一控制系统要求满足图 1-19 所示的时序图，请根据要求画出其梯形图。

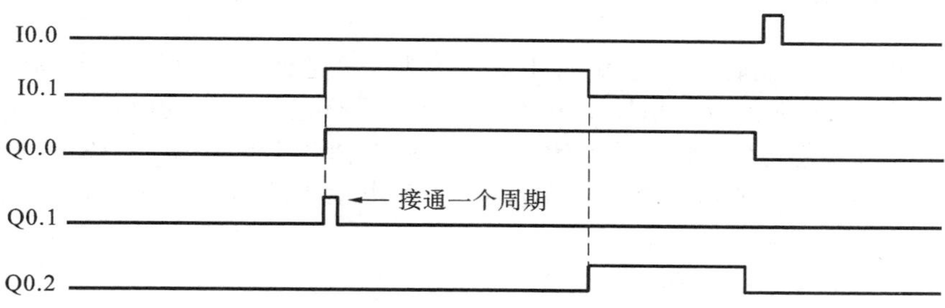

图 1-19　时序图

(5) 图 1-13 中，如果停止按钮 SB1 用动断触点，仍然使用图 1-15 所示的程序，则是否能满足要求？如不满足，那么要使系统能连续运行，应该怎样修改程序？

(6) 使用置位、复位指令编写两套程序，控制要求如下。

①启动时，电动机 M1 先启动，然后电动机 M2 才能启动；停止时，电动机 M1、M2 同时停止。

②启动时，电动机 M1、M2 同时启动；停止时，只有在电动机 M2 停止后，电动机 M1 才能停止。

(7) 画出如图 1-20 所示梯形图中 M0.0、M0.1 和 Q0.0 的波形图。

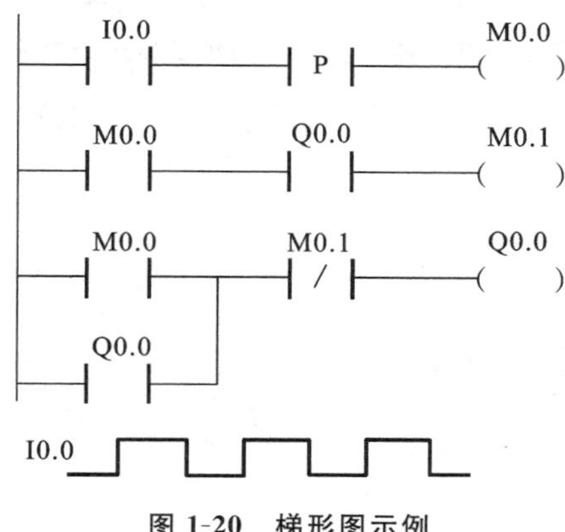

图 1-20　梯形图示例

任务三　三相异步电动机的正反转控制

一、任务目标

知识目标

(1) 掌握 A、AN、O、ON 指令的含义；

(2) 了解 ALD、OLD 指令的含义。

技能目标

(1) 掌握三相异步电动机正反转运行的硬件电路的连接;

(2) 能用经验设计法设计、调试三相异步电动机正反转运行程序。

二、任务描述

电动机的正反转控制在自动化设备中非常常见,如电梯的上升和下降、数控机床上的进刀和退刀。图 1-21 所示为三相异步电动机正反转运行电路。启动时,合上 QS,按下正转按钮 SB2,KM1 线圈得电,其常开触点闭合,电动机正转并实现自锁。当需要反转时,按下反转按钮 SB3,KM1 线圈断电,KM2 线圈得电自锁,电动机反转。按钮 SB1 为总停止按钮。

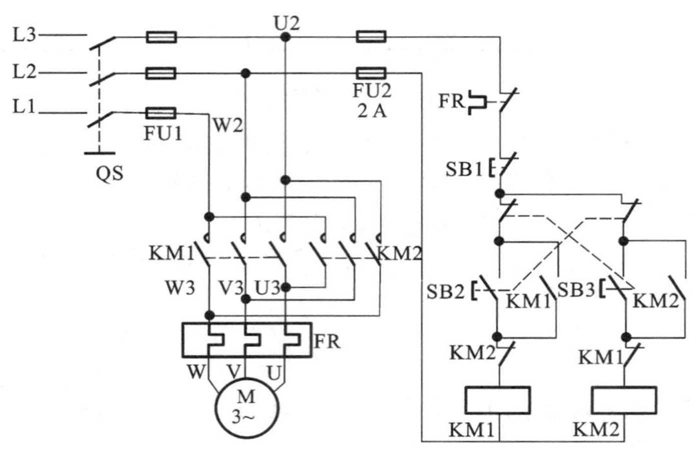

图 1-21 三相异步电动机正反转运行电路

现要求用 PLC 来实现图 1-21 所示的三相异步电动机正反转运行电路。

三、相关知识

1. 基本指令

1) 触点串联指令 A(and)、AN(and not)

A:串联动合触点。

AN:串联动断触点。

A、AN 指令使用说明:

(1) A、AN 指令应用于单个触点的串联(常开或常闭),可连续使用。

(2) A、AN 指令的操作数为 I、Q、M、SM、T、C、V、S。

2) 触点并联指令 O(or) 、ON(or not)

O:并联动合触点。

ON:并联动断触点。

O、ON 指令使用说明:

(1) O、ON 指令应用于并联单个触点,紧接在 LD、LDN 之后使用,可以连续使用。

(2) O、ON 指令的操作数为 I、Q、M、SM、T、C、V、S。

2. 程序设计的经验设计法

在 PLC 发展的初期,人们沿用设计继电器-接触器电路图的方法来设计梯形图程序,即在

已有的一些典型梯形图的基础上，根据被控对象对控制的要求，不断地修改和完善梯形图。有时需要多次反复地调试和修改梯形图，不断地增加中间编程元件和触点，最后才能得到一个较为满意的结果。这种方法没有普遍的规律可循，设计所用的时间、设计的质量与编程者的经验有很大的关系，所以有人把这种设计方法称为经验设计法。它可以用于逻辑关系较简单的梯形图程序设计。

用经验设计法设计 PLC 程序时大致可以按下面几步来进行：

（1）分析控制要求，确定输入、输出设备，绘制电气原理图；

（2）引入典型单元梯形图程序；

（3）修改、完善程序以满足控制要求。

经验设计法对于一些简单程序的设计是比较有效的，可以帮助设计人员快速地完成程序设计。但是，由于主要是依靠设计人员的经验进行设计，因此这种方法对设计人员的要求也就比较高，特别是要求设计者有一定的实践经验，对工业控制系统和工业上常用的各种典型环节比较熟悉。经验设计具有很大的探索性和随意性，往往需经多次反复修改和完善才能符合设计要求，所以设计的结果往往不很规范，且因人而异。

四、任务实施

1. 任务分析

三相异步电动机要实现正转和反转，只需在主电路中用两个交流接触器接通不同相序的电源即可。两个接触器的线圈由 PLC 来驱动，正转启动、反转启动及停止按钮与两个线圈的逻辑关系则由程序实现。

2. PLC 的 I/O 地址分配

由上述控制要求可知，PLC 需要三个输入信号、两个输出信号，三相异步电动机正反转控制系统 PLC 的 I/O 地址分配情况如表 1-9 所示。

表 1-9　三相异步电动机正反转控制系统 PLC 的 I/O 地址分配表

输　入			输　出		
元件符号	地址	作用	元件符号	地址	作用
SB1	I0.0	正转启动	KM1	Q0.0	正转接触器
SB2	I0.1	反转启动	KM2	Q0.1	反转接触器
SB3	I0.2	停止			

3. PLC 的选型

根据 I/O 资源的配置，系统共有三个开关量输入信号、两个开关量输出信号。考虑 I/O 资源利用率及 PLC 的性价比要求，选用西门子 S7-200 系列 CPU221 型 PLC。

4. 系统电气原理图

与继电器-接触器控制系统相比，PLC 控制系统的硬件要简单得多，且控制信号与被控设备之间的逻辑关系都在程序中实现。根据 I/O 地址分配表画出的电气原理图如图 1-22 所示。为了防止正反转电路两个接触器同时接通而造成短路,所以对硬件进行了电气互锁设置。

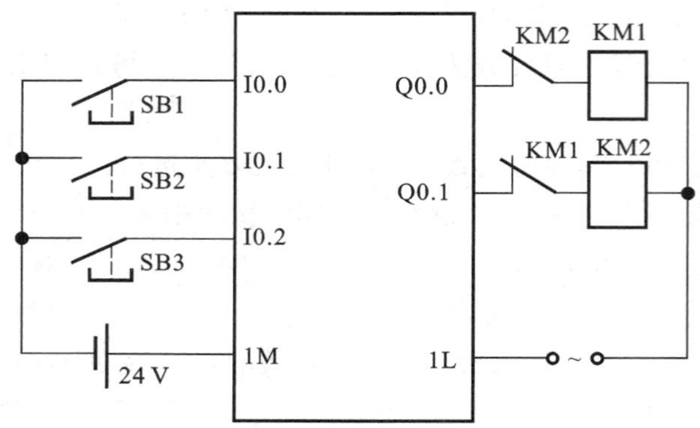

图 1-22　三相异步电动机控制系统电气原理图

5. 程序设计和调试

采用经验设计法,即根据控制要求或系统工作过程逐步设计并完善梯形图,最终得到的三相异步电动机正反转控制梯形图如图 1-23 所示,此梯形图有正反直接切换功能,符合要求。

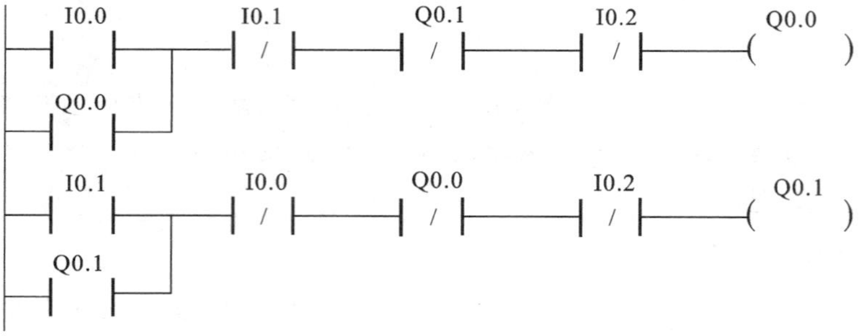

图 1-23　三相异步电动机正反转控制梯形图

五、知识拓展

在梯形图中,如果所有的触点之间都是简单的串联、并联关系,则可以使用触点指令。然而,如果梯形图中的触点呈现比较复杂的连接关系,就要采用堆栈操作。

在 S7-200 系列 PLC 中有一个九层堆栈,用于处理逻辑操作,称之为逻辑堆栈。在用指令表编程时,必须根据逻辑堆栈的特点,用相关的堆栈指令进行编程;在用梯形图及功能块图编程时,可不考虑逻辑堆栈的结构。采用这两种编程语言时,系统会根据程序结构,自动插入必要的指令,处理各种逻辑堆栈的操作。

当梯形图的结构比较复杂,例如涉及触点块的串联或并联,以及分支结构时,简单的位操作指令就无法描述,应使用堆栈操作指令。

1. 触点块串联指令 ALD(and load)

触点块由两个以上的触点构成,触点块中的触点可以串联,也可以并联,还可以混联。图 1-24 为触点块串联指令的应用示例。

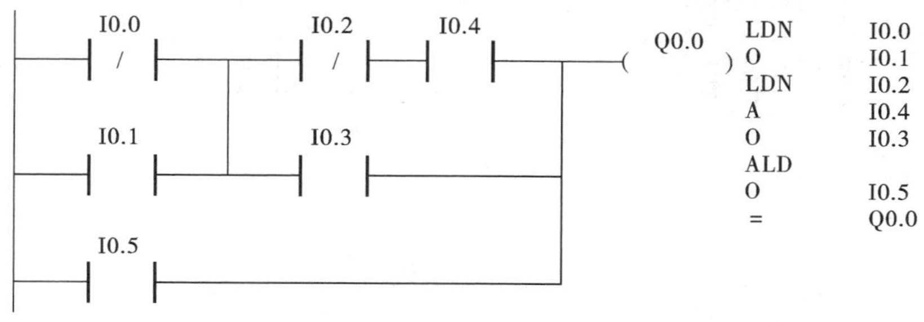

图 1-24 触点块串联指令的应用示例

2. 触点块并联指令 OLD(or load)

图 1-25 所示为触点块并联指令的应用示例。

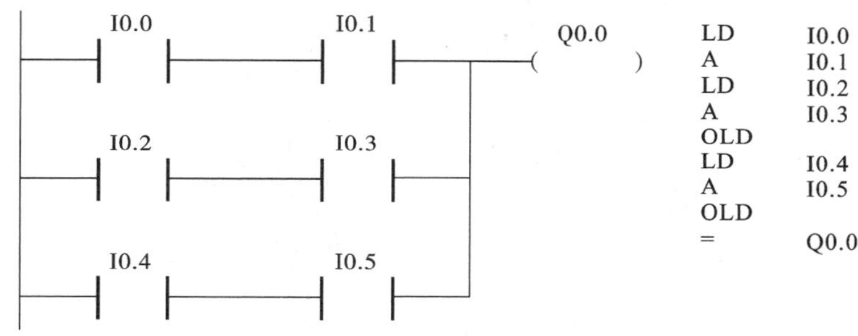

图 1-25 触点块并联指令的应用示例

3. 逻辑入栈指令 LPS(logic push)及逻辑出栈指令 LPP(logic pop)

逻辑入栈:复制堆栈中的顶值并将该数值推入栈,堆栈底值被推出栈并丢失。

逻辑出栈:将堆栈中的第一个数值推出栈,第二个堆栈数值成为堆栈新顶值。

逻辑入栈指令 LPS 与逻辑出栈指令 LPP 成对使用,用于处理梯形图中分支结构程序。LPS 用于分支开始,LPP 用于分支结束。

4. 逻辑读栈指令 LRD(logic read)及载入堆栈指令 LDS(load stack)

逻辑读栈:将第二个堆栈数值复制至堆栈顶部,不执行入栈或出栈,但旧堆栈顶值被新的复制值取代。

载入堆栈:复制堆栈中的第 N 个值,并将该数值置于堆栈顶部,堆栈底值被推出栈并丢失。

六、研讨与训练

(1) 已知某个控制程序的梯形图形式(见图 1-26),请将其转换为语句表形式。

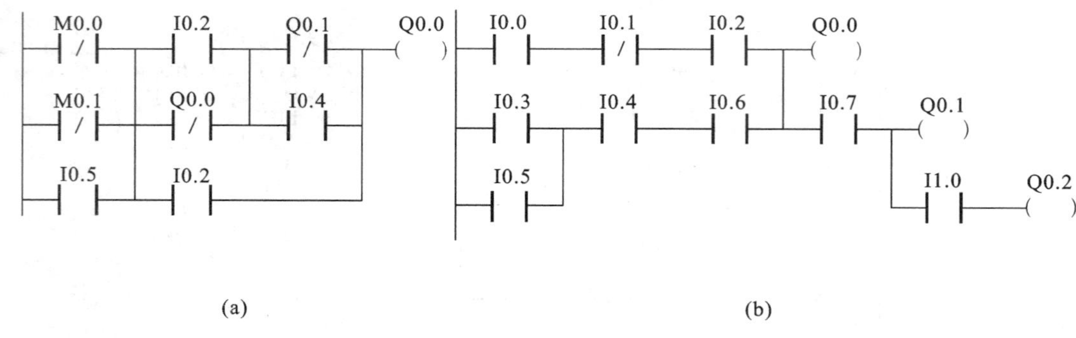

(a)　　(b)

图 1-26　题(1)梯形图

(2) 写出下列语句表对应的梯形图。

①

```
LD    I0.1
ON    I0.0
LD    I0.2
AN    I0.4
O     I0.3
ALD
=     Q0.1
```

②

```
LD    I0.1
A     I0.5
LD    I0.2
O     I0.3
A     I0.4
OLD
=     Q0.1
LD    I1.0
LPS
A     I1.1
=     Q0.2
LPP
A     I1.2
=     Q0.3
```

(3) 将三个指示灯接在输出端上,要求:SB0、SB1、SB2 三个按钮中任意一个按下时,灯 HL0 亮;任意两个按钮按下时,灯 HL1 亮;三个按钮同时按下时,灯 HL2 亮,没有按钮按下时,所有灯均不亮。试用 PLC 来实现上述控制要求。

(4)一个按钮控制两台电动机的分时启动控制时序图如图 1-27 所示,请设计相应的梯形图。

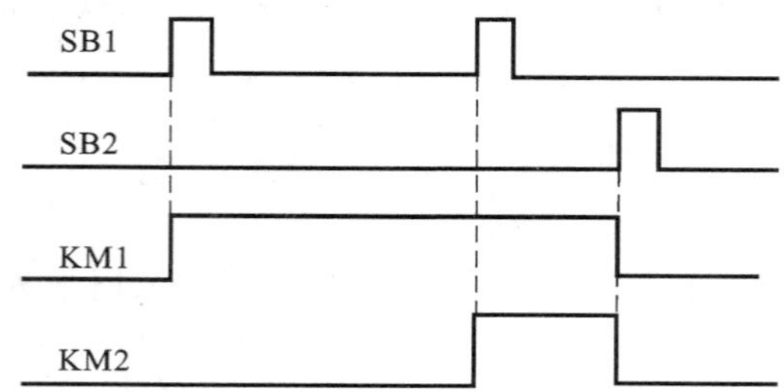

图 1-27　一个按钮控制两台电动机的分时启动控制时序图

任务四　两台电动机的顺序启动逆序停止控制

一、任务目标

知识目标

(1) 掌握定时器指令、辅助继电器(M)的含义及作用；

(2) 掌握两台电动机顺序启动逆序停止运行控制程序的编写。

技能目标

(1) 掌握两台电动机运行的硬件电路的连接；

(2) 学会简单时间控制程序的编写、录入、运行调试。

二、任务描述

在多电动机驱动的生产设备上，很多时候都需要电动机按一定的顺序启动、按一定的次序停止，例如多段传送带的启停控制、机床机械加工和冷却的顺序控制等。

图 1-28 所示为两台电动机顺序启动逆序停止控制电路。本任务要求按下启动按钮 SB2，第一台电动机 M1 开始运行，5 s 之后第二台电动机 M2 开始运行；按下停止按钮 SB3，第二台电动机 M2 停止运行，10 s 之后第一台电动机 M1 停止运行；SB1 为紧急停止按钮，当出现故障时，只要按下 SB1，两台电动机均立即停止运行。现要求用 PLC 来实现该控制要求。

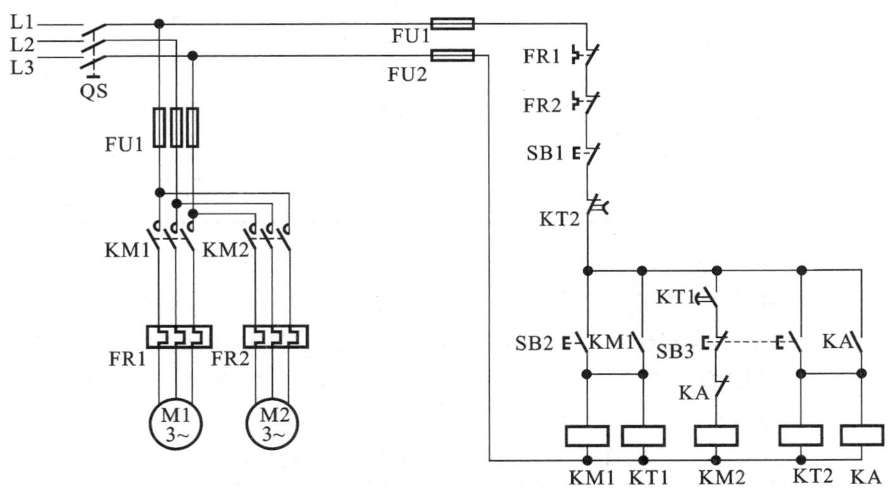

图 1-28　两台电动机顺序启动逆序停止控制电路

三、相关知识

1. 辅助继电器 M

在逻辑运算中，经常需要用到辅助继电器。辅助继电器的功能与传统的继电器控制线路中的中间继电器相同。辅助继电器与外部没有任何联系，不可能直接驱动任何负载。每个辅助继电器对应着数据存储区的一个基本单元，它可以由所有的编程元件的触点(当然包括它自己的触点)来驱动。它的状态同样可以无限制使用。借助于辅助继电器，可在输入、输出之间建立复杂的逻辑关系和连锁关系,以满足不同的控制要求。在S7-200系列PLC中,有时也称辅助继电器为位存储区的内部标志位,所以辅助继电器一般以位为单位使用,采用"字节.位"的编址方式,每一个位相当于一个中间继电器,S7-200系列PLC CPU22X的辅助继电器的数量为256个。辅助继电器也能以字节、字、双字为单位,作存储数据用。

2. 定时器

定时器是PLC中最常用的编程元件之一,定时器使用时都要有一个16位的设定值、16位的当前值,其作用为:在满足一定的控制条件下,从当前值开始按一定的时间单位增加计数,当定时器的当前值达到程序的设定值时,定时器发生动作,以满足定时的需要。

1) 定时器的种类

西门子S7-200系列PLC共有256个定时器,分为三种类型:通电延时定时器(TON)、断电延时定时器(TOF)和有记忆的通电延时定时器(TONR)。

2) 定时器的分辨率

S7-200系列PLC定时器的分辨率共有三个精度等级:1 ms、10 ms和100 ms。定时器的分辨率与定时器的编号如表1-10所示,如果使用V4.0版的编程软件,输入定时器编号后,在定时器方框的右下角内会显示定时器的分辨率。定时时间等于设定值与分辨率的乘积。

表1-10 S7-200系列PLC定时器的编号与分辨率

类　型	分辨率	定时最大值	编　号
TONR	1 ms	32.767 s	T0,T64
	10 ms	327.67 s	T1~T4,T65~T68
	100 ms	3276.7 s	T5~T31,T69~T95
TON/TOF	1 ms	32.767 s	T32,T96
	10 ms	327.67 s	T33~T36,T97~T100
	100 ms	3276.7 s	T37~T63,T101~T255

3) 定时器的工作原理

(1) 通电延时定时器(TON)　当使能端(IN)输入有效时,定时器开始计时,当前值从0开始递增,当大于或等于设定值(PT)时,定时器输出状态位置1,梯形图中该位的动合触点闭合、动断触点断开;当使能端输入无效(断开)时,定时器复位(当前值清零,输出状态位置0)。参数说明如表1-11所示。

表1-11 通电延时定时器的使用参数说明

梯形图	参　数	数据类型	说　明	存储区
T××× IN　TON/TOF PT　???ms	T×××	WORD	表示要启动的定时器号	T32,T96,T33~T36,T97~T100,T37~T63,T101~T255
	PT	INT	定时器的设定值	IW,QW,MW,VW,LW,TW,SW,SMW,AIW,T,C,AC,常数,*VD,*LD,*AC
	IN	BOOL	使能	I,Q,V,M,SM,S,T,C,L,能流

例 1-1　试分析图 1-29 所示的梯形图及时序图。

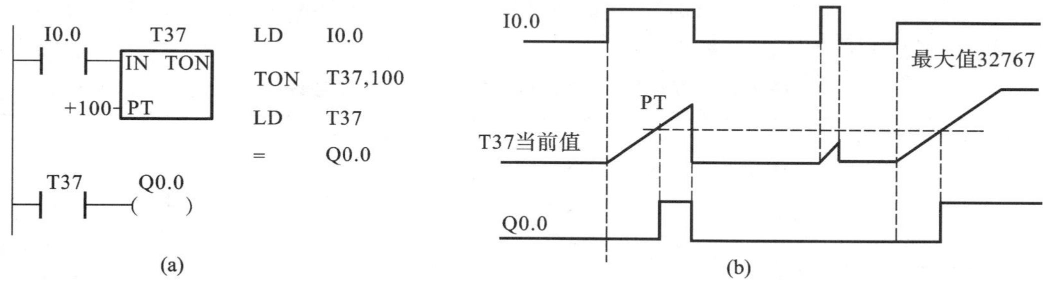

图 1-29　通电延时定时器使用原理分析

(a)梯形图;(b)时序图

当输入点 I0.0 接通,即使能端(IN)输入有效时,定时器 T37 开始计时,当前值从 0 开始递增,计时到设定值 PT(此处为第 10 s)时,T37 状态位置 1,其常开触点 T37 接通,驱动输出点 Q0.0 输出,其后当前值仍增加,但不影响状态位。当前值最大为 32767。当输入点 I0.0 断开时,使能端无效,T37 复位,当前值清零,状态位也清零,即恢复到原始状态。若输入点 I0.0 在接通时间未达到设定值时就断开,则 T37 立即复位,输出点 Q0.0 不会有输出。

(2) 断电延时定时器(TOF)　当使能端有效时,定时器输出状态位置 1,当前值清零;当使能端断开时,开始计时,当前值递增;当达到设定值时,定时器复位置 0,停止计时,保持当前值。TOF 的使用参数说明与 TON 相同,具体如表 1-10 所示。

例 1-2　试分析图 1-30 所示的梯形图及时序图。

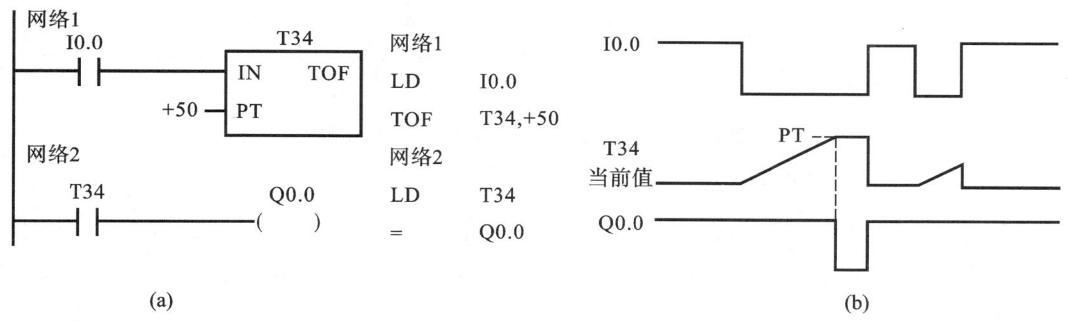

图 1-30　断电延时定时器的使用

(a)梯形图;(b)时序图

断电延时定时器用在输入断开一段时间后才断开输出的场合。使能端(IN)输入有效(即 I0.0 接通)时,定时器 T34 输出状态位立即置 1,当前值复位为 0。使能端 I0.0 断开时,定时器开始计时,当前值从 0 开始递增,当前值达到设定值即 0.5 s 时,定时器状态位复位为 0,并停止计时,当前值保持。

如果输入断开的时间小于预定时间,定时器 T34 仍保持接通。使能端再接通时,定时器 T34 当前值仍设为 0。

(3) 有记忆的通电延时定时器(TONR)　当使能端(IN)有效时,定时器开始计时,当前值递增,当前值大于或等于设定值时,输出状态位置 1;当使能端无效时,当前值能够记忆,使能端再次接通有效时,在原记忆值的基础上递增计时。定时器当前值的清零可通过复位指令实现,当复位线圈有效时,定时器当前值清零,输出状态位置 0。有记忆的通电延时定时器的使用参数说明如表 1-12 所示。

表 1-12 有记忆的通电延时定时器的使用参数说明

梯形图	参数	数据类型	说明	存储区
T××× IN TONR PT-PT ???ms	T×××	WORD	表示要启动的定时器编号	T0, T64, T1 ~ T4, T65 ~ T68, T5 ~ T31, T69~T95
	PT	INT	定时器的设定值	IW, QW, MW, VW, LW, TW, SW, SMW, AIW, T, C, AC, 常数, * VD, * LD, * AC
	IN	BOOL	使能	I, Q, V, M, SM, S, T, C, L, 能流

例 1-3 试分析图 1-31 所示梯形图及时序图。

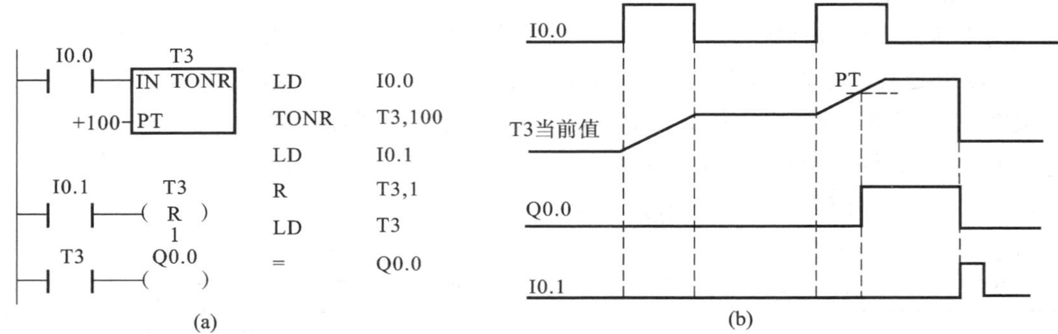

图 1-31 有记忆的通电延时定时器的使用

(a)梯形图;(b)时序图

使能端输入有效时(I0.0 接通),定时器 T3 开始计时,当前值递增,当前值大于或等于设定值 1 s 时,输出状态位置 1;使能端输入无效(I0.0 断开)时,当前值保持(记忆),使能端再次接通有效时,在原记忆值的基础上递增计时。当 I0.1 接通时,复位定时器 T3,定时器当前值清零,输出状态位置 0。

四、任务实施

1. 任务分析

要实现两台电动机的顺序控制,需在主电路中用两个交流接触器分别控制两台电动机。两个接触器的线圈由 PLC 来控制,而 PLC 又由启动和停止按钮发送指令来控制。启动停止按钮与两个线圈的逻辑关系则由程序实现。

2. PLC 的 I/O 地址分配

由任务分析可知需要两个输入信号、两个输出信号。两台电动机顺序启动逆序停止运行控制系统 PLC 的 I/O 地址分配情况如表 1-13 所示。

表 1-13　两台电动机顺序启动逆序停止运行控制系统 PLC 的 I/O 地址分配表

元件名称	符号	地址	作用	元件名称	符号	地址	作用
按钮（输入）	SB1	I0.0	启动按钮	交流接触器（输出）	KM1	Q0.0	控制 KM1 线圈
	SB2	I0.1	停止按钮		KM2	Q0.1	控制 KM2 线圈
定时器	T37	启动时间间隔计时		内部辅助继电器	M0.0	保证 T38 计时完成	
	T38	停止时间间隔计时					

3. PLC 的选型

根据 I/O 资源的配置，系统共有两个开关量输入信号、两个开关量输出信号。考虑 I/O 资源利用率及 PLC 的性价比要求，选用西门子 S7-200 系列 CPU 221 AC/DC/RLY 型 PLC。

4. 系统电气原理图

两台电动机顺序启动逆序停止运行控制系统的电气原理图如图 1-32 所示。

图 1-32　两台电动机顺序启动逆序停止运行控制系统的电气原理图

5. 用经验设计法设计梯形图程序

利用经验设计法，在已有的典型梯形图的基础上，根据被控对象对控制的要求，不断地修改和完善梯形图，得到如图 1-33 所示的梯形图。

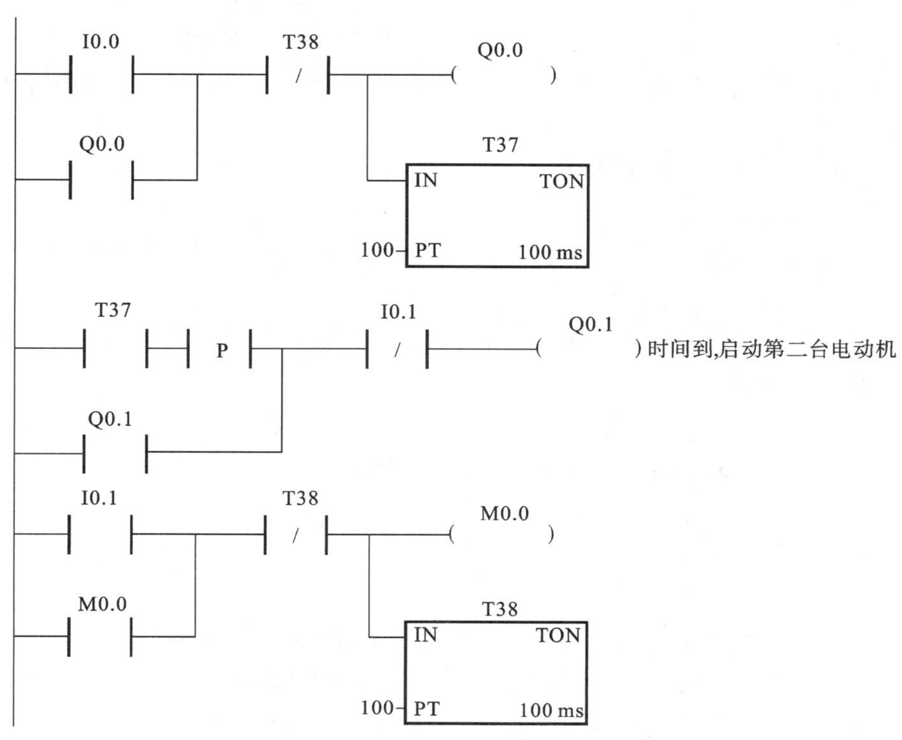

图 1-33　顺序启动逆序停止运行控制梯形图

按下启动按钮SB1,I0.0接通,Q0.0得电自锁,第一台电动机启动,同时T37计时;计时时间到,Q0.1得电并自锁,第二台电动机启动。按下停止按钮SB2,I0.1接通,Q0.1失电,第二台电动机停止运转,同时借助内部辅助继电器M0.0,利用T38进行计时,时间到,T38动断触点断开,第一台电动机停止运转。

五、知识拓展

PLC中还有若干个特殊标志位存储器。特殊标志位存储器用来存储系统的状态变量及有关的控制参数和信息,以便在CPU和用户程序之间交换信息。特殊标志位存储器能以位、字节、字或双字为单位来存取。CPU224的特殊标志位存储器位地址编号范围为SM0.0～SM549.7,共550个字节,其中SM0.0～SM29.7的30个字节属性为只读。

特殊标志位存储器SM的只读字节SMB0为状态位,在每个扫描周期结束时,由CPU更新这些位。各状态位的定义如下。

SM0.0:运行监视位。当PLC运行时状态位SM0.0始终为1,PLC可以利用其触点驱动输出继电器。

SM0.1:初始化脉冲位,仅在执行用户程序的第一个扫描周期时为“1”状态,可以用于初始化程序。

SM0.2:当RAM中保存的数据丢失时,SM0.2接通一个扫描周期。

SM0.3:PLC上电进入运行状态时,SM0.3接通一个扫描周期。

SM0.4:分时钟脉冲位,能产生占空比为50%、周期为1 min的脉冲串。

SM0.5:秒时钟脉冲位,能产生占空比为50%、周期为1 s的脉冲串。

SM0.6:扫描时钟位,当前一个扫描周期为接通状态,则下一个扫描周期为断开状态,交替循环。

SM0.7:用于指示CPU上MODE开关的位置,0=TERM,1=RUN,通常用来在RUN状态下启动自由口通信方式。

SMB1:用于存储潜在错误提示的八个状态位,这些位可由指令在执行时进行置位或复位。

SMB2:自由口通信接收字符缓冲区。在自由口通信方式下,接收到的每个字符都放在SMB2,便于梯形图存取。

SMB3:用于自由口通信的奇偶校验,当出现奇偶校验错误时,将SM3.0位置1。

SMB4:用于表示中断是否允许和发送口是否空闲。

SMB5:用于表示I/O系统发生的错误状态。

SMB6:用于识别CPU的类型。

SMB7:功能保留。

SMB8～SMB21:用于I/O扩展模板的类型识别及错误状态寄存。

SMW22～SMW26:用于提供扫描时间信息,包括以毫秒计的上次扫描时间、最短扫描时间及最长扫描时间。

SMB28和SMB29:分别对应模拟电位器0和1的当前值,数值范围为0～255。

SMB30和SMB130:分别为自由口0和1的通信控制寄存器。

SMB31 和 SMW32：用于永久存储器（EEPROM）写控制。

SMB34 和 SMB35：用于存储定时中断间隔时间。

SMB36～SMB65：用于监视和控制高速计数器 HSC0、HSC1、HSC2 的操作。

SMB66～SMB85：用于监视和控制脉冲输出（PTO）和脉宽调制（PWM）。

SMB86～SMB94 和 SMB186～SMB194：用于控制和读出接收信息指令的状态。

SMB98 和 SMB99：用于表示有关扩展模板总线的错误。

SMB131～SMB165：用于监视和控制高速计数器 HSC3、HSC4、HSC5 的操作。

SMB166～SMB179：用于显示包络表的数量、包络表的地址和变量存储器在表中的首地址。

SMB200～SMB549：用于表示智能模板的状态信息。

对某些特殊标志位存储器的具体使用情况将结合对应的功能指令一并介绍。

六、研讨与训练

（1）设计满足如图 1-34 所示时序图的梯形图。

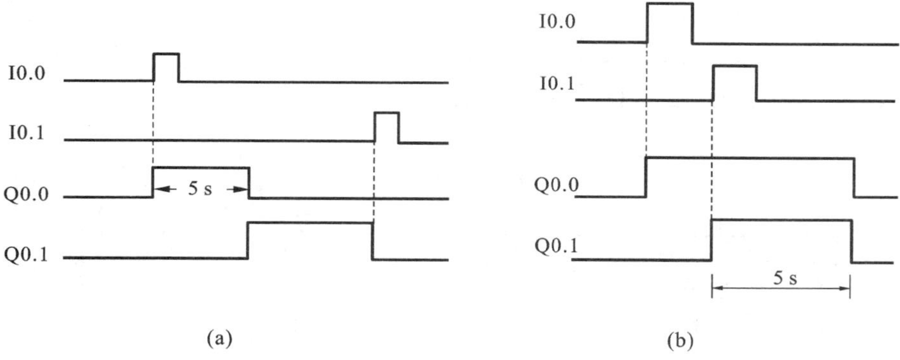

图 1-34　时序图

（2）电动机星形-三角形降压启动，Q0.0 为电源接触器，Q0.1 为星形接线输出线圈，Q0.2 为三角形接线输出线圈，I0.0 为启动按钮，I0.1 为停止按钮，星形与三角形电路切换延时时间为 5 s。试编写程序。

（3）设计一个亮 3 s 灭 3 s 的闪烁电路。

（4）用接在 I0.0 输入端的光电开关检测传送带上通过的产品，有产品通过时 I0.0 为 ON，如果在 10 s 内没有产品通过，由 Q0.0 发出报警信号，用 I0.1 输入端外接的开关解除报警信号。画出梯形图，并写出相对应的语句表程序。

（5）利用 LDP 指令来实现一个按钮 SB1 控制一台电动机 M 的启动和停止，其控制时序图如图 1-35 所示。

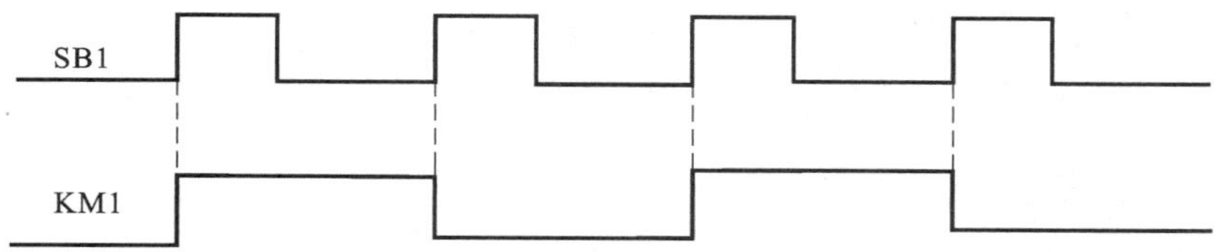

图 1-35　一个按钮控制一台电动机启动和停止的控制时序图

(6) PLC的输入点I0.0外接自锁按钮，按下自锁按钮后，输出点Q0.0、Q0.1、Q0.2外接的灯循环点亮，每过1 s点亮一盏灯，点亮一盏灯的同时熄灭另一盏灯，请设计程序并调试。

(7) 用PLC控制三台交流异步电动机M1、M2和M3顺序启动：按下启动按钮SB1后，第一台电动机M1启动运行；5 s后第二台电动机M2启动运行；第二台电动机M2运行8 s后第三台电动机M3启动运行；完成相关工作后按下停止按钮SB2，三台电动机一起停止。设计出梯形图，调试程序，直至实现功能。

(8) 两台电动机顺序启动逆序停止的控制时序图如图1-36所示，试用PLC编程来实现。

(9) 如图1-37所示，为了限制绕线式异步电动机的启动电流，在转子电路中串入电阻。启动时接触器KM1合上，串入整个电阻R1。启动2 s后KM4接通，切断转子回路的一段电阻，接入的电阻为R2。再经过1 s，KM3接通，串入的电阻改为R3。又经过0.5 s，KM2也合上，转子外接电阻全部切除，启动完毕。在电动机运行过程中按下停止按钮，电动机停止。试用PLC进行控制。

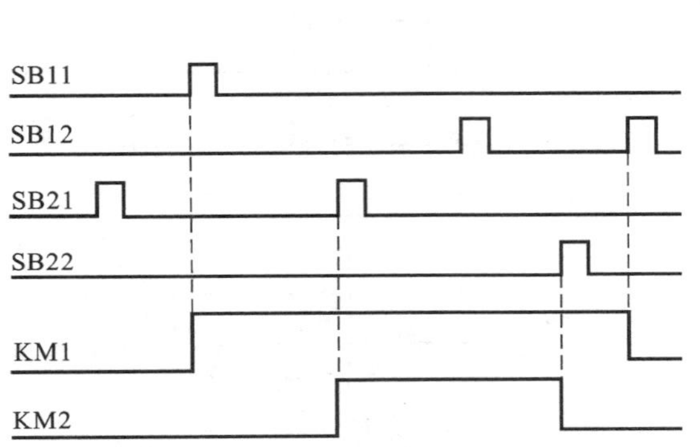

图1-36 两名电动机顺序启动逆序停止的控制时序图

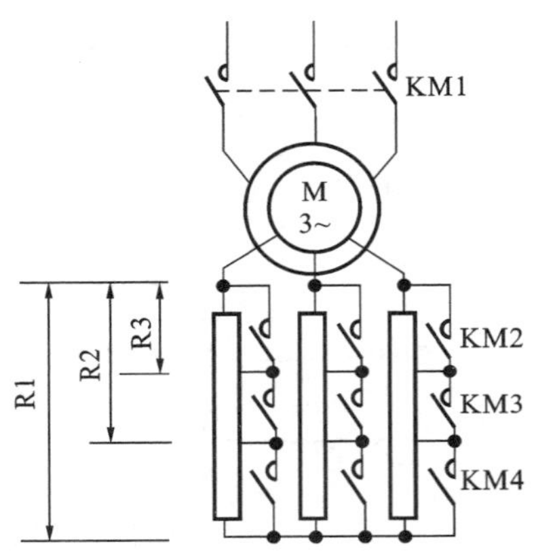

图1-37 转子串电阻降压启动电路

任务五 自动送料小车控制系统的设计及调试

一、任务目标

知识目标

(1) 掌握PLC基本指令的使用；

(2) 掌握计数器指令的含义及其使用。

技能目标

(1) 掌握自动送料小车的硬件电路的连接；

(2) 学会编写及调试自动送料小车运行程序。

二、任务描述

自动送料小车控制系统是用于物料输送的流水线设备，主要是用于煤粉、砂石等材料的运输。如图1-38所示，有一搅拌系统，每搅拌一罐，需要五小车砂石，只需按下启动按钮，小车即

可自动运送五次砂石并倒入罐内。设小车在初始时刻停在右边，右限位开关 SQ2(I0.3)接通。按下启动按钮 SB1(I0.0)后，开始装料；10 s 后小车自动向左运动，碰到左限位开关 SQ1(I0.2)时，开始卸料；10 s 后小车自动右行，碰到限位开关 SQ2，开始装料，进入下一个工作周期。五个周期后小车返回并停在右边，等待下一次按下启动按钮。

如果按下停止按钮 SB2(I0.1)，不管小车处在什么状态，都先执行完一个周期，然后返回起始位置，停止运动。

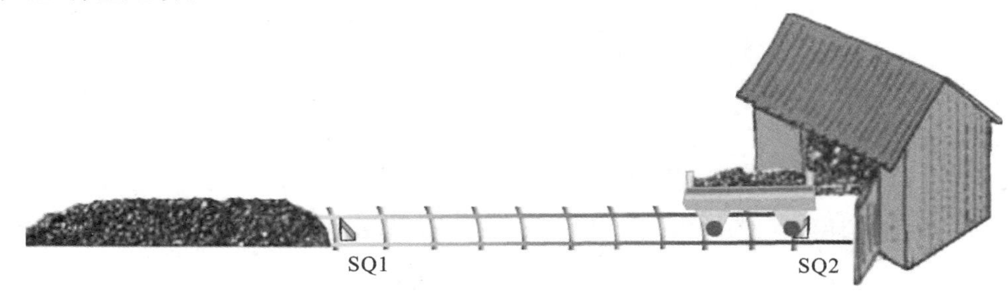

图 1-38　自动送料小车控制系统示意图

三、相关知识

1. 计数器指令

计数器用来累计输入脉冲的数量。S7-200 系列 PLC 的普通计数器有三种类型，即递增计数器、递减计数器和增减计数器，共计 256 个，可根据实际编程需要，对某个计数器的类型进行定义，编号为 C0～C255。不能重复使用同一个计数器的线圈编号，即每个计数器的编号只能使用一次。每个计数器有一个 16 位的当前值寄存器和一个状态位，最大计数值为 32767。

1) 递增计数器指令 CTU

首次扫描递增计数器时，其状态位为 OFF，当前值为 0。在梯形图中，递增计数器以功能框的形式编程，指令名称为 CTU。它有三个输入端：CU 端、R 端和 PV 端。PV 端为设定值输入端。CU 端为计数脉冲的输入端，当 CU 端由 OFF 变为 ON 时，计数器计数 1 次，当前值加 1。如果当前值达到设定值，计数器动作，状态位为 ON，当前值继续递增计数，最大可达到 32767。当 CU 端由 ON 变为 OFF 时，计数器停止计数，并保持当前值不变；如果 CU 端又变为 ON，则计数器在当前值的基础上继续递增计数。即在每个输入脉冲的上升沿计数器加 1。R 端为复位脉冲的输入端，当 R 端为 ON 时，计数器复位，使计数器状态位为 OFF，当前值为 0。也可以通过复位指令使递增计数器复位。

在指令表中，递增计数器的指令格式为：CTU C×××(计数器号)，PV。

图 1-39 为递增计数器的应用示例。当 I0.0 第三次接通时，Q0.0 输出。

2) 递减计数器指令 CTD

首次扫描递减计数器时，其状态位为 OFF，其当前值为设定值。在梯形图中，递减计数器以功能框的形式编程，指令名称为 CTD。它有三个输入端：CD 端、LD 端和 PV 端。PV 端为设定值输入端。CD 端为计数脉冲的输入端，在每个输入脉冲的上升沿，计数器计数 1 次，当前值寄存器减 1。当前值寄存器减到 0 时，计数器动作，状态位为 ON。计数器的当前值保持为 0。LD 端为装卸设定值的输入端，当 LD 端为 ON 时，计数器复位，使计数器状态位为 OFF，当前值为设定值。也可以通过复位指令 R 使递减计数器复位。

在指令表中，递减计数器的指令格式为：CTD C×××(计数器号)，PV。

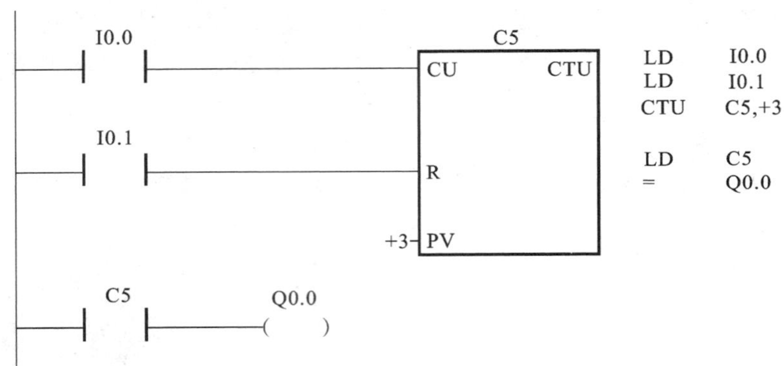

图 1-39 递增计数器的应用示例

图 1-40 为递减计数器的应用示例。当 I0.0 第三次接通时,Q0.0 输出。

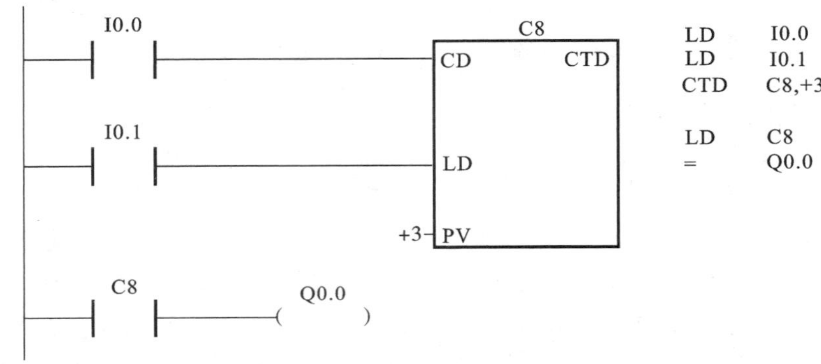

图 1-40 递减计数器的应用示例

3) 增减计数器指令 CTUD

增减计数器首次扫描时,其状态位为 OFF,当前值为 0。在梯形图中,增减计数器以功能框的形式编程,指令名称为 CTUD,它有两个脉冲输入端——CU 端和 CD 端、一个复位输入端——R 端、一个设定值输入端——PV 端。CU 端为脉冲递增计数输入端,在 CU 端的每个输入脉冲的上升沿,当前值加 1;CD 端为脉冲递减计数输入端,在 CD 端的每个输入脉冲的上升沿,当前值减 1。当当前值等于设定值时,增减计数器动作,其状态位为 ON,计数范围为 －32768～32767。图 1-41 为增减计数器的应用示例。

2. 梯形图的特点及设计规则

梯形图与继电器控制电路图在结构形式、元件符号及逻辑控制功能方面是类似的,但梯形图也有自己的特点及设计规则。

1) 梯形图的特点

(1) 梯形图按自上而下、从左到右的顺序排列。每个继电器线圈为一个逻辑行(网络),即一层阶梯。每一逻辑行开始于母线,然后是触点的连接,最后终止于继电器线圈。母线与线圈之间一定要有触点,而线圈后面不能有任何触点。

(2) 在梯形图中,存储器中的一个位即一个软继电器。当存储器状态位的值为 1 时,表示该继电器线圈得电,其常开触点闭合、常闭触点断开。

(3) 梯形图两端并非实际电源的两端,在梯形图中没有真实流动的电流,而只有“概念电流”。概念电流只能从左到右流动。

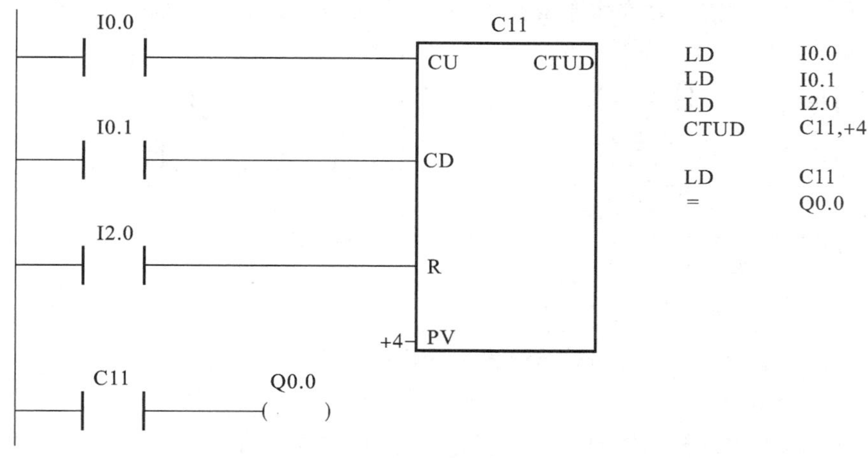

图 1-41　增减计数器的应用示例

(4) 在梯形图中，某个编号的继电器线圈只能出现一次，而继电器触点可无限次使用。PLC 不允许同一继电器的线圈使用两次，如果出现这种情况，则视为存在语法错误。

(5) 在梯形图中，前面所有继电器线圈都作为一个逻辑执行结果，立刻被后面逻辑操作利用。

(6) 梯形图中的输入继电器没有线圈，只有触点，其他继电器既有线圈，又有触点。

2) 梯形图编程的设计规则

(1) 触点不能接在线圈的右边，如图 1-42 所示；线圈也不能直接与左母线相连，必须要通过触点连接，如图 1-43 所示。

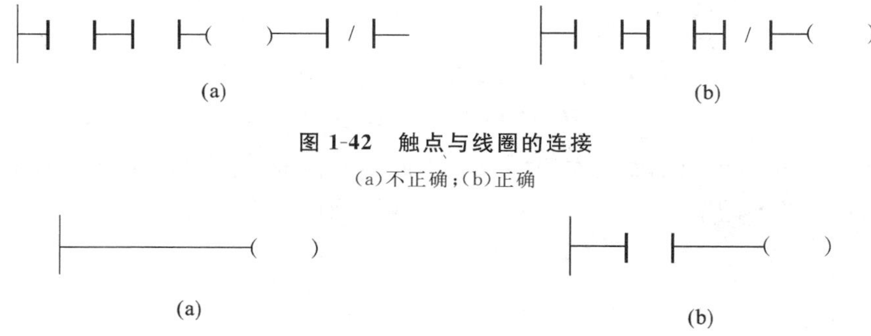

图 1-42　触点与线圈的连接

(a)不正确；(b)正确

(a)　(b)

图 1-43　线圈与左母线的连接

(a)不正确；(b)正确

(2) 在每一个逻辑行上：当几条支路并联时，串联触点多的应安排在上面，如图 1-44(a)所示；几条支路串联时，并联触点多的应安排在左边，如图 1-44(b)所示。这样可以减少编程指令。

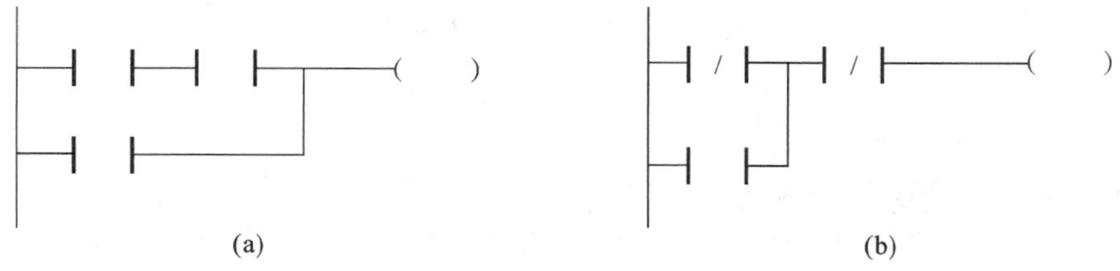

图 1-44　支路并联与串联时的接法

(a)支路并联；(b)支路串联

(3) 梯形图中的触点应画在水平支路上,不应画在垂直支路上,如图1-45所示。

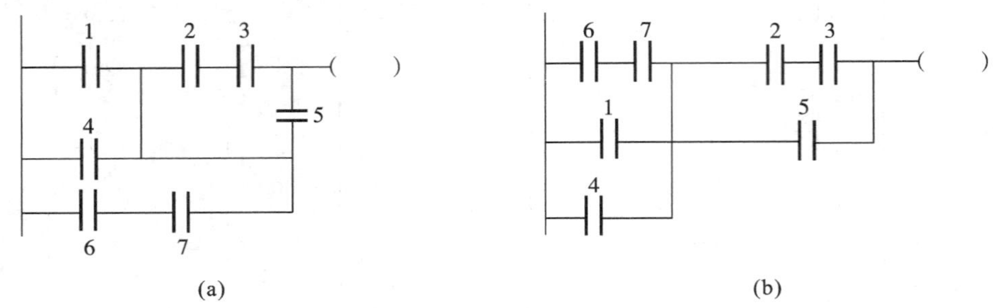

图1-45 触点在支路上的位置

(a)不正确;(b)正确

(4) 遇到不可编程的梯形图时,可根据信号单向自左至右、自上而下流动的原则对原梯形图重新进行编排,以便于正确应用PLC基本指令来编程,如图1-46所示。

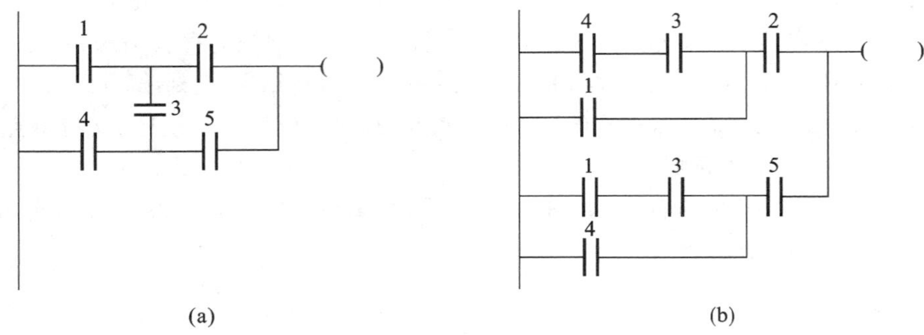

图1-46 不可编程梯形图的处理方法

(a)不可编程的梯形图;(b)变换后的梯形图

(5) 双线圈输出不可用。如果在同一程序中同一元件的线圈使用两次或多次,则称之为双线圈输出,这时前面的输出无效,只有最后一次有效,如图1-47所示。一般不应出现双线圈输出。

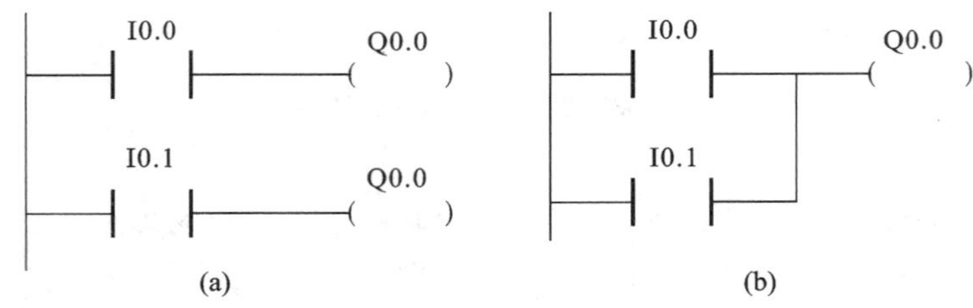

图1-47 双线圈输出不可用

(a)不正确;(b)正确

3) 输入信号的最高频率问题

输入信号的状态是在PLC输入处理时间内被检测的。如果输入信号的接通时间或断开时间过短,则有可能检测不到。也就是说,PLC输入信号的接通时间或断开时间必须比PLC的扫描周期长。考虑输入滤波器的响应时延为10 ms,扫描周期为10 ms,则输入的接通时间或断开时间至少为20 ms。因此,要求输入脉冲的频率低于1000 Hz/(20+20)=25 Hz。不过,用PLC的功能指令可以处理较高频率的信号。

四、任务实施

1. 任务分析

在自动送料小车控制系统中，由两个交流接触器控制一台电动机正反转，实现小车往返行驶，一个电磁阀控制小车装料，一个电磁阀控制小车卸料。接触器和电磁阀的线圈由 PLC 来控制，而 PLC 又由启动和停止按钮发送指令来控制。启动、停止按钮及限位开关与四个线圈的逻辑关系由程序实现。

2. PLC 的 I/O 地址分配

由任务分析可知，该自动送料小车控制系统需要四个输入信号、四个输出信号，自动送料小车控制系统 PLC 的 I/O 地址分配情况如表 1-14 所示。

表 1-14　自动送料小车控制系统 PLC 的 I/O 地址分配

输入			输出		
符号	地址	元件名称	符号	地址	元件名称
SB1	I0.0	启动按钮	KM1	Q0.0	控制 KM1 线圈(左行)
SB2	I0.1	停止按钮	KM2	Q0.1	控制 KM2 线圈(右行)
SQ1	I0.2	左限位开关	KM3	Q0.2	控制 KM3 线圈(卸料)
SQ2	I0.3	右限位开关	KM4	Q0.3	控制 KM4 线圈(装料)

3. PLC 的选型

根据 I/O 资源的配置，系统共有四个开关量输入信号、四个开关量输出信号。考虑 I/O 资源利用率及 PLC 的性价比要求，选用西门子公司的 S7-200 系列 CPU222 AC/DC/RLY 型 PLC。

4. 系统电气原理图

自动送料小车控制系统的外部电气原理图如图 1-48 所示，其中左行接触器 KM1 和右行接触器 KM2 上分别串接电气互锁触点。

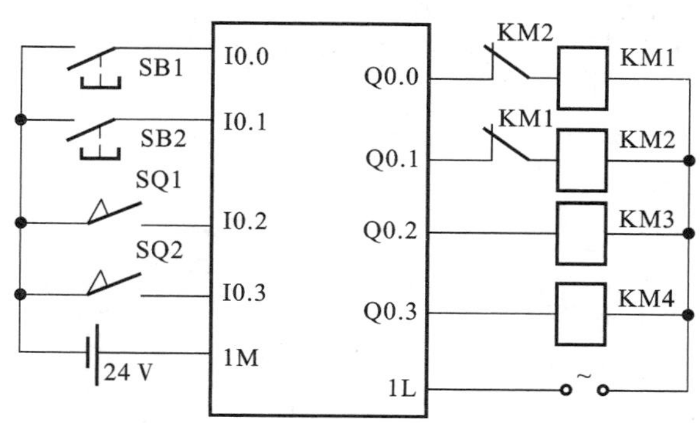

图 1-48　自动送料小车控制系统的外部电气原理图

5. 用经验设计法设计梯形图程序

采用经验设计法，得出送料小车自动往返五次后停止的自动送料小车控制梯形图，如图 1-49 所示。

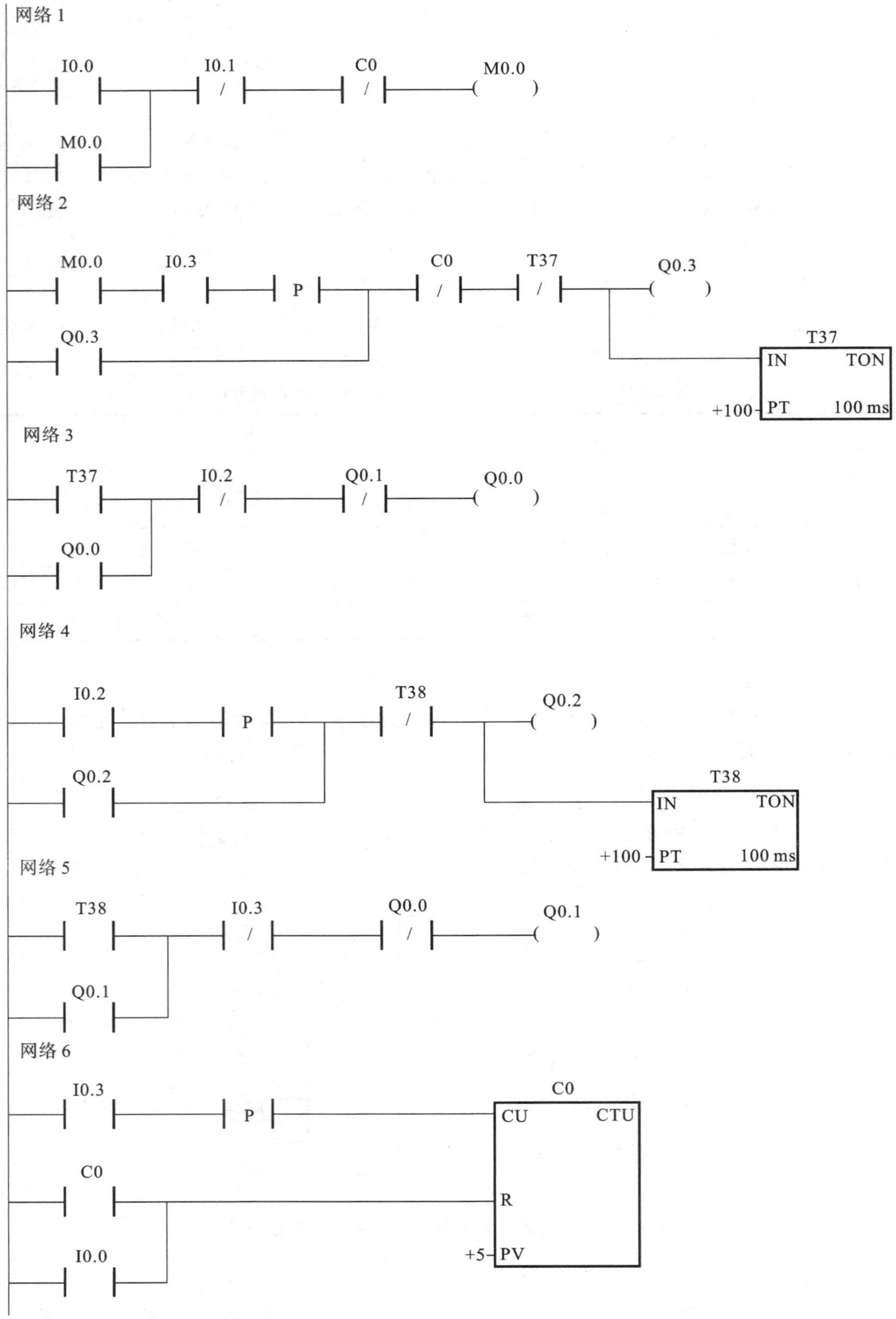

网络 1

I0.0 I0.1 C0 M0.0

M0.0

网络 2

M0.0 I0.3 P C0 T37 Q0.3

Q0.3

T37
IN TON
+100 PT 100 ms

网络 3

T37 I0.2 Q0.1 Q0.0

Q0.0

网络 4

I0.2 P T38 Q0.2

Q0.2

T38
IN TON
+100 PT 100 ms

网络 5

T38 I0.3 Q0.0 Q0.1

Q0.1

网络 6

I0.3 P

C0
CU CTU

C0

R

I0.0

+5 PV

图 1-49　自动送料小车控制梯形图

按下启动按钮时，M0.0得电自锁，Q0.3得电自锁，开始装料，同时T37计时；10 s后小车停止装料，Q0.0得电自锁，启动电动机并使其正转，小车左行，用Q0.1的动断触点与右行互锁。小车碰到左限位开关SQ1后停止左行，Q0.2得电自锁，开始卸料，同时T38计时；10 s后停止卸料，Q0.1得电自锁，电动机反转，小车右行，用Q0.0的动断触点与左行互锁。小车右行碰到右限位开关SQ2后停止右行，开始装料，计数器C0加1，表示完成了一个周期，开始第二个周期的运行。计数器计数值等于5时，计数器动作，C0的动断触点断开，即M0.0断开，系统停止运行，动合触点闭合，即复位计数器C0，等待下次启动。

按下停止按钮SB2(I0.1)，M0.0断开，不管小车处在什么状态，都先执行完一个周期，然后返回起始位置，停止运动。

五、知识拓展

1. 多个定时器组合实现长时延

S7-200系列PLC定时器的最长时延为3276.7 s，如果需要更长的时延，可以采用多个定时器组合来实现。如图1-50所示，当I0.0接通后，共需2400 s×3=7200 s，才使Q0.0接通。因此，从I0.0接通到Q0.0接通共延时2 h。

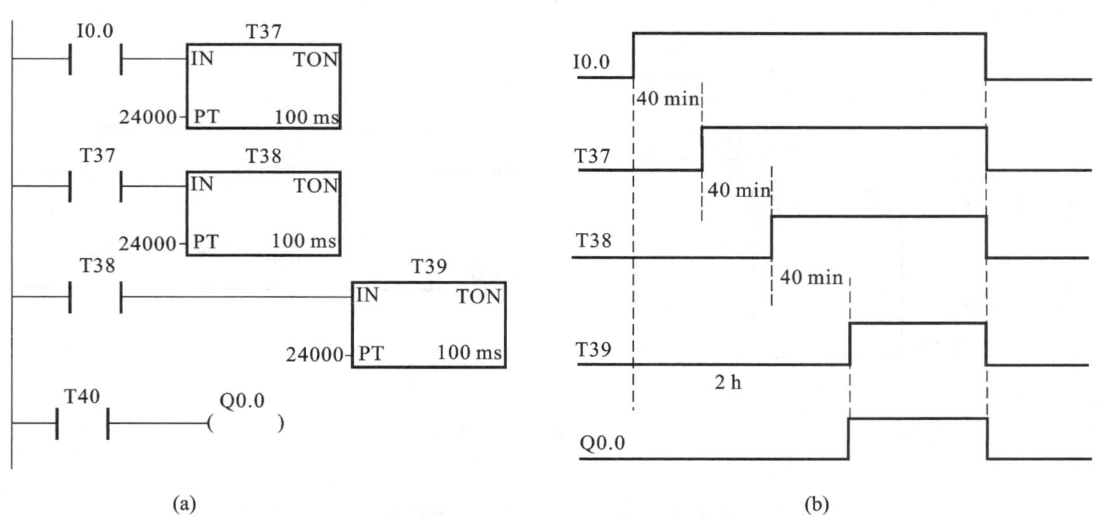

图1-50　多个定时器组合时延控制梯形图和时序图

(a)梯形图；(b)时序图

2. 采用计数器实现长时延

在S7-200系列PLC中还可以采用计数器，或者定时器与计数器的组合来获得长时延。

(1) 采用计数器实现长时延　在图1-51中，以特殊辅助继电器SM0.4(1 min时钟)作为计数器C1的输入脉冲信号，这样时延就是若干分钟(图中为720 min，即12 h)。如果一个计数器不能满足要求，可以将多个计数器串联使用，即用前一个计数器的输出作为后一个计数器的输入脉冲信号，实现更大倍数的时延。

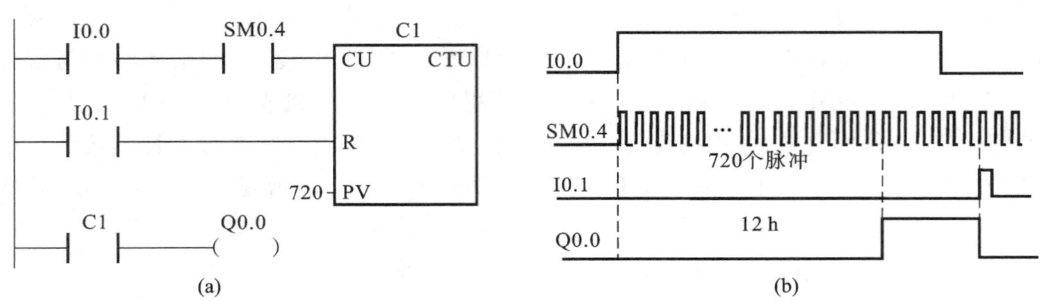

图 1-51　计数器长时延控制梯形图和时序图

(a)梯形图;(b)时序图

(2) 采用定时器与计数器组合实现长时延　如图 1-52 所示,当 I0.0 的常闭触点闭合时,C0 复位不工作。当 I0.0 的常开触点闭合时,T37 开始定时,3000 s 后 T37 定时时间到,其常闭触点断开,T37 复位,复位后 T37 的当前值变为 0,同时其常闭触点接通,使其线圈重新通电,又开始定时。T37 将这样周而复始地工作,直至 I0.0 断开。从分析中可看出,图 1-52(a)中最上面一行是一个脉冲信号发生器程序,脉冲周期等于 T37 的设定值。产生的脉冲序列送给 C0 计数,计满 30000 个数(即 25000 h)后,C0 的当前值等于设定值,它的常开触点闭合,Q0.0 开始输出。

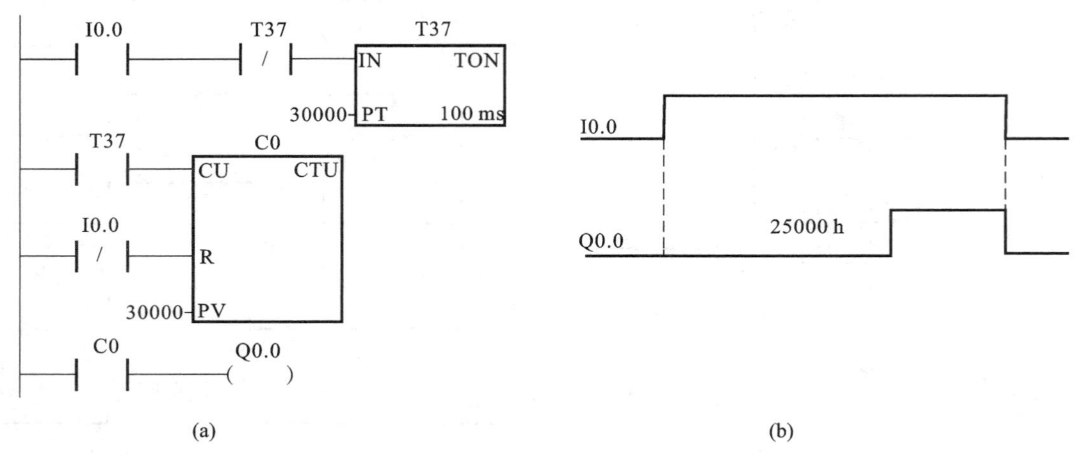

图 1-52　定时器与计数器组合时延控制梯形图和时序图

(a)梯形图;(b)时序图

六、研讨与训练

(1) 在按钮 I0.0 按下后,Q0.0 变为 1 状态并自保持。I0.1 输入 3 个脉冲后(用 C2 计数),T37 开始定时,10 s 后 Q0.0 变为 0 状态,同时 C2 被复位,在 PLC 刚开始执行程序时,C2 也被复位,I0.0、I0.1、Q0.0 的波形图如图 1-53 所示,设计梯形图。

(2) 对某三条传送带的带式运输机有以下控制要求:按下启动按钮,1 号传送带运行 2 s,然后 2 号传送带运行,2 号传送带运行 2 s 后 3 号传送带开始运行,即顺序启动,以防止货物在传送带上堆积;按下停止按钮,3 号传送带先停止,2 s 之后 2 号传送带停止,再过 2 s 后 1 号传送带停止,即逆序停止,以保证停车后传送带上不残存货物。试编写相应的控制梯形图。

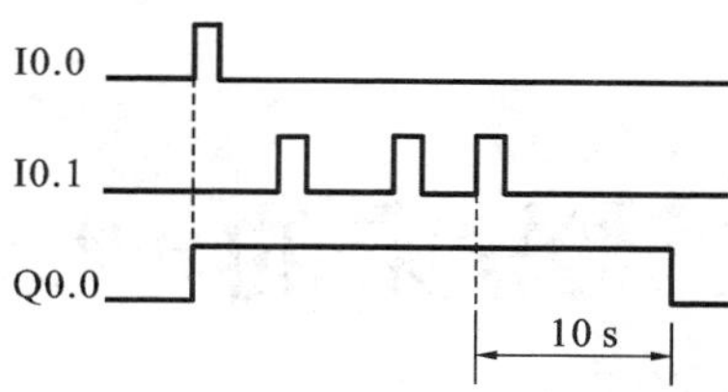

图 1-53　I0.0、I0.1、Q0.0 **波形图**

（3）试设计一个闪烁电路，其中 I0.0 外接带自锁的按钮 SB，Q0.0 外接指示灯 HL。要求如下：按下 SB 按钮，灯 HL 就产生亮 3 s 灭 2 s 的闪烁效果。试编写梯形图。

（4）利用 PLC 控制电动机连续运行电路，只需一个按钮 SB1，此按钮 SB1 既当作启动按钮，又当作停止按钮来使用。控制时序图如图 1-54 所示。请设计梯形图并绘制电气原理图。

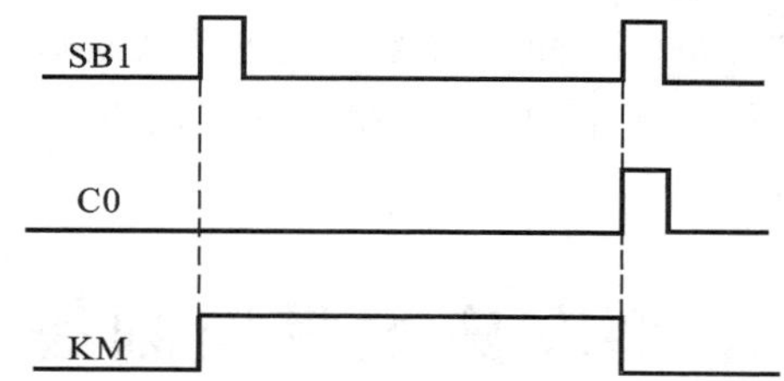

图 1-54　PLC **控制电动机连续运行的控制时序图**

（5）按如图 1-55 所示的时序图设计梯形图。

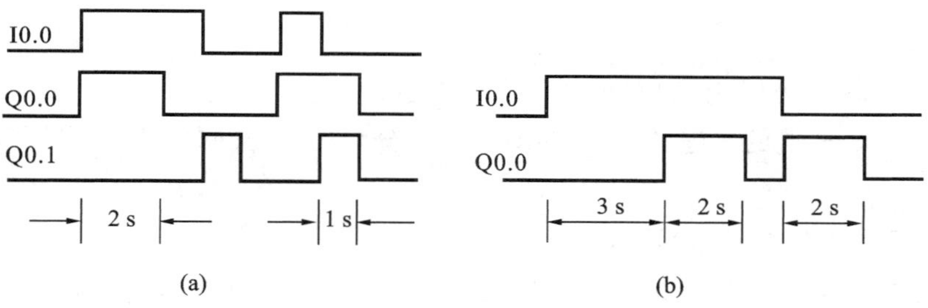

图 1-55　**题**(5)**时序图**

项目二　车床的 PLC 改造

普通车床是一种应用极为广泛的金属切削机床，主要用来车削外圆、端面、内圆、螺纹和型面，可采用钻头、铰刀、镗刀等刀具进行加工。采用继电器控制的车床系统具有故障率高、性能不稳定的缺点，而采用先进的数控机床，已成为我国制造技术发展的总趋势。购买新的数控机床是提高机床数控化率的主要途径，但新的数控机床价格较高，且旧的机床还仍能正常使用，因此通过改造旧机床、配备数控系统把普通机床改装成数控机床，也是提高机床数控化率的一条有效途径。在本项目中，通过学习用 PLC 对两种机床进行改造，来掌握改造普通机床的方法。

任务一　CA6140 型车床电气控制线路的 PLC 改造

一、任务目标

知识目标

(1) 了解 CA6140 型车床 PLC 改造的设计思想；

(2) 了解 PLC 改造的实施过程，包括 I/O 地址分配表、电气原理图、梯形图等内容。

技能目标

(1) 掌握 PLC"老改新"编程法；

(2) 能完成 CA6140 型车床 PLC 改造中的电气接线、程序录入、操作调试等工作。

二、任务描述

在本任务中，要采用 PLC 技术对 CA6140 型车床的电气控制线路进行改造，简化接线，提高其设备可靠性。

三、相关知识

1. CA6140 型车床控制要求与电路分析

图 2-1 所示是 CA6140 型车床的外形及结构图。CA6140 型车床主要由车身、主轴箱、进给箱、溜板箱、方刀架、卡盘、尾架、丝杠和光杠等部件组成。

CA6140 型车床的电气原理图如图 2-2 所示，可分为主电路和控制电路两部分，电路中各设备的名称和作用如表 2-1 所示。

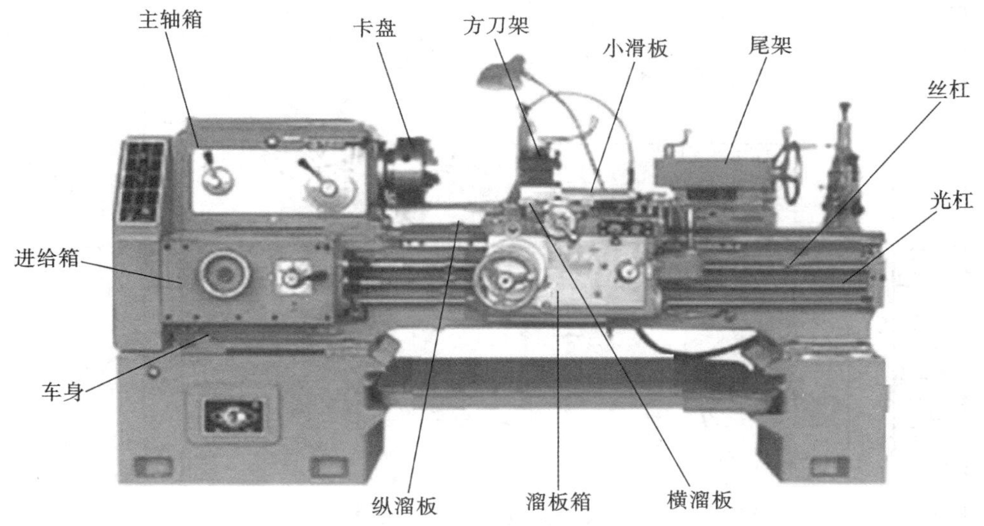

图 2-1　CA6140 **型车床的外形及结构**

1）主电路分析

图 2-2 中，变压器 TC 左边为主电路，主电路中共有三台电动机。

M1 为主轴电动机，用于拖动主轴旋转和使刀架做进给运动；M2 为冷却泵电动机，用于拖动冷却泵输出冷却液；M3 为刀架快速移动电动机，用于拖动刀架实现快速移动。

CA6140 型车床的电源由钥匙开关 SB 和断路器 QF 控制。将 SB(在图 2-2 的区 7 中)右旋，使其常闭触头断开，QF 线圈失电，之后才能合上 QF，将三相电源接入。若将 SB 左旋，则其常闭触头闭合，QF 线圈得电，断路器跳开，机床断电。主轴电动机 M1 由接触器 KM 控制，热继电器 FR1 做过载保护，断路器 QF 做电路的短路和欠压保护；冷却泵电动机 M2 由中间继电器 KA1 控制，热继电器 FR2 做过载保护；刀架快速移动电动机 M3 由中间继电器 KA2 控制，由于是点动控制，因此未设过载保护；FU1 做电动机 M2、M3 和控制变压器 TC 的短路保护。

2）控制电路分析

控制电路的电源由控制变压器 TC 二次侧输出 110 V 电压提供，所以接触器和中间继电器的额定电压全部为 AC 110 V。

(1) 主轴电动机 M1 的控制。

电动机 M1 与启动按钮 SB2、停止按钮 SB1 和接触器 KM 构成电动机单向连续运转电路。

启动时，按下 SB2，KM 线圈通电并自锁，M1 得电，实现单向全压启动，电动机 M1 通过摩擦离合器及传动机构拖动主轴正转或反转，并带动刀架做直线进给运动。

停止时，按下 SB1，KM 线圈失电，M1 失电停转。

(2) 冷却泵电动机 M2 的控制。

主轴电动机 M1 启动之后，KM 常开辅助触头(10-11)闭合，此时接通旋钮开关 SB4，KA1 线圈通电，M2 得电，实现全压启动。

停止时，断开 SB4 或使主轴电动机 M1 停转，则 KA1 断电，使 M2 失电停转。

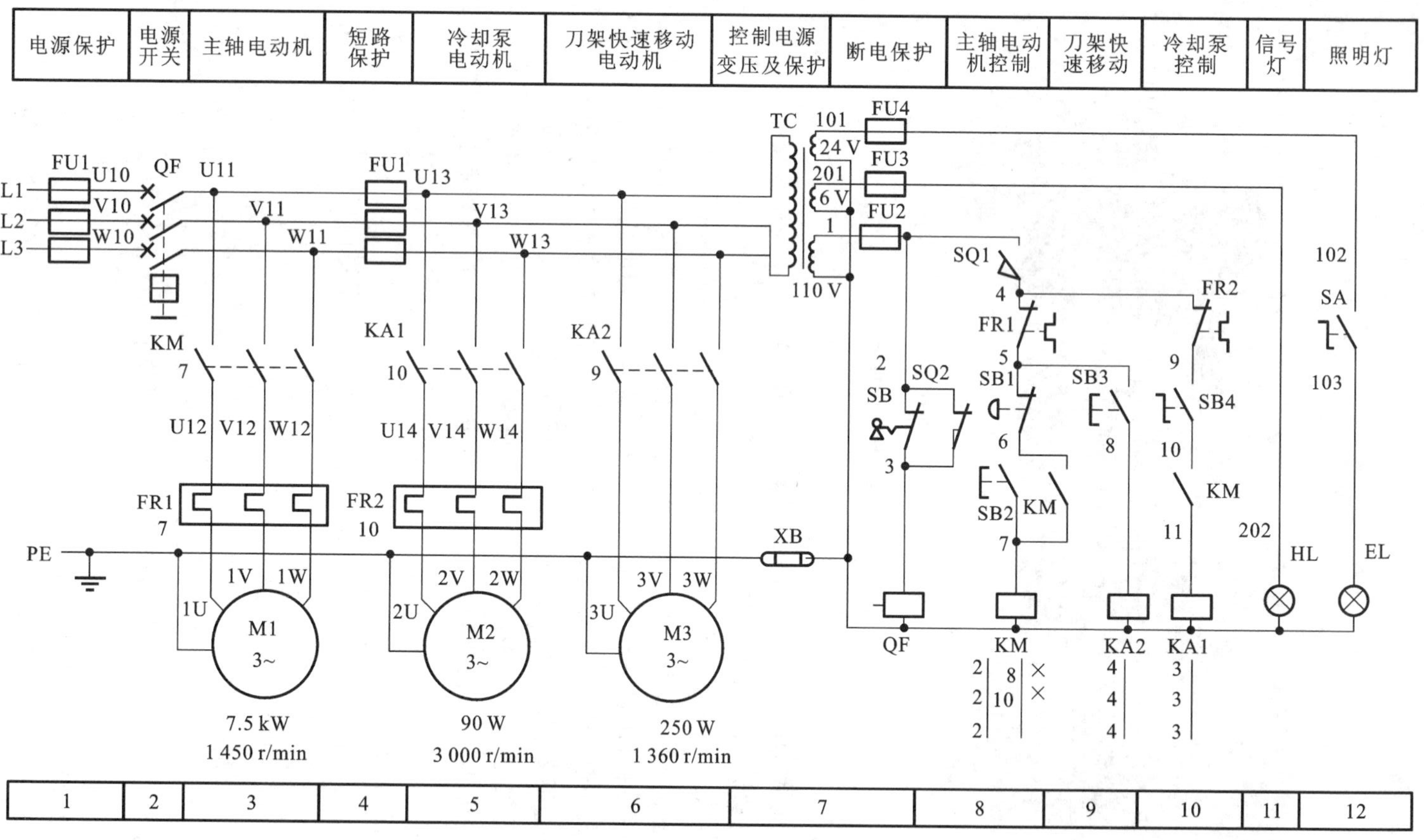

图 2-2 CA6140 型车床的电气原理图

表 2-1　CA6140 型车床电路中各设备的名称和作用

符　号	名　　称	功能说明	符　号	名　　称	功能说明
M1	主轴电动机	主轴及进给传动	SB4	旋钮开关	控制 M2
M2	冷却泵	供冷却液	SB	旋钮开关	电源开关锁
M3	刀架快速移动电动机	使刀架快速移动	SQ1、SQ2	行程开关	开盖断电保护
FR1	热继电器	M1 过载保护	FU1	熔断器	M2、M3 短路保护
FR2	热继电器	M2 过载保护	FU2	熔断器	控制电路短路保护
KM	交流接触器	控制 M1	FU3	熔断器	信号灯短路保护
KA1	中间继电器	控制 M2	FU4	熔断器	照明电路短路保护
KA2	中间继电器	控制 M3	HL	信号灯	电源指示
SB1	按钮	停止 M1	EL	照明灯	工作照明
SB2	按钮	启动 M1	QF	低压断路器	电源开关
SB3	按钮	启动 M3	TC	控制变压器	控制电路电源

（3）刀架快速移动电动机 M3 的控制。

电动机 M3 与按钮 SB3 和中间继电器 KA2 等构成点动控制电路。操作时，先将快、慢速进给手柄扳到所需移动方向，接通相关的传动机构，再按下 SB3，即可使刀架沿该方向快速移动。

3）照明、信号电路分析

控制变压器 TC 的二次侧除了 110 V 控制电压外，还有两组电压输出：一组 24 V，为车床照明灯（EL，由开关 SA 控制）电源；另一组 6 V，为电源信号灯 HL 的电源。车床照明灯和电源信号灯分别由 FU4 和 FU3 做短路保护。

4）保护环节

（1）电源开关带钥匙锁保护。电源开关是带有钥匙锁 SB 的断路器 QF。机床接通电源时需用钥匙开关操作，再合上 QS，增强了安全性。

（2）配电盘壁龛门打开时自动切除电源的保护。在配电盘壁龛门上装有安全限位开关 SQ2，打开配电盘壁龛门时，SQ2 的触头（2-3）闭合，将使断路器 QF 线圈通电而自动跳闸，断开电源，从而确保人身安全。为满足打开机床控制配电盘壁龛门进行带电检修的需要，可将 SQ2 限位开关传动杆拉出，使 SQ2 的触头（2-3）断开，此时 QF 线圈断电，QF 开关仍可合上。带电检修完毕，关上壁龛门后，将 SQ2 开关传动杆复位，SQ2 照常起保护作用。

（3）传送带罩开罩掉电保护。机床床头传送带罩处设有安全限位开关 SQ1，打开传送带罩时，SQ1 的触头（1-4）断开，将接触器 KM、KA1、KA2 的线圈电路切断，电动机将全部失电停转，可确保人身安全。

2. 车床电气控制线路的 PLC 改造基本方法——移植法

经验设计法一般适合用来设计一些简单的梯形图程序或复杂系统的某一局部程序（如手动程序等），如果用来设计复杂系统梯形图，则存在以下问题：

① 设计麻烦，设计周期长；

② 梯形图的可读性差，系统维护困难。

所以对一些老电路进行改造时，经常采用移植法，也称为“老改新”法。这是因为原有的继电器-接触器控制系统经过长时间的使用和考验，已经被证明能完成系统要求的控制功能，而继电器-接触器控制系统电路图又与梯形图有很多相似之处，因此可以将继电器电路图“翻译”成梯形图，即用 PLC 控制系统的电气原理图和梯形图代替继电器-接触器控制系统电路图。采用这种设计方法时一般不需要改动控制面板,而可保持系统原有的外部特性,使得操作人员不用改变长期形成的操作习惯。同时,进行PLC改造时,主电路应保持不变,只需对相关辅助电路进行“翻译”改造,根据继电器电路图设计PLC梯形图。

1) 转换设计的步骤

将继电器电路图转换成为功能相同的PLC控制系统的电气原理图和梯形图的步骤如下。

(1) 了解和熟悉被控设备的工作原理、工艺过程和机械的动作情况。

(2) 确定PLC的输入信号和输出负载。继电器电路图中的按钮操作开关、行程开关和接近开关等提供信号给PLC的数字量输入继电器I,交流接触器和电磁阀等执行机构利用PLC的输出位Q来实现控制功能,它们的线圈接在PLC的输出端。电路图中的中间继电器和时间继电器的功能用PLC内部的存储器位和定时器来实现,它们与PLC的输入位、输出位无关。

(3) 选择PLC的型号,根据系统所需要的功能和规模选择CPU模块、电源模块及数字量输入/输出模块,确定输入/输出模块在机架中的安装位置和它们的起始地址。

(4) 确定PLC各数字量输入信号与输出负载对应的输入位和输出位的地址,画出PLC控制系统的电气原理图。

(5) 确定与继电器电路图中的中间继电器、时间继电器对应的梯形图中的存储器和定时器、计数器的地址。

(6) 根据上述的对应关系画出梯形图并进一步优化,使梯形图符合控制要求。

2) 注意事项

根据继电器电路图设计PLC控制系统的电气原理图和梯形图时应注意以下问题。

(1) 应遵守梯形图语言中的语法规定。

(2) 适当地分离继电器电路图中的某些电路。设计继电器电路图时的一个基本原则是尽量减少图中使用的触点的个数,在设计梯形图时首要的问题是设计的思路要清楚,同时设计出的梯形图应容易阅读和理解,不必在意是否会多用几个触点,因为这不会增加硬件的成本。

(3) 尽量减少PLC的输入和输出点。PLC的价格与输入/输出点数有关,因此尽量减少输入/输出点数是降低硬件费用的主要措施。在PLC的外部输入电路中,各输入端可以接常开点或常闭点,也可以接由触点组成的串并联电路。

(4) 时间继电器的处理。时间继电器除了有延时动作的触点外,还有在线圈通电瞬间接通的瞬动触点。在梯形图中,可以在定时器的线圈两端并联位存储器的线圈,位存储器的触点相当于定时器的瞬动触点。

(5) 设置中间单元。在梯形图中,若多个线圈都受某一触点串并联电路的控制,为了简化电路,在梯形图中可以设置中间单元,即用该电路来控制某位存储器,在各线圈的控制电路中使用其常开触点。这种中间元件类似于继电器电路中的中间继电器。

(6) 设立外部互锁电路。控制异步电动机正反转的交流接触器如果同时动作,会造成三相电源短路。为了防止出现这样的事故,应在PLC外部设置硬件电气互锁电路。

(7) 外部负载的额定电压。PLC双向晶闸管输出模块一般只能驱动额定电压为AC 220 V的负载。如果系统原来的交流接触器的线圈电压为380 V,则应将其换成220 V的线圈,或是设置外部中间继电器。

四、任务实施

1. 任务分析

在PLC改造时,保持CA6140型车床的操作方式不变、加工工艺不变,机床原有的按钮、

交流接触器、热继电器、控制变压器等继续使用，并且其控制作用保持不变，在此前提下，将原有的继电控制线路改为由 PLC 编程来实现。可采用移植法。

2. PLC 的 I/O 地址分配

根据 CA6140 型车床的控制要求，确定 PLC 的 I/O 地址分配情况，如表 2-2 所示。

表 2-2　改造后 CA6140 型车床 PLC 的 I/O 地址分配表

输　入			输　出		
元件名称	符号	地址	元件名称	符号	地址
主轴电动机停止按钮	SB1	I0.0	接触器	KM1	Q0.0
主轴电动机启动按钮	SB2	I0.1	中间继电器(泵)	KA1	Q0.1
快速移动电动机点动按钮	SB3	I0.2	中间继电器(刀架)	KA2	Q0.2
冷却泵旋转开关	SB4	I0.3			
主轴过载保护热继电器	FR1	I0.4			
冷却泵过载保护热继电器	FR2	I0.5			

3. PLC 的选型

根据 I/O 资源的配置，系统共有六个开关量输入信号、三个开关量输出信号。考虑 I/O 资源利用率及 PLC 的性价比要求，选用西门子 S7-200 系列 CPU224 AC/DC/RLY 型 PLC。

4. PLC 改造后的电气原理图

采用 PLC 对 CA6140 型车床进行改造后的电气原理图如图 2-3 所示。

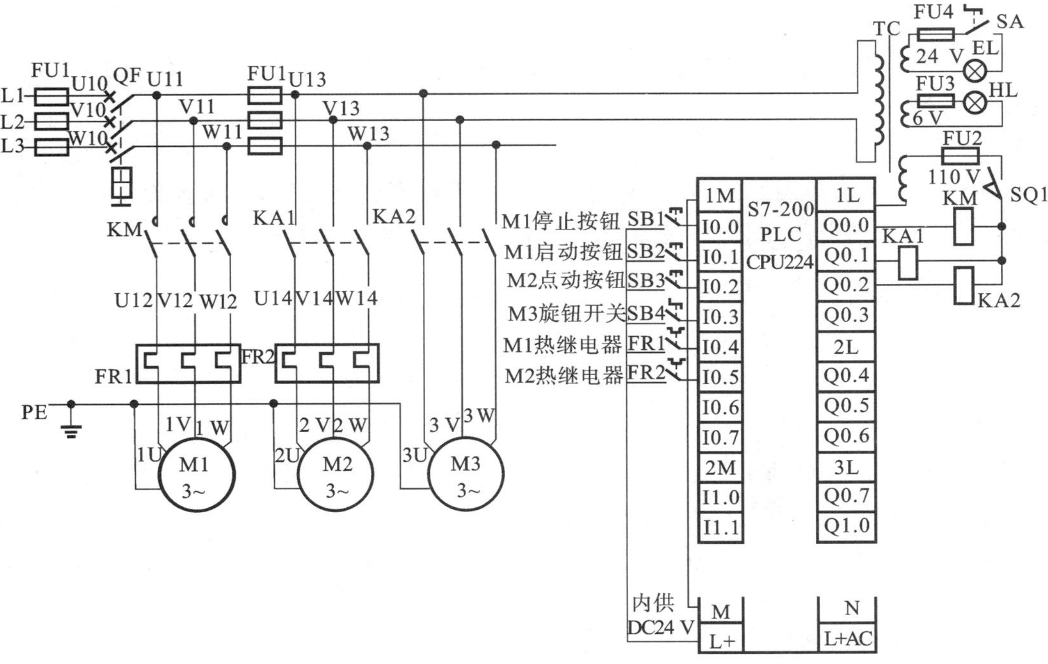

图 2-3　CA6140 型车床 PLC 改造后的电气原理图

5. 编制 PLC 控制程序

采用移植法将原有的继电控制电路转换成 PLC 控制程序,即梯形图,如图 2-4 所示。

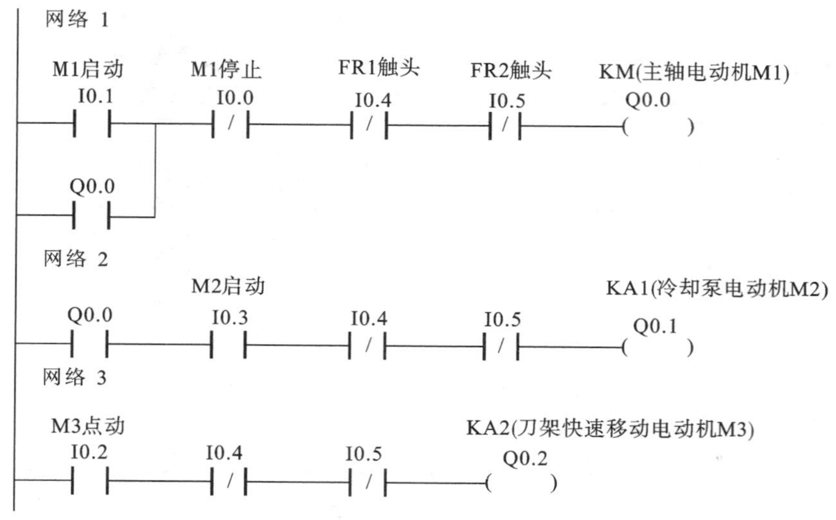

图 2-4　CA6140 型车床 PLC 控制梯形图

6. 电气控制线路的安装与调试

1) 安装与接线

(1) 按图 2-3 所示的电气原理图在模拟配线板上进行正确安装。元件在配线板上布置要合理,安装要准确、紧固,导线要连接紧固、美观,导线要进入线槽,引出端要有端子标号并且要压端子。

(2) 将熔断器、接触器、继电器、电源开关、控制变压器、PLC 装在一块配线板上,而将主令电器按钮装在另一块配线板上。

2) 程序录入与调试

将所编程序正确录入 PLC,在接触器 380 V 电源断开的情况下,按被控设备的动作要求进行模拟调试,达到设计要求。然后将 380 V 电源接入接触器进行通电调试。

五、知识拓展

1. PLC 选型

在进行系统改造或设计时,首先应确定控制方案,之后就是 PLC 选型。工艺流程的特点和应用要求是 PLC 选型的主要依据。进行 PLC 选型和估算时,应详细分析工艺过程的特点、控制要求,明确控制任务和范围,确定所需的操作和动作,然后根据控制要求,估算 I/O 点数、所需存储器容量,确定 PLC 的功能、外部设备特性等。最后选择有较高性价比的 PLC 并设计相应的控制系统。

1) I/O 点数的估算

估算 I/O 点数时应考虑适当的余量。通常在统计的 I/O 点数的基础上增加 10%～20% 的可扩展余量来估算 I/O 点数。实际订货时,还需根据制造厂商 PLC 的产品特点,对 I/O 点数进行调整。

2）存储器容量的估算

存储器容量是 PLC 本身能提供的硬件存储单元的大小，程序容量是存储器中用户应用项目使用的存储单元的大小，因此程序容量应小于存储器容量。通常要估算存储器容量，从而间接了解程序容量，便于 PLC 的设计选型。

存储器容量的估算没有固定的公式，许多文献资料中给出了不同公式，大体上都是按数字量 I/O 点数的 10～15 倍，加上模拟 I/O 点数的 100 倍作为内存的总字数（16 位为一个字），另外再按内存总字数的 25％考虑余量。

3）控制功能的选择

控制功能的选择包括运算功能、控制功能、通信功能、编程功能、诊断功能和处理速度等特性的选择。

（1）运算功能　设计选型时应从实际应用的要求出发，合理选用所需的运算功能。大多数应用场合只需要逻辑运算和计时、计数功能；有些应用需要数据传送和比较功能；要显示数据时需要译码和编码等运算功能；当用于模拟量检测和控制时，才需要代数运算、数值转换和 PID 运算等功能。

（2）控制功能　PLC 主要用于顺序逻辑控制，因此，常采用单回路或多回路控制器解决模拟量的控制问题，有时也采用专用的智能 I/O 单元来完成所需的控制功能，以提高 PLC 的处理速度和节省存储器容量。例如采用 PID 控制单元、高速计数器、带速度补偿的模拟单元等来实现控制功能。

（3）通信功能　PLC 系统的通信接口应包括串行通信接口（RS-232C/422A/423/485 接口）和并行通信接口、可重复配置 I/O（RIO）接口、工业以太网接口、常用 DCS（分布式控制系统）接口等；大中型 PLC 通信总线（含接口设备和电缆）应按 1∶1 的比例进行冗余配置，通信总线应符合国际标准，通信距离应满足装置实际要求。

（4）编程功能　PLC 的编程方式有离线编程方式和在线编程方式。

离线编程方式：PLC 和编程器共用一个 CPU，编程和控制不能同时进行。完成编程后，编程器切换到 RUN 模式，CPU 才能对现场设备进行控制。

在线编程方式：CPU 和编程器有各自的 CPU，主机 CPU 负责现场控制，并在一个扫描周期内与编程器进行数据交换，编程器把在线编制的程序或数据发送到主机，下一个扫描周期，主机就根据新收到的程序运行。这种方式成本较高，但系统调试和操作方便，在大中型 PLC 中常采用。

（5）诊断功能　PLC 的诊断功能包括硬件和软件的诊断。硬件诊断是指通过硬件的逻辑判断确定硬件的故障位置。软件诊断分内诊断和外诊断，通过软件对 PLC 内部的性能和功能进行诊断是内诊断，通过软件对 PLC 的 CPU 与外部输入/输出等部件进行信息交换的功能进行诊断是外诊断。

（6）处理速度　PLC 采用扫描方式工作。从实时性要求来看，PLC 的处理速度越快越好，但如果信号持续时间小于一个扫描周期，则 PLC 将扫描不到该信号，从而造成信号数据的丢失。

处理速度与用户程序的长度、CPU 处理速度、软件质量等有关。

4）机型的选择

（1）PLC 的类型　如前所述，PLC 按结构可分为单元式、模块式和叠装式三类，按功能、I/O 点数和存储容量可分为小型、中型和大型三类。此外，PLC 还可按应用环境分为现场安装和控制室安装两类；按 CPU 字长分为 1 位、4 位、8 位、16 位、32 位、64 位等类型。从应用角度出发，通常可按功能、I/O 点数选型。单元式 PLC 的 I/O 点数固定，因此用户选择的余地较小,用于小型控制系统;模块式PLC提供多种I/O卡或插卡,用户可较合理地选择和配置控制系统的I/O点数,功能扩展方便灵活,一般用于大中型控制系统。

(2) I/O模块的选择　进行I/O模块的选择时应考虑应用要求。例如:对输入模块,应考虑信号电平、信号传输距离、信号隔离、信号供电方式等应用要求;对输出模块,应考虑选用的输出模块类型。通常继电器输出模块具有价格低、使用电压范围广、寿命短、响应时间较长等特点;可控硅输出模块适用于开关频繁,带电感性、低功率因数负载场合,但价格较贵,过载能力较差。输出模块还有直流输出、交流输出和模拟量输出等几种类型,与应用要求应一致。

(3) 电源的选择　PLC的供电电源一般应选用220 V交流电源,与国内电网电压一致。重要的应用场合应采用不间断电源或稳压电源供电。如果PLC本身带有可使用的电源,应校核其所提供的电流是否满足应用要求、是否需要设计外接供电电源。

(4) 存储器的选择　由于计算机集成芯片技术的发展,存储器的价格已下降,因此,为保证应用项目的正常投运,一般要求PLC的存储器容量按256个I/O点至少选8 KB的内存容量的原则选取。需要复杂控制功能时,应选择容量更大、档次更高的存储器。

(5) 经济性的考虑　选择PLC时应考虑性价比。考虑经济性时,应同时考虑应用的可扩展性、可操作性、投入产出比等因素,进行比较和权衡,最终选出较满意的产品。

对于一些要求较高的场合,还需要有冗余功能。对重要的过程单元和控制回路的多点I/O卡应进行冗余配置。

六、研讨与训练

(1) CA6140型车床经PLC改造后的电气控制系统由哪几部分组成?

(2) 给主轴电动机、冷却泵电动机和刀架快速移动电动机各增加一只运行状态指示灯,控制程序应如何修改?

(3) 三相异步电动机正反转控制采用继电器-接触器控制系统实现,相应的控制线路如图2-5所示,试将该控制系统改造为PLC控制系统。

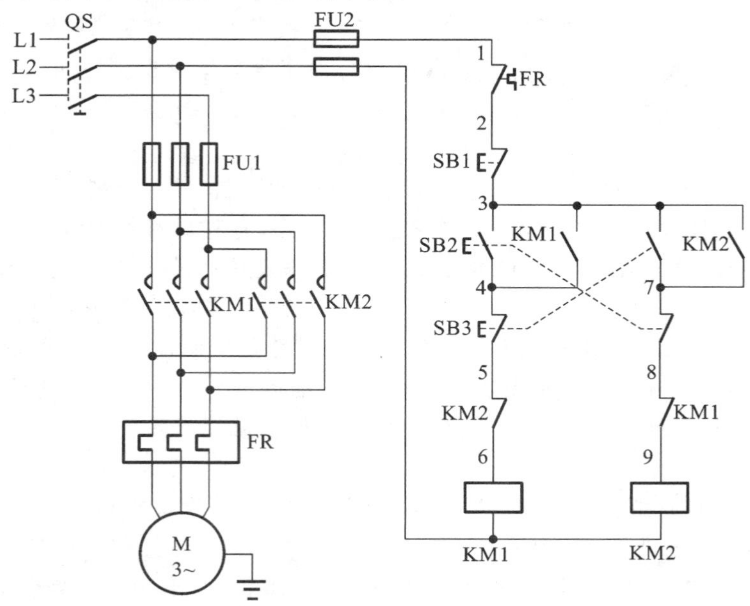

图2-5　三相异步电动机正反转电气控制线路

任务二 C650 型车床电气控制线路的 PLC 改造

一、任务目标

知识目标

(1) 了解 C650 型车床 PLC 改造的设计思想;

(2) 掌握 PLC 改造的实施过程,包括 I/O 地址分配表、PLC 控制系统电气原理图、梯形图等内容。

技能目标

能完成 C650 型车床 PLC 改造中的电气接线、程序录入、操作调试等工作。

二、任务描述

C650 型车床是一种中型车床,除有主轴电动机和冷却泵电动机外,为提高生产率、减少辅助时间,还设置了刀架快速移动电动机。C650 型车床具有较大的惯性,为了能快速停车,还具有反接制动功能,因此控制电路较 CA6140 型车床复杂,可靠性也就更差。从节约资源、灵活应用的角度出发,应用 PLC 技术对 C650 型车床的电气控制线路进行改造,简化接线,提高设备的稳定性、可靠性。

三、相关知识

1. C650 型车床线路组成

C650 型车床属于中型车床,共有三台电动机:M1 为主轴电动机,拖动主轴旋转,要求能实现正反转,并通过进给机构实现进给运动;M2 为冷却泵电动机,实现冷却液供给;M3 为刀架快速移动电动机,拖动刀架快速移动。为提高工作效率,该机床采用了反接制动控制方式。为了减少制动电流,制动时在定子回路串入了限流电阻 R。图 2-6 所示是 C650 型车床的电气原理图。

2. 机床电路分析

C650 型车床电路分为主电路和控制电路。

1) 主电路分析

如图 2-6 所示,C650 型车床主电路为设有三台电动机的驱动电路。组合开关 QF 为电源开关,FU1 为主电动机 M1 的短路保护熔断器,FR1 为 M1 的过载保护热继电器,R 为限流电阻。电流表 A 经电流互感器 TA 接在主电动机 M1 的动力回路上,用来监视电动机 M1 的绕组电流。图中时间继电器的常闭开关 KT 的作用是短接电流表 A,以便电流表躲避启动时尖峰电流的冲击。KM3、KM4 为控制主轴电动机正反转的接触器,KM 是用于短接电阻 R 的接触器,由 KM3、KM4、KM 的主触头相互组合控制主轴电动机 M1。速度继电器 KS 供控制电动机的正反转制动用。

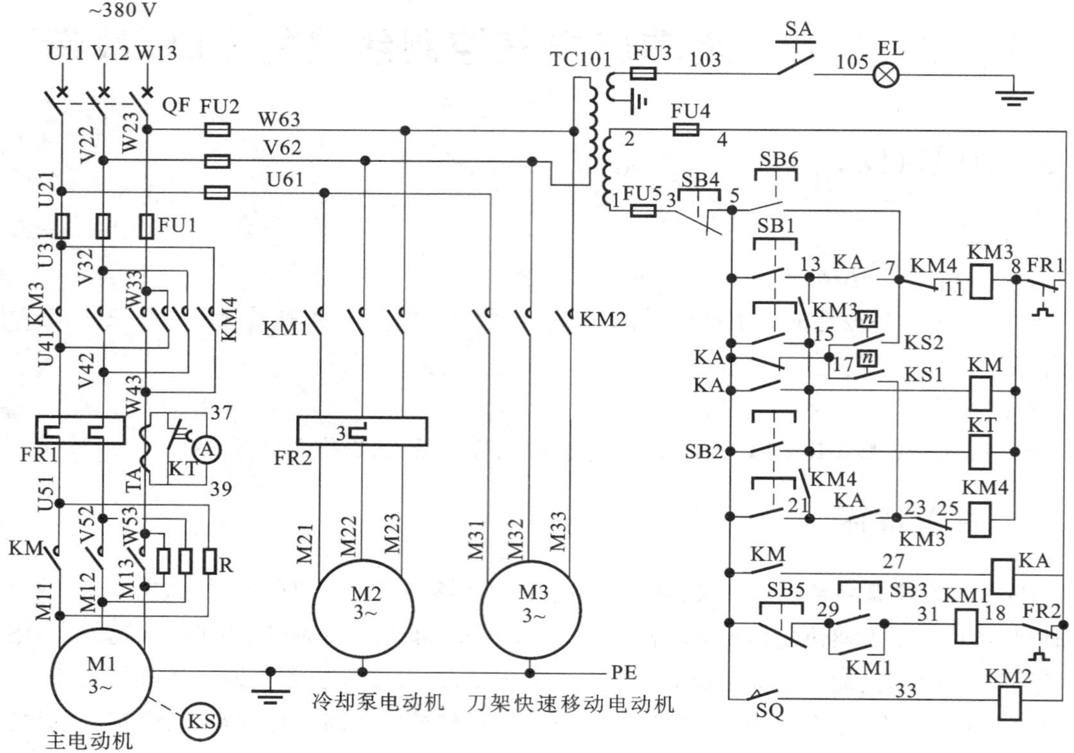

图 2-6　C650 型车床电气原理图

FU2 为冷却泵电动机 M2 和刀架快速移动电动机 M3 的短路保护熔断器，KM1 为控制 M2 运行的接触器，FR2 为 M2 过载保护热继电器。KM2 为控制 M3 运行的接触器，M3 做点动运行，故不设置热继电器保护。

2）交流控制电路

(1) 主电动机的点动调整控制。电路中 KM3 为 M1 电动机的正转接触器，KM 为 M1 电动机的连续运行接触器，KA 为中间继电器。M1 电动机的点动由点动按钮 SB6 控制。按下按钮 SB6，接触器 KM3 得电吸合，它的主触点闭合，电动机的定子绕组经限流电阻 R 与电源接通，电动机在较低速度下启动。

(2) 主电动机的正反转控制电路。主电动机 M1 正转由正向启动按钮 SB1 控制。按下 SB1 时，接触器 KM 首先得电动作，它的主触点闭合，将限流电阻 R 短接，接触器 KM 的辅助动合触点闭合，使中间继电器 KA 得电，它的触点(13-7)闭合，使接触器 KM3 得电吸合。KM3 的主触点将三相电源接通，电动机在额定电压下正转启动。KM3 的动合触点(15-13)和 KA 的动合触点(5-15)闭合，将 KM3 的线圈自锁。主电动机 M1 反转启动时，按下 SB2，同样是接触器 KM 得电，然后接通接触器 KM4 和中间继电器 KA，于是电动机在满压下反转启动。KM3 的动断辅助触点(23-25)、KM4 的动断辅助触点(7-11)分别串在对方接触器线圈的回路中，起到电动机正转与反转的电气互锁作用。

(3) 主电动机的反接制动控制。当电动机的转速接近零时，用速度继电器的触点信号切断电动机的电源。

当电动机正转时，速度继电器的正转常开触电 KS1(17-23)闭合；电动机反转时，速度继电器的反转动合触点 KS2(17-7)闭合。当电动机正向旋转时，接触器 KM3 和 KM、继电器 KA 都处于得电工作状态，速度继电器 KS 的正转动合触点 KS1(17-23)也是闭合的，这样就为电动机正转时的反接制动做好了准备。需要停车时，按下停止按钮 SB4，接触器 KM 失电，其主触点断开，电阻 R 串入主电路。与此同时，KM3 失电，断开电动机的电源，KA 失电，KA 的动断触点闭合。松开 SB4 后，反转接触器 KM4 的线圈通过 1-3-5-17-23-25 电路得电，电动机的电源反接，电动机处于反接制动状态。当电动机的转速下降到速度继电器的复位转速时，速度继电器 KS 的正转动合触点 KS1(17-23)断开，切断接触器 KM4 的通电回路，电动机脱离电源自由停车。

电动机反转时的制动与正转时的制动相似，读者可自行分析。

(4) 刀架的快速移动和冷却泵的控制。刀架的快速移动是通过转动刀架手柄、压动限位开关 SQ 来实现的。当手柄压动 SQ 后，接触器 KM2 得电吸合，M3 电动机转动，带动刀架快速移动。M2 为冷却泵电动机，它的启动与停止是通过按钮 SB3 和 SB5 控制的。

(5) 照明电路和控制电源分析。TC 为多绕组变压器，二次侧有两路电压：一路电压为 110 V，为控制电路提供电源；另一路电压为 36 V(安全电压)，供照明电路使用。SA 为控制照明电路的开关，SA 闭合时照明灯 EL 点亮，SA 断开则 EL 熄灭。

(6) 电流表保护电路分析。监视主电路负载的电流表是通过电流互感接入的。为防止电动机启动电流对电流表的冲击，电路中采用了一个时间继电器 KT。当电动机启动时，KT 线圈通电，而 KT 的延时断开动断触点尚未动作，电流互感器二次电流只流经该触点构成的闭合回路，电流表没有电流流过。启动后，KT 延时断开的动断触点打开，此时电流流经电流表，反映出负载电流的大小。

四、任务实施

1. 任务分析

进行 PLC 改造时，保持 C650 型车床的操作方式不变，加工工艺不变，机床原有的按钮、交流接触器、热继电器、控制变压器等继续使用，并且其控制作用保持不变，在此前提下，将原有的电气控制线路改为由 PLC 编程来实现。可采用经验法，也可采用移植法。本任务采用经验法进行改造。通过前面的分析可知，C650 型车床改造主要内容如下。

(1) 主电动机 M1 采用全压空载直接启动(KM3、KM 接通)。

(2) 要求主电动机 M1 能实现正向(KM3、KM 接通)、反向(KM4、KM 接通)连续运转。停止时，由于工件转动惯量大，采用反接制动方式。

(3) 为便于对刀操作，要求 M1 能实现单向点动控制(KM3 接通)，同时定子串入电阻(KM 断开)，实现低速点动。

(4) 主轴启动之后，再启动冷却泵电动机(KM1 接通)。

(5) 有必要的保护和联锁设置，有安全可靠的照明电路(EL 亮)。

(6) 原车床的加工工艺不变。

(7) 不改变原控制系统电气操作方法和按钮、手柄等操作元件的功能。

2. PLC的I/O地址分配

改造后的C650型车床PLC的I/O地址分配情况如表2-3所示。

表2-3 改造后的C650型车床PLC的I/O地址分配表

符号	地址	元件名称	符号	地址	元件名称
SA	I0.1	照明灯EL开关	SQ	I1.3	限位开关
SB1	I0.2	主电动机正向启动按钮	FR2	I1.4	冷却泵电动机过载保护热继电器
SB4	I0.3	总停止按钮	EL	Q0.0	照明灯
FR1	I0.4	主电动机过载保护热继电器	KM3	Q0.1	主电动机正转接触器
SB6	I0.5	主电动机正向点动按钮	KM	Q0.2	短接限流电阻接触器
KS1	I0.6	速度继电器正转触点	KM4	Q0.3	主电动机反转接触器
SB2	I0.7	主轴反向启动按钮	KM1	Q0.4	冷却泵电动机接触器
KS2	I1.0	速度继电器反转触点	KM2	Q0.5	刀架快速移动电动机接触器
SB3	I1.1	冷却泵启动按钮	KA	Q0.6	保护电流表开关
SB5	I1.2	冷却泵停止按钮			

3. PLC的选型

根据I/O资源的配置,系统共有十三个开关量输入信号、七个开关量输出信号。考虑I/O资源利用率及PLC的性价比要求,选用西门子公司的S7-200系列CPU224型PLC。

4. 硬件电路设计

主电路不变,控制电路用PLC代替即可。由表2-3可以画出PLC控制的电气原理图,如图2-7所示。

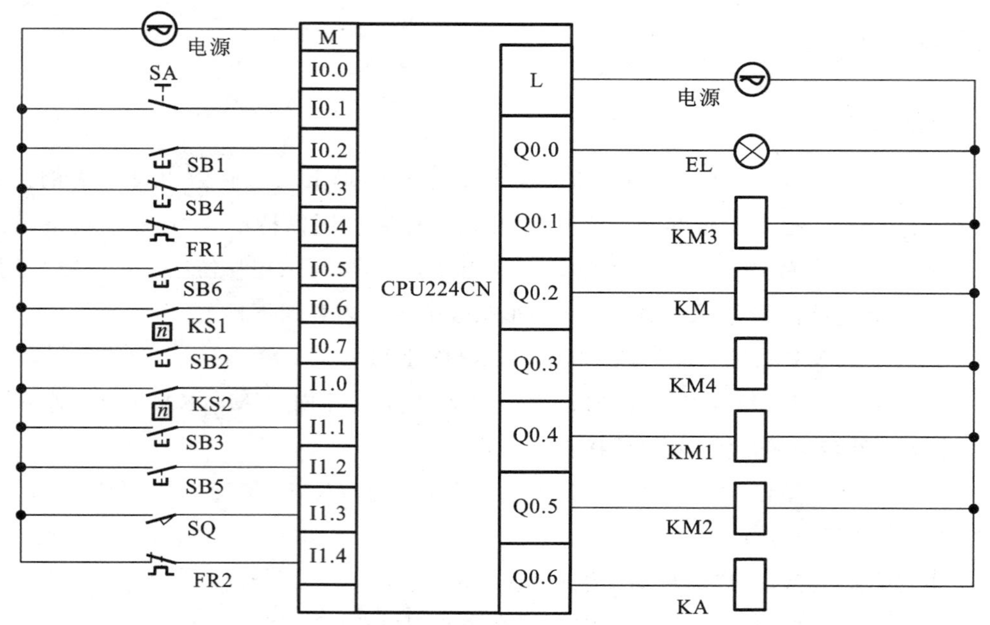

图2-7 C650型车床PLC控制的电气原理图

5．程序设计

采用经验设计法，逐步完成各项控制要求，并修改完善，得到 C650 型车床的 PLC 控制梯形图(见图 2-8)。

6．电气控制线路的安装与调试

安装与调试过程与任务一中相同。

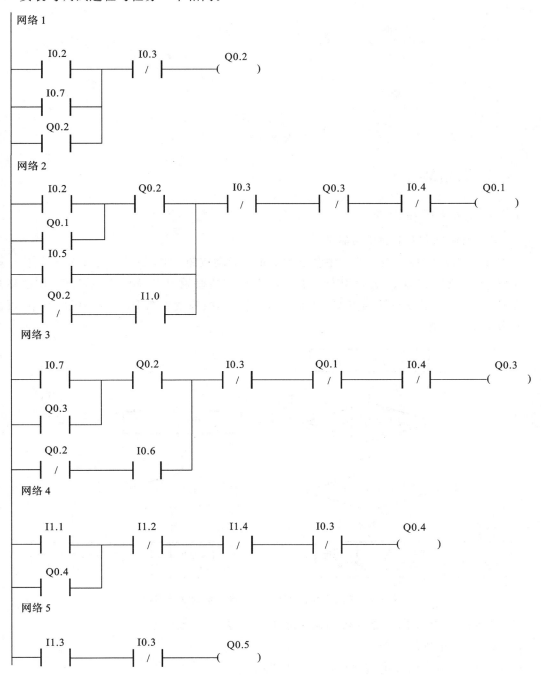

图 2-8　C650 型车床 PLC 控制梯形图

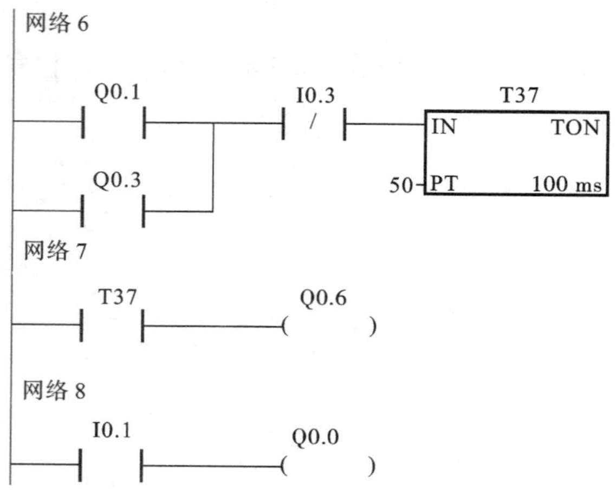

续图 2-8

五、知识拓展

1. 车床改造问题检修

1）主轴电动机 M1 不能正向启动

先合上电源开关 QF,然后按下主轴电动机正向启动按钮 SB1,如果电动机 M1 不启动,则检查 PLC 主轴输出点 Q0.1 指示灯是否点亮。若 PLC 主轴输出点 Q0.1 指示灯亮,则故障必然发生在主电路上;若主轴输出点 Q0.1 指示灯不亮,则故障发生在 PLC 及外围电路中,可按图 2-9 所示步骤检修。

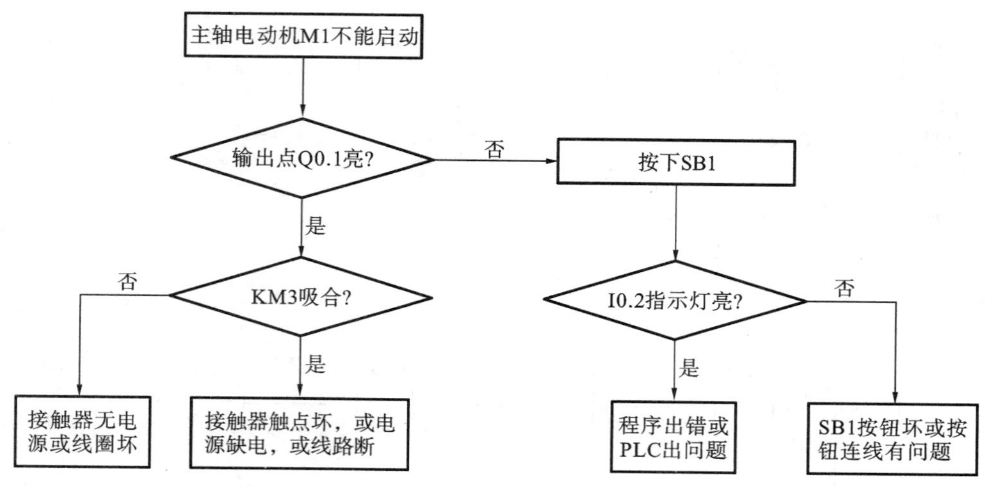

图 2-9 主轴电动机 M1 不能正向启动的检修流程

如果主轴电动机反向不能启动,也可用类似的方法排除故障。

2）其他常见电气故障

C650 型车床其他常见电气故障如表 2-4 所示。

表 2-4　C650 型车床其他常见电气故障

故障现象	故障原因	处理方法
M1 正(反)转时停车不能制动,自由停车	正转速度继电器 KS1 损坏(反转速度继电器 KS2 损坏)	更换
反接制动后不能停车	速度继电器 KS1(KS2)坏	更换
主轴电动机在运行中停车	热继电器 FR1 动作,动作原因可能是:电源电压不平衡或过低;整定值偏小;负载过重;导线接触不良;等等	找出 FR1 动作的原因,排除后使其复位
照明灯 EL 不亮	照明灯开关坏;灯泡坏;FU3 熔断;SA 触头接触不良;TC 二次侧绕组断线或接头松脱;灯光和灯头接触不良;等等	采取相应措施修复

六、研讨与训练

C620 型车床电气控制线路如图 2-10 所示,线路分析如下:

① 主电路分析　主电路共有两台电动机:M1 为主轴电动机,带动主轴旋转,并带动刀架做进给运动;M2 为冷却泵电动机,用以输送冷却液。主轴采用摩擦离合器实现正反转,所以主轴只需单向运行即可。

② 控制电路分析　要启动主轴电动机时,按下主轴启动按钮 SB2,接触器 KM 线圈得电,接触器 KM 主触头闭合,主轴电动机 M1 运转。要使主轴电动机 M1 停止运转时,按下按钮 SB1,接触器 KM 线圈失电,主轴电动机 M1 停止运转。由于主轴电动机 M1 和冷却泵电动机 M2 的控制方式为顺序控制,因此只有当主轴电动机 M1 启动后,将旋转开关 QS2 向右旋转时冷却泵电动机 M2 才启动,当 M1 停止运行时,M2 自动停转。

EL 作为车床的照明灯,由旋转开关 QS3 控制。

请用 PLC 对该车床的电气控制线路进行改造。

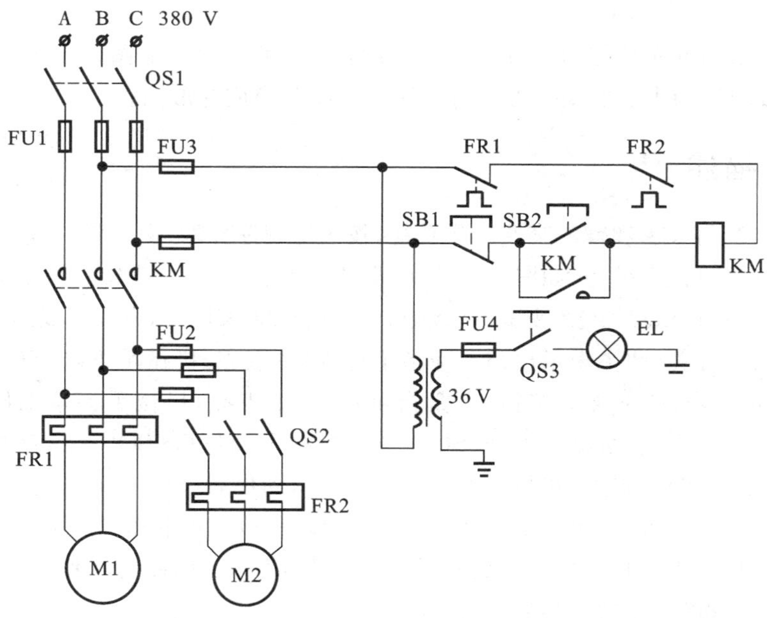

图 2-10　C620 型车床电气控制线路

项目三　机械手控制系统设计

机械手是模仿人手而产生的，它可以自由伸缩、旋转，在很大程度上可以代替人类从事工件的装卸、转向、输送或操持焊枪、喷枪、扳手等工具进行加工、装配等作业，使人类得以从重复、繁杂的工作中解脱出来。随着世界各国工业生产的飞速发展、自动化程度的迅速提高，机械手已引起人们愈来愈多的重视，同时也要求供料机构更加灵活、柔性化，以适应供送不同物品的需求，这使得供送料机械手在自动机、自动线上得到了愈来愈广泛的应用。

本机械手控制系统设计案例要求使用机械手来进行工件的搬运，利用 PLC 来实现原点复位、工件搬运控制。

任务一　机械手的手动控制

一、任务目标

知识目标

(1) 熟悉步的概念和顺序功能图的结构；

(2) 掌握顺序控制设计法。

技能目标

(1) 会按要求画顺序功能图，会用启-保-停编程方法将顺序功能图转换成梯形图；

(2) 能用以转换为中心的编程方法将顺序功能图转换成梯形图。

二、任务描述

机械手是能模仿人手和臂的某些动作功能，按固定程序抓取、搬运物件或操作工具的自动操作装置。现有一机械手模型，如图 3-1 所示，要求机械手在 *A* 处抓取工件并将其放到 *B* 处。机械手在初始状态时，SQ2、SQ4 被压下（接通），SQ1、SQ3 未压下（断开），原位指示灯 HL 点亮。按下向下启动开关（图中未示出），下降指示灯 YV1 点亮，机械手下降（SQ2＝0），到 *A* 处后（SQ1＝1）停止下降；按下夹紧按钮，夹紧指示灯 YV2 点亮，机械手夹紧工件；按下上升按钮，上升指示灯 YV3 点亮，机械手上升（SQ1＝0），机械手到位后（SQ2＝1）停止上升；按下右行按钮，右行指示灯 YV4 点亮，机械手右行（SQ4＝0），到位后（SQ3＝1）停止右行。按下下降按钮，下降指示灯 YV1 点亮，机械手下降，到位后（SQ1＝1）停止下降。按下松开按钮，夹紧指示灯 YV2 熄灭，机械手放松。机械手放松后同样依次按下上升、左行按钮，机械手回到原位。之后再次按下启动按钮，才搬运第二个工件。

注意：左、右行必须在上限位开关压下后才能进行，上下互锁、左右互锁。

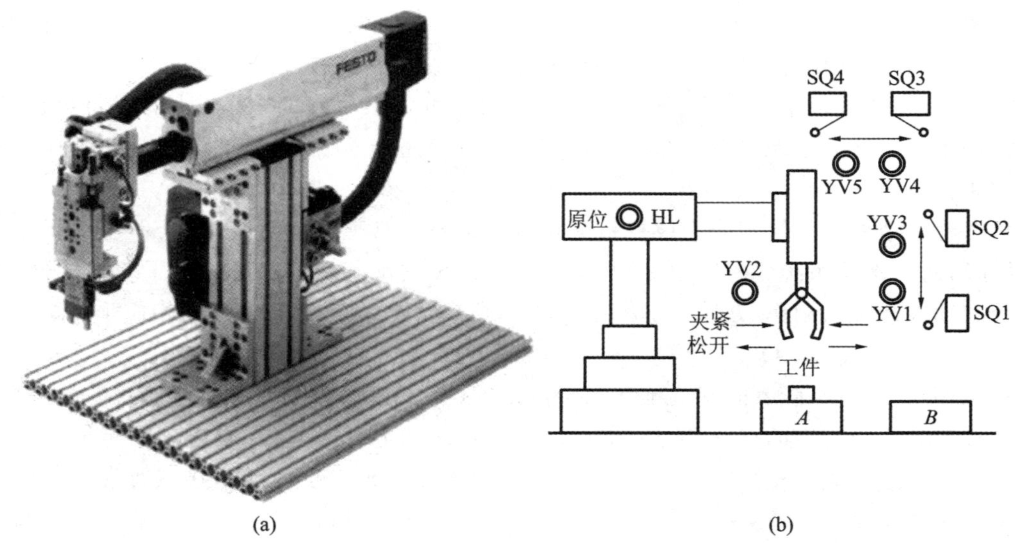

图 3-1　机械手模型及工作示意图

(a)机械手模型;(b)机械手工作示意图

分析机械手实现移动、抓放功能的工作过程，用 PLC 编程完成上述控制过程。

三、相关知识

1. 顺序控制设计法

1）顺序控制设计法与顺序控制

顺序控制设计法又称为步进控制设计法，它是一种先进的设计方法，很容易被初学者接受，采用该方法时进行程序的调试、修改和阅读也很容易，并且可大大缩短设计周期，提高设计效率。

所谓顺序控制，就是按照生产工艺预先规定的顺序，在各个输入信号的作用下，根据内部状态和时间顺序，使各个执行机构在生产过程中自动、有秩序地动作。使用顺序控制设计法时首先应根据系统的工艺过程，画出顺序功能图(sequential function chart，SFC)，然后根据顺序功能图画出梯形图。顺序控制设计法实际上是用输入信号控制代表各步的编程元件，再用它们来控制输出信号的。

2）顺序功能图的组成

顺序功能图主要由步、有向连线、转换、转换条件和动作组成，如图 3-2 所示。

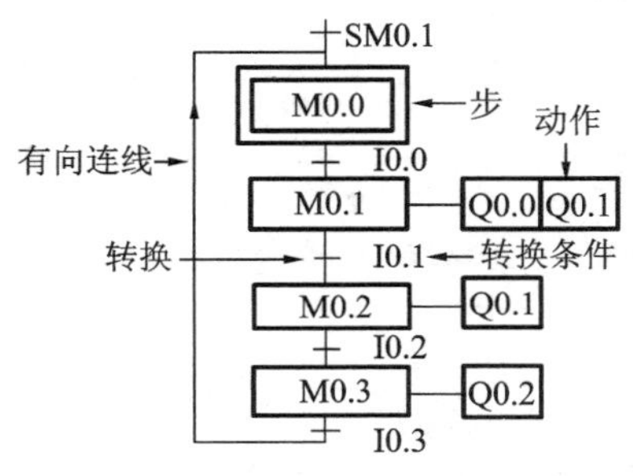

图 3-2　顺序功能图的组成

顺序控制设计法最基本的思想是将系统的一个工作周期划分为若干个顺序相连的阶段——步，并用编程元件(例如辅助继电器 M 和状态继电器 S)来代表各步。步是根据输出量的状态来划分的，在同一步中，各输出量的状态是不变的，但是相邻两步的输出状态是不同的。步的这种划分方法使代表各步的编程元件的状态与各输出量的状态存在极为简单的逻辑关系。

在图 3-2 中,每一个方框代表一个状态步,与控制过程的初始状态对应的步称为初始步,用双线框表示,如图中的 M0.0,每个顺序功能图至少有一个初始步。M0.0、M0.1、M0.2、M0.3 分别代表四步状态,也称为四个步。当系统正处于某一步时,该步处于活动状态,称该步为活动步。步处于活动状态时,相应的动作被执行;处于不活动状态时,相应的非存储型动作被停止执行。

可以将一个控制系统划分为被控系统和施控系统。对于被控系统,在某一步中要完成某些"动作";对于施控系统,在某一步中则要向被控系统发出某些"命令"。为了叙述方便,下面将命令和动作统称为动作,并用矩形框中的文字或符号表示,该矩形框应与相应步的矩形框相连,如图 3-2 中的 Q0.0、Q0.1 和 Q0.2。

在顺序功能图中,随着时间的推移和转换条件的实现,将会发生步的活动状态的进展,这种进展按有向连线规定的路线和方向进行。在画顺序功能图时,将代表各步的矩形框按相应活动步的先后次序顺序排列,并用有向连线将它们连接起来。步的活动状态通常的进展方向是从上到下或从左至右,在这两个方向的有向连线上的箭头可以省略。如果不是从上到下或从左到右,应在有向连线上用箭头注明进展方向。

转换用与有向连线垂直的短画线(称为转换符号)来表示,将相邻两步分隔开。步的活动状态的进展是由转换来实现的,并与控制过程的发展相对应。

使系统由当前步进入下一步的信号称为转换条件。转换条件可以是外部的输入信号,例如按钮、指令开关、限位开关的接通或断开电平信号等;也可以是 PLC 内部产生的信号,例如定时器、计数器常开触点的接通电平信号等;转换条件还可能是若干个信号的与、或、非逻辑组合。

3) 顺序功能图中转换实现的基本规则

转换的实现必须同时满足下面两个条件:

(1) 该转换所有的前级步都是活动的;

(2) 相应的转换条件得到满足。

以上这两个条件缺一不可。

转换实现时完成两个操作:

(1) 使所有由有向连线与相应转换条件连接的后续步变为活动步;

(2) 使所有由有向连线与相应转换条件连接的前级步变为非活动步。

4) 绘制顺序功能图的注意事项

(1) 两个步绝对不能直接相连,必须用一个转换将它们隔开。

(2) 两个转换也不能直接相连,必须用一个步将它们隔开。

(3) 一个顺序功能图至少有一个初始步。

(4) 在顺序功能图中一般应有由步和有向连线组成的闭环。

(5) 在顺序功能图中,只有当某一步的前级步是活动步时,该步才有可能变成活动步。

2. 顺序功能图的基本类型

1) 单序列顺序功能图

单序列顺序功能图是最简单的顺序功能图,它由一系列相继激活的步组成,每一步后面仅有一个转换,每一个转换的后面只有一个步,如图 3-3 所示。在图 3-3 中,若步 1 处于活动状态,并且转换条件 b 满足,则步 2 变为活动步,步 1 变为非活动步,后面的转换与此类似。

2）选择序列顺序功能图

在实际生产过程中，若某步后面有多个转换方向，而当该步结束后，只有一个转换条件得到满足以决定转换的去向，即只允许选择其中的一个分支执行，这种顺序控制过程的功能图就是选择序列顺序功能图，如图 3-4 所示。选择序列的开始称为分支。在开始处，各分支画在水平单线之下，各分支中表示转换的短线只能画在水平线之下的分支上。选择序列的结束称为合并，选择序列的合并是指几个选择分支合并到一个公共序列上，此时各分支也都有各自的转换条件。在合并处，各分支画在水平单线之上，各分支中表示转换的短线只能画在水平线之上的分支上。

在图 3-4 所示的选择序列的顺序功能图中，各分支在步 4 之后。假设步 4 为活动步，如果转换条件 a 得到满足，则步 4 向步 5 实现转换；如果转换条件 b 得到满足，则步 4 向步 7 转换；如果转换条件 c 得到满足，则步 4 向步 9 转换。分支中一般只允许选择其中一个序列。步 6、8、10 之后为选择序列的合并。无论哪个分支的最后一步成为活动步，当转换条件得到满足时，都要转向步 11。

3）并行序列顺序功能图

有时候某个转换条件满足时，转换的实现将导致后面几个序列同时被激活，这些序列称为并行序列。并行序列用来表示系统中几个同时进行的独立部分的工作情况，如图 3-5 所示。并行序列的开始也称为分支。为了强调转换的同步实现，水平线用双线表示，并行序列中每一个分支活动步的进展是独立的。在表示同步的水平双线之上，只允许有一个转换符号。并行序列的结束称为合并，在表示同步的水平双线之下，也只允许有一个转换符号。

在图 3-5 中，分支时，若步 1 是活动的，并且转换条件 b 满足，步 2、5 和 8 同时变为活动步，步 1 变为非活动步。合并时，只有当步 4、7 和 10 都处于活动状态，并且转换条件 m 成立时，才会发生合并，步 11 由此变为活动步，而步 4、7 和 10 变为非活动步。

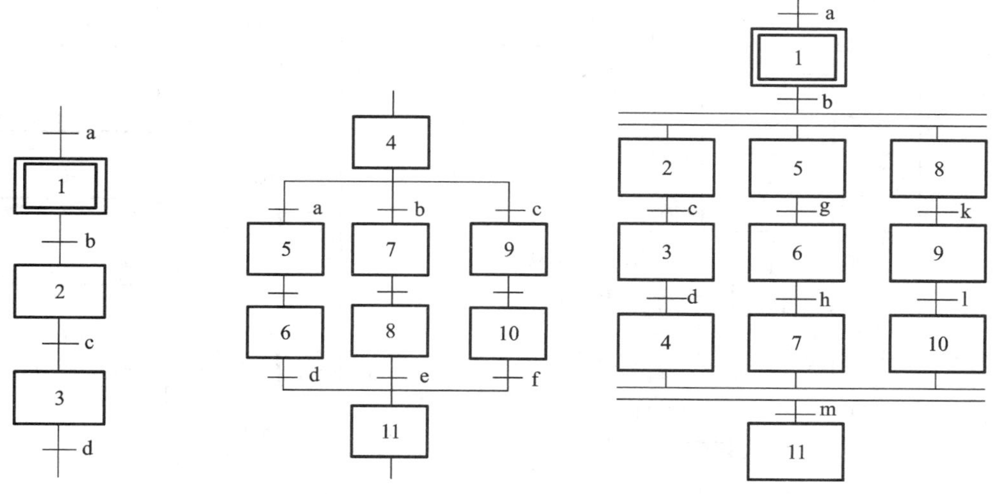

图 3-3　单序列顺序功能图　**图 3-4　选择序列顺序功能图**　**图 3-5　并行序列顺序功能图**

3. 用启-保-停电路实现顺序功能图的编程方法

1）用启-保-停电路实现单序列顺序功能图的编程

使用启-保-停电路进行顺序功能图的梯形图设计，顺序功能图中的步用辅助继电器 M 标记状态。

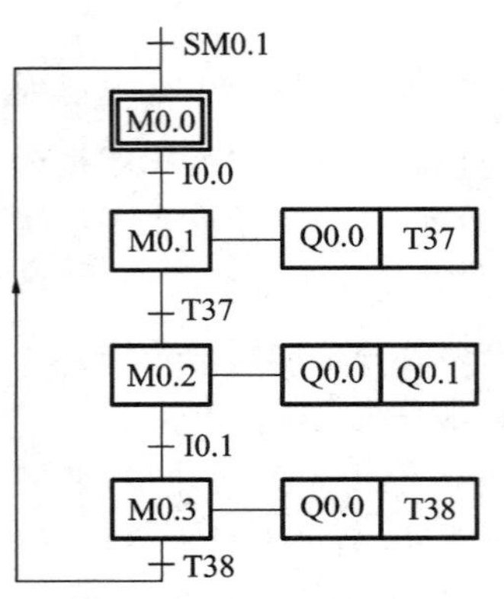

图 3-6　用辅助继电器 M 标记步的单序列顺序功能图

在图 3-6 所示的单序列顺序功能图中,共有 M0.0、M0.1、M0.2 和 M0.3 四个状态步。初始步 M0.0 的激活由初始脉冲 SM0.1 完成。当步 M0.0 处于活动状态,并且转换条件 I0.0 成立时,步 M0.1 变为活动步,步 M0.0 变为非活动步,后面的转换也是如此。

从上面的分析可以得到,转换条件 SM0.1 是状态步 M0.0 的启动条件,步 M0.1 的动断触点断开 M0.0 的线圈,由此可以绘制出步 M0.0 对应的梯形图,如图 3-7 所示。

同样,状态步 M0.1 变为活动步的前提条件是前级步 M0.0 处于活动状态,并且转换条件 I0.0 得到满足,即 M0.0 和 I0.0 同为 M0.1 的启动条件,步 M0.2 的动断触点断开 M0.1 的线圈。对应的梯形图如图 3-8 所示。

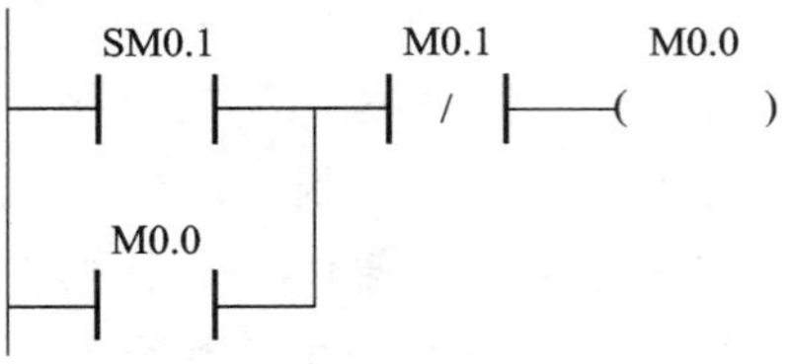

图 3-7　步 M0.0 转换实现梯形图

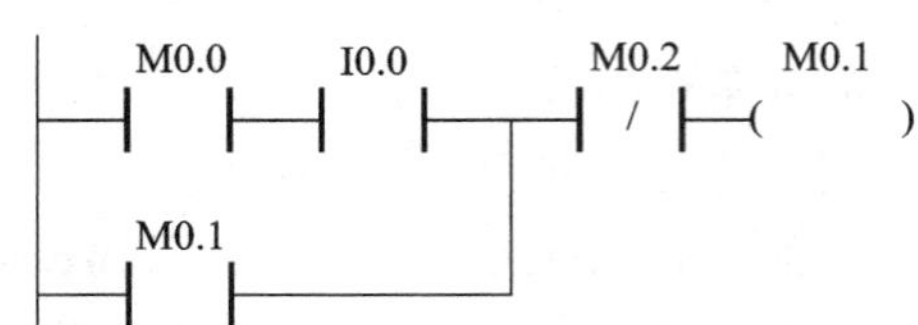

图 3-8　步 M0.1 转换实现梯形图

按照上面的方法,绘制出整个梯形图,如图 3-9 所示。

上面进行的是第一步——状态转换处理,下面进行第二步——输出处理。其方法比较简单,使用状态步的常开触点驱动该步的输出即可,所得到的输出处理梯形图如图 3-10 所示。

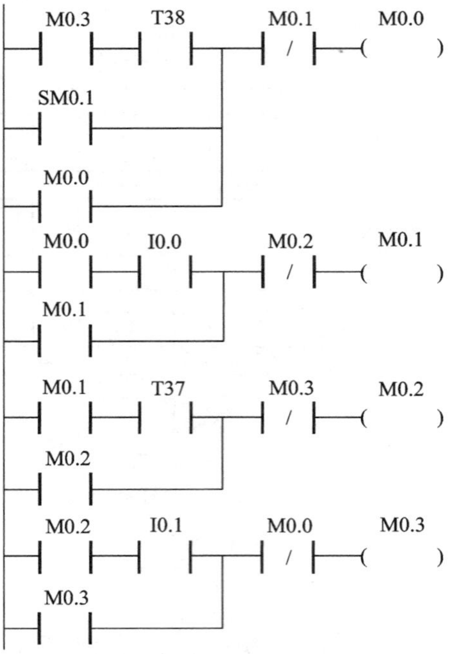

图 3-9　状态转换处理梯形图

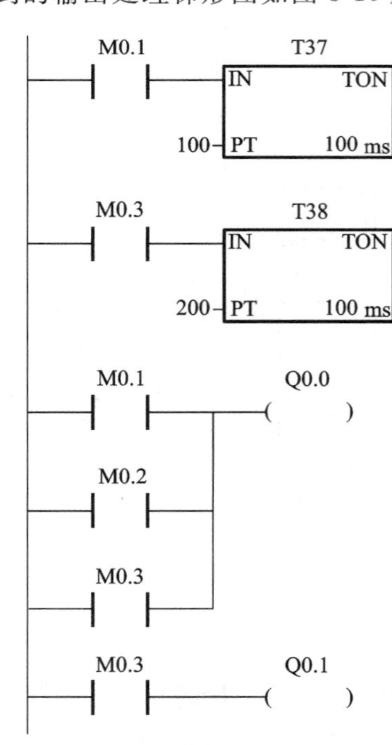

图 3-10　输出处理梯形图

把上面的两部分梯形图合并起来就是总的梯形图。要注意的是，如果多个状态对某个输出均有驱动，需要将相应的状态步的常开触点并联再驱动该输出，以避免出现“双线圈”问题。

2）用启-保-停电路实现的选择序列功能图的编程方法

（1）选择序列分支的编程方法　如果某一步的后面有一个由 N 条分支组成的选择序列，该步可能转换到不同的分支上去，应将这 N 个后续步对应的辅助继电器的常闭触点与该步的线圈串联，作为结束该步的条件。如图 3-11(a)所示，步 M0.1 之后有一个选择序列的分支，当它的后续步 M0.2、M0.3 或者 M0.4 变为活动步时，它应变为非活动步，所以需将 M0.2、M0.3和 M0.4 的常闭触点串联作为步 M0.1 的停止条件，如图 3-11(b)所示。

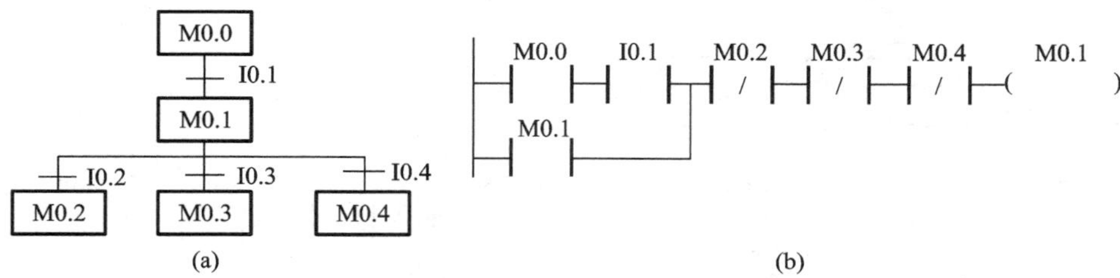

图 3-11　选择序列分支的编程方法示例

(a)顺序功能图；(b)梯形图

（2）选择序列合并的编程方法　对于选择序列的合并，如果某一步之前有 N 个转换（即有 N 条分支在该步之前合并后进入该步），则代表该步的辅助继电器的启动电路由 N 条支路并联而成，各支路由某一前级步对应的辅助继电器的常开触点与相应转换条件对应的触点或电路串联而成。

如图 3-12(a)所示，步 M0.4 之前有一个选择序列合并。当步 M0.1 为活动步并且转换条件 I0.1 得到满足，或步 M0.2 为活动步并且转换条件 I0.2 得到满足，或步 M0.3 为活动步并且转换条件 I0.3 得到满足时，步 M0.4 应变为活动步，即控制步 M0.4 的启-保-停电路的启动条件应为 M0.1·I0.1＋M0.2·I0.2＋M0.3·I0.3，对应的启动条件由三条并联支路组成，每条支路分别由 M0.1、I0.1 和 M0.2、I0.2，以及 M0.3、I0.3 的常开触点串联而成，如图 3-12(b)所示。

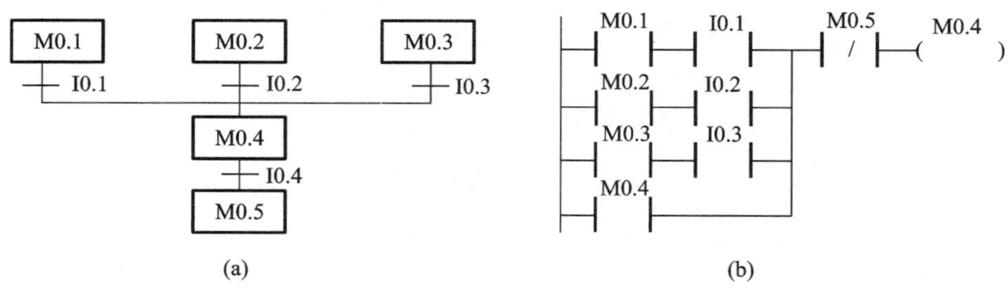

图 3-12　选择序列合并的编程方法示例

(a)顺序功能图；(b)梯形图

至此，状态转换处理完成，然后进行输出处理。选择序列输出处理与单序列输出处理类似。

3）用启-保-停电路实现的并行序列顺序功能图的编程方法

并行序列顺序功能图的编程原则与选择序列一样，也是先进行状态转换处理，后进行输出处理。在状态转换处理中，先集中处理分支，然后处理分支内部状态转换，最后集中处理合并。

并行序列分支的编程方法与选择序列类似，也是分支前的状态步后面有多个可能的后续状态步，只不过这多个后续状态步是同时激活的，可以并联驱动。图 3-13 中的分支对应的梯形图如图 3-14 所示。

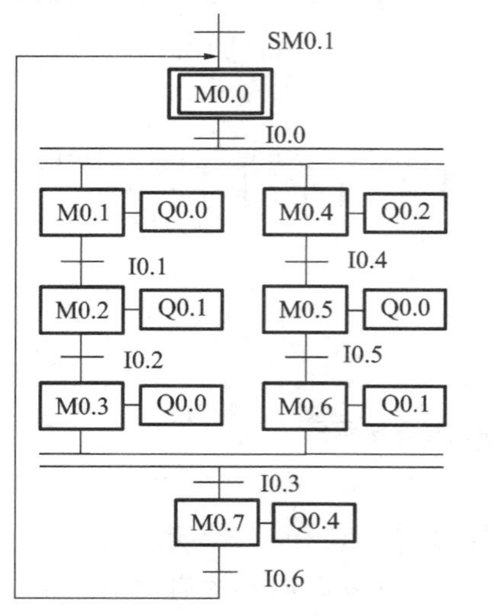

图 3-13　并行序列顺序功能图示例

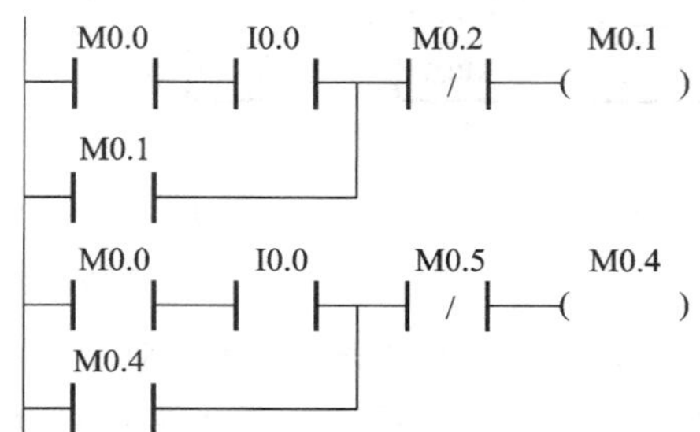

图 3-14　分支处理梯形图

每个分支内部的状态转换与单序列类似，不再赘述。接下来介绍合并状态步的处理。图 3-13 中，合并后的状态步 M0.7 有两个前级步 M0.3 和 M0.6，与选择序列不同的是，M0.3、M0.6 必须全部处于激活状态并且转换条件 I0.3 成立，M0.7 才能被激活。其梯形图如图 3-15 所示。并行序列输出处理与选择序列输出处理类似，请读者自行编程实现。至此，并行序列顺序功能图的编程完成。

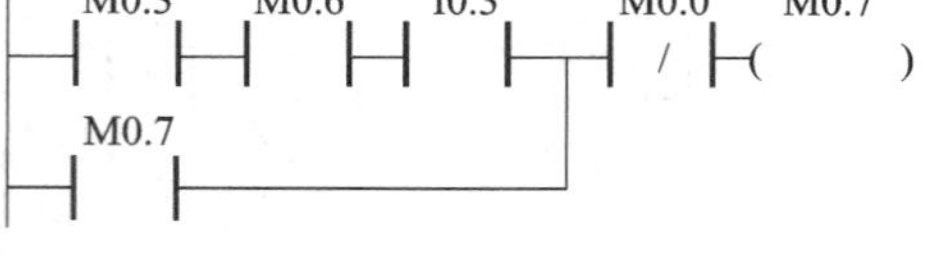

图 3-15　合并处理梯形图

4. 两步小闭环结构的处理

使用辅助继电器 M 进行顺序功能图设计时，有一种特殊结构的顺序功能图需要特别注意，这种顺序功能图中闭环内部只有两个状态步，如图 3-16(a)所示。按照前面介绍的方法，根据状态步 M0.1 和 M0.2 编制出来的梯形图如图 3-16(b)所示。观察一下就会发现，在 M0.1 的回路中有 M0.2 的常开触点和 M0.2 的常闭触点，而 M0.2 的常开触点和常闭触点不可能

同时接通，也就是说状态步不可能从 M0.2 转换到 M0.1，在 M0.2 的回路中也存在这样的问题。该梯形图出现这种情况的原因是 M0.1 既是 M0.2 的前级步也是 M0.2 的后续步。

处理两步小闭环结构的方法有两种。

第一种方法是使用后续步后面的转换条件代替后续步作为停止条件，如图 3-16(c)所示。

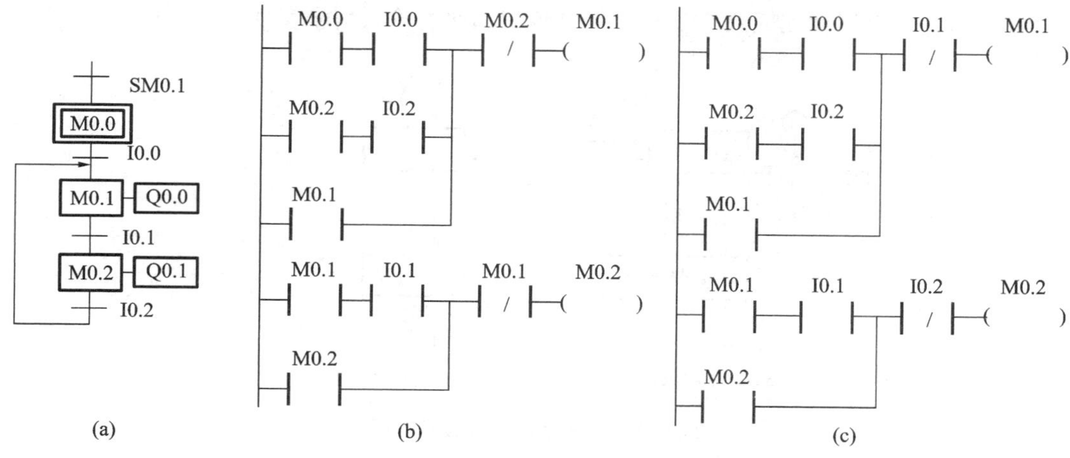

图 3-16　两步小闭环结构的处理

(a)顺序功能图；(b)错误的梯形图；(c)正确的梯形图

第二种方法是在小闭环内部人为增加一个空闲步，即人为把两步小闭环改造为三步小闭环，改造后的顺序功能图和梯形图如图 3-17 所示。图 3-17 中 M0.3 为人为添加的空状态，它没有动作，所以称为空闲步。至于 M0.3 到 M0.1 的转换条件，可以使用 M0.3 的常开触点。

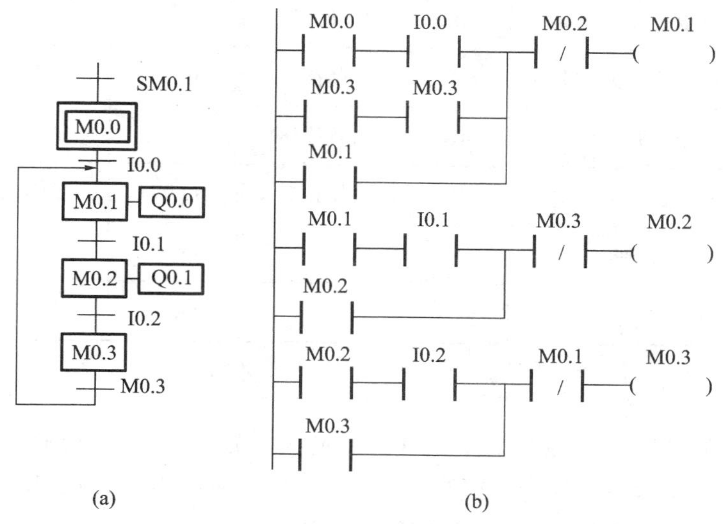

图 3-17　改造后的三步小闭环结构与相应的梯形图

(a)顺序功能图；(b)梯形图

四、任务实施

1. 任务分析

机械手工作过程示意图如图3-18所示。机械手按照①→②→③→④→⑤→⑥→⑦→⑧的顺序动作，即一个周期完成八个步骤。每个步骤都通过输入信号实现启动和停止。

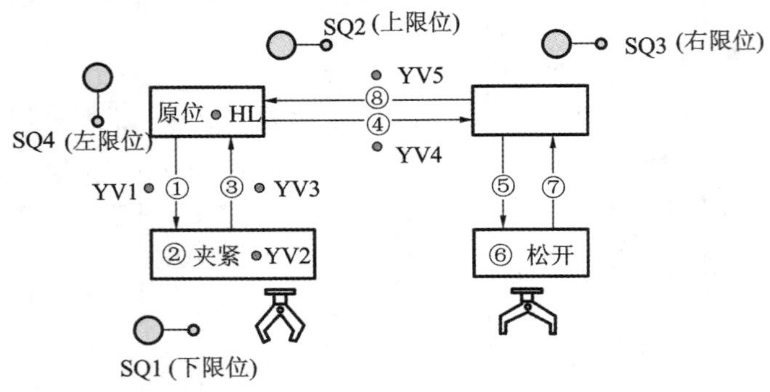

图3-18 机械手工作过程示意图

2. PLC的I/O地址分配

机械手手动控制系统PLC的I/O地址分配情况如表3-1所示。

表3-1 机械手手动控制系统PLC的I/O地址分配表

输入						输出		
地址	符号	元件名称	地址	符号	元件名称	地址	符号	元件名称
I0.1	SQ1	下限位开关	I0.7	SB6	松开按钮	Q0.0	YV1	下降指示灯
I0.2	SQ2	上限位开关	I1.0	SB1	下降按钮	Q0.1	YV2	夹紧指示灯
I0.3	SQ3	右限位开关	I1.1	SB4	右行按钮	Q0.2	YV3	上升指示灯
I0.4	SQ4	左限位开关	I1.2	SB5	夹紧按钮	Q0.3	YV4	右行指示灯
I0.5	SB2	上升按钮				Q0.4	YV5	左行指示灯
I0.6	SB3	左行按钮				Q0.5	HL	原位指示灯

3. PLC的选型

根据I/O资源的配置，系统共有十个开关量输入信号、六个开关量输出信号。考虑I/O资源利用率及PLC的性价比要求，选用西门子S7-200系列CPU224型PLC即可，但考虑后续功能的需求，在此选用S7-200系列226CPU型PLC。

4. 系统电气原理图

机械手手动控制系统电气原理图如图3-19所示。

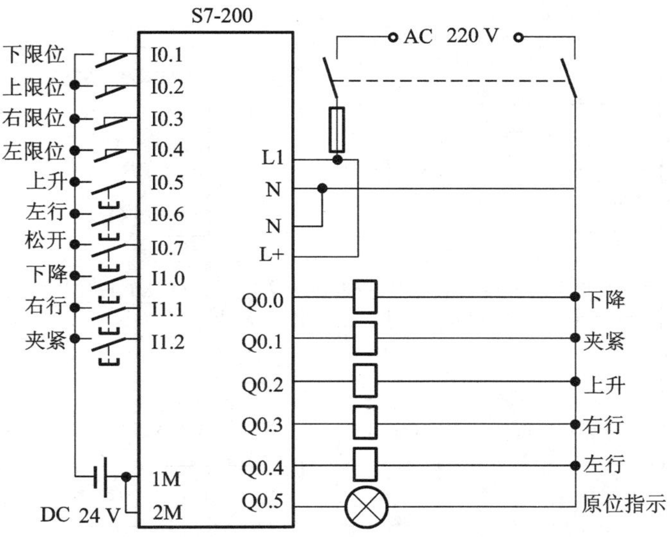

图 3-19　机械手手动控制系统电气原理图

5. 程序设计

1）顺序功能图

机械手手动控制顺序功能图如图 3-20 所示。

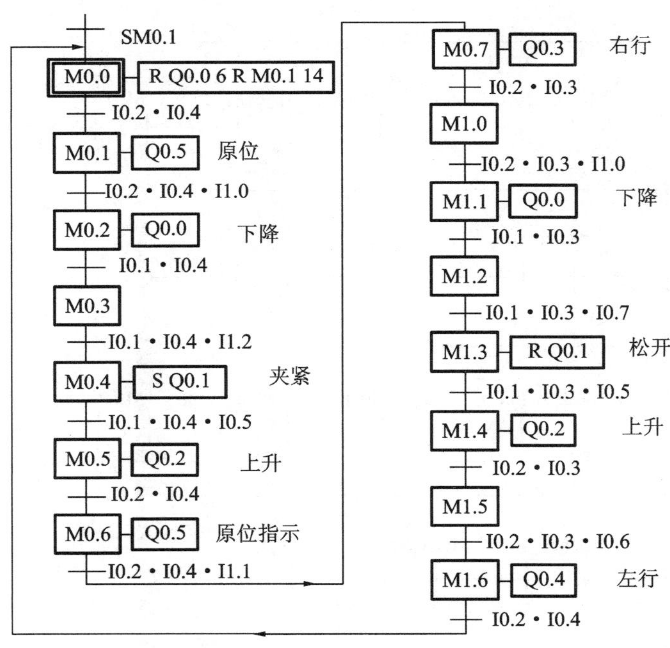

图 3-20　机械手手动控制顺序功能图

2）梯形图程序

机械手手动控制梯形图如图 3-21 所示。

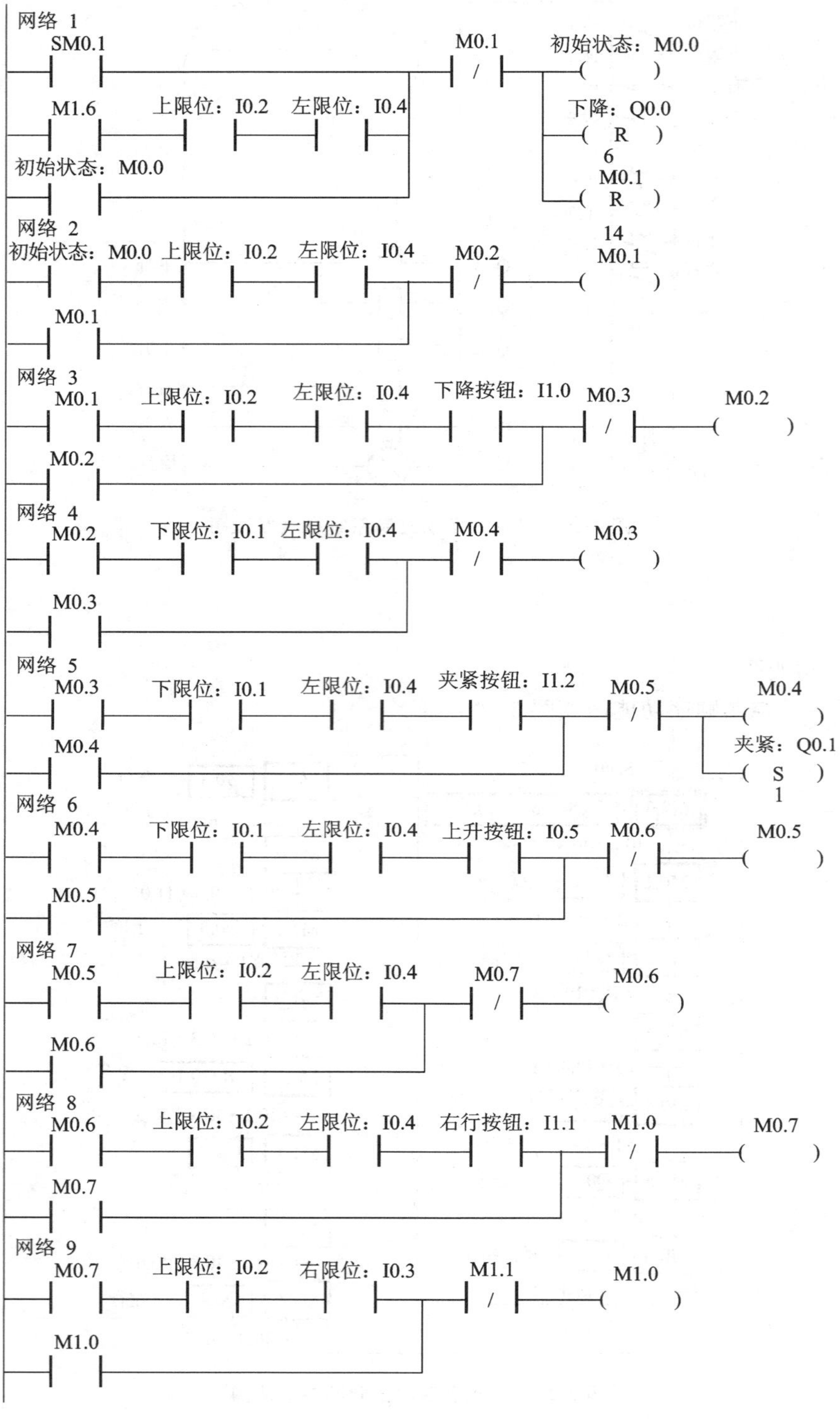

网络 1
SM0.1
M0.1
初始状态：M0.0
M1.6
上限位：I0.2
左限位：I0.4
下降：Q0.0
R
6
初始状态：M0.0
M0.1
R
14

网络 2
初始状态：M0.0 上限位：I0.2 左限位：I0.4
M0.2
M0.1
M0.1

网络 3
M0.1 上限位：I0.2 左限位：I0.4 下降按钮：I1.0 M0.3
M0.2
M0.2

网络 4
M0.2 下限位：I0.1 左限位：I0.4
M0.4
M0.3
M0.3

网络 5
M0.3 下限位：I0.1 左限位：I0.4 夹紧按钮：I1.2 M0.5
M0.4
M0.4
夹紧：Q0.1
S
1

网络 6
M0.4 下限位：I0.1 左限位：I0.4 上升按钮：I0.5 M0.6
M0.5
M0.5

网络 7
M0.5 上限位：I0.2 左限位：I0.4
M0.7
M0.6
M0.6

网络 8
M0.6 上限位：I0.2 左限位：I0.4 右行按钮：I1.1 M1.0
M0.7
M0.7

网络 9
M0.7 上限位：I0.2 右限位：I0.3
M1.1
M1.0
M1.0

图 3-21 机械手手动控制梯形图

网络 10
M1.0　上限位：I0.2　右限位：I0.3　下降按钮：I1.0　M1.2 /　M1.1 (　)
M1.1

网络 11
M1.1　下限位：I0.1　右限位：I0.3　M1.3 /　M1.2 (　)
M1.2

网络 12
M1.2　下限位：I0.1　右限位：I0.3　松开按钮：I0.7　M1.4 /　M1.3 (　)
M1.3　夹紧：Q0.1 (R) 1

网络 13
M1.3　下限位：I0.1　右限位：I0.3　上升按钮：I0.5　M1.5 /　M1.4 (　)
M1.4

网络 14
M1.4　上限位：I0.2　右限位：I0.3　M1.6 /　M1.5 (　)
M1.5

网络 15
M1.5　上限位：I0.2　右限位：I0.3　左行按钮：I0.6　初始状态：M0.0 /　M1.6 (　)
M1.6

网络 16
M0.2　下降：Q0.0 (　)
M1.1

网络 17
M0.5　上升：Q0.2 (　)
M1.4

网络 18
M0.7　右行：Q0.3 (　)

网络 19
M1.6　左行：Q0.4 (　)

网络 20
M0.1　原位指示：Q0.5 (　)
M0.6

续图 3-21

五、知识拓展

顺序功能图的编程还有一种以转换为中心的编程方法，在该方法中，将该转换条件的所有前级步对应的位存储器的常开触点和该转换条件对应的触点（或电路）串联，构成控制电路，利用该控制电路完成对该转换条件的后续步对应的位存储器置位和对所有前级步对应的位存储器复位。每一个转换对应一个控制置位和复位的电路块。

1) 以转换为中心的单序列顺序功能图的编程方法

现以某工作台旋转运动的顺序功能图(见图 3-22(a))为例来介绍以转换为中心的单序列顺序控制的编程方法,其梯形图如图 3-22(b)所示。

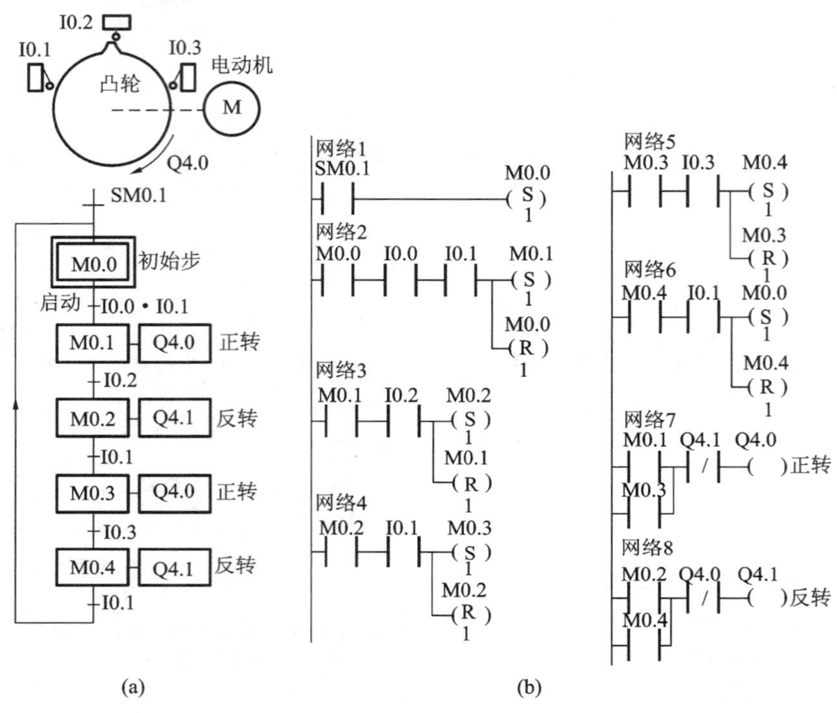

图 3-22 工作台旋转运动的顺序功能图与梯形图

(a)顺序功能图;(b) 梯形图

凸轮由电动机 M 控制,凸轮在初始位置时压下 I0.1,按下启动按钮 I0.0 开始正转,然后按图 3-22 所示的顺序功能图运行。该顺序功能图中 M0.1 对应的转换需要同时满足两个条件,即该转换的前级步 M0.0 是活动步和转换条件 I0.0 • I0.1 成立。在梯形图中,可以将 M0.0、I0.0 和 I0.1 的常开触点串联来作为 M0.1 的启动条件。如果启动条件成立,应将该转换的后续步变为活动步(用置位指令将 M0.1 置位),并将该转换的前级步变为非活动步(用复位指令将 M0.0 复位)。这种编程方法与转换实现的基本原则之间有着严格的对应关系,用它编制复杂的顺序功能图的梯形图时,更能显示出它的优越性。

使用这种方法编程时,不能将输出继电器、定时器、计数器的线圈与置位指令或复位指令并联,这是因为前级步和转换条件对应的串联电路接通的时间是相当短的,转换条件满足后前级步马上被复位,该串联电路断开,而输出继电器的线圈应该在某一步对应的全部时间内被接通。所以应根据顺序功能图,用代表步的位存储器的常开触点或它们的并联电路来驱动存储器线圈。

2) 以转换为中心的选择序列顺序功能图的编程方法

选择序列中的每一个顺序功能图转换的前级步和后续步都只有一个,需要复位和置位的

存储器位也只有一个，因此选择序列顺序功能图的编程方法和单序列顺序功能图的编程方法完全相同。图 3-23(a)所示的顺序功能图中，M0．3 以上部分属于选择序列，I0．0～I0．3 对应的转换与选择序列的分支、合并有关，它们都只有一个前级步和一个后续步。每一个置位、复位的电路块都由前级步对应的位存储器的触点、转换条件对应的触点、一条置位指令和一条复位指令组成。该部分对应的梯形图为图 3-23(b)中的前五个网络。

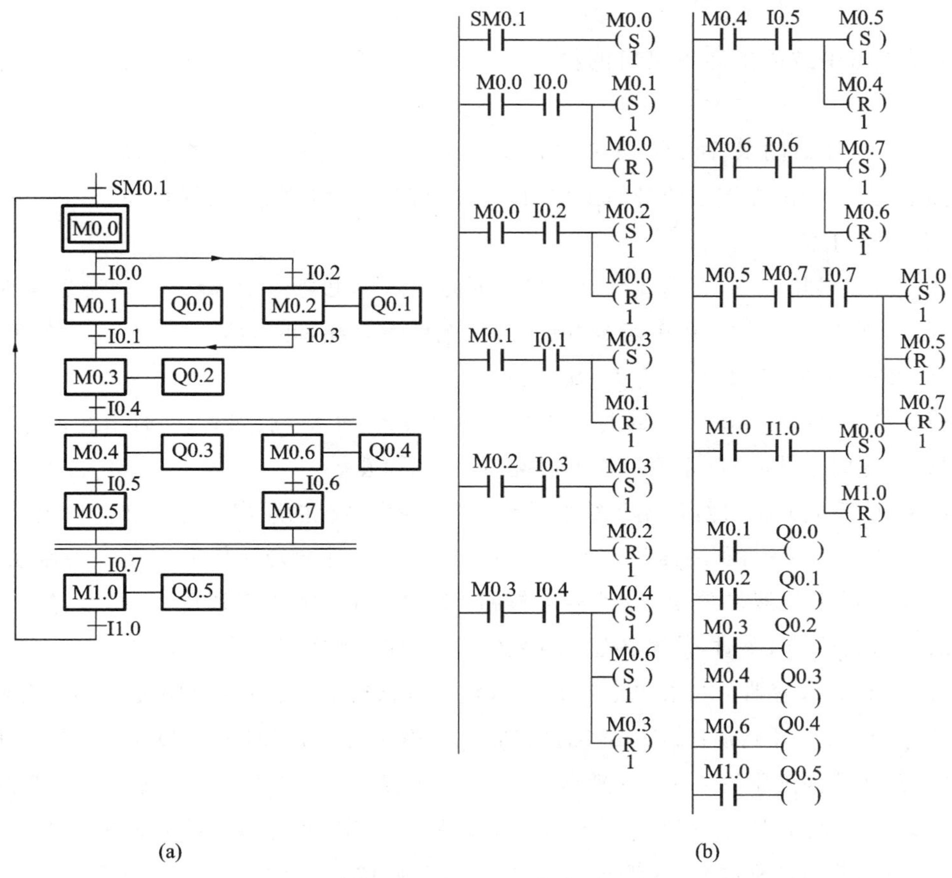

图 3-23　选择序列与并行序列的顺序功能图与梯形图

(a)顺序功能图；(b) 梯形图

3）以转换为中心的并行序列的顺序功能图的编程方法

并行序列的分支：利用前级步和转换条件对应的触点组成的串联电路同时对并行序列中的所有后续步进行置位，并对前级步进行复位。

并行序列的合并：利用前级步和转换条件对应的触点组成的串联电路同时对所有并行序列中的前级步进行复位，并对后续步进行置位。

图 3-23(a)中的下半部分就是并行序列，M0．3 之后有一个并行序列分支，当 M0．3 是活动步且转换条件 I0．4 成立时，步 M0．4、M0．6 应同时变为活动步，这是通过串联 M0．3 和 I0．4 的常开触点，使 M0．4、M0．6 同时置位来实现的；与此同时，使用复位指令使 M0．3 变为非活动步。

I0.7 对应的转换之前有一个并行序列的合并,该转换实现的条件是所有的前级步(M0.5、M0.7)都是活动步,并且转换条件 I0.7 成立。由此可知,应将 M0.5、M0.7 和 I0.7 的常开触点串联,作为使 M1.0 置位和使 M0.5、M0.7 复位的条件。

下半部分对应的梯形图见图 3-23(b)中从第 6 个网络开始的 11 个网络。

六、研讨与训练

(1) 某设备中鼓风机和引风机的控制时序图如图 3-24 所示,试画出其顺序功能图及梯形图。

(2) 某十字路口的东、西、南、北方向装设红、绿、黄灯,信号灯由一个启动按钮控制。当启动按钮接通时,信号灯控制系统开始工作,且首先是南北红灯亮、东西绿灯亮。当按下停止按钮时,所有信号灯都熄灭。

南北红灯亮维持 25 s,在南北红灯亮的同时东西绿灯也亮,并维持 20 s。到 20 s 时,东西绿灯闪烁,闪烁 3 s 后熄灭,在东西绿灯熄灭时,东西黄灯亮,并维持 2 s。2 s 后,东西黄灯熄灭,东西红灯亮,同时,南北红灯熄灭,绿灯亮。

东西红灯亮维持 30 s。南北绿灯亮维持 25 s,然后闪烁 3 s 后熄灭,同时南北黄灯亮,维持 2 s 后熄灭。这时南北红灯、东西绿灯同时亮,如此周而复始。

试用 PLC 完成此信号灯控制系统的设计,要求画出系统的顺序功能图和梯形图。

(3) 如图 3-25 所示,利用西门子 S7-200 系列 PLC 设计两种液体混合装置控制系统。在工作之前将容器中的液体放空,按动启动按钮 SB1 后,电磁阀 Y1 通电打开,液体 A 流入容器。当液位高度达到 L2 时,液位传感器 L2 接通,此时电磁阀 Y1 断电关闭,而电磁阀 Y2 通电打开,液体 B 流入容器。当液位达到 L1 时,液位传感器 L1 接通,这时电磁阀 Y2 断电关闭,同时启动电动机 M,开始搅拌。1 min 后电动机 M 停止转动,这时电磁阀 Y3 通电打开,放出混合液体,在液位高度下降到 L3 并延迟 5 s 后,电磁阀 Y3 断电关闭,并同时开始新的周期。工作过程中,按下停止按钮 SB2,电动机并不立即停止工作,而是将当前容器内的混合工作处理完毕(当前周期循环到底)后才停止操作,即停在初始位置上,否则会造成浪费。

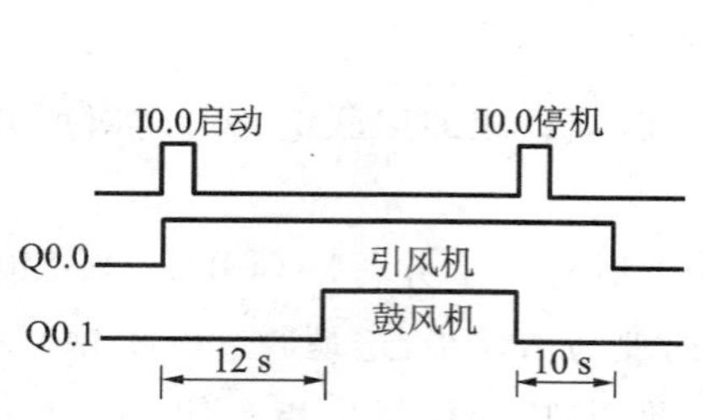

图 3-24　鼓风机和引风机的控制时序图

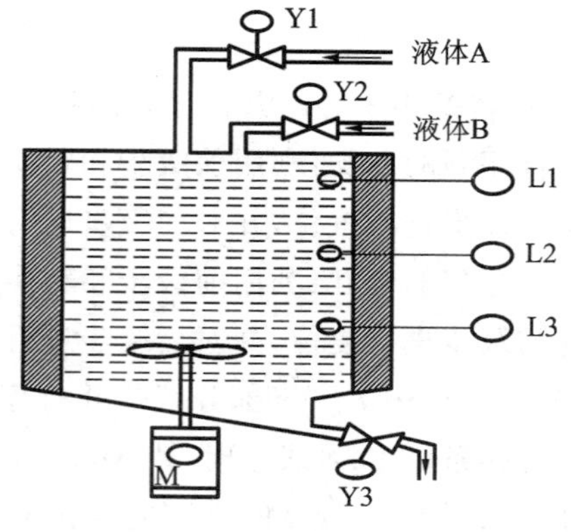

图 3-25　两种液体混合装置

(4) 完成全自动洗衣机运行框图及梯形图控制程序的编制，并画出电气原理图。控制要求如下：

① 按下启动按钮及水位选择开关，开始进水，直至达高(中、低)水位，关水。

② 2 s后开始洗涤。

③ 洗涤时，正转3 s，停1 s，然后反转3 s，停1 s。

④ 如此循环30次，总共240 s后开始排水，排空后脱水3 s。

⑤ 开始清洗，重复第①～④步，清洗两遍。

⑥ 清洗完成，报警3 s并自动停机。

任务二　机械手的自动控制

一、任务目标

知识目标

熟悉步进控制指令的功能。

技能目标

(1) 掌握使用步进控制指令编程的方法；

(2) 能使用步进控制指令编写机械手的自动控制程序。

二、任务描述

用步进控制指令编程，完成任务一中机械手的自动运行控制，要求如下。

1. 初始状态

机械手处于原位(左上位，开关SQ4和SQ2处于接通状态，置1)，原位指示灯HL点亮。

2. 机械手动作模拟控制系统的控制过程

① 按一下启动按钮，机械手下降，同时，上限位开关SQ2断开，原位指示灯HL熄灭。

② 机械手下降到下限位开关SQ1限定的位置时，停止下降动作，同时夹紧工件，夹紧时间为5 s。

③ 5 s后，机械手夹紧工件上升。

④ 机械手上升到上限位开关SQ2限定的位置时，停止上升动作，同时执行右行动作。

⑤ 机械手右行到右限位开关SQ3限定的位置时，停止右行，同时执行下降动作(在右侧下降)。

⑥ 机械手下降到下限位开关SQ1限定的位置时，停止下降动作，同时松开工件，松开时间为2 s。

⑦ 松开2 s后，机械手再次执行上升动作。

⑧ 机械手上升到上限位开关SQ2限定的位置时，停止上升动作，同时执行左行动作。

⑨ 机械手左行到左限位开关SQ4限定的位置时，停止左行，回到原位。这时，上限位开

关SQ2和左限位开关SQ4又处于接通状态，机械手一个周期动作控制完成，开始下一个周期的动作控制。

3. 停机控制系统

按一下停止按钮ST，完成当前周期后停止运行。

三、相关知识

在PLC的程序设计中，经常采用顺序控制继电器(sequence control relay，SCR)来完成顺序控制和步进控制，因此顺序控制继电器指令也称为步进控制指令。

在顺序控制和步进控制中，通常将控制过程分成若干个SCR段，一个SCR段有时也称为一个控制功能步，简称步。每个SCR段都是一个相对稳定的状态，都有段开始、段转移、段结束。在S7-200系列PLC中，有三条简单的SCR指令分别与段开始、段转移、段结束对应。

1. SCR指令

1) 段开始指令

段开始指令LSCR(load sequence control relay)的功能是标记一个SCR段(或一个步)的开始，其操作数是状态继电器S$x.y$(如S0.0)，S$x.y$是当前SCR段的标志位，当S$x.y$=1时，允许该SCR段工作。

2) 段转移指令

段转移指令SCRT(sequence control relay transition)的功能是将当前的SCR段切换到下一个SCR段，其操作数是下一个SCR段的标志位Sx.y(如S0.1)。当允许输入有效时，进行切换，即停止当前SCR段的工作，启动下一个SCR段的工作。

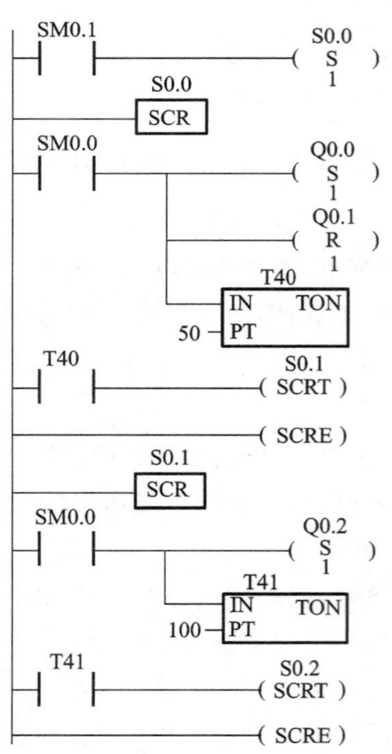

图3-26 单序列结构的步进控制梯形图

3) 段结束指令

段结束指令SCRE(sequence control relay end)的功能是标记一个SCR段(或一个步)的结束。每个SCR段必须使用段结束指令来表示该SCR段已结束。

在梯形图中，段开始指令以功能框的形式编程，指令名称为SCR，段转移和段结束指令以线圈形式编程。

一个单序列结构的步进控制梯形图如图3-26所示。

2. SCR指令的特点

(1) SCR指令的操作数(或编程元件)只能是状态继电器S$x.y$。但是状态继电器S可应用的指令并不仅限于SCR，它还可以应用LD、LDN、A、AN、O、ON、S、R等指令。

(2) 一个状态继电器S$x.y$作为SCR段标志位，可以用在主程序、子程序或中断程序中，但是只能使用一

次，不能重复使用。

(3) 在一个 SCR 段中，禁止使用循环指令 FOR/NEXT、跳转指令 JMP/LBL 或条件结束指令 END。

3. 用步进指令实现顺序功能图的编程方法

1) 用步进指令实现单序列结构顺序功能图的编程

单序列结构的步进控制比较简单，其顺序功能图及步进控制程序如图 3-27 所示。

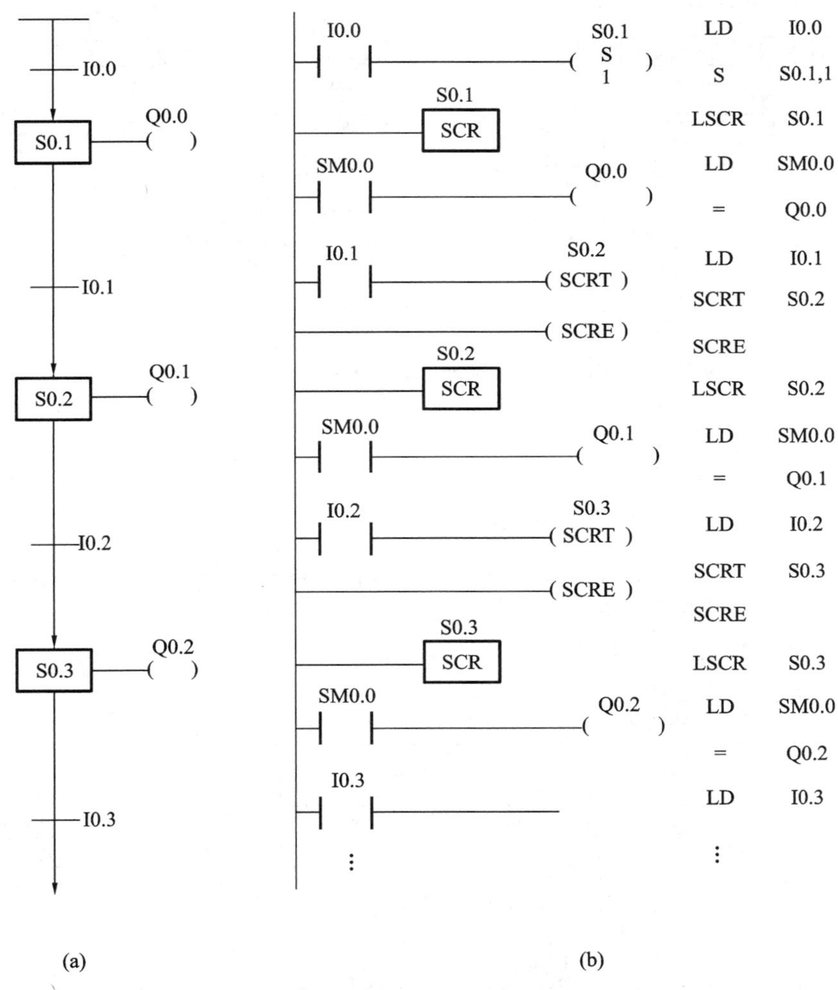

图 3-27　单序列结构顺序功能图和步进控制程序

(a)顺序功能图；(b)梯形图和指令表

2) 用步进指令实现选择序列顺序功能图的编程

图 3-28 所示是选择序列结构顺序功能图和步进控制程序梯形图。进入分支选择时，或者状态继电器 S0.2 为 1(由 I0.1 决定)，或者状态继电器 S0.4 为 1(由 I0.4 决定)，状态继电器 S0.1 自动复位。状态继电器 S0.6 的状态由 I0.3 或 I0.6 决定，当 S0.6 为 1 时，上一步的状态继电器 S0.3 或 S0.5 自动复位。

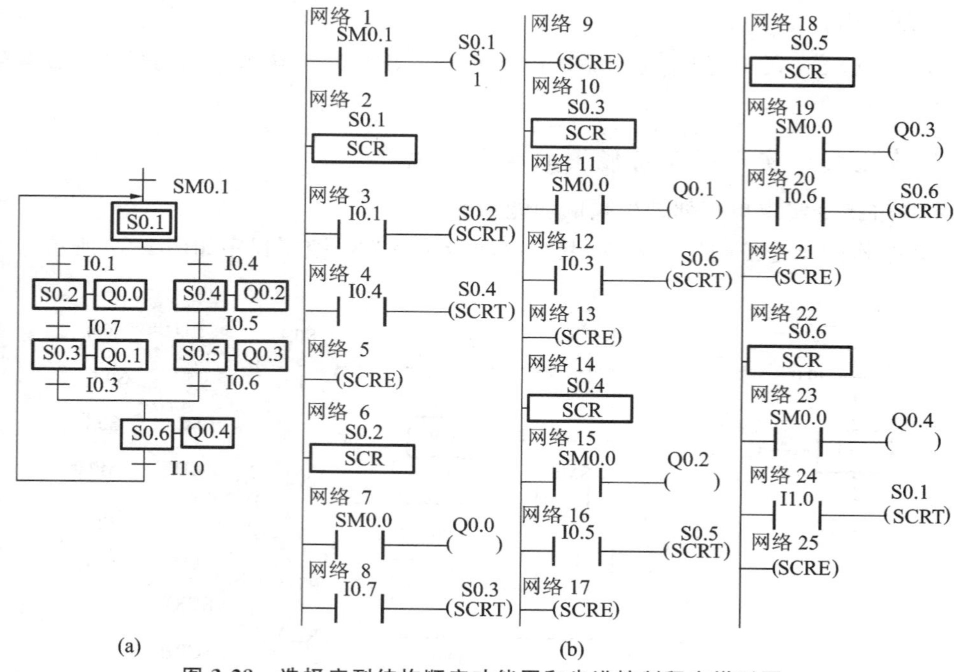

图 3-28 选择序列结构顺序功能图和步进控制程序梯形图

(a)顺序功能图;(b)梯形图

四、任务实施

1. 任务分析

如图 3-18 所示，机械手按照①→②→③→④→⑤→⑥→⑦→⑧的顺序动作，即一个周期完成八个步骤。每个步骤都由输入信号与程序共同作用来切换。

2. PLC 的 I/O 地址分配

机械手自动控制系统 PLC 的 I/O 地址分配情况见表 3-2。

表 3-2 机械手自动控制系统 PLC 的 I/O 地址分配

输入			输出		
地址	符号	元件名称	地址	符号	元件名称
I0.0	SD	启动按钮	Q0.0	YV1	下降指示灯
I0.1	SQ1	下限位开关	Q0.1	YV2	夹紧指示灯
I0.2	SQ2	上限位开关	Q0.2	YV3	上升指示灯
I0.3	SQ3	右限位开关	Q0.3	YV4	右行指示灯
I0.4	SQ4	左限位开关	Q0.4	YV5	左行指示灯
I1.3	ST	停止按钮	Q0.5	HL	原位指示灯

3. PLC 的选型

根据 I/O 资源的配置，系统共有六个开关量输入信号、六个开关量输出信号。考虑 I/O 资源利用率及 PLC 的性价比要求，选用西门子 S7-200 系列 CPU226 AC/DC/RLY 型 PLC。

4. 系统电气原理图

机械手自动控制系统电气原理图如图 3-29 所示。

5. 程序设计

1) 顺序功能图

机械手自动控制系统顺序功能图如图 3-30 所示。图中 M10.0 由启动按钮和停止按钮控

制。当启动按钮被按下时，M10.0 得电；当停止按钮被按下时，M10.0 失电，机械手在停止按钮被按下后完成当前周期即停止。

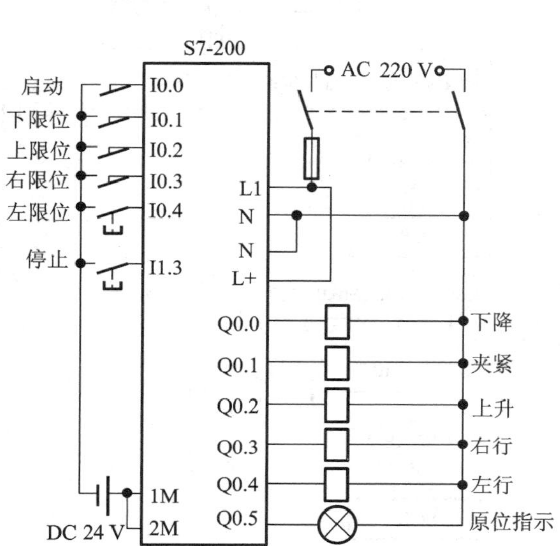

图 3-29　机械手自动控制系统电气原理图

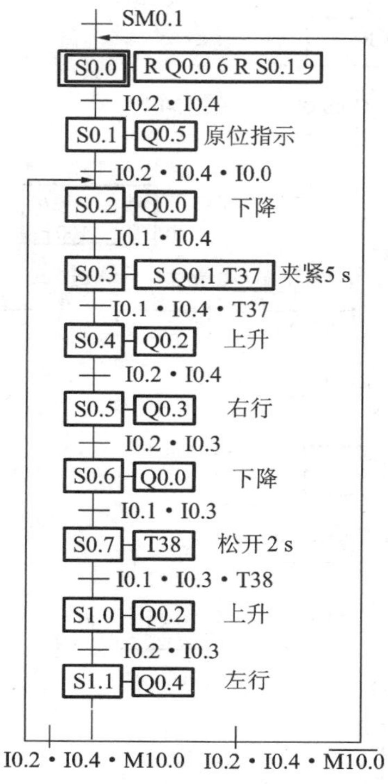

图 3-30　机械手自动控制顺序功能图

2）梯形图

机械手自动控制系统梯形图如图 3-31 所示。

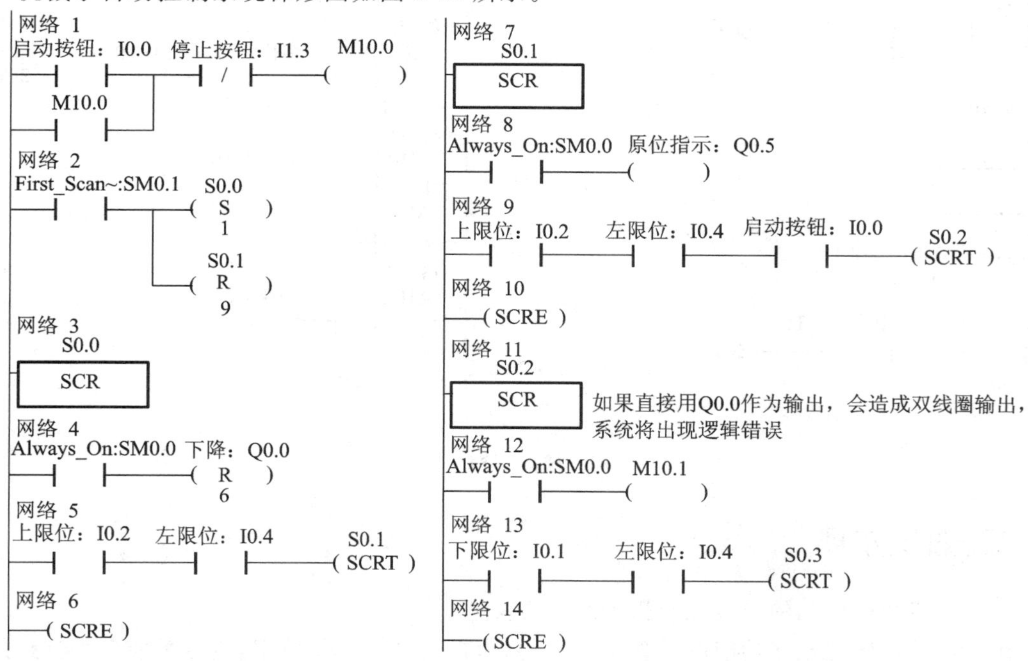

图 3-31　机械手自动控制梯形图

网络 15
S0.3
SCR

网络 16
Always_On:SM0.0 夹紧：Q0.1
(S)
1
T37
IN TON
50-PT 100 ms

网络 17
下限位：I0.1 左限位：I0.4 T37 S0.4
(SCRT)

网络 18
(SCRE)

网络 19
S0.4
SCR

网络 20
Always_On:SM0.0 M10.2
( )

网络 21
上限位：I0.2 左限位：I0.4 S0.5
(SCRT)

网络 22
(SCRE)

网络 23
S0.5
SCR

网络 24
Always_On:SM0.0 右行：Q0.3
( )

网络 25
上限位：I0.2 右限位：I0.3 S0.6
(SCRT)

网络 26
(SCRE)

网络 27
S0.6
SCR

网络 28
Always_On:SM0.0 M10.3
( )

网络 29
下限位：I0.1 右限位：I0.3 S0.7
(SCRT)

网络 30
(SCRE)

网络 31
S0.7
SCR

网络 32
Always_On:SM0.0 夹紧：Q0.1
(R)
1
T38
IN TON
20-PT 100 ms

网络 33
下限位：I0.1 右限位：I0.3 T38 S1.0
(SCRT)

网络 34
(SCRE)

网络 35
S1.0
SCR

网络 36
Always_On:SM0.0 M10.4
( )

网络 37
上限位：I0.2 右限位：I0.3 S1.1
(SCRT)

网络 38
(SCRE)

网络 39
S1.1
SCR

网络 40
Always_On:SM0.0 左行：Q0.4
( )

网络 41
上限位：I0.2 左限位：I0.4 M10.0 S0.2
(SCRT)

网络 42
上限位：I0.2 左限位：I0.4 M10.0 / S0.0
(SCRT)

(SCRE)

网络 44
M10.1 下降：Q0.0
( )
M10.3

网络 45
M10.2 上升：Q0.2
( )
M10.4

续图 3-31

五、知识拓展

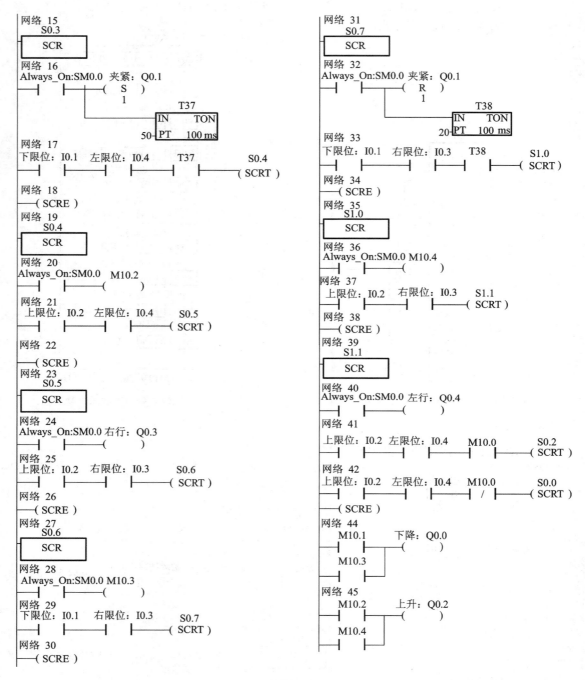

以下介绍并行序列的步进控制指令编程方法。

在设计并行序列顺序功能图的各个分支时，为提高系统工作效率，应尽量使各个支路的工作时间接近一致。

1）并行序列顺序功能图的步进控制编程方法

在图 3-32(a)所示的顺序功能图中，S0.1 之后有一个并行序列分支，当步 S0.1 是活动步且转换条件 I0.1 成立时，步 S0.2 与 S0.4 应同时变为活动步。这是用 S0.1 对应的 SCR 段中 I0.1 的常开触点同时驱动指令 SCRTS0.2 与 SCRTS0.4 对应的线圈来实现的。与此同时，S0.1 被复位，步 S0.1 变为非活动步。对应的梯形图如图 3-32(b)所示。

2）并行序列顺序功能图合并的步进控制编程方法

在图 3-32(a)所示的顺序功能图中，S0.6 之前有一个并行序列的合并，对应的转换条件是所有的前级步(即步 S0.3 与 S0.5)都是活动步且转换条件 I0.4 成立，这样就可以使后续步 S0.6 置位。由此可知，将 S0.3 与 S0.5 和 I0.4 的常开触点串联，来控制 S0.6 的置位和 S0.3、S0.5 的复位，可使 S0.6 变为活动步，使步 S0.3 和 S0.5 变为非活动步。对应的梯形图如图 3-32(b)所示。

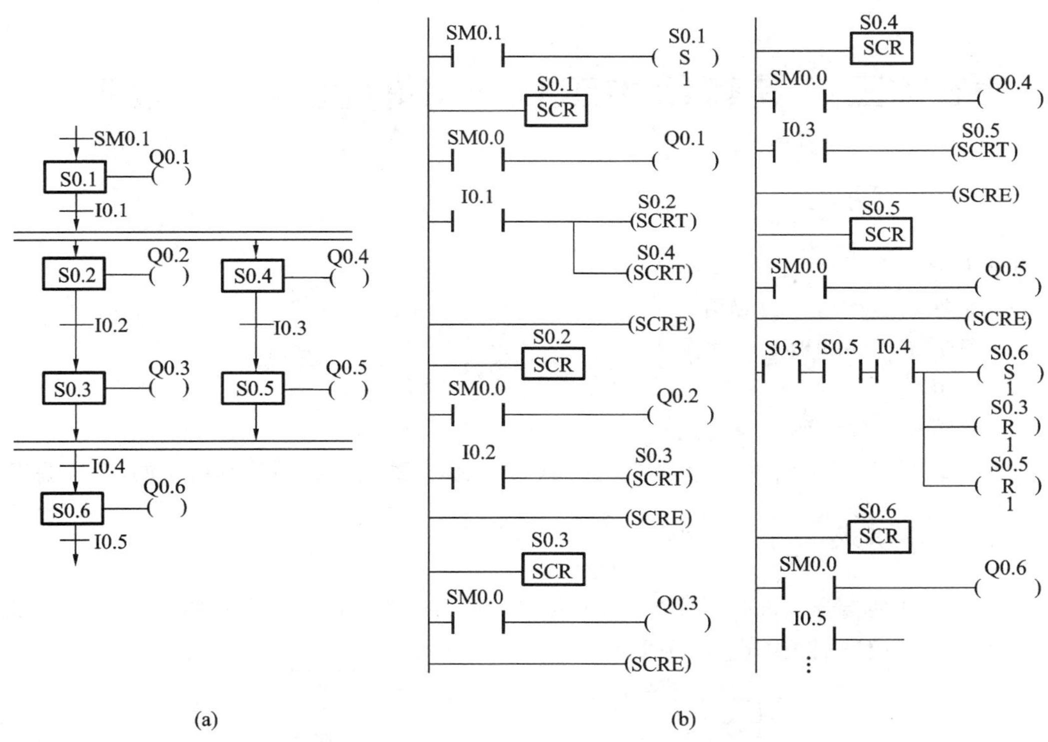

图 3-32　并行序列顺序功能图的步进控制顺序功能图和梯形图

(a)顺序功能图；(b)梯形图

六、研讨与训练

(1) 用 SCR 指令设计图 3-33 所示的顺序功能图的梯形图。

(2) 用 PLC 构成水塔水位控制系统，如图 3-34 所示。在模拟控制中，用按钮 SB 来模拟液位传感器，用 L1、L2 指示灯来模拟抽水电动机。控制要求：

按下 SB4，水池需要进水，灯 L2 亮；按下 SB3，水池水位到位，灯 L2 灭；按下 SB2，表示水塔水位低，需进水，灯 L1 亮，将水池的水抽入水塔中；按下 SB1，水塔水位到位，灯 L1 灭。过 2 h 后，水塔放完水后重复上述过程。

(3) 小车在初始状态时停在中间位置,限位开关 SQ1 接通,按下启动按钮 SB0,小车按如图 3-35 所示①→②→③的顺序运动,最后返回并停在初始位置。分别用经验设计法与顺序控制设计法设计控制系统的梯形图,并调试程序。

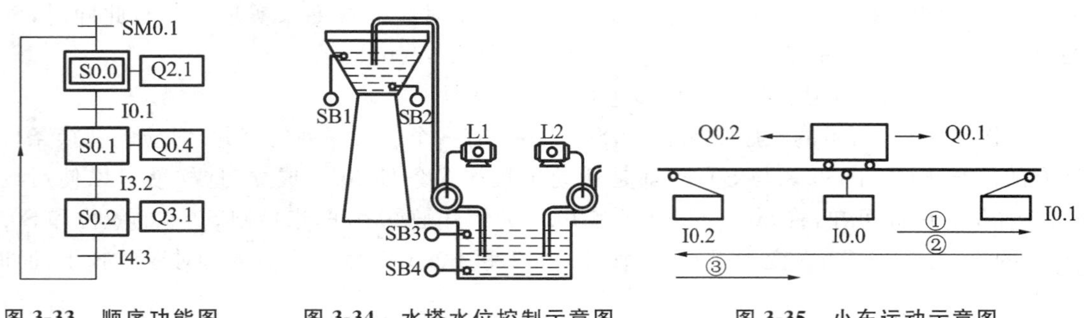

图 3-33 顺序功能图　　图 3-34 水塔水位控制示意图　　图 3-35 小车运动示意图

任务三 具有四种工作方式的机械手的控制

一、任务目标

知识目标

(1) 掌握控制类指令的应用;

(2) 掌握子程序的概念。

技能目标

(1) 掌握子程序的编写及应用;

(2) 掌握具有回原点、手动、单周期、连续四种工作方式的机械手控制系统的 PLC 编程。

二、任务要求

利用顺序功能指令实现具有回原点、手动、单周期、连续四种工作方式的机械手控制,机械手工作示意图和控制面板如图 3-36 所示。

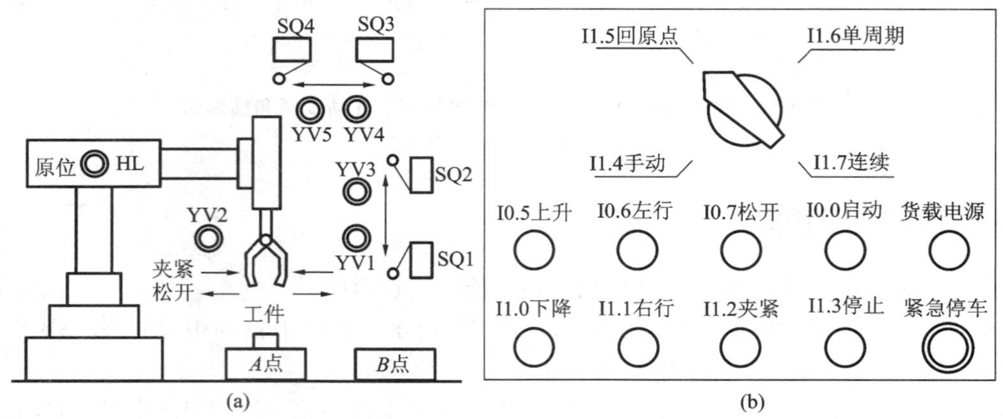

图 3-36 机械手工作示意图及控制面板

(a)机械手工作示意图;(b)机械手控制面板

三、相关知识

1. 跳转及标号指令

跳转指令能大大提高 PLC 编程的灵活性，使主机可根据不同条件执行不同的程序段。

跳转指令 JMP(jump to label)：当输入端有效时，使程序跳转到标号处执行。

标号指令 LBL(label)：指定跳转的目标标号，操作数为 0～255。

使用说明如下。

(1) 跳转指令必须与标号指令配合使用，而且只能在同一程序块中使用，如主程序、同一个子程序或同一个中断程序。不能在不同的程序块中互相跳转。

(2) 执行跳转后，被跳过程序段中的各元器件的状态如下：

① Q、M、S、C 等元器件的位保持跳转前的状态；

② 计数器 C 停止计数，当前值存储器保持跳转前的计数值；

③ 定时器刷新方式不同，则其工作状态不同。在跳转期间，分辨率为 1 ms 和 10 ms 的定时器会一直保持跳转前的工作状态，原来工作的定时器继续工作。定时器当前值达到设定值时，其状态也会改变，输出触点动作。其当前值存储器一直累计到最大值 32767 才停止。分辨率为 100 ms 的定时器跳转期间不工作，但不会复位，存储器里的值为跳转时的值，跳转结束后，当输入条件允许时可继续计时，但计时不准确。所以在跳转段要慎用定时器。

跳转指令的使用方法如图 3-37 所示。

例 3-1　设定触点 I0.0 为电动机点动／连续控制选择开关。当 I0.0 得电时，选择点动控制；当 I0.0 不得电时，选择连续运行控制。设计梯形图及指令表如图 3-38 所示。

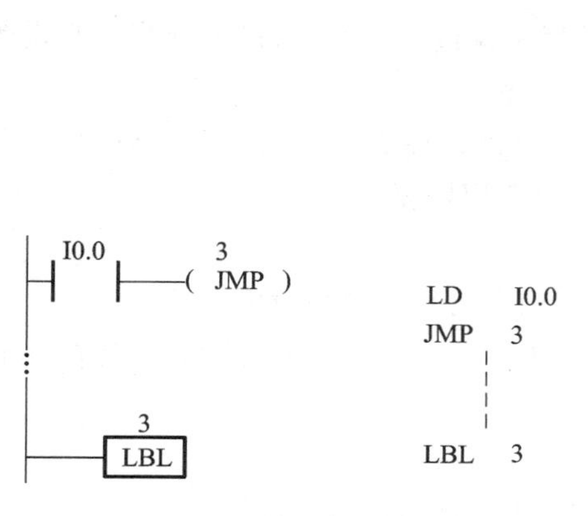

图 3-37　跳转指令使用举例

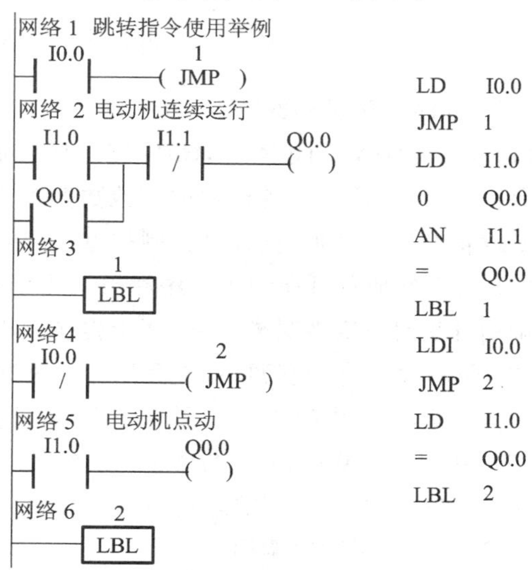

图 3-38　电动机控制方式选择梯形图及指令表

2. 子程序指令

在进行结构化程序设计时，常常采用子程序设计思想。对那些需要经常执行的程序段，可将其设计成子程序的形式，并为每个子程序赋以不同的名称，在程序执行的过程中，可随时调用某个子程序。

1）子程序调用指令和返回指令

子程序调用指令CALL的功能是将程序执行操作转移到相应名称的子程序。

子程序的入口用指令SBR表示。在子程序执行过程中,如果条件返回指令CRET的返回条件成立,则结束该子程序,返回到原调用处继续执行程序;否则,将继续执行该子程序到最后一个程序行。无条件返回指令RET用于结束子程序的运行,返回到原调用处执行程序。

在梯形图中,子程序调用指令以功能框形式编程,子程序返回指令以线圈形式编程,如图3-39所示。程序编写时也可以不写返回指令,系统会自动加入返回指令。

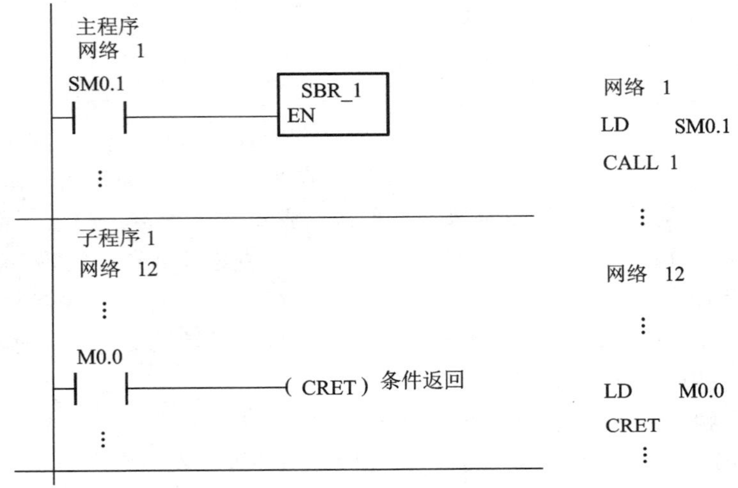

图3-39 子程序指令编程

2）子程序调用过程的特点

(1) 在子程序调用过程中,CPU把程序控制权交给子程序,系统将当前逻辑堆栈的数据自动保存,并将栈顶加1,堆栈中的其他数据置0。当子程序执行结束后,通过返回指令自动恢复原来逻辑堆栈的数据,把程序控制权重新交给原调用程序。

(2) 由于累加器可在调用程序和被调用子程序之间自由传递数据,因此累加器的值在子程序调用开始时不需要另外保存,在子程序调用结束时也不用恢复。

(3) 子程序允许嵌套调用,嵌套深度不超过八层。

(4) S7-200系列PLC允许子程序递归调用(自己调用自己),但使用时要慎重。

(5) 用Micro/WIN32软件编程时,编程人员不用手工输入RET指令,系统会自动将RET指令加在每个子程序的末尾。

3）带参数的子程序调用

调用子程序时,可以不带参数调用,也可以带参数调用。

(1) 子程序参数　子程序在带参数调用时,最多可以带十六个参数,每个参数包含变量名、变量类型及数据类型。这些参数在子程序的局部变量表中定义。

(2) 变量名　变量名由不超过八个字符的字母和下划线及数字组成,但第一个字符不能是数字。

(3) 变量类型　子程序带参数调用时可以使用四种变量类型,分别是IN、IN_OUT、

OUT、TEMP，根据数据传递的方向，依次安排这些类型变量在局部变量表中的位置。

① IN 类型　IN 类型参数为传入子程序参数，参数的寻址方式可以是：

· 直接寻址（如 VB20），将指定位置的数据直接传入子程序。

· 间接寻址（如 * AC1），将由指针确定的地址中的数据传入子程序。

· 立即数寻址（如 16＃2345），将立即数传入子程序。

· 地址编号寻址（如 &VB100），将数据的地址值传入子程序。

② IN_OUT 类型　IN_OUT 类型参数为传入/传出子程序参数，调用子程序时，将指定地址的参数传入子程序，子程序执行结束时，再将得到的结果返回到同一个地址。参数的寻址方式可以是直接寻址和间接寻址，但不能是立即数寻址。

③ OUT 类型　OUT 类型参数为传出子程序参数，调用子程序时，将从子程序返回的结果传送到指定的参数位置。参数的寻址方式可以是直接寻址和间接寻址，但不能是立即数寻址。

④ TEMP 类型　TEMP 类型参数为暂时型参数，用于在子程序内部暂时存储数据，作为中间变量使用，不能用来给主程序传递数据。

(4) 局部变量表　局部变量表使用局部变量存储器 L。CPU 在执行子程序时，自动分配给每个子程序 64 个局部变量存储器单元，在进行子程序参数调用时，将调用参数按照变量类型 IN、IN_OUT、OUT、TEMP 的顺序依次存入局部变量表。

给子程序传递数据时，这些参数被存放在子程序的局部变量存储器中，调用子程序时，输入参数被复制到子程序的局部变量存储器中，当子程序执行结束时，从局部变量存储器复制输出参数到指定的输出参数地址。

在局部变量表中，需要说明变量的数据类型，数据类型可以是能流型、布尔（BOOL）型、字节（BYTE）型、字（WORD）型、双字（DWORD）型、整数（INT）型、双整数（DINT）型和实数（REAL）型。

· 能流型：该数据类型仅对位输入操作有效，它是位逻辑运算的结果。能流型数据在局部变量表的最前面，当该位为 1 时，表示该子程序被调用。

· 布尔型：该数据类型用于单独的位输入和位输出。

· 字节型、字型、双字型：它们分别用于 1 字节、2 字节和 4 字节的无符号的输入参数或输出参数。

· 整数和双整数型：它们分别用于 2 字节和 4 字节的有符号的输入参数或输出参数。

· 实数型：该数据类型用于 IEEE 标准规定的 32 位浮点输入参数或输出参数。

四、任务实施

1. 任务分析

要完成具有回原点、手动、单周期、连续四种工作方式的机械手编程，只需要将在任务一和任务二中编写的程序写成子程序，再加以完善即可。另外，为保证安全，系统中还需设置电源启动按钮和紧急停车按钮，通过连续运行直接控制 PLC 的输出电源回路。

2. PLC 的 I/O 地址分配

具有回原点、手动、单周期、连续四种工作方式的机械手控制系统 PLC 的 I/O 地址分配情况如表 3-3 所示。

表 3-3 具有四种工作方式的机械手控制系统 PLC 的 I/O 地址分配表

输入						输出		
地址	符号	元件名称	地址	符号	元件名称	地址	符号	元件名称
I0.0	SD	启动按钮	I1.0		下降按钮	Q0.0	YV1	下降指示灯
I0.1	SQ1	下限位开关	I1.1		右行按钮	Q0.1	YV2	夹紧指示灯
I0.2	SQ2	上限位开关	I1.2		夹紧按钮	Q0.2	YV3	上升指示灯
I0.3	SQ3	右限位开关	I1.3	ST	停止按钮	Q0.3	YV4	右行指示灯
I0.4	SQ4	左限位开关	I1.4		手动方式选择开关	Q0.4	YV5	左行指示灯
I0.5		上升按钮	I1.5		回原点方式选择开关	Q0.5	HL	原位指示灯
I0.6		左行按钮	I1.6		单周期方式选择开关			
I0.7		松开按钮	I1.7		连续方式选择开关			

3. PLC 的选型

根据 I/O 资源的配置,系统共有十六个开关量输入信号、六个开关量输出信号。考虑 I/O 资源利用率及 PLC 的性价比要求,选用西门子 S7-200 系列 CPU226 AC/DC/RLY 型 PLC。

4. 系统电气原理图

具有回原点、手动、单周期、连续四种工作方式的机械手控制系统电气原理图如图 3-40 所示。

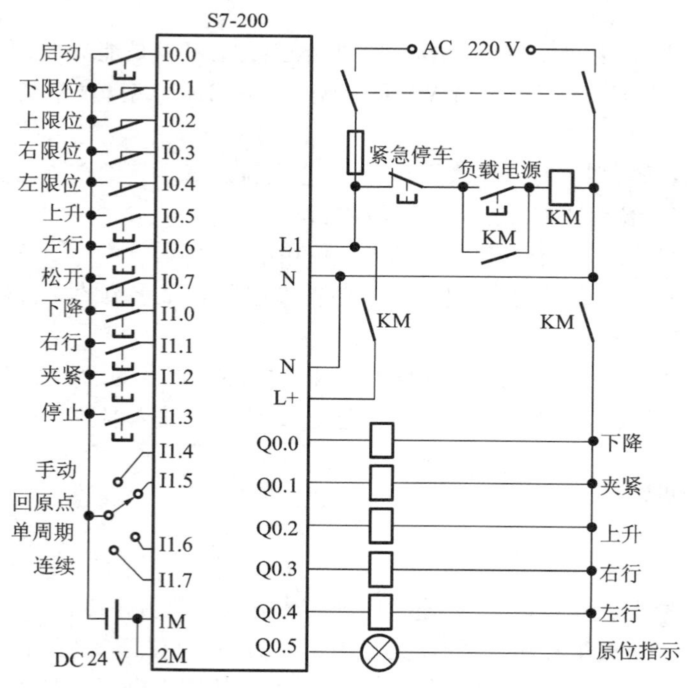

图 3-40 具有四种工作方式的机械手控制系统电气原理图

5. 程序设计

只要将任务一和任务二的程序写成子程序并稍做修改,再增加主程序、回原点程序和共用

子程序，即可完成具有回原点、手动、单周期、连续四种工作方式的机械手的程序设计。主程序梯形图如图 3-41 所示，初始化子程序梯形图如图 3-42 所示，共用子程序梯形图如图 3-43 所示。手动子程序与任务一中机械手手动控制程序相同(见图 3-21)，只是在这里要作为一个子程序。自动与单周期子程序也基本上与任务二相同，但要加一个单周期的控制功能，只要将任务二中的网络 1 加上单周期控制 I1.6 的动断触点即可。自动与单周期子程序梯形图的前三个网络如图 3-44 所示，后面所有程序与任务二中机械手自动控制程序(见图 3-31)相同。

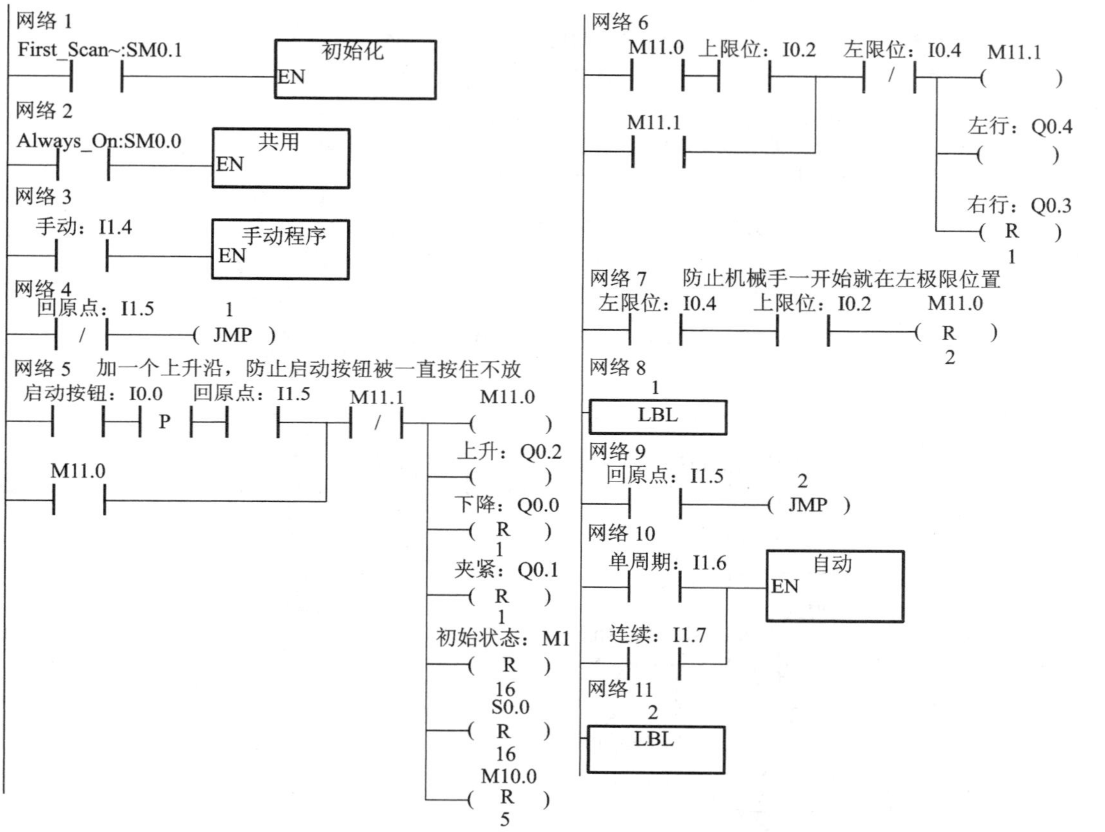

网络 1
First_Scan~:SM0.1
初始化
EN
网络 2
Always_On:SM0.0
共用
EN
网络 3
手动：I1.4
手动程序
EN
网络 4
回原点：I1.5
1
JMP
网络 5　加一个上升沿，防止启动按钮被一直按住不放
启动按钮：I0.0
P
回原点：I1.5
M11.1
M11.0
M11.0
上升：Q0.2
下降：Q0.0
R
1
夹紧：Q0.1
R
1
初始状态：M1
R
16
S0.0
R
16
M10.0
R
5
网络 6
M11.0
上限位：I0.2
左限位：I0.4
M11.1
M11.1
左行：Q0.4
右行：Q0.3
R
1
网络 7　防止机械手一开始就在左极限位置
左限位：I0.4
上限位：I0.2
M11.0
R
2
网络 8
1
LBL
网络 9
回原点：I1.5
2
JMP
网络 10
单周期：I1.6
自动
EN
连续：I1.7
网络 11
2
LBL

图 3-41　具有四种工作方式的机械手控制系统主程序梯形图

网络 1
上限位：I0.2
左限位：I0.4
夹紧：Q0.1
原点条件：M12.5
网络 2
原点条件：M12.5
初始状态：M0.0
S
1
S0.2
R
8
网络 3
原点条件：M12.5
初始状态：M0.0
R
1

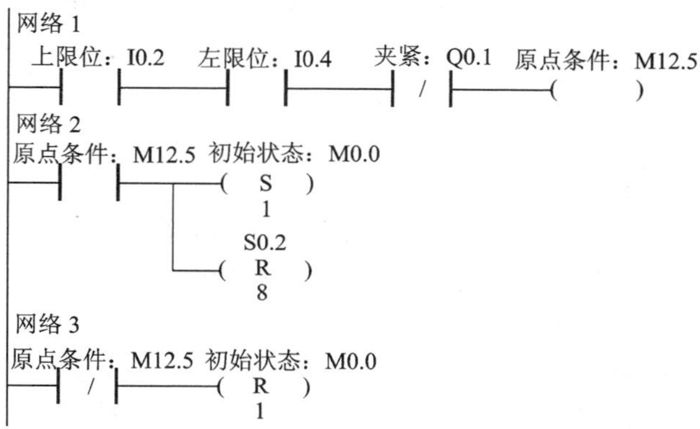

图 3-42　初始化子程序梯形图

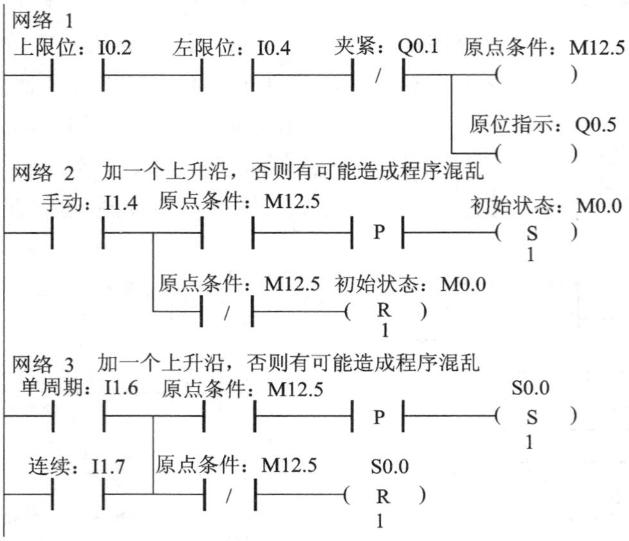

网络 1
上限位：I0.2
左限位：I0.4
夹紧：Q0.1
原点条件：M12.5
原位指示：Q0.5
网络 2　加一个上升沿，否则有可能造成程序混乱
手动：I1.4
原点条件：M12.5
P
初始状态：M0.0
S
1
原点条件：M12.5
初始状态：M0.0
R
1
网络 3　加一个上升沿，否则有可能造成程序混乱
单周期：I1.6
原点条件：M12.5
P
S0.0
S
1
连续：I1.7
原点条件：M12.5
S0.0
R
1

图 3-43　共用子程序梯形图

网络 1
启动按钮：I0.0
停止按钮：I1.3
单周期：I1.6
M10.0
M10.0
网络 2
First_Scan~:SM0.1
S0.0
S
1
S0.1
R
9
网络 3
S0.0
SCR

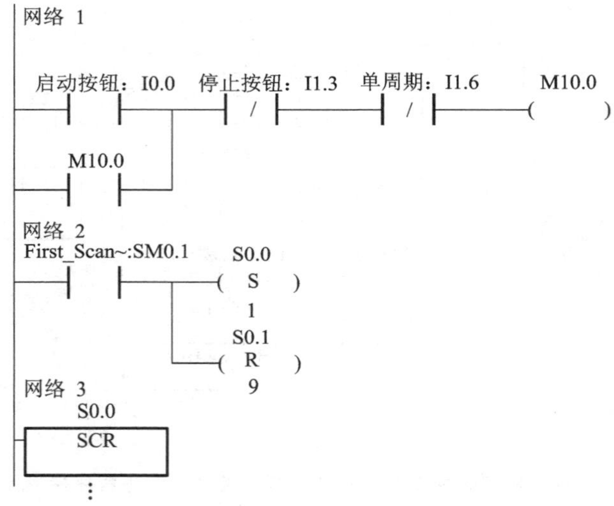

图 3-44　自动与单周期子程序梯形图的前三个网络

五、知识拓展

1．其他程序控制指令

采用程序控制类指令可使程序结构灵活，合理使用该类指令可以优化程序结构、增强程序功能。程序控制指令除了跳转、子程序指令外，还包括结束指令、停止指令、看门狗指令、循环指令等。

1）结束指令 END 和 MEND

结束指令分为有条件结束指令（END）和无条件结束指令（MEND）。两条指令在梯形图中以线圈形式编程，如图 3-45 所示。指令不含操作数。执行完结束指令后，系统结束主程序，

返回到主程序起点。

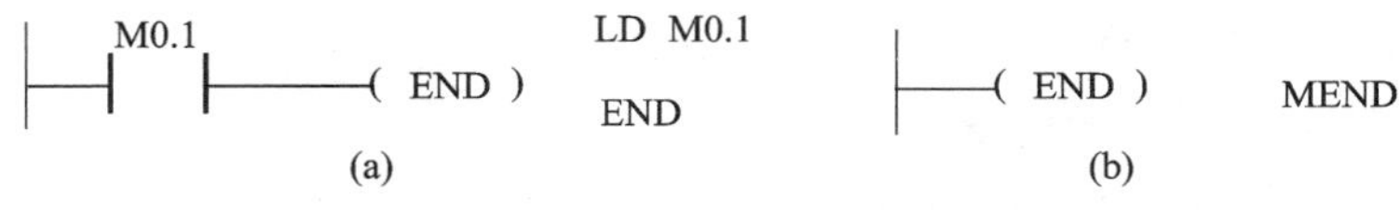

图 3-45　结束指令格式

(a)有条件结束指令;(b)无条件结束指令

使用说明:

(1) 结束指令只能用在主程序中,而不能用在子程序和中断程序中。有条件结束指令可用在无条件结束指令之前以结束主程序。

(2) 在调试程序时,在程序的适当位置插入无条件结束指令可实现程序的分段调试。

(3) 可以利用程序执行的结果状态、系统状态或在外部设置切换条件来调用有条件结束指令,使程序结束。

(4) 使用 Micro/WIN 软件编程时,编程人员不需手工输入无条件结束指令,系统会自动在主程序的末尾加上一条无条件结束指令。

2) 停止指令 STOP

STOP 指令有效时,可以使主机 CPU 的工作模式由 RUN 模式切换到 STOP 模式,从而立即中止用户程序的执行。STOP 指令在梯形图中以线圈形式编程,如图 3-46 所示。指令不含操作数。

图 3-46　STOP 指令格式

STOP 指令可以用在主程序、子程序和中断程序中。如果在中断程序中执行 STOP 指令,则中断处理立即中止,并忽略所有挂起的中断,继续扫描程序的剩余部分,在本次扫描周期结束后,完成主机从 RUN 模式到 STOP 模式的切换。

STOP 和 END 指令通常在程序中用来对突发紧急事件进行处理,以避免实际生产中的重大损失。

3) 看门狗指令

看门狗(watchdog)又称监控定时器,它的定时时间为 500 ms,每次扫描时它都会被操作系统自动复位一次,正常工作中扫描周期小于 500 ms 时,它将不起作用。

由于用户程序很长、执行中断程序的时间较长、循环指令的循环次数过大等原因,扫描周期可能大于 500 ms,此时看门狗会使用户程序停止执行。

为了防止在正常情况下看门狗动作,可以将看门狗复位指令 WDR(watchdog reset)插到程序中适当的地方,使看门狗复位。

WDR 指令也称为警戒时钟刷新指令。它可以把警戒时钟刷新,即延长扫描周期,从而有效地避免看门狗超时错误。WDR 指令在梯形图中以线圈形式编程,无操作数。

使用 WDR 指令时要特别小心,如果使用 WDR 指令而使扫描时间拖得过长(如在循环结构中使用 WDR),那么在终止本次扫描前,下列操作将被禁止:

(1) 通信(自由口通信除外);

(2) 输入/输出(直接输入/输出除外);

(3) 强制刷新;

(4) SM 位刷新(SM0、SM5～SM29 位不能被刷新);

(5) 运行时间诊断;

(6) 中断程序中 STOP 指令的执行。

此外,当扫描时间超过 25 s 时,10 ms 和 100 ms 定时器将不会正确累计时间。

WDR 指令的用法如图 3-47 所示。

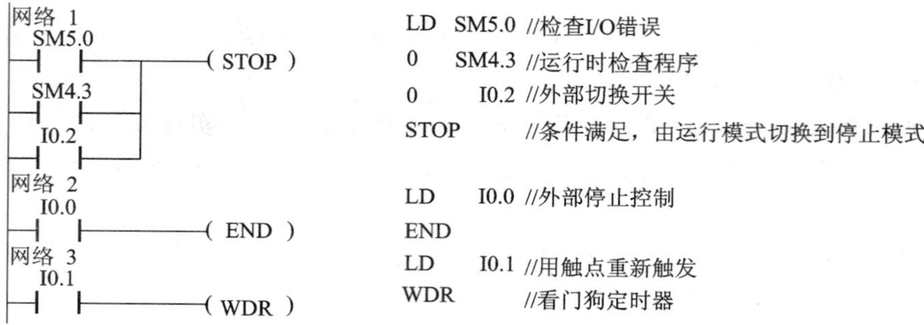

图 3-47 结束、停止及看门狗指令格式

4) 循环指令

循环指令为解决相同功能程序段的重复执行问题提供了方便,并且优化了程序结构。特别是在进行大量相同功能的计算和逻辑处理时,循环指令非常有用。

(1) 循环指令说明　循环指令有两条:FOR 和 NEXT。

循环开始指令 FOR:用来标记循环体的开始。

循环结束指令 NEXT:用来标记循环体的结束。无操作数。

FOR 和 NEXT 之间的程序段称为循环体,每执行一次循环体,当前计数值增 1,并且将其结果同终值做比较,如果大于终值,则中止循环。

循环指令的梯形图和指令表形式如图 3-48 所示。

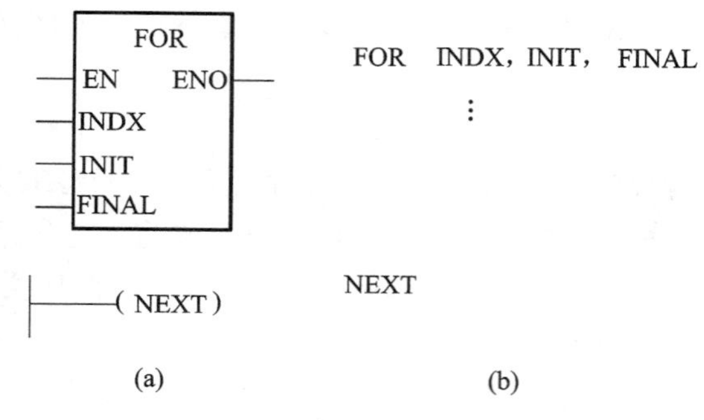

图 3-48 循环指令的梯形图和指令表

(a)梯形图;(b)指令表

(2) 参数说明　从图 3-48 中可以看出,循环指令中有三个数据输入端:当前循环计数 INDX、循环初值 INIT 和循环终值 FINAL。使用时必须给 FOR 指令指定当前循环计数(INDX)、初值(INIT)和终值(FINAL)。

INDX 操作数:VW、IW、QW、MW、SW、SMW、LW、T、C、AC、* VD、* AC 和 * CD。这些操作数属于整数型。

INIT 和 FINAL 操作数：VW、IW、QW、MW、SW、SMW、LW、T、C、AC、常数、* VD、* AC 和 * CD。这些操作数属于整数型。

循环指令使用举例如图 3-49 所示。当 I0.0 接通时，标为 A 的外层循环执行 100 次。当 I0.1 接通时，标为 B 的内层循环执行 2 次。

使用说明：

(1) FOR、NEXT 指令必须成对使用。

(2) FOR 和 NEXT 可以循环嵌套，嵌套深度最多为八层，各个嵌套层之间一定不可有交叉现象。

(3) 每次使能输入(EN)重新有效时，指令将自动复位各参数。

(4) 初值大于终值时，循环体不被执行。

(5) 在使用循环指令时，要注意在循环体中对 INDX 的控制，这一点非常重要。

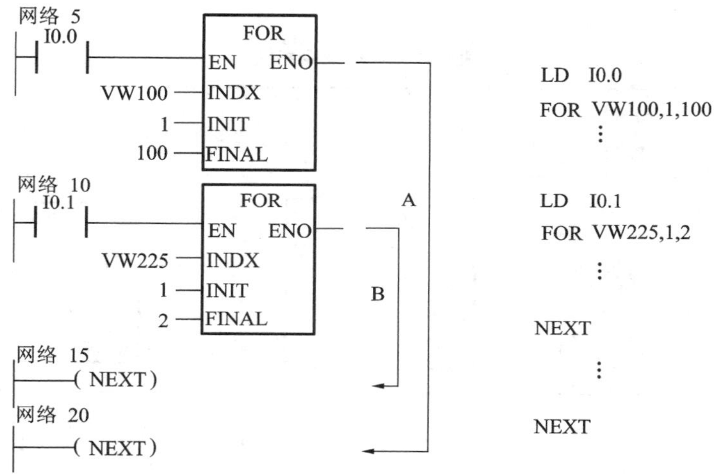

图 3-49　循环指令使用举例

2. 中断

在控制系统执行更深层次的程序过程中，若系统出现异常情况或有特殊请求（中断源）时，系统将自动暂时中断当前运行的程序，而自动响应中断服务程序（简称中断子程序），当中断服务程序处理完成后，系统自动返回中断处继续执行原程序，这个过程称为中断。

1) 中断的类别

S7-200 系列 PLC 最多有 34 个中断源。按中断源的不同，中断可分为三大类：通信中断、I/O 中断和时基中断。

(1) 通信中断　常用在自由端口通信模式下。自由端口模式允许用户通过编程来设置波特率、奇偶校验参数和通信协议参数等，可与其他串行设备灵活地通信。用户可以通过编程设置通信端口的事件（字符接收完成、字符发送完成、数据帧接收完成、数据帧发送完成）来实现通信中断。

(2) I/O 中断　I/O 中断包括外部输入上升/下降沿中断、高速计数器中断和高速脉冲输出中断。S7-200 系列 PLC 用输入（I0.0、I0.1、I0.2 或 I0.3）上升/下降沿可产生中断。这些输入点用于捕获在发生时必须立即处理的事件。高速计数器中断是对高速计数器运行时产生的事件的实时响应，包括当前值等于预设值时产生的中断、计数方向改变时产生的中断和计数器外部复位时产生的中断。脉冲输出中断是指预定数目脉冲输出完成时产生的中断。

(3) 时基中断　时基中断包括定时中断和定时器 T32/T96 中断。

定时中断用于支持一个周期性的活动。周期时间从 1～255 ms,时基是 1 ms。使用定时中断 0 必须在 SMB34 中写入周期时间;使用定时中断 1 必须在 SMB35 中写入周期时间。将中断程序连接在定时中断事件上,若定时中断被允许,则计时开始,每当达到定时时间时,就执行中断程序。定时中断可以用来对模拟量输入进行采样或定期执行比例-积分-微分(PID)控制回路。

定时器 T32/T96 中断允许对定时时间产生中断。这类中断只能用时基为 1 ms 的定时器 T32/T96 构成。中断启用后,在当前值等于预置值时,执行所连接的中断程序。

2) 中断指令

中断指令有四条,包括中断允许指令、中断禁止指令、中断连接指令、中断分离指令。中断指令格式如表 3-4 所示。

表 3-4　中断指令格式

指令名称	中断允许	中断禁止	中断连接	中断分离
梯形图	—(ENI)	—(DISI)	ATCH EN　ENO INT EVNT	DTCH EN　ENO EVNT
描述	全局允许中断	全局禁止中断	把一个中断事件 EVNT 和一个中断程序 INT 连接起来	切断一个中断事件 EVNT 和一个中断程序 INT 的联系,并禁止该中断事件
操作数	无	无	INT:0～127 EVNT:0～33	INT:0～127 EVNT:0～33

3. 中断优先级和排队等候

S7-200 系列 CPU224 型 PLC 有 34 个中断事件,其中断事件号及优先级别如表 3-5 所示。

表 3-5　中断事件号及优先级别

优先级分组	组内优先级	中断事件号	中断事件说明	中断事件类别
通信中断	0	8	通信口 0:接收字符	通信口 0
	0	9	通信口 0:发送完成	
	0	23	通信口 0:接收信息完成	
	1	24	通信口 1:接收信息完成	通信口 1
	1	25	通信口 1:接收字符	
	1	26	通信口 1:发送完成	

续表

优先级分组	组内优先级	中断事件号	中断事件说明	中断事件类别
I/O 中断	0	19	PTO0 脉冲串输出完成中断	脉冲输出
	1	20	PTO1 脉冲串输出完成中断	
	2	0	I0.0 上升沿中断	外部输入
	3	2	I0.1 上升沿中断	
	4	4	I0.2 上升沿中断	
	5	6	I0.3 上升沿中断	
	6	1	I0.0 下降沿中断	
	7	3	I0.1 下降沿中断	
	8	5	I0.2 下降沿中断	
	9	7	I0.3 下降沿中断	
	10	12	HSC0 当前值＝预置值中断	高速计数器
	11	27	HSC0 计数方向改变中断	
	12	28	HSC0 外部复位中断	
	13	13	HSC1 当前值＝预置值中断	
	14	14	HSC1 计数方向改变中断	
	15	15	HSC1 外部复位中断	
	16	16	HSC2 当前值＝预置值中断	
	17	17	HSC2 计数方向改变中断	
	18	18	HSC2 外部复位中断	
	19	32	HSC3 当前值＝预置值中断	
	20	29	HSC4 当前值＝预置值中断	
	21	30	HSC4 计数方向改变中断	
	22	31	HSC4 外部复位中断	
	23	33	HSC5 当前值＝预置值中断	
时基中断	0	10	定时中断 0(在 SMB34 中写入周期时间)	定时
	1	11	定时中断 1(在 SMB35 中写入周期时间)	
	2	21	定时器 T32 CT＝PT 中断	定时器
	3	22	定时器 T96 CT＝PT 中断	

4．中断的简单应用举例

例 3-2　编程完成采样工作，要求每 10 ms 采样一次。实现该功能的梯形图如图 3-50 所示。

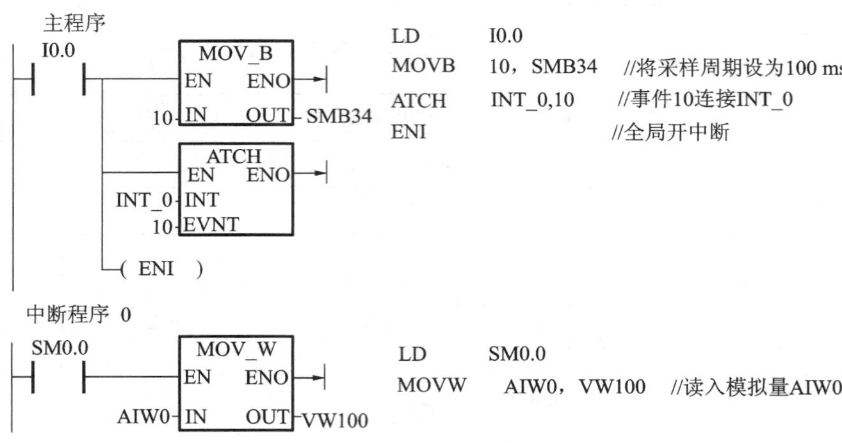

图 3-50　实现每 10 ms 中断采样一次功能的梯形图

六、研讨与训练

(1) 两种液体混合装置如图 3-25 所示，利用西门子 S7-200 系列 PLC 设计两种液体混合装置控制系统。

① 在手动控制方式下，按下液体 A 输入按钮后，电磁阀 Y1 通电打开，液体 A 流入容器。当液位高度达到 L2 时，液位传感器 L2 接通，此时电磁阀 Y1 断电关闭，按下液体 B 输入按钮后电磁阀 Y2 通电打开，液体 B 流入容器。当液位达到 L1 时，液位传感器 L1 接通，这时电磁阀 Y2 断电关闭；按下启动电动机按钮，电动机 M 启动，开始搅拌。10 s 后电动机 M 停止转动，按下排液按钮，电磁阀 Y3 通电打开，放出混合液体，在液位高度下降到 L3 并延迟 5 s 后，电磁阀 Y3 断电关闭，并同时开始新的周期。

② 在单周期工作方式下，按下启动按钮，工作过程和手动相同，只是无须再按其他按钮，一个周期结束后自动停止。

③ 在自动工作方式时，按下启动按钮，一个周期结束后，自动开始新的周期，无须再按启动按钮。

④ 在任何工作方式下，按下停止按钮，电动机 M 并不立即停止搅拌工作，而要将当前容器内的混合工作处理完毕后(当前周期循环到底)才停止，即停在初始位置上，否则会造成浪费。

(2) 已知某个组合机床控制系统的顺序功能图如图 3-51 所示，试用步进控制指令编程方法将此顺序功能图转换成梯形图。

注意：C0 的计数线圈必须紧跟在使 M0.7 置位的指令后面。这是因为如果 M0.4 先变为活动步，M0.7 的“生存周期”将非常短，M0.7 变为活动步后，在本次循环扫描周期内的下一个网络就会被复位。如果将 C0 的减计数线圈放在使 M0.7 复位的指令的后面，C0 还没有计数 M0.7 就会被复位，将不能执行计数操作。

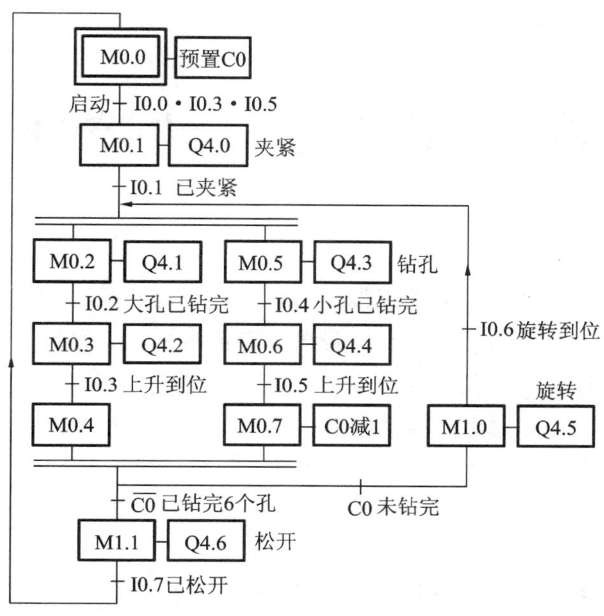

图 3-51　组合钻床控制系统的顺序功能图

(3) 分别使用定时中断和定时器中断产生占空比为 50%、周期为 4 s 的方波信号。

(4) 编写一个输入/输出中断程序，要求实现：

①从 0 到 255 的计数；

②当输入端 I0.0 为上升沿时，执行中断程序 0，程序采用加计数；

③当输入端 I0.0 为下降沿时，执行中断程序 1，程序采用减计数；

④计数脉冲为 SM0.5。

项目四　霓虹灯自动控制系统

随着社会的发展，霓虹灯广告屏使用得越来越多。街道两旁的广告牌均做成各种形状，采用多种彩色的灯管或霓虹灯管，另配大型广告语或宣传画来达到宣传的效果。

这些灯的亮灭、闪烁时间以及流动方向等既可以用继电器-接触器控制系统控制，也可以用 PLC 控制。采用前一种方式需使用很多继电器、接触器，会有机械磨损，并且在所要求的霓虹灯的闪烁时间间隔过短时，使用继电器-接触器控制系统进行控制是不太可能实现的，而采用 PLC 就没有问题，可用它来控制霓虹灯的闪烁。

任务一　闪烁霓虹灯的 PLC 控制

一、任务目标

知识目标

(1) 掌握传送指令的使用方法；

(2) 熟悉字节交换指令、字节立即读写指令的使用方法。

能力目标

(1) 能运用数据传送指令编写控制程序；

(2) 能编写闪烁霓虹灯的 PLC 控制程序。

二、任务描述

现有 L1～L8 共八盏霓虹灯接于 Q0.0～Q0.7，要求合上启动按钮 SB1(I0.0)时，霓虹灯 L1～L8 以每秒闪烁一次的速度闪烁六次之后熄灭，5 s 后又自动启动闪烁六次，重复上述过程，按停止按钮(I0.1)则所有灯复位。

要求用 PLC 功能指令中的传送指令等来实现上述控制要求。

三、相关知识

1. 存储空间

西门子 S7-200 系列 PLC 的数据空间包括输入映像寄存器 I、输出映像寄存器 Q、内部标志位存储器 M、顺序控制继电器 S、特殊标志存储器 SM、定时器存储器 T、计数器存储器 C、变量存储器 V、累加器 AC 等。西门子 S7-200 系列 CPU224 型 PLC 的数据空间如表 4-1 所示。I、Q、M、S、SM、T、C 在前面已经介绍，下面介绍变量寄存器 V 和累加器 AC。

表 4-1　西门子 S7-200 系列 CPU224 型 PLC 的数据空间

存储器类型	地址	位	字节	字	双字	范围
数字量输入映像寄存器	I	I	IB	IW	ID	I0.0～I15.7
数字量输出映像寄存器	Q	Q	QB	QW	QD	Q0.0～Q15.7
模拟量输入映像寄存器	AI	—	—	AIW	—	AIW0～AIW62
模拟量输出映像寄存器	AQ	—	—	AQW	—	AQW0～AQW62
变量存储器	V	V	VB	VW	VD	VB0～VB8191
标志存储器	M	M	MB	MW	MD	MB0～MB31
局部存储器	L	L	LB	LW	LD	LB0～LB63
系统存储器	SM	SM	SMB	SMW	SMD	SM0.0～SM549.7
定时器	T	T	—	T		T0～T255
计数器	C	C	—	C		C0～C255
高速计数器	HC	—	—	—	HC	HC0～HC5
顺序控制继电器	S	S	SB	SW	SD	S0.0～S31.7
累加器	AC	—	AC	AC	AC	AC0～AC3

1）变量寄存器 V

S7-200 系列 PLC 中有大量的变量寄存器，用于在进行模拟量控制、数据运算、参数设置及存放程序过程中控制逻辑操作的中间结果。变量寄存器可以以位为单位使用，也可以以字节、字、双字为单位使用。变量寄存器的数量与 CPU 的型号有关：对于 CPU222，为 VB0～VB2047；对于 CPU224，为 VB0～VB8191；对于 CPU224XP，为 VB0～VB10239；对于 CPU226 为 VB0～VB10239。

2）累加器 AC

累加器是可像存储器那样使用的读/写设备，是用来暂存数据的寄存器，它可以向子程序传递参数，或从子程序返回参数，也可以用来存放运算数据、中间数据及结果数据。S7-200 系列 PLC 共有四个 32 位的累加器：AC0～AC3。使用时只表示出累加器的地址编号（如 AC0）。累加器存取数据的长度取决于所用的指令，它支持字节、字、双字的存取，以字节或字为单位存取累加器时，访问累加器的低 8 位和低 16 位。

2. 功能指令

PLC 除了有丰富的逻辑指令外，还有丰富的功能指令。为了满足工业控制的需要，PLC 生产厂家为 PLC 增添了过程控制、数据处理和特殊功能指令，这些指令统称为功能指令（function instruction）。

S7-200 系列 PLC 的功能指令主要包括：程序控制指令；数据处理指令；数学运算指令与逻辑运算指令；中断程序与中断指令；高速计数器与高速脉冲输出指令。

1）使能输入与使能输出

在梯形图中，用方框表示某些功能指令，在 SIMATIC 指令体系中将这些方框称为“盒子”（box），在 IEC 61131-3 指令体系中将它们称为“功能块”。功能块的输入端均在左边，输出端均在右边，如图 4-1 所示。梯形图中有一条提供能流的母线，图中 I2.4 常开触点接通时，能流经母线流到功能块 DIV_I 的数字量输入端 EN（enable in），只有该输入端有能流时，功能指令 DIV_I 才能被执行。

对于图 4-1，特作说明如下。

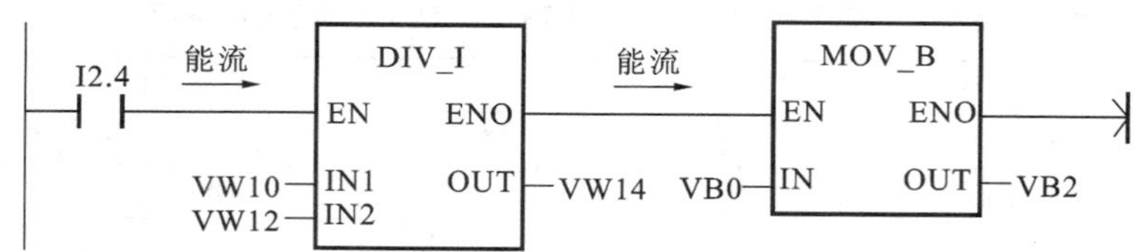

图 4-1 EN 与 ENO

EN(使能输入)端:该输入端有能流时,功能指令才能被执行。

ENO(使能输出)端:功能指令执行无错误,使能输出将能流传递给下一个元件。ENO 端的输出可以作为下一个功能块的 EN 的输入,即几个功能块可以串联在一行中。只有前一个功能块被正确执行,后一个功能块才能被执行。

EN 端和 ENO 端的操作数均为能流,数据类型为布尔型。

2) 梯形图中的网络与指令

在梯形图中,程序被划分为多个网络,一个网络中只能有一个独立电路。如果一个网络中有多个独立电路,在编译时会显示"无效网络或网络太复杂无法编译"。

梯形图编辑器自动给出了网络的编号。网络中不能有断路、开路和从右向左的能流。

输入指令表指令中必须使用英文的标点符号。如果使用中文标点符号,编译将会出错。

3) 数据传送指令 MOV

数据传送指令 MOV 一次完成一个字节、字、双字或者实数的传送。

MOV(分配值)通过启用 EN 端来激活,当 EN 端有输入时,将 IN 端指定的值复制到 OUT 端指定的地址,传送过程不改变源地址中的数据。ENO 端与 EN 端的逻辑状态相同。SIMATIC 功能指令助记符中最后的 B、W、D、DW 和 R,分别表示操作数为字节、字、双字和实数(real),其指令格式及功能如表 4-2 所示。

数据传送指令 MOV 的功能是:使能输入端有效,即 EN=1 时,将一个输入 IN 端的字节、字/整数、双字/双整数或实数送到 OUT 端指定的存储器输出,在传送过程中不改变数据的大小。传送后,输入 IN 端存储器中的内容不变。

表 4-2 单个数据传送指令 MOV 格式

梯形图	MOV_B EN ENO IN OUT	MOV_W EN ENO IN OUT	MOV_DW EN ENO IN OUT	MOV_R EN ENO IN OUT
指令表	MOVB IN,OUT	MOVW IN,OUT	MOVD IN,OUT	MOVR IN,OUT
操作数及数据类型	IN:VB、IB、QB、MB、SB、SMB、LB、AC、常量。 OUT:VB、IB、QB、MB、SB、SMB、LB、AC	IN:VW、IW、QW、MW、SW、SMW、LW、T、C、AIW、常量、AC。 OUT:VW、T、C、IW、QW、SW、MW、SMW、LW、AC、AQW	IN:VD、ID、QD、MD、SD、SMD、LD、HC、AC、常量。 OUT:VD、ID、QD、MD、SD、SMD、LD、AC	IN:VD、ID、QD、MD、SD、SMD、LD、AC、常量。 OUT:VD、ID、QD、MD、SD、SMD、LD、AC
	字节	字、整数	双字、双整数	实数

例 4-1　将变量存储器 VB10 中的内容送到 MB10 中，将常量 16＃34567891 送到 VD100 中。程序如图 4-2 所示。

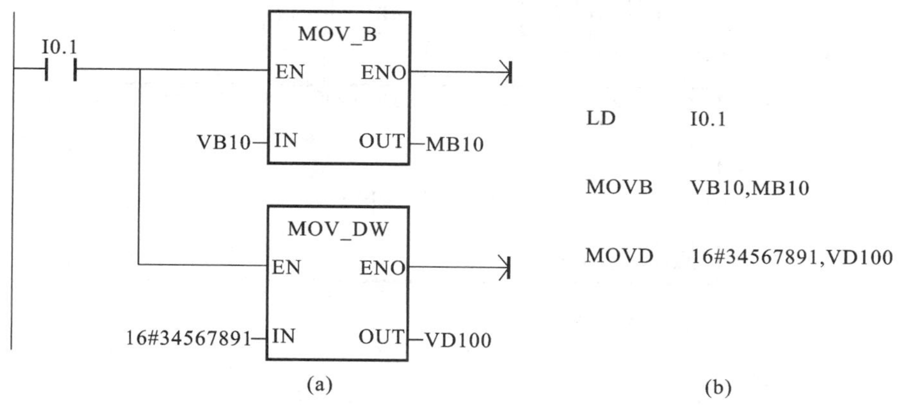

图 4-2　单个数据传送指令的用法

(a)梯形图；(b)指令表

注：将 16＃34567891 送入 VD100 时，是将 16＃34 送到低字节存储器 VB100 中，将 16＃56 送到低字节存储器 VB101 中，将 16＃78 送到低字节存储器 VB102 中，将 16＃91 送到高字节存储器 VB103 中。

四、任务实施

1. 任务分析

在本任务中，输出点正好是一个字节(QB0)，灯的亮和灭可以用传送指令分别将一个字节的 1 和 0 送入输出映像寄存器 QB0 来实现。

2. PLC 的 I/O 地址分配

本任务中输入信号有两个，即启动按钮信号和停止按钮信号；输出信号有八个。闪烁霓虹灯自动控制系统 PLC 的 I/O 地址分配情况如表 4-3 所示。

表 4-3　闪烁霓虹灯自动控制系统 PLC 的 I/O 地址分配表

输　入			输　出		
地址	元件	名称	地址	元件	名称
I0.0	SB1	启动按钮	Q0.0～Q0.7	L1～L8	霓虹灯
I0.1	SB2	停止按钮			

3. PLC 的选型

根据 I/O 资源的配置，系统共有两个开关量输入信号、八个开关量输出信号。考虑 I/O 资源利用率、以后升级的预留量及 PLC 的性价比要求，选用西门子公司的 S7-200 系列 CPU224CN 型 PLC。为了满足霓虹灯的快速闪烁变化要求，选择晶体管输出型 PLC，即 DC/DC/DC 型 PLC。

4. 系统电气原理图

根据 PLC 的 I/O 地址分配情况，可以画出闪烁霓虹灯自动控制系统的电气原理图，如图 4-3所示。

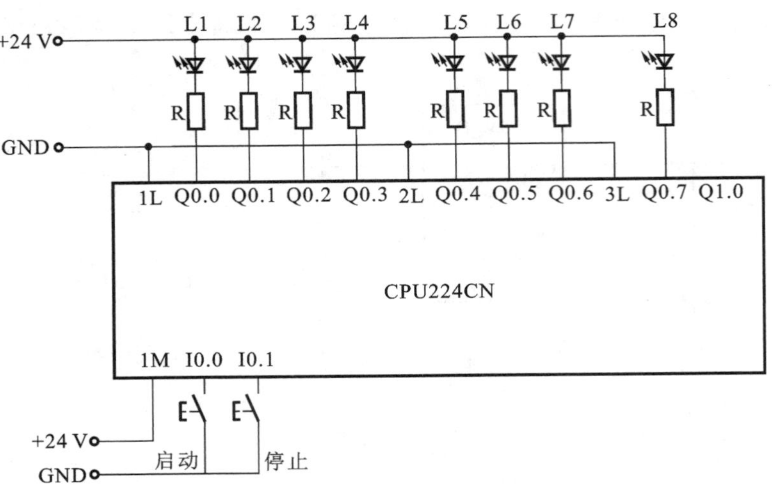

图 4-3 闪烁霓虹灯自动控制系统电气原理图

5. 程序设计

因为霓虹灯的闪烁周期是 1 s,所以使用周期为 1 s 的时钟脉冲的特殊存储器位 SM0.5。在 SM0.5 为 1 时,将 16#FF 送入寄存器 QB0(Q0.0～Q0.7),实现灯亮;在 SM0.5 为 0 时,将 16#00 送入 QB0,实现灯灭。用计数器 C0 计算闪烁次数,当六次闪烁完成后停止,C0 置 1 并定时,5 s 后将计数器清零。闪烁霓虹灯自动控制系统的梯形图如图 4-4 所示。

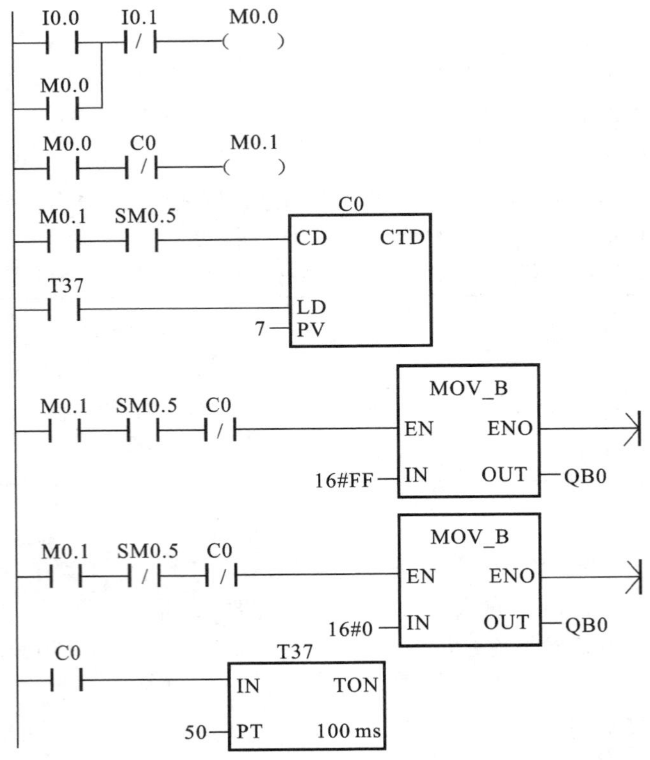

图 4-4 闪烁霓虹灯自动控制的 PLC 梯形图

五、知识拓展

1. 编程元件的间接寻址

所谓间接寻址，指在指令中不是直接使用编程元件的名称和地址编号来存取存储器中的数据，而是通过使用指针来存取存储器中的数据。

可以使用指针进行间接寻址的编程元件有：输入继电器 I、输出继电器 Q、辅助继电器 M、变量寄存器 V、顺序控制继电器 S，以及定时器 T 和计数器 C。对独立的位值和模拟量值不能进行间接寻址。

用间接寻址方式存取数据的步骤如下。

1）建立指针

对存储器的某一地址进行间接寻址时，必须首先为该地址建立指针。由于存储器的物理地址是 32 位的，所以指针的长度应当是双字长。可用来作为指针的编程元件有：变量寄存器 V、局部变量存储器 L 和累加器 AC。

建立指针必须用双字传送指令（MOVD），将存储器中所要访问的存储单元的地址装入用来作为指针的编程元件之中，装入的是地址而不是数据本身。

例如：

```
MOVD  &VB200,VD302
MOVD  &MB10,AC2
MOVD  &AC2,LD14
```

& 是地址符号，与编程元件编号组合表示对应单元的 32 位物理地址，VB200 只是一个直接地址编号，并不是物理地址。指令中的第二个地址数据长度必须是双字长，如 VD、LD 和 AC。

以上指令中的 &VB200 可改为 &VW200 或 &VD200，由于它们的起始地址是同一个，因此改变后效果完全相同。

2）间接存取

在指令中的操作数前加“*”，表示该操作数为一个指针。

建立指针和间接寻址的方法如下：

```
MOVD  &VB200,AC0
MOVW  *AC0,AC1
```

建立和使用指针的间接寻址过程如图 4-5 所示。

MOVD　&VB200，AC0

AC0

VW200的起始字节地址（32位）

MOVW　*AC0，AC1

AC 1

未用的2个字节	5678

地址	数据
VB200	56
VB201	78
VB202	90
VB203	87
VB204	65
VB205	43

图 4-5　使用指针的间接寻址

图 4-5 中:第一条指令(MOVD &VB200,AC0)表示将 VB200 的物理地址装入 AC0,建立地址指针;第二条指令(MOVW * AC0,AC1)表示将指针所指的数据(5678)送到累加器 AC1。

3) 修改指针

处理连续的存储数据时,可通过修改指针来处理相邻的数据。由于地址指针是 32 位的,必须用双字指令来修改指针。常用 INCD 指令来修改指针。

在修改指针时,要根据所存取的数据长度正确调整指针。

① 存取字节数据时,指针调整单位为 1(执行一次 INCD 指令)。

② 存取字数据,以及定时器、计数器的当前值时,指针调整单位为 2(连续执行两次 INCD 指令)。

③ 存取双字数据时,指针调整单位为 4(连续执行四次 INCD 指令)。

修改指针的方法如下:

```
MOVD    &VB200,AC0
INCD    AC0
INCD    AC0
MOVW    * AC0,AC1
```

上述指令运行情况如图 4-6 所示。

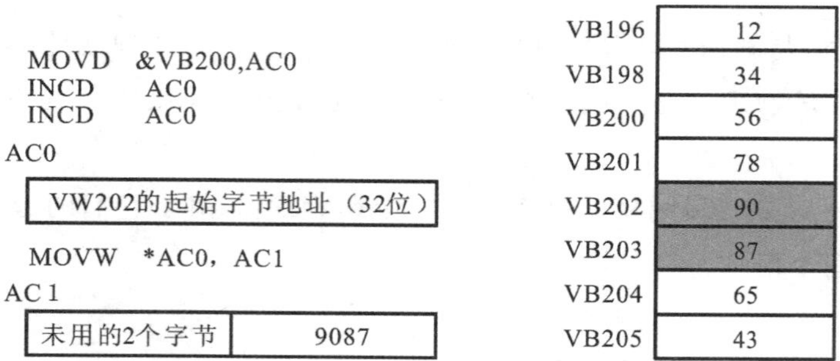

图 4-6 修改地址指针示意图

2. 其他传送类指令

1) 数据块传送指令 BLKMOV

数据块传送指令用于实现字节、字、双字、实数数据块的传送。

数据块传送指令用来一次传送多个数据,将从输入地址 IN 开始的 N 个数据传送到输出地址 OUT 开始的 N 个单元中,N 的范围为 1～255。数据块可以是字节块、字块和双字块。数据块传送指令的格式及功能如表 4-4 所示。

数据块传送指令在梯形图中以功能框形式编程。

ENO 端的出错条件为:M4.3(运行时间),0006(间接寻址错误),0091(数超界标志)。

表 4-4　数据块传送指令 BLKMOV 的格式及功能

<table>
<tr><td>梯形图</td><td>BLKMOV_B
EN　ENO
IN　OUT
N</td><td>BLKMOV_W
EN　ENO
IN　OUT
N</td><td>BLKMOV_D
EN　ENO
IN　OUT
N</td></tr>
<tr><td>指令表</td><td>BMB　IN,OUT</td><td>BMW　IN,OUT</td><td>BMD　IN,OUT</td></tr>
<tr><td rowspan="2">操作数及数据类型</td><td>IN：VB、IB、QB、MB、SB、SMB、LB。
OUT：VB、IB、QB、MB、SB、SMB、LB。
数据类型：字节</td><td>IN：VW、IW、QW、MW、SW、SMW、LW、T、C、AIW。
OUT：VW、IW、QW、MW、SW、SMW、LW、T、C、AQW。
数据类型：字</td><td>IN/OUT：VD、ID、QD、MD、SD、SMD、LD。
数据类型：双字</td></tr>
<tr><td colspan="3">N：VB、IB、QB、MB、SB、SMB、LB、AC、常量。
数据类型：字节。数据范围：1～255</td></tr>
<tr><td>功能</td><td colspan="3">使能输入有效，即 EN=1 时，把从输入地址 IN 开始的 *N* 个字节(字、双字)传送到以输出地址 OUT 开始的 *N* 个字节(字、双字)中</td></tr>
</table>

例 4-2　数据块传送指令程序举例。

将变量存储器从 VB20 开始的四个字节(VB20～VB23)的数据传送至从 VB100 开始的四个字节(VB100～VB103)。数据块传送指令用法如图 4-7 所示。

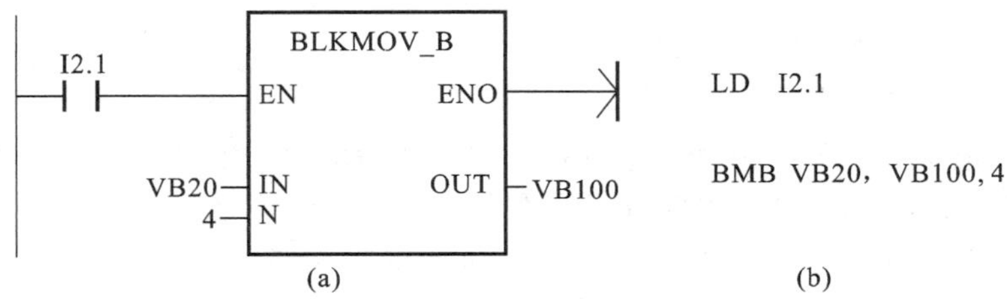

图 4-7　数据块传送指令用法

(a)梯形图；(b)指令表

程序执行后，将 VB20～VB23 中的数据 12、34、56、78 分别送到 VB100、VB101、VB102、VB103。

数据块传送指令执行前后数据与地址对应情况如表 4-5 所示。

表 4-5　数据块传送指令执行前后数据与地址对应情况

数据块传送指令执行前		数据块传送指令执行后	
数组 1 数据	数据地址	数组 2 数据	数据地址
12	VB20	12	VB100
34	VB21	34	VB101
56	VB22	56	VB102
78	VB23	78	VB103

2) 字节交换指令 SWAP

字节交换指令用来交换输入字 IN 的高位字节和低位字节,指令格式如表 4-6 所示。

表 4-6 字节交换指令 SWAP 格式

梯 形 图	指令表	说 明
SWAP EN ENO IN	SWAP IN	使能输入 EN 有效时,将输入字 IN 的高字节与低字节交换,结果仍放在 IN 中。 操作数如下。 IN:VW、IW、QW、MW、SW、SMW、T、C、LW、AC。 数据类型:字

ENO=0 的错误条件:0006(间接寻址错误),SM4.3(运行时间)。

例 4-3 字节交换指令应用举例。将 VW100 字的高、低字节交换,如图 4-8 所示。

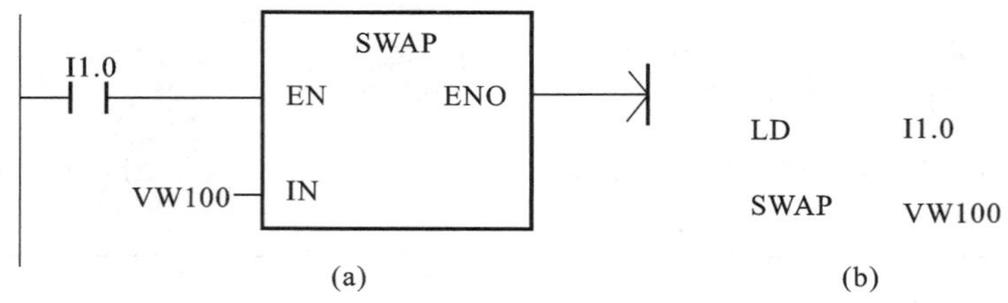

图 4-8 字节交换指令程序

(a)梯形图;(b)指令表

程序执行结果:假设指令执行之前 VW100 中的字为 16#8A9E,那么指令执行之后 VW100 中的字为 16#9E8A。

3) 字节立即读写指令

字节立即读指令(MOV_BIR)读取实际输入端 IN 给出的一个字节的数值,并将结果写入 OUT 所指定的存储单元,但输入映像寄存器不更新。

字节立即写指令(MOV_BIW)从输入端 IN 所指定的存储单元中读取一个字节的数值并写入(以字节为单位)实际输出端 OUT 的物理输出点,同时更新对应的输出映像寄存器。

字节立即读写指令格式及功能如表 4-7 所示。

表 4-7 字节立即读写指令格式及功能

梯 形 图	指 令 表	功能及说明
MOV_BIR EN ENO IN OUT	BIR IN,OUT	功能:字节立即读。 操作数如下。 IN:IB。 OUT:VB、IB、QB、MB、SB、SMB、LB、AC
MOV_BIW EN ENO IN OUT	BIW IN,OUT	功能:字节立即写。 操作数如下。 IN:VB、IB、QB、MB、SB、SMB、LB、AC、常量。 OUT:QB

ENO＝0 的错误条件：0006（间接寻址错误），SM4.3（运行时间）。

注意：字节立即读写指令无法读写扩展模块。

六、研讨与训练

（1）试编写同时进行十六个灯闪烁控制的 PLC 程序。

（2）某工厂生产两种型号工件所需的加热时间分别为 40 s、60 s，使用一个开关来控制定时器的设定值，这个开关的“ON”位对应 40 s、“OFF”位对应 60 s，用启动按钮和接触器控制加热炉的通断，请用传送指令设计该程序。

（3）设有八盏指示灯，要求在 I0.0 接通时，使输出点隔位接通，在 I0.1 接通时，输出取反后隔位接通。用传送指令实现控制，试编写程序。

（4）现有 L1～L8 共八盏霓虹灯顺序接 Q0.0～Q0.7。按下启动按钮 SB1（I0.0）时，霓虹灯 L1～L4 亮、L5～L8 灭，0.5 s 后霓虹灯 L1～L4 灭、L5～L8 亮，再过 0.5 s 霓虹灯 L1～L4 亮、L5～L8 灭，一直循环。按下停止按钮 SB2（I0.1）时，霓虹灯熄灭。

（5）写一段程序，将从 VB100 开始的 50 个字的数据传送到从 VB200 开始的存储区。

任务二　循环霓虹灯的 PLC 控制

一、任务目标

知识目标

（1）掌握数据移位指令、循环移位指令的使用；

（2）掌握数据转换指令的使用。

能力目标

（1）能灵活应用数据移位指令完成循环霓虹灯的程序设计；

（2）能应用数据转换指令进行 LED 灯的控制。

二、任务描述

现有 L1～L9 共九盏霓虹灯顺序接 Q0.0～Q0.7、Q1.0，要求：按下启动按钮时，霓虹灯 L1～L9以正序每隔 1 s 轮流点亮，当 L9 亮后，停 5 s；然后，将 L1～L9 逆序每隔 1 s 轮流点亮；L1 再亮后，停 5 s，重复上述过程。按下停止按钮时，霓虹灯停止工作。

要求用 PLC 功能指令中的数据传送指令、移位指令等来实现上述控制要求。

三、相关知识

移位指令分为左右移位指令、循环左右移位指令及移位寄存器指令三大类。前两类移位指令按移位数据的长度又分字节型、字型、双字型三种。

1. 左右移位指令

左右移位数据存储单元与 SM1.1(溢出)端相连,移出位被放到特殊标志位 SM1.1。移位数据存储单元的另一端补 0。左右移位指令格式及功能如表 4-8 所示。

1) 左移位指令(SHL)

使能输入有效时,将输入 IN 端的无符号数(字节、字或双字)中的各位向左移 *N* 位后(右端补 0),将结果输出到 OUT 端所指定的存储单元中。如果移位次数大于 0,最后移出位保存在溢出标志位 SM1.1 中。如果移位结果为 0,零标志位 SM1.0 置 1。

2) 右移位指令(SHR)

使能输入有效时,将输入 IN 端的无符号数(字节、字或双字)中的各位向右移 *N* 位后,将结果输出到 OUT 所指定的存储单元中,移出位补 0,最后移出位保存在溢出标志位 SM1.1 中。如果移位结果为 0,零标志位 SM1.0 置 1。

ENO=0 的错误条件:0006(间接寻址错误),SM4.3(运行时间)。

表 4-8　左、右移位指令格式及功能

梯形图	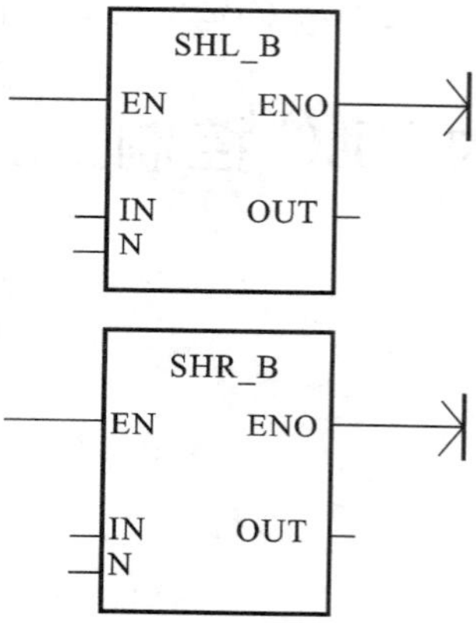 SHL_B EN ENO IN OUT N SHR_B EN ENO IN OUT N	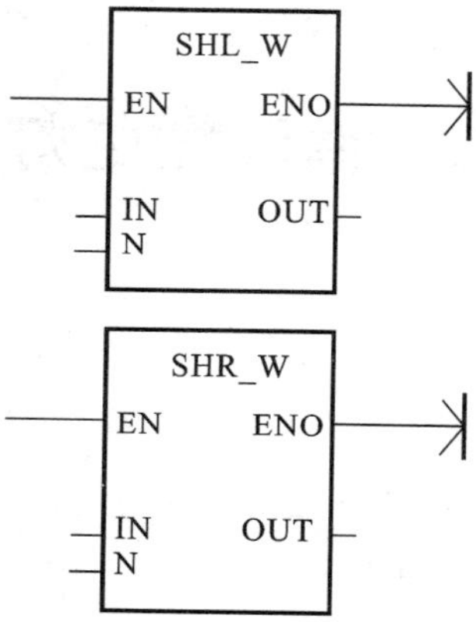 SHL_W EN ENO IN OUT N SHR_W EN ENO IN OUT N	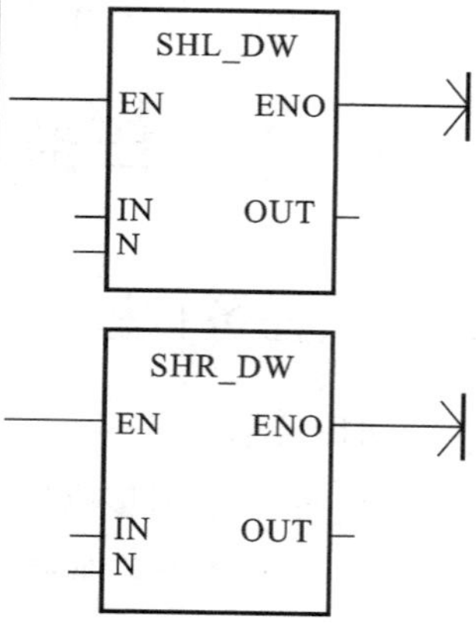 SHL_DW EN ENO IN OUT N SHR_DW EN ENO IN OUT N
指令表	SLB　OUT,*N* SRB　OUT,*N*	SLW　OUT,*N* SRW　OUT,*N*	SLD　OUT,*N* SRD　OUT,*N*
操作数及数据类型	IN:VB、IB、QB、MB、SB、SMB、LB、AC、常量。 OUT:VB、IB、QB、MB、SB、SMB、LB、AC。 数据类型:字节	IN:VW、IW、QW、MW、SW、SMW、LW、T、C、AIW、AC、常量。 OUT:VW、IW、QW、MW、SW、SMW、LW、T、C、AC。 数据类型:字	IN:VD、ID、QD、MD、SD、SMD、LD、AC、HC、常量。 OUT:VD、ID、QD、MD、SD、SMD、LD、AC。 数据类型:双字
	N:VB、IB、QB、MB、SB、SMB、LB、AC、常量。 数据类型:字节。 数据范围:*N*≤数据类型(B、W、D)对应的位数		
功能	SHL:字节、字、双字左移 *N* 位 SHR:字节、字、双字右移 *N* 位		

说明：在指令表中，若 IN 端和 OUT 端指定的存储器不同，则须首先使用数据传送指令 MOV 将 IN 端中的数据送入 OUT 端所指定的存储单元。

2. 循环左右移位指令

循环左右移位就是将移位数据存储单元的首尾相连，同时又与溢出标志位 SM1.1 连接，SM1.1 用来存放被移出的位。循环左右移位指令格式及功能如表 4-9 所示。

表 4-9 循环左右移位指令格式及功能

梯形图	ROL_B EN ENO IN OUT N ROR_B EN ENO IN OUT N	ROL_W EN ENO IN OUT N ROR_W EN ENO IN OUT N	ROL_DW EN ENO IN OUT N ROR_DW EN ENO IN OUT N
指令表	RLB OUT,*N* RRB OUT,*N*	RLW OUT, *N* RRW OUT, *N*	RLD OUT,*N* RRD OUT,*N*
操作数及数据类型	IN：VB、IB、QB、MB、SB、SMB、LB、AC、常量。 OUT：VB、IB、QB、MB、SB、SMB、LB、AC。 数据类型：字节	IN：VW、IW、QW、MW、SW、SMW、LW、T、C、AIW、AC、常量。 OUT：VW、IW、QW、MW、SW、SMW、LW、T、C、AC。 数据类型：字	IN：VD、ID、QD、MD、SD、SMD、LD、AC、HC、常量。 OUT：VD、ID、QD、MD、SD、SMD、LD、AC。 数据类型：双字
	N：VB、IB、QB、MB、SB、SMB、LB、AC、常量。 数据类型：字节		
功能	ROL：字节、字、双字循环左移 *N* 位。 ROR：字节、字、双字循环右移 *N* 位		

1）循环左移位指令(ROL)

使能输入有效时，将 IN 端输入的无符号数(字节、字或双字)循环左移 *N* 位，然后将结果输入 OUT 端所指定的存储单元，移出的最后一位的数值送到溢出标志位 SM1.1。当需要移位的数值是零时，零标志位 SM1.0 为 1。

2）循环右移位指令(ROR)

使能输入有效时，将 IN 端输入的无符号数(字节、字或双字)循环右移 *N* 位后，将结果输入 OUT 端所指定的存储单元,移出的最后一位的数值送到溢出标志位 SM1.1。当需要移位的数值是零时,零标志位 SM1.0 为 1。

3) 移位次数 $N\geqslant$数据类型(B、W、D)对应位数时的移位位数的处理

如果操作数是字节,当移位次数 $N\geqslant8$ 时,则在执行循环移位前,先对 N 进行模 8 操作(N 除以 8 后取余数),其结果 0～7 为实际移动位数。

如果操作数是字,当移位次数 $N\geqslant16$ 时,则在执行循环移位前,先对 N 进行模 16 操作(N 除以 16 后取余数),其结果 0～15 为实际移动位数。

如果操作数是双字,当移位次数 $N\geqslant32$ 时,则在执行循环移位前,先对 N 进行模 32 操作(N 除以 32 后取余数),其结果 0～31 为实际移动位数。

ENO＝0 的错误条件:0006(间接寻址错误),SM4.3(运行时间)。

说明:在指令表中,若 IN 端和 OUT 端指定的存储器不同,则须首先使用数据传送指令 MOV 将 IN 端指定的数据送入 OUT 端所指定的存储单元。

例 4-4 程序应用举例,将 AC0 中的字循环右移 2 位,将 VW200 中的字左移 3 位。程序及运行结果如图 4-9 所示。

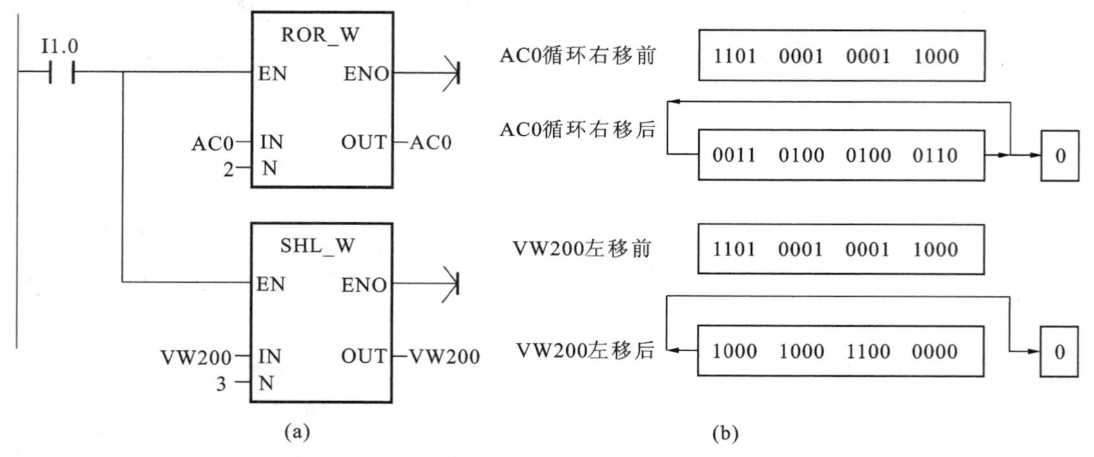

图 4-9 例 4-4 梯形图移位指令执行示意图

(a)梯形图;(b)移位示意图

例 4-5 用 I0.0 控制接在 Q0.0～Q0.7 上的八个彩灯循环移位,从左到右以 0.5 s 的速度依次点亮,保持任意时刻只有一个指示灯亮,到达最右端后,再从左到右依次点亮。

分析 八个彩灯循环移位控制,可以用字节的循环移位指令。根据控制要求,首先应置彩灯的初始状态为 QB0＝1,即左边第一盏灯亮;接着灯从左到右以 0.5 s 的速度依次点亮,即要求字节 QB0 中的“1”用循环左移位指令每 0.5 s 移动一位,因此在 ROL_B 指令中,须在 EN 端接一个 0.5 s 的移位脉冲(可用定时器指令实现)。梯形图程序和指令表程序如图 4-10 所示。

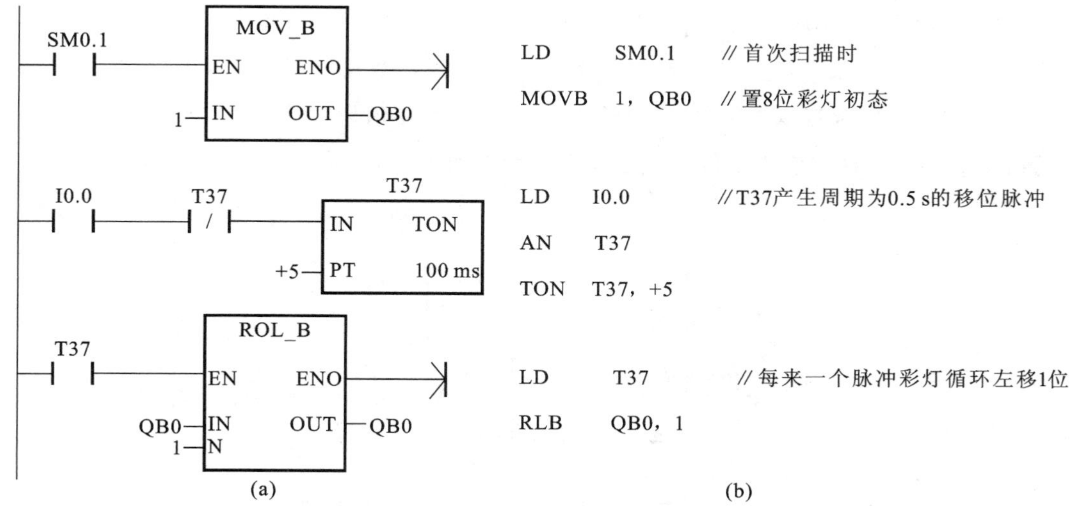

图 4-10　例 4-5 梯形图和指令表

(a)梯形图；(b)指令表

3. 移位寄存器指令

移位寄存器指令是可以指定移位寄存器的长度和移位方向的移位指令，其梯形图如图 4-11 所示。

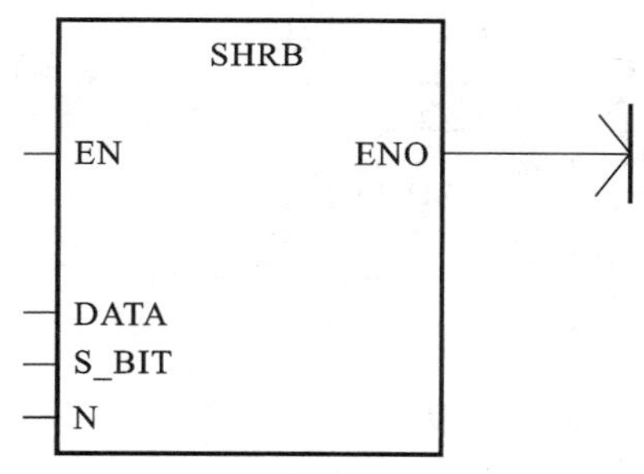

图 4-11　移位寄存器梯形图

指令说明：

(1) 移位寄存器指令 SHRB 用于将 DATA 数值移入移位寄存器。梯形图中，EN 为使能输入端，连接移位脉冲信号，每次使能有效时，整个移位寄存器移动 1 位。DATA 为数据输入端，连接移入移位寄存器的二进制数值，执行指令时将该位的值移入寄存器。S_BIT 指定移位寄存器的最低位。N 指定移位寄存器的长度和移位方向，移位寄存器的最大长度为 64 位，N 位为正值时表示左移位，输入数据(DATA)移入移位寄存器的最低位(S_BIT)，并移出移位寄存器的最高位。移出的数据被放置在溢出内存位(SM1.1)中。N 位为负值时表示右移位，输入数据移入移位寄存器的最高位，并移出移位寄存器的最低位(S_BIT)。移出的数据被放置在溢出内存位(SM1.1)中。

(2) DATA 和 S_BIT 的操作数为 I、Q、M、SM、T、C、V、S、L。数据类型为布尔型。N 的操作数为 VB、IB、QB、MB、SB、SMB、LB、AC、常量。数据类型为字节型。

ENO=0 的错误条件:0006(间接寻址错误),0091(操作数超出范围),0092(计数区错误)。

(3) 移位指令影响特殊内部标志位 SM1.1(为移出的位值设置的溢出位)。

例 4-6 移位寄存器应用举例。程序及运行结果如图 4-12 所示。

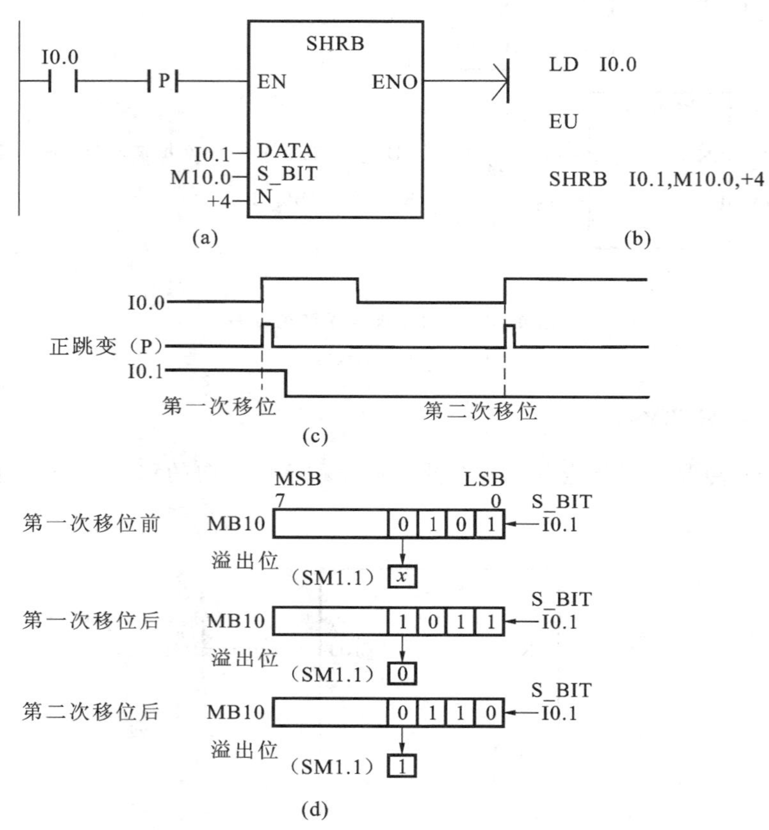

图 4-12 例 4-6 梯形图、指令表、时序图及运行结果

(a)梯形图;(b)指令表;(c)时序图;(d)运行结果

四、任务实施

1. 任务分析

在本任务中,启动按钮信号和停止按钮信号是输入信号,霓虹灯信号是输出信号,循环闪烁变化可采用字循环指令来完成。

2. PLC 的 I/O 地址分配

循环霓虹灯自动控制系统有两个输入信号、九个输出信号,该系统 PLC 的 I/O 地址分配情况如表 4-10 所示。

表 4-10 循环霓虹灯自动控制系统 PLC 的 I/O 地址分配表

输入			输出		
地址	元件	名称	地址	元件	名称
I0.0	SB1	启动按钮	Q0.0～Q1.0	L1～L9	霓虹灯
I0.1	SB2	停止按钮			

3. PLC 的选型

根据 I/O 资源的配置，系统共有两个开关量输入信号、九个开关量输出信号。考虑 I/O 资源利用率、以后升级的预留量及 PLC 的性价比要求，选用西门子 S7-200 系列 CPU224CN 型 PLC；为了满足霓虹灯的快速闪烁变化要求，选择晶体管输出型 PLC，即 DC/DC/DC 型 PLC。

4. 系统电气原理图

依据 I/O 地址分配表，可画出循环霓虹灯自动控制系统电气原理图，如图 4-13 所示。

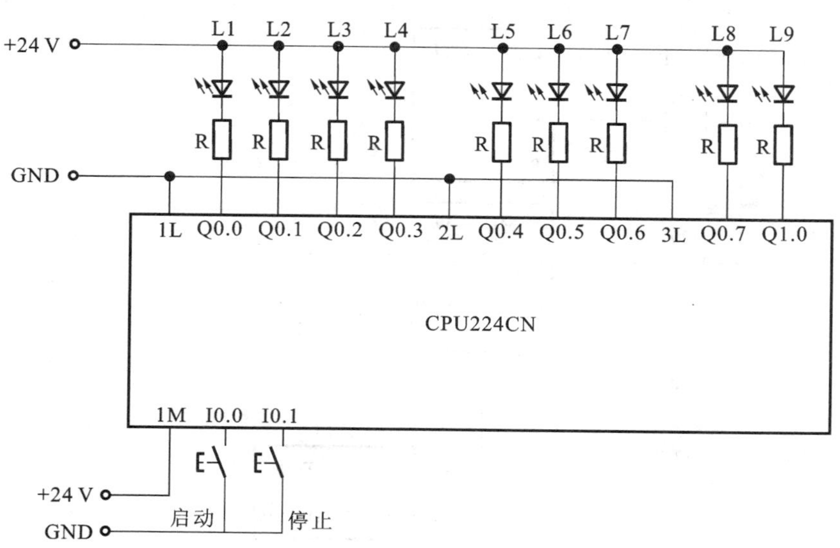

图 4-13 循环霓虹灯自动控制系统电气原理图

5. 程序设计

使用传送指令和循环移位指令进行循环霓虹灯 PLC 控制的梯形图如图 4-14 所示。

因为是九个霓虹灯，所以其状态用一个字节表示不够，需要用到一个字的 9 位，即 QW0 中的(Q0.0～Q1.0)。先将 16#0100 送入 QW0，每隔 1 s 循环左移 1 位；到 Q1.0 后将 QW0 清零，等待 5 s 后，再将 16#0001 送入 QW0，每隔 1 s 循环右移 1 位，到 Q0.0 后将 QW0 清零。等待 5 s 后开始新一轮循环。

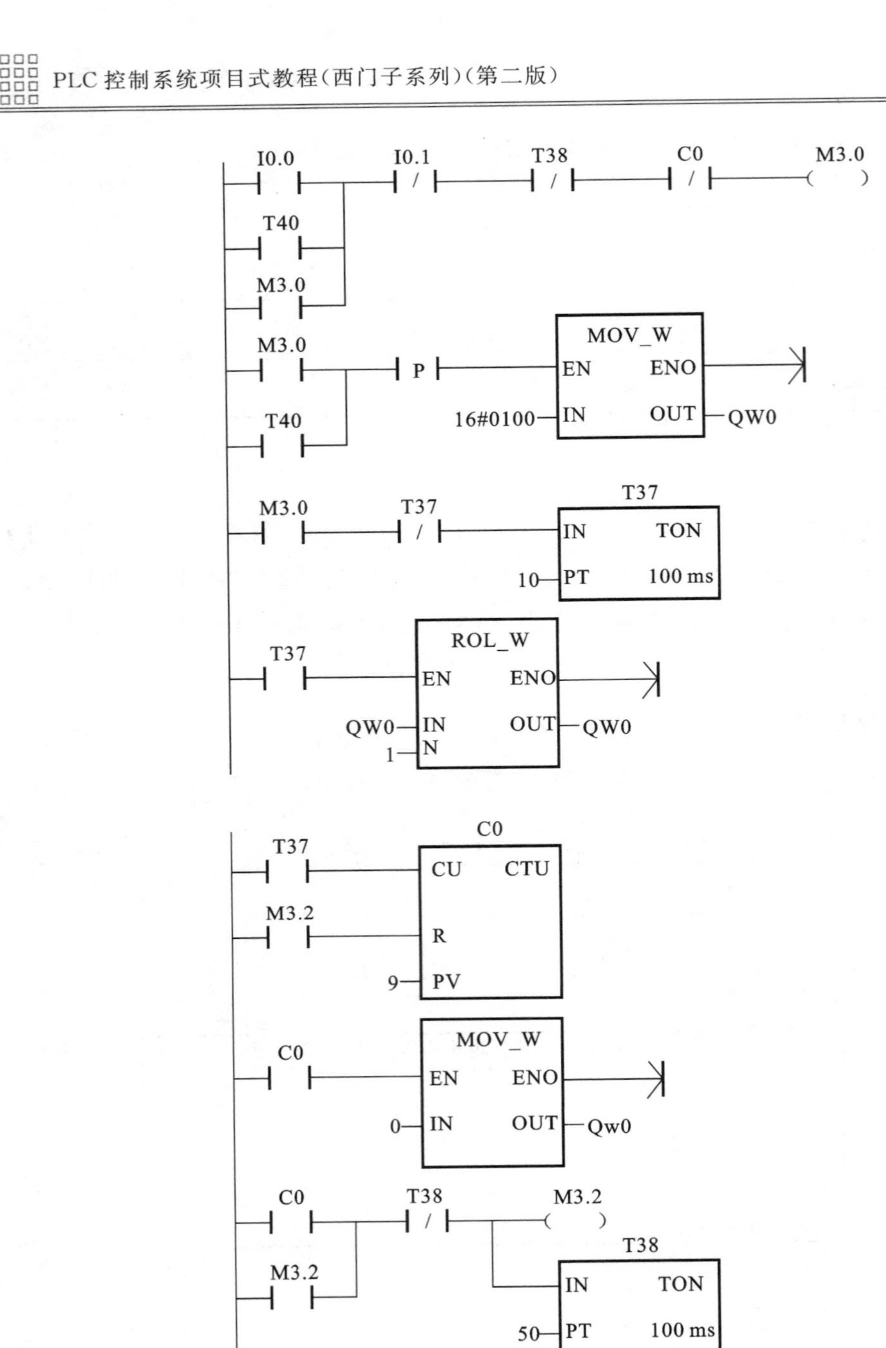

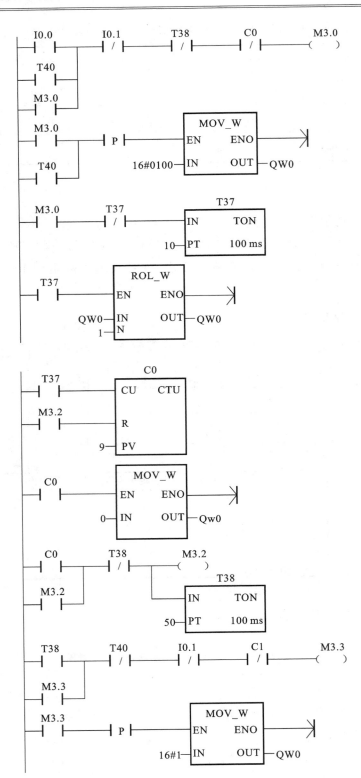

图 4-14　循环霓虹灯 PLC 控制梯形图

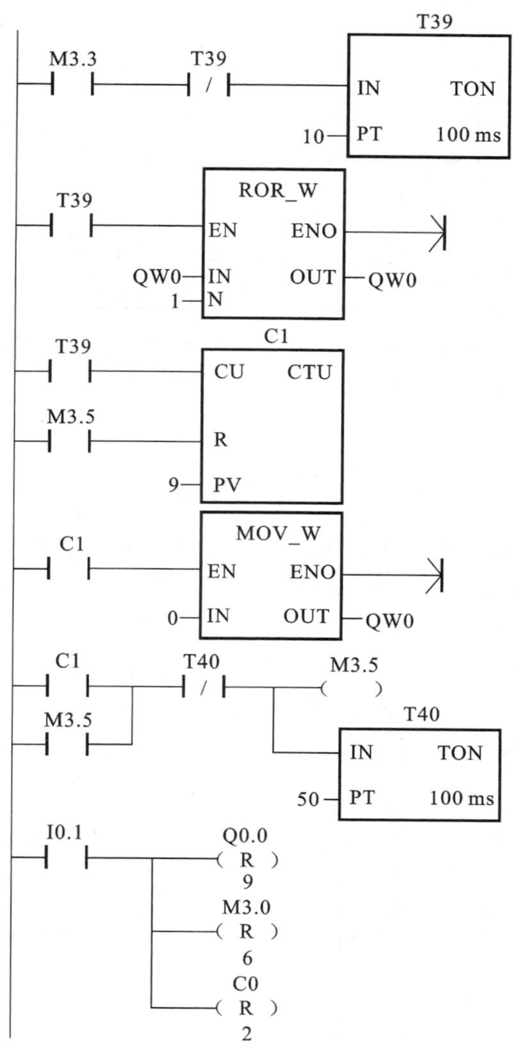

续图 4-14

五、知识拓展

转换指令用于对操作数的类型进行转换，并将转换结果输出到指定目标地址。转换指令包括数据的类型转换指令、数据的编码和译码指令，以及字符串类型转换指令。

不同功能的指令对操作数要求不同。类型转换指令可将固定的一个数据通过字节与字整数之间的转换、整数与双整数之间的转换、双字整数与实数之间的转换、BCD码与整数之间的转换等，用到有不同类型操作数要求的指令中。

1. 字节与字整数之间的转换

字节与字整数之间转换的指令格式如表 4-11 所示。

表 4-11　字节与字整数之间的转换指令

梯形图	B_I: EN ENO, IN OUT	I_B: EN ENO, IN OUT
指令表	BTI　IN,OUT	ITB　IN,OUT
ENO=0 的错误条件	0006(间接寻址错误),SM4.3(运行时间)	0006(间接寻址错误),SM1.1(溢出或非法数值),SM4.3　(运行时间)

(1) BTI 指令　用于将字节数值(IN)转换成整数值,并将结果置入 OUT 端指定的存储单元。因为字节不带符号,所以无符号扩展。

BTI 指令的操作数如下。

IN(字节):VB、IB、QB、MB、SB、SMB、LB、AC、常量。

OUT(整数):VW、IW、QW、MW、SW、SMW、LW、T、C、AC。

(2) ITB 指令　用于将字整数(IN)转换成字节,并将结果置入 OUT 端指定的存储单元。输入的字整数 0～255 被转换。超出部分将溢出,使 SM1.1=1。输出不受影响。

ITB 指令的操作数如下。

IN(整数):VW、IW、QW、MW、SW、SMW、LW、T、C、AIW、AC、常量。

OUT(字节):VB、IB、QB、MB、SB、SMB、LB、AC。

2. 字整数与双字整数之间的转换

字整数与双字整数之间的转换指令格式如表 4-12 所示。

表 4-12　字整数与双字整数之间的转换指令格式

梯形图	I_DI: EN ENO, IN OUT	DI_I: EN ENO, IN OUT
指令表	ITD　IN,OUT	DTI　IN,OUT
ENO=0 的错误条件	0006(间接寻址错误),SM4.3(运行时间)	0006(间接寻址错误),SM1.1(溢出或非法数值),SM4.3(运行时间)

(1) ITD 指令　用于将整数值(IN)转换成双整数值,并将结果置入 OUT 端指定的存储单元。

ITD 指令的操作数如下。

IN(整数):VW、IW、QW、MW、SW、SMW、LW、T、C、AIW、AC、常量。

OUT(双整数):VD、ID、QD、MD、SD、SMD、LD、AC。

(2) DTI 指令　用于将双整数值(IN)转换成整数值,并将结果置入 OUT 端指定的存储单元。如果转换的数值过大,则无法在输出中表示,将产生溢出使 SM1.1=1,输出则不受影响。

DTI 指令的操作数如下。

IN(双整数):VD、ID、QD、MD、SD、SMD、LD、HC、AC、常量。

OUT(整数):VW、IW、QW、MW、SW、SMW、LW、T、C、AC。

3. 双整数与实数之间的转换

双整数与实数之间的转换指令格式如表 4-13 所示。

表 4-13　双字整数与实数之间的转换指令格式

梯形图	DI_R (EN, ENO, IN, OUT)	ROUND (EN, ENO, IN, OUT)	TRUNC (EN, ENO, IN, OUT)
指令表	DTR　IN,OUT	ROUND　IN,OUT	TRUNC　IN,OUT
ENO=0 的错误条件	0006(间接寻址错误),SM4.3(运行时间)	0006(间接寻址错误),SM1.1(溢出或非法数值),SM4.3(运行时间)	0006(间接寻址错误),SM1.1(溢出或非法数值),SM4.3(运行时间)

(1) DTR 指令　用于将 32 位带符号整数(IN)转换成 32 位实数,并将结果置入 OUT 端指定的存储单元。

DTR 指令的操作数如下。

IN(双整数):VD、ID、QD、MD、SD、SMD、LD、HC、AC、常量。

OUT(实数):VD、ID、QD、MD、SD、SMD、LD、AC。

(2) ROUND 指令　用于按小数部分四舍五入的原则,将实数(IN)转换成双整数值,并将结果置入 OUT 端指定的存储单元。

ROUND 指令的操作数及数据类型如下。

IN(实数):VD、ID、QD、MD、SD、SMD、LD、AC、常量。

OUT(双整数):VD、ID、QD、MD、SD、SMD、LD、AC。

(3) TRUNC(截位取整)指令　用于按小数部分直接舍去的原则,将 32 位实数(IN)转换成 32 位双整数,并将结果置入 OUT 端指定的存储单元。

TRUNC 指令的操作数及数据类型如下。

IN(实数):VD、ID、QD、MD、SD、SMD、LD、AC、常量。

OUT(双整数):VD、ID、QD、MD、SD、SMD、LD、AC。

值得注意的是:不论是四舍五入取整,还是截位取整,如果转换的实数数值过大,无法在输出中表示,就都会产生溢出,即影响溢出标志位,使 SM1.1=1,输出不受影响。

4. BCD 码与整数之间的转换

BCD 码与整数之间的转换指令格式及功能如表 4-14 所示。

(1) BCD-I 指令　用于将二进制编码的十进制数(IN)转换成整数,并将结果送入 OUT 端指定的存储单元。十进制数(IN)的有效范围是 BCD 码 0~9999。

(2) I-BCD 指令　用于将输入整数(IN)转换成二进制编码的十进制数,并将结果送入

OUT 端指定的存储单元。整数(IN)的有效范围是 BCD 码 0～9999。

表 4-14　BCD 码与整数之间的转换指令格式

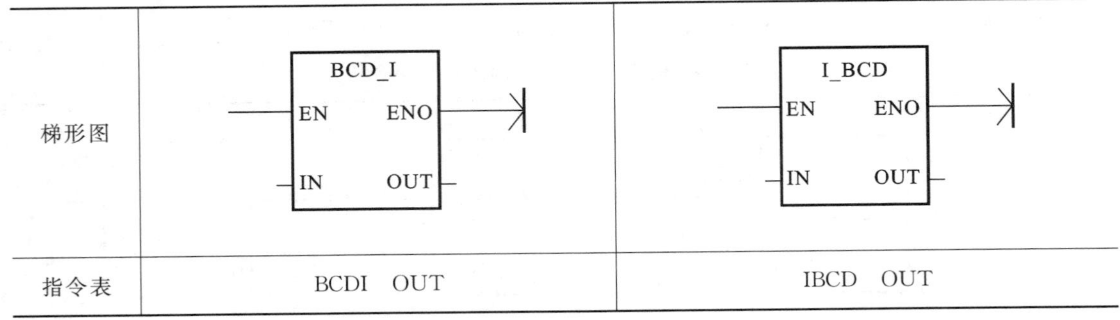

梯形图	BCD_I EN ENO IN OUT	I_BCD EN ENO IN OUT
指令表	BCDI　OUT	IBCD　OUT

5. 译码和编码指令

译码和编码指令的格式如表 4-15 所示。

表 4-15　译码和编码指令的格式

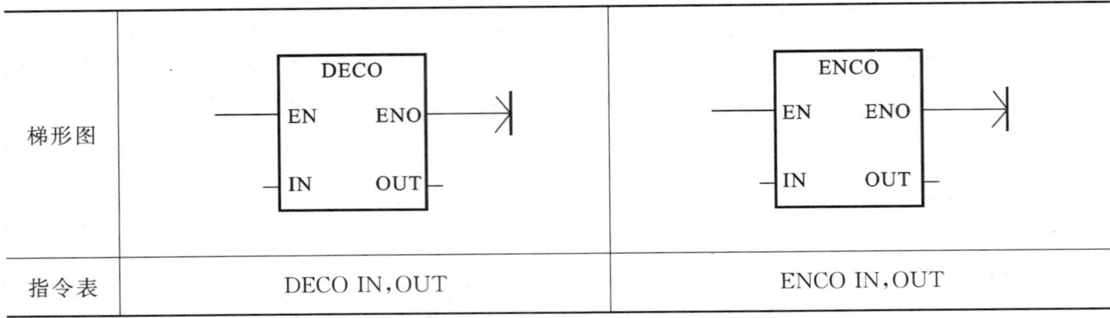

梯形图	DECO EN ENO IN OUT	ENCO EN ENO IN OUT
指令表	DECO IN,OUT	ENCO IN,OUT

(1) 译码指令(DECO)　用于根据输入字节(IN)的低 4 位表示输出字的位号,将输出字相对应的位置为 1,输出字的其他位均置为 0。

DECO 指令的操作数如下。

IN(字节):VB、IB、QB、MB、SMB、LB、SB、AC、常量。

OUT(字):VW、IW、QW、MW、SMW、LW、SW、AQW、T、C、AC。

(2) 编码指令(ENCO)　用于将输入字(IN)最低有效位(其值为 1)的位号写入输出字节(OUT)的低 4 位。

ENCO 指令的操作数及数据类型如下。

IN(字):VW、IW、QW、MW、SMW、LW、SW、AIW、T、C、AC、常量。

OUT(字节):VB、IB、QB、MB、SMB、LB、SB、AC。

例 4-7　译码和编码指令应用举例如图 4-15 所示。

若(AC2)=2,执行译码指令,则将输出字 VW40 的第 2 位置 1,VW40 中的二进制数为 2＃0000 0000 0000 0100。

若(AC3)=2＃0000 0000 0000 0100,执行编码指令,则输出字节 VB50 中的编码为 2＃0000 0010(即 2)。

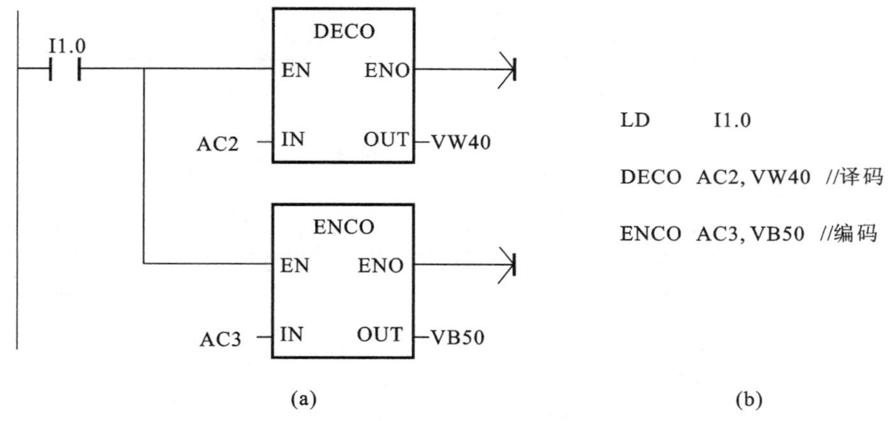

图 4-15　译码和编码指令应用举例

(a)梯形图；(b)指令表

6. ASCII 码与十六进制数之间的转换指令

ASCII 码与十六进制数之间的转换指令格式如表 4-16 所示。

表 4-16　ASCII 码与十六进制数之间的转换指令格式

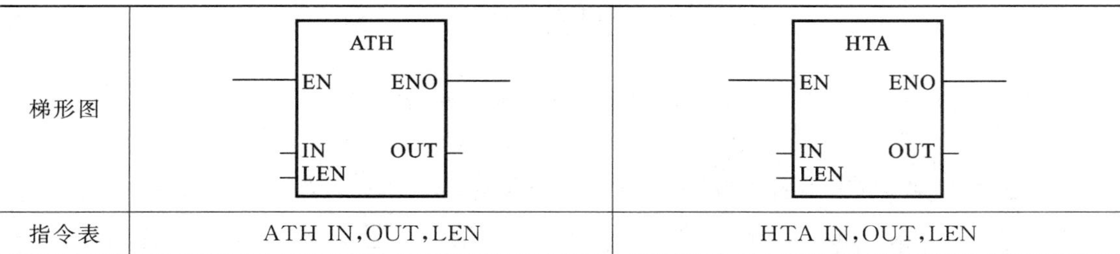

梯形图	ATH（EN ENO / IN OUT / LEN）	HTA（EN ENO / IN OUT / LEN）
指令表	ATH IN,OUT,LEN	HTA IN,OUT,LEN

(1) ATH 指令　用于将从输入字节(IN)开始的长度为 LEN 的 ASCII 字符转换成十六进制数，放入从 OUT 端开始的存储单元。

(2) HTA 指令　用于将从输入字节(IN)开始的长度为 LEN 的十六进制数转换成 ASCII 字符，放入从 OUT 端开始的存储单元。

ATH 指令和 HTA 指令的操作数如下。

IN/OUT(字节)：VB、IB、QB、MB、SB、SMB、LB。

LEN(字节)：VB、IB、QB、MB、SB、SMB、LB、AC、常量。

7. 七段显示译码指令

七段显示译码指令的格式及功能如表 4-17 所示，编码规则如表 4-18 所示。

表 4-17　七段显示译码指令的格式及功能

梯　形　图	指令表	功能及操作数
SEG EN　ENO IN　OUT	SEG IN, OUT	功能：根据输入字节(IN)的低 4 位确定的十六进制数，产生相应的七段显示码，送到输出端(OUT)。 IN：VB、IB、QB、MB、SB、SMB、LB、AC、常量。 OUT：VB、IB、QB、MB、SMB、LB、AC。 IN/OUT 的数据类型：字节

表 4-18　七段显示码的编码规则

a
f　g　b
e　c
d

IN	段显示	(OUT) —$g\ f\ e$　$d\ c\ b\ a$	IN	段显示	(OUT) —$g\ f\ e$　$d\ c\ b\ a$
0	0	0 0 1 1　1 1 1 1	8	8	0 1 1 1　1 1 1 1
1	1	0 0 0 0　0 1 1 0	9	9	0 1 1 0　0 1 1 1
2	2	0 1 0 1　1 0 1 1	A	A	0 1 1 1　0 1 1 1
3	3	0 1 0 0　1 1 1 1	B	b	0 1 1 1　1 1 0 0
4	4	0 1 1 0　0 1 1 0	C	C	0 0 1 1　1 0 0 1
5	5	0 1 1 0　1 1 0 1	D	d	0 1 0 1　1 1 1 0
6	6	0 1 1 1　1 1 0 1	E	E	0 1 1 1　1 0 0 1
7	7	0 0 0 0　0 1 1 1	F	F	0 1 1 1　0 0 0 1

例 4-8　编写显示数字 0 的七段显示码的梯形图，如图 4-16(a)所示，相应的指令表如图 4-16(b)所示。

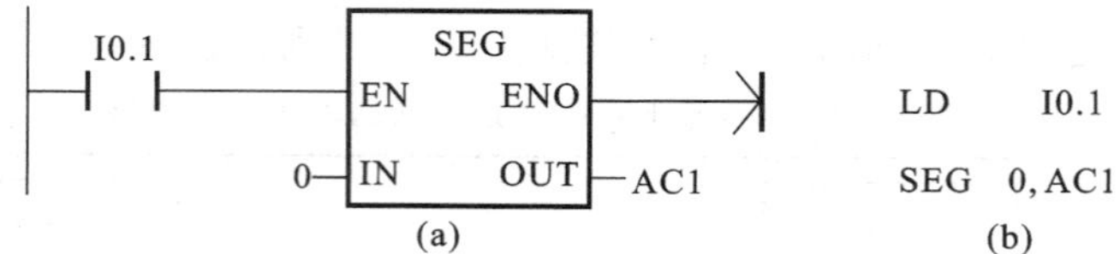

图 4-16　七段显示码梯形图应用

(a)梯形图；(b)指令表

程序运行结果：AC1 中的值为 16＃3F(2＃0011 1111)。

六、研讨与训练

(1) 有四组节日彩灯，每组由红、绿、黄三盏灯顺序排列，请实现下列控制要求：

① 每 0.5 s 移动一个灯位。

② 每次亮 1 s。

③ 可用一个开关选择点亮方式：

- 每次点亮一盏彩灯。
- 每次点亮一组彩灯。

(2) 假设有八个指示灯，从右到左(或从左到右)以 0.5 s 的速度依次点亮，任意时刻只有两个指示灯亮，到达最左端(或最右端)，又从最右端(或最左端)依次点亮，一直循环。编程实现以上控制功能，要求有启动、停止的控制和移位方向的控制。

(3) 编写输出字符 5 的七段显示码程序。

(4) 设计一个智力竞赛抢答器控制装置，如图 4-17 所示，要求如下：

① 主持人说出问题且按下开始按钮 SB0 后 10 s 之内，三个参赛者中只有最早按下抢答按钮的人抢答有效，且在 LED 数码管上显示当前抢到者号码(号码为 1、2、3)。

② 每个抢答桌上安装一个抢答按钮、一个指示灯。抢答有效时，指示灯快速闪亮 3 s，赛场中的音响装置响 2 s。

③ 10 s 后抢答无效。

④ 主持人按下复位按钮 SB4 后，可以重新开始抢答。

(5) 用 PLC 完成喷泉的模拟控制。用灯 L1～L12 分别代表喷泉的十二个喷水柱，如图 4-18 所示。

控制要求：按下启动按钮后，L1 亮 0.5 s 后灭，接着依次是 L2 亮 0.5 s 后灭，L3 亮 0.5 s 后灭，L4 亮 0.5 s 后灭，L5、L9 亮 0.5 s 后灭，L6、L10 亮 0.5 s 后灭，L7、L11 亮 0.5 s 后灭，L8、L12 亮 0.5 s 后灭，L1 亮 0.5 s 后灭。如此循环下去，直至按下停止按钮。

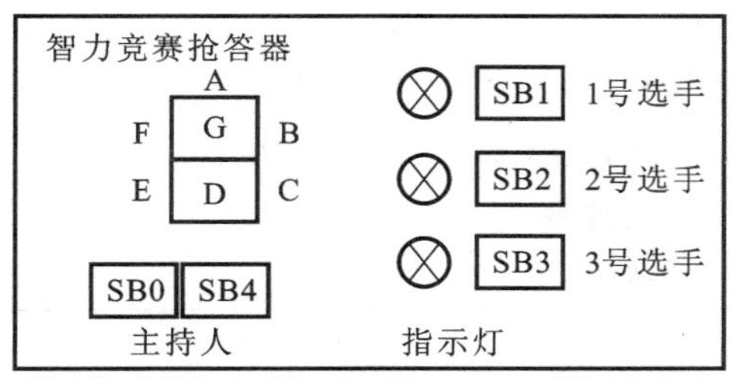

图 4-17　智力竞赛抢答器控制装置

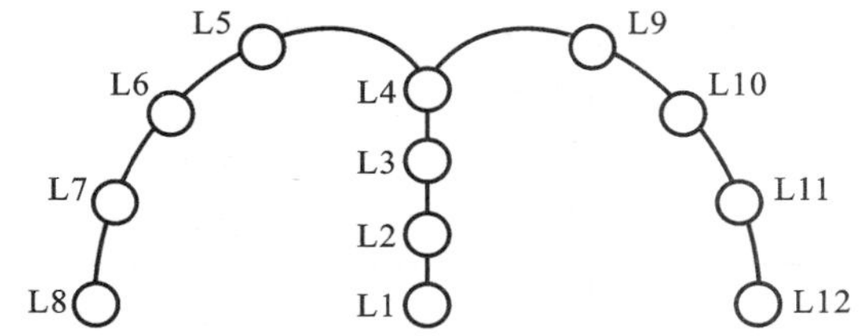

图 4-18　喷泉模拟控制示意图

任务三　花样霓虹灯的 PLC 控制

一、任务目标

知识目标

(1) 掌握数据比较指令的使用；

(2) 熟悉运算类指令的使用。

能力目标

(1) 能用数据比较指令编写控制程序；

(2) 能编写花样霓虹灯的 PLC 控制程序。

二、任务描述

图 4-19 所示为天塔之光霓虹灯装置，闭合启动按钮 I0.0 后，指示灯由 L1→L2→L3→L4→L5→L6→L7→L8→L9 依次点亮，然后 L2、L3、L4、L5 点亮→L6、L7、L8、L9 点亮→L1、L2、L6 点亮→L1、L3、L7 点亮→L1、L4、L8 点亮→L1、L5、L9 点亮，最后所有指示灯全部点亮，间隔时间为 1 s，如此循环，周而复始。

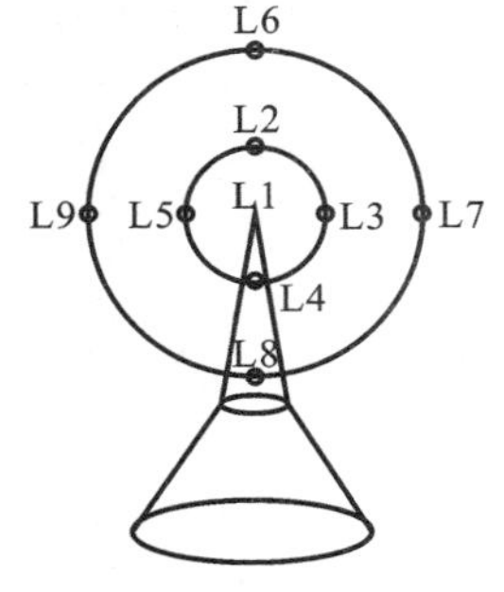

图 4-19　天塔之光霓虹灯装置

闭合停止按钮 I0.1 后，系统停止运行。

三、相关知识

比较指令用于将两个操作数按指定的条件进行比较，操作数可以是整数，也可以是实数。在梯形图中用带参数和运算符的触点表示比较指令，比较条件成立时，触点就闭合，否则断开。比较触点可以装入，也可以串、并联。比较指令为上、下限控制提供了极大的方便。

比较指令包括字节比较指令、字整数比较指令、双字整数比较指令和实数比较指令四种，指令格式及功能如表 4-19 所示。

表 4-19 中：

××表示比较运算符:==(等于)、<(小于)、>(大于)、<=(小于或等于)、>=(大于或等于)、<>(不等于)。

□表示操作数 IN1、IN2 的数据类型及范围。

B(byte):字节比较(无符号整数),如 LDB==MB1 MB2。

I(INT)/W(word):整数比较(有符号整数),如 AW>VW10 MW0。

注意:梯形图中用“I”,指令表中用“W”。

DW(double word):双字的比较(有符号整数),如 OD<=VD10 VD20。

R(real):实数的比较(有符号的双字浮点数,仅限于 CPU214 以上规格的 PLC)。

IN1、IN2 的操作数:I、Q、M、SM、V、S、L、AC、VD、LD、常数。

表 4-19 比较指令的格式及功能

指 令 表	梯 形 图	说 明
LD□×× IN1 IN 2	IN1 ┤××□├ IN2	比较两个数 IN1 和 IN2 的大小,若结果为真,则该触点闭合
LD N A□×× IN1 IN 2	N ┤├ ┤××□├ IN1 IN2	比较触点的“与”
LD N O□×× IN1 IN 2	N ┤├ ; IN1 ┤××□├ IN2	比较触点的“或”

例 4-9 调整模拟调整电位器 0,改变 SMB28 字节数值。当 SMB28 字节数值小于或等于 50 时,Q0.0 输出,其状态指示灯打开;当 SMB28 字节数值大于或等于 150 时,Q0.1 输出,状态指示灯打开。相应的梯形图和指令表如图 4-20 所示。

I0.0 SMB28 <=B 50 Q0.0
SMB28 >=B 150 Q0.1

(a)

```
LD     I0.0
LPS
AB<=   SMB28, 50
=      Q0.0
LPP
AB>=   SMB28, 150
=      Q0.1
```

(b)

图 4-20 例 4-9 图

(a)梯形图;(b)指令表

例 4-10 如图 4-21 所示,整数字比较,若 VW0>+10000 为真,Q0.2 有输出。程序常被用于显示不同的数据类型。还可以比较存储在 PLC 内存中的两个数值(VW0>VW100)。

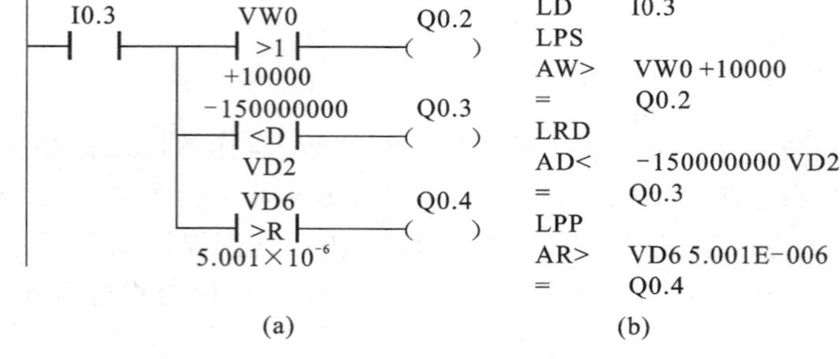

图 4-21 例 4-10 图

(a)梯形图;(b)指令表

四、任务实施

1. 任务分析

任务要求花样霓虹灯共有 16 种状态：L1 点亮，L2 点亮，L3 点亮，L4 点亮，L5 点亮，L6 点亮，L7 点亮，L8 点亮，L9 点亮，L2、L3、L4、L5 点亮，L6、L7、L8、L9 点亮，L1、L2、L6 点亮，L1、L3、L7 点亮，L1、L4、L8 点亮，L1、L5、L9 点亮，所有指示灯全亮。可以用 16 位的位空间(M0.0～M1.7)分别对应 16 个状态，间隔时间为 1 s，用一个定时器计时，用比较指令将定时器计时时间分为 16 段，每段时间对应一个状态。也可用 16 个定时器，都定时 1 s，分别控制。

2. PLC 的 I/O 地址分配

在本任务中，启动按钮信号和停止按钮信号是输入信号，霓虹灯信号是输出信号。花样霓虹灯自动控制系统 PLC 的 I/O 分配情况如表 4-20 所示。

表 4-20　花样霓虹灯自动控制系统 PLC 的 I/O 地址分配表

输　　入			输　　出		
地址	元件	名称	地址	元件	名称
I0.0	SB1	启动按钮	Q0.0～Q1.0	L1～L9	霓虹灯
I0.1	SB2	停止按钮			

3. PLC 的选型

根据 I/O 资源的配置，系统共有两个开关量输入信号、九个开关量输出信号。考虑 I/O 资源利用率、以后升级的预留量及 PLC 的性价比要求，选用西门子 S7-200 系列 CPU224CN 型 PLC。为了满足霓虹灯的快速闪烁变化要求，选择晶体管输出型 PLC，即 DC/DC/DC 型 PLC。

4. 系统电气原理图

花样霓虹灯自动控制系统的电气原理图如图 4-22 所示。

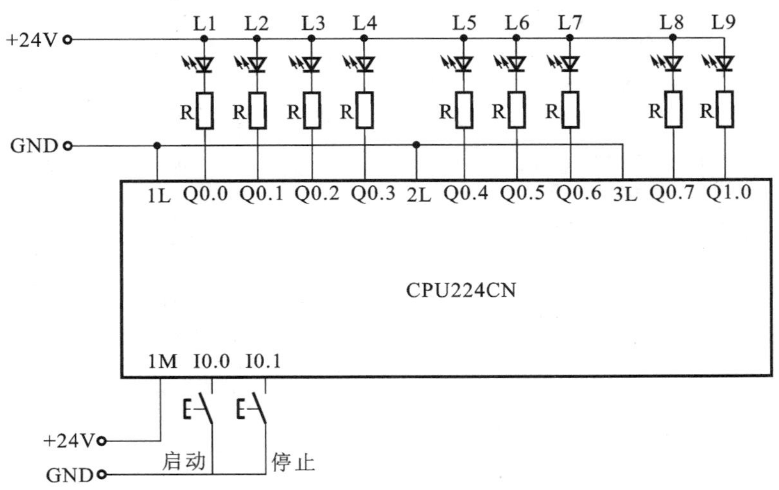

图 4-22　花样霓虹灯自动控制系统电气原理图

5. 程序设计

花样霓虹灯输出(Q0.0～Q0.7,Q1.0)共有 16 种变化状态,须指定一个 16 位的位空间(M0.0～M1.7)分别对应 16 个状态。在此,先用比较指令将定时器计时时间分为 16 段,每段时间对应一个状态。最后,统计每个状态中具体的输出点,按输出点编写输出程序。中间状态位与输出点的对应关系如图 4-23 所示。

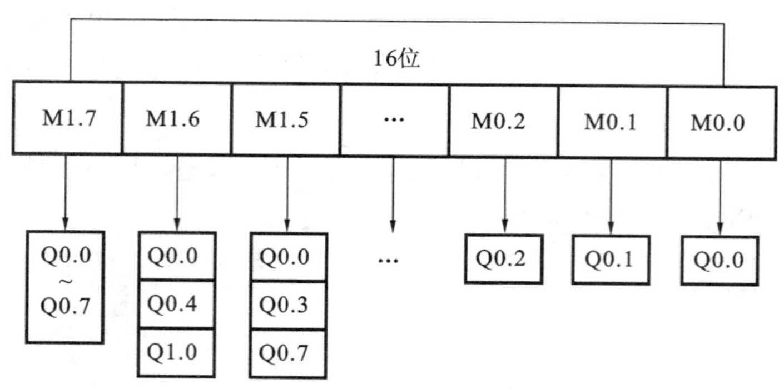

图 4-23　中间状态位与输出点的对应关系

设计的梯形图如图 4-24 所示。

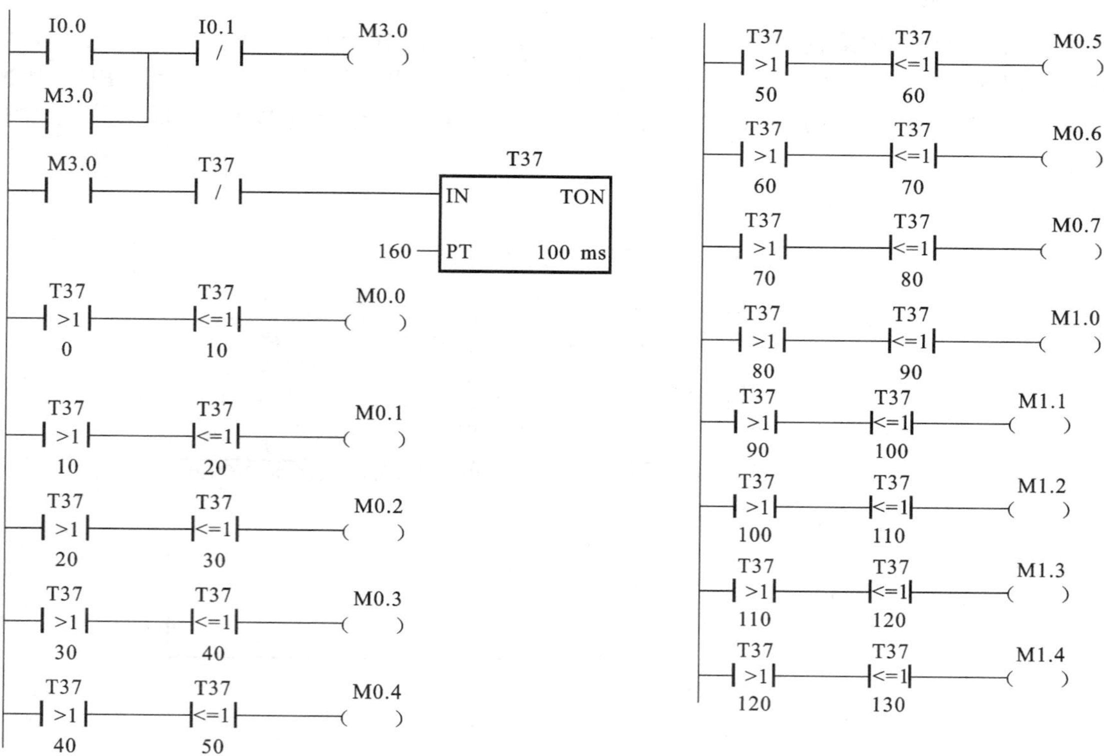

图 4-24　采用比较指令实现花样霓虹灯 PLC 控制梯形图

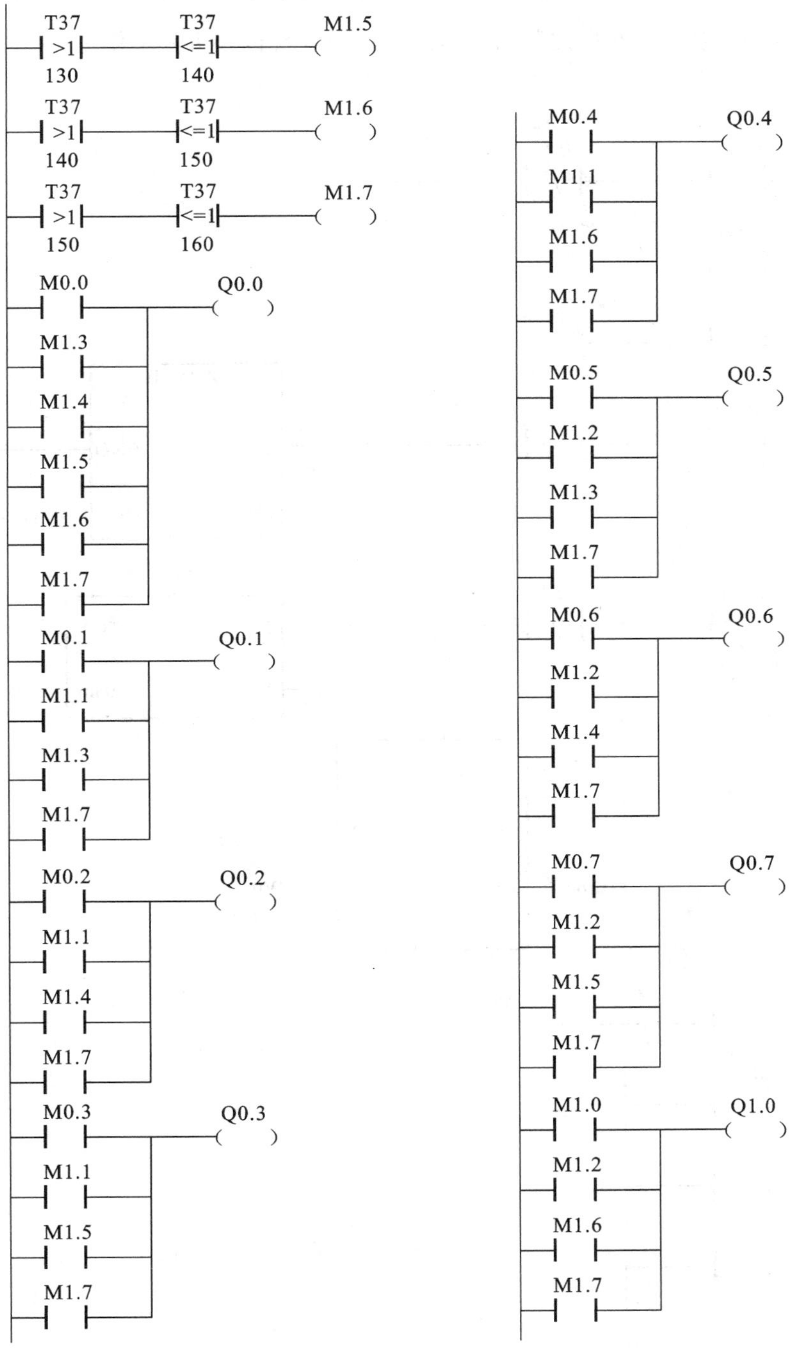

T37 >1 130 — T37 <=1 140 — M1.5

T37 >1 140 — T37 <=1 150 — M1.6

T37 >1 150 — T37 <=1 160 — M1.7

M0.0, M1.3, M1.4, M1.5, M1.6, M1.7 — Q0.0

M0.1, M1.1, M1.3, M1.7 — Q0.1

M0.2, M1.1, M1.4, M1.7 — Q0.2

M0.3, M1.1, M1.5, M1.7 — Q0.3

M0.4, M1.1, M1.6, M1.7 — Q0.4

M0.5, M1.2, M1.3, M1.7 — Q0.5

M0.6, M1.2, M1.4, M1.7 — Q0.6

M0.7, M1.2, M1.5, M1.7 — Q0.7

M1.0, M1.2, M1.6, M1.7 — Q1.0

续图 4-24

本任务也可以采用循环移位指令或者移位寄存器指令来实现。图 4-25 所示为采用循环移位指令实现花样霓虹灯 PLC 控制的梯形图。请读者自行分析其工作过程。

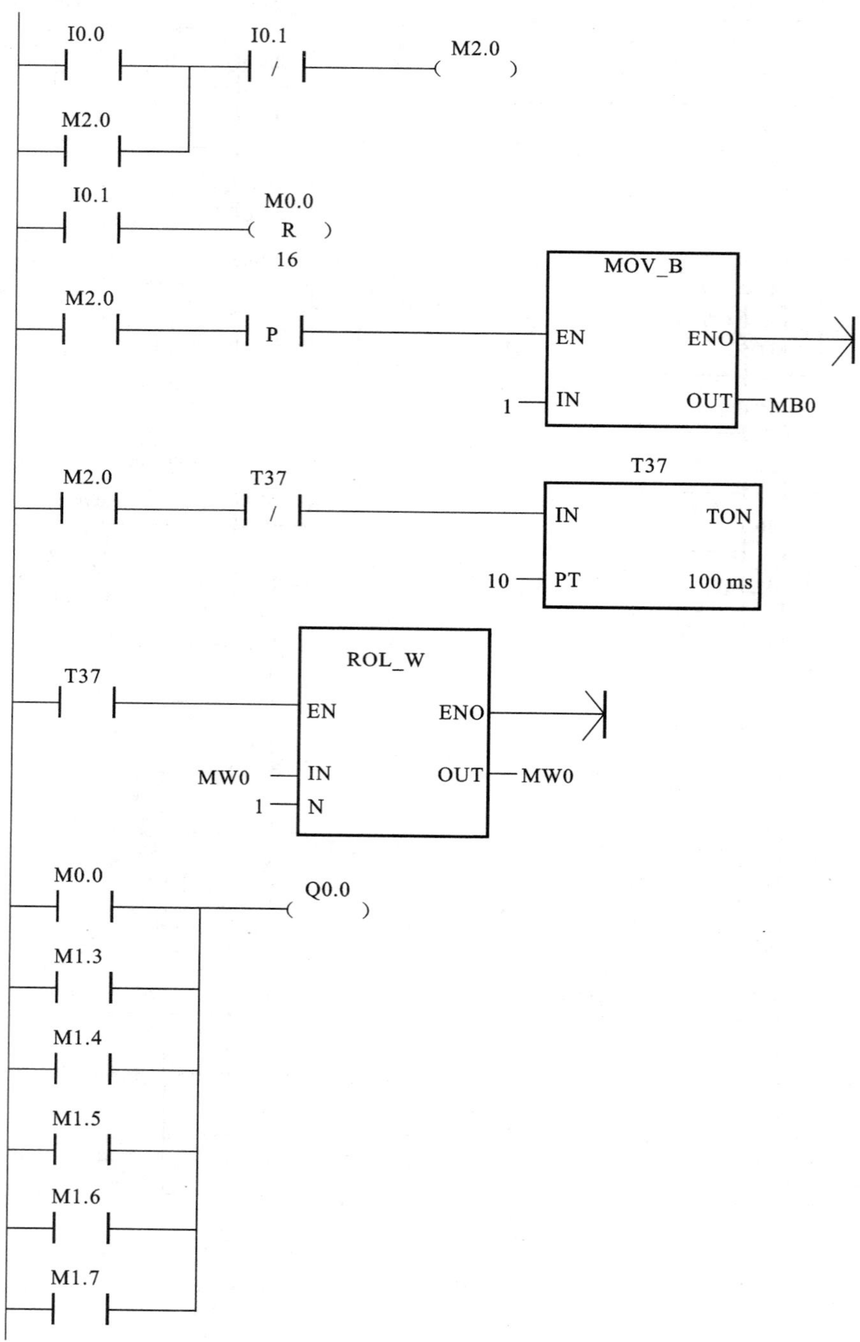

图 4-25 采用循环移位指令实现花样霓虹灯 PLC 控制的梯形图

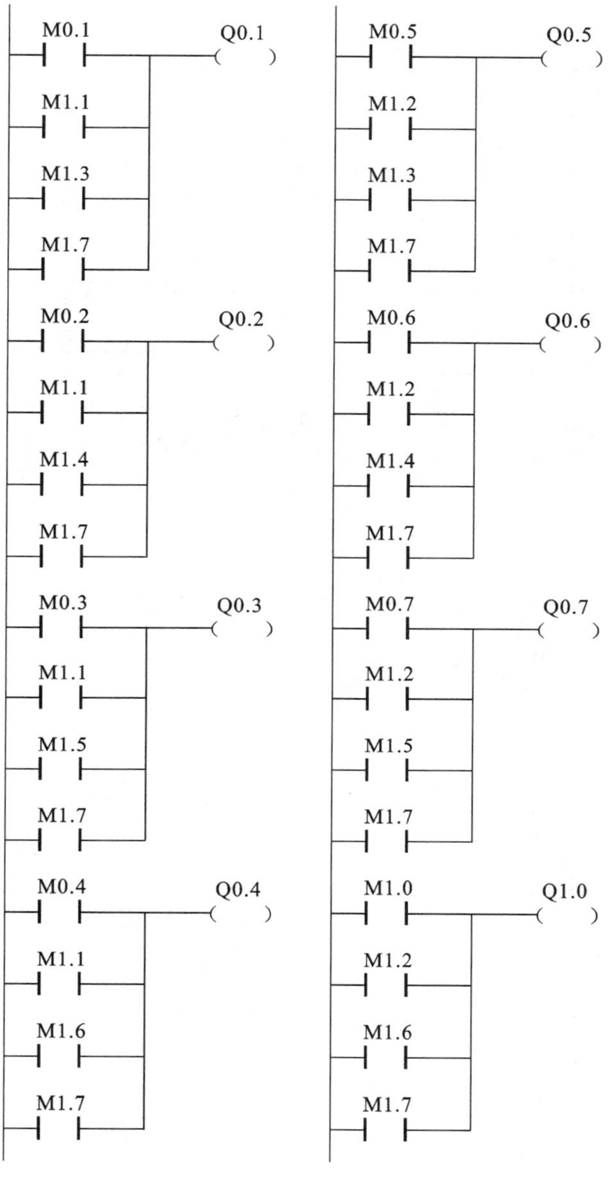

M0.1 Q0.1
M1.1
M1.3
M1.7
M0.2 Q0.2
M1.1
M1.4
M1.7
M0.3 Q0.3
M1.1
M1.5
M1.7
M0.4 Q0.4
M1.1
M1.6
M1.7

M0.5 Q0.5
M1.2
M1.3
M1.7
M0.6 Q0.6
M1.2
M1.4
M1.7
M0.7 Q0.7
M1.2
M1.5
M1.7
M1.0 Q1.0
M1.2
M1.6
M1.7

续图 4-25

图 4-26 所示为采用移位寄存器指令实现花样霓虹灯 PLC 控制的梯形图。

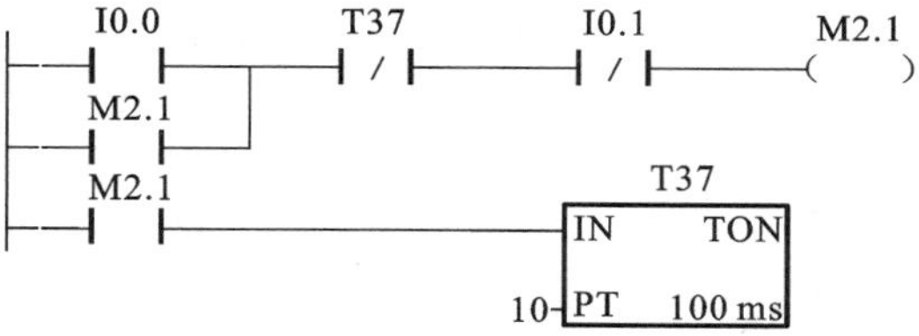

I0.0 T37 I0.1 M2.1
M2.1
M2.1 T37
IN TON
10 PT 100 ms

图 4-26　采用移位寄存器指令实现花样霓虹灯控制的梯形图程序

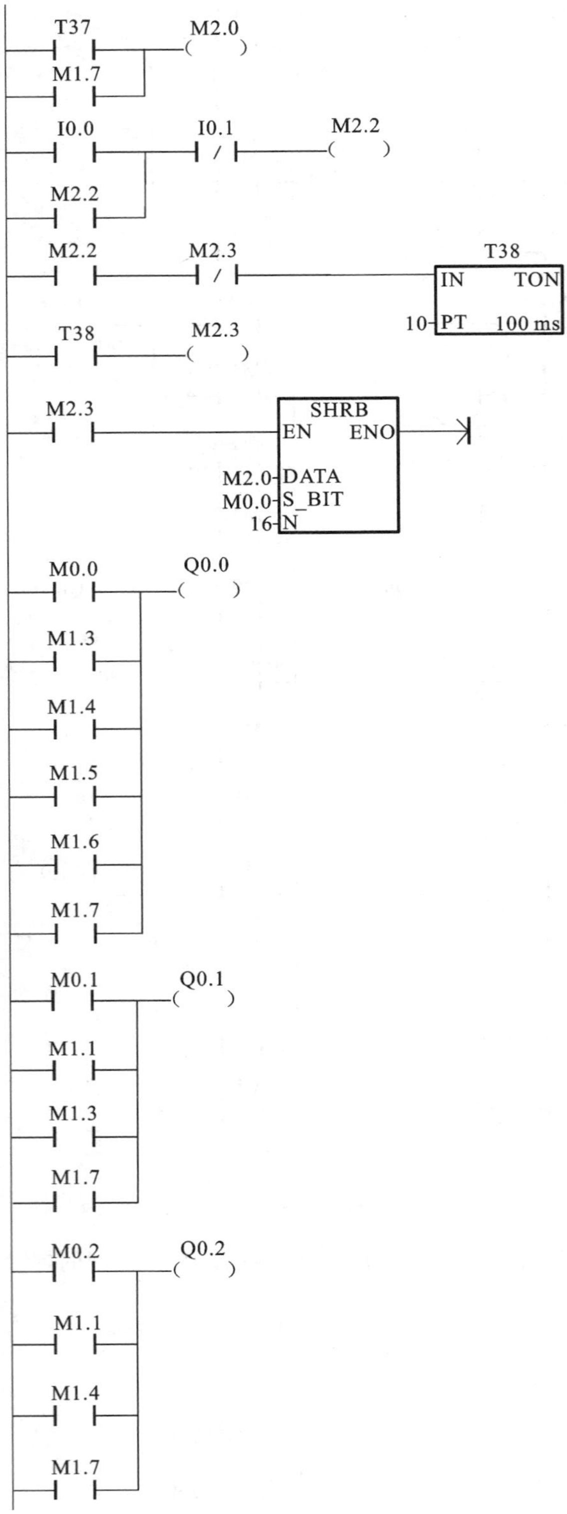

T37 M2.0
M1.7

I0.0 I0.1 M2.2
M2.2

M2.2 M2.3 T38
IN TON
10-PT 100 ms

T38 M2.3

M2.3
SHRB
EN ENO
M2.0-DATA
M0.0-S_BIT
16-N

M0.0 Q0.0
M1.3
M1.4
M1.5
M1.6
M1.7

M0.1 Q0.1
M1.1
M1.3
M1.7

M0.2 Q0.2
M1.1
M1.4
M1.7

续图 4-26(一)

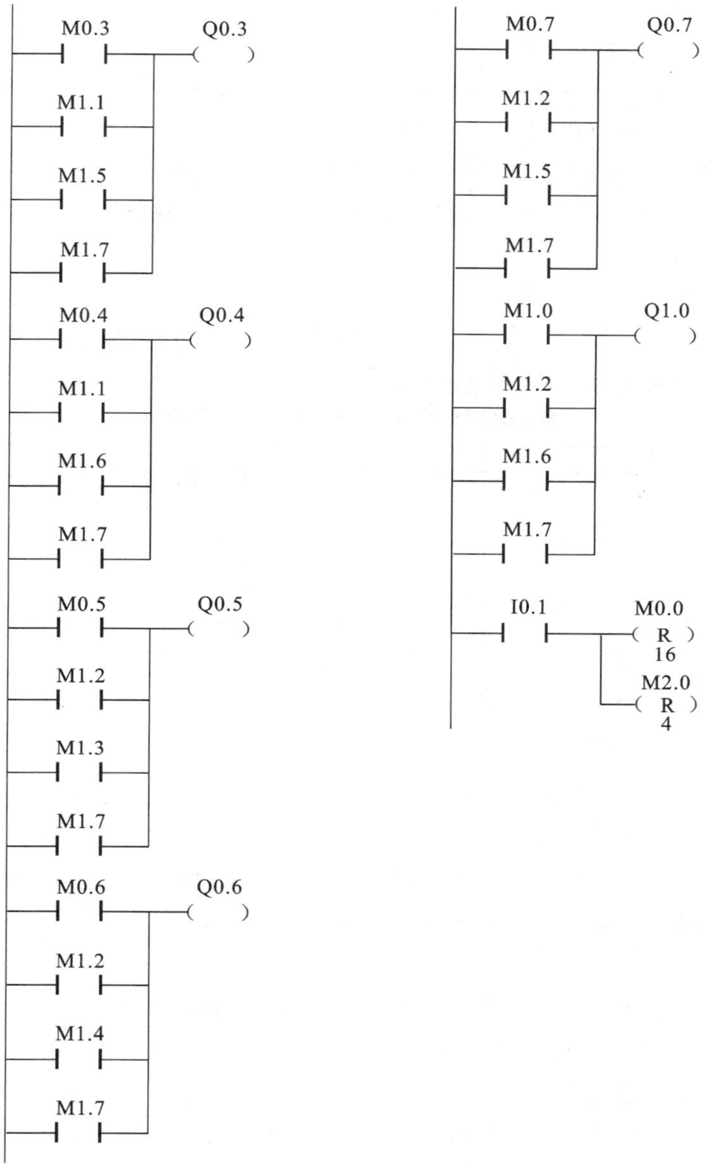

M0.3 M1.1 M1.5 M1.7 Q0.3
M0.4 M1.1 M1.6 M1.7 Q0.4
M0.5 M1.2 M1.3 M1.7 Q0.5
M0.6 M1.2 M1.4 M1.7 Q0.6
M0.7 M1.2 M1.5 M1.7 Q0.7
M1.0 M1.2 M1.6 M1.7 Q1.0
I0.1 M0.0 R 16 M2.0 R 4

续图 4-26(二)

五、知识拓展

运算指令包括算术运算指令和逻辑运算指令。算术运算指令包括加、减、乘、除运算和数学函数变换指令，逻辑运算指令包括逻辑与、或、非指令等。

1. 算术运算指令

1）整数与双整数加、减法指令

（1）整数加法/减法指令（ADD_I/SUB_I）　其作用是：使能输入有效时，将两个 16 位符号整数相加/减，产生一个 16 位的结果并输出到 OUT 端。整数加、减法指令的格式如

表 4-21 所示。

整数加、减法指令的操作数如下:

IN1/IN2(整数):VW、IW、QW、MW、SW、SMW、T、C、AC、LW、AIW、常量、*VD、*LD、*AC。

OUT(整数):VW、IW、QW、MW、SW、SMW、T、C、LW、AC、* VD、* LD、* AC。

(2) 双整数加法/减法指令(ADD_D/SUB_D) 其作用是:使能输入有效时,将两个 32 位符号整数相加/相减,产生一个 32 位结果并输出到 OUT 端。双整数加、减法指令的格式如表 4-21 所示。

双整数加、减法指令的操作数如下:

IN1/IN2(双整数):VD、ID、QD、MD、SMD、SD、LD、AC、HC、常量、* VD、* LD、* AC。

OUT(双整数):VD、ID、QD、MD、SMD、SD、LD、AC、* VD、* LD、* AC。

表 4-21 整数与双整数加、减法指令格式

梯形图	ADD_I EN ENO IN1 OUT IN2	SUB_I EN ENO IN1 OUT IN2	ADD_DI EN ENO IN1 OUT IN2	SUB_DI EN ENO IN1 OUT IN2
指令表	MOVW IN1,OUT +I IN2,OUT	MOVW IN1,OUT −I IN2,OUT	MOVD IN1,OUT +D IN2,OUT	MOVD IN1,OUT −D IN2,OUT
功能	IN1+IN2=OUT	IN1−IN2=OUT	IN1+IN2=OUT	IN1−IN2=OUT
ENO=0 的错误条件	0006(间接寻址错误),SM4.3(运行时间),SM1.1(溢出标志)			

指令使用说明:

① 当 IN1、IN2 和 OUT 操作数的地址不同时,在指令表中,首先用数据传送指令将 IN1 中的数值送入 OUT 端,然后执行加、减运算,即 OUT+IN2=OUT、OUT−IN2=OUT。为了节省内存,在整数加法的梯形图中,可以指定 IN1=OUT 或 IN2=OUT,这样就可以不用数据传送指令(如指定 IN1=OUT,则指令为"+I IN2,OUT",如指定 IN2=OUT,则指令为"+I IN1,OUT");在整数减法的梯形图中,可以指定 IN1=OUT(指令为"−I IN2,OUT")。这个原则适用于所有的算术运算指令,且乘法和加法对应,减法和除法对应。

② 整数与双整数加、减法指令影响算术标志位 SM1.0(零标志)、SM1.1(溢出标志)和 SM1.2(负数标志)。

2) 整数乘、除法指令

(1) 整数乘法指令(MUL_I) 其作用是:使能输入有效时,将两个 16 位符号整数相乘,并产生一个 16 位积,从 OUT 端指定的存储单元输出。

(2) 整数除法指令(DIV_I) 其作用是:使能输入有效时,将两个 16 位符号整数相除,并产生一个 16 位商,从 OUT 端指定的存储单元输出,不保留余数。如果输出结果大于一个字,则溢出标志位 SM1.1 置 1。

(3) 双整数乘法指令(MUL_D) 其作用是:使能输入有效时,将两个 32 位符号整数相

乘，并产生一个 32 位乘积，从 OUT 端指定的存储单元输出。

(4) 双整数除法指令(DIV_D)　其作用是：使能输入有效时，将两个 32 位整数相除，并产生一个 32 位商，从 OUT 端指定的存储单元输出，不保留余数。

(5) 整数乘法产生双整数指令(MUL)　其作用是：使能输入有效时，将两个 16 位整数相乘，得出一个 32 位乘积，从 OUT 端指定的存储单元输出。

(6) 整数除法产生双整数指令(DIV)　其作用是：使能输入有效时，将两个 16 位整数相除，得出一个 32 位结果，从 OUT 端指定的存储单元输出。其中高 16 位放余数，低 16 位放商。

整数乘、除法指令格式与功能如表 4-22 所示。

表 4-22　整数乘、除法指令格式与功能

梯形图	MUL_I EN ENO IN1 OUT IN2	DIV_I EN ENO IN1 OUT IN2	MUL_DI EN ENO IN1 OUT IN2	DIV_DI EN ENO IN1 OUT IN2	MUL EN ENO IN1 OUT IN2	DIV EN ENO IN1 OUT IN2
指令表	MOVW IN1,OUT *I IN2,OUT	MOVW IN1,OUT /I IN2,OUT	MOVD IN1,OUT *D IN2,OUT	MOVD IN1,OUT /D IN2,OUT	MOVW IN1,OUT MUL IN2,OUT	MOVW IN1,OUT DIV IN2,OUT
功能	IN1 * IN2 =OUT	IN1/IN2 =OUT	IN1 * IN2 =OUT	IN1/IN2 =OUT	IN1 * IN2 =OUT	IN1/IN2 =OUT

整数和双整数乘、除法指令的操作数及数据类型与加、减法指令的相同。

整数乘、除法产生双整数指令的操作数如下。

IN1/IN2(整数)：VW、IW、QW、MW、SW、SMW、T、C、LW、AC、AIW、常量、* VD、* LD、* AC。

OUT(双整数)：VD、ID、QD、MD、SMD、SD、LD、AC、* VD、* LD、* AC。

ENO=0 的错误条件：0006(间接寻址错误)，SM1.1(溢出标志)，SM1.3(除数为 0 标志)。

整数乘、除法影响标志位 SM1.0(零标志)、SM1.1(溢出标志)、SM1.2(负数标志)、SM1.3(被 0 除标志)。

3) 实数加、减、乘、除法指令

实数加、减、乘、除法指令格式与功能如表 4-23 所示。

(1) 实数加法/减法指令(ADD_R/SUB_R)　其作用是：使能输入有效时，将两个 32 位实数相加或相减，并产生一个 32 位实数结果，从 OUT 端指定的存储单元输出。

(2) 实数乘法/除法指令(MUL_R/DIV_R)　其作用是：使能输入有效时，将两个 32 位实数相乘(除)，并产生一个 32 位积(商)，从 OUT 端指定的存储单元输出。

实数加、减、乘、除法指令的操作数如下。

IN1/IN2(实数)：VD、ID、QD、MD、SMD、SD、LD、AC、常量、* VD、* LD、* AC。

OUT(实数)：VD、ID、QD、MD、SMD、SD、LD、AC、* VD、* LD、* AC。

实数加、减、乘、除法指令影响标志位 SM1.0(零标志)、SM1.1(溢出标志)、SM1.2(负数标志)、SM1.3(被 0 除标志)。

表 4-23　实数加、减、乘、除法指令格式与功能

梯形图	ADD_R EN ENO IN1 OUT IN2	SUB_R EN ENO IN1 OUT IN2	MUL_R EN ENO IN1 OUT IN2	DIV_R EN ENO IN1 OUT IN2
指令表	MOVD IN1,OUT +R　IN2,OUT	MOVD IN1,OUT −R　IN2,OUT	MOVD IN1,OUT * R　IN2,OUT	MOVD IN1,OUT /R　IN2,OUT
功能	IN1+IN2=OUT	IN1−IN2=OUT	IN1 * IN2=OUT	IN1/IN2=OUT
ENO=0 的错误条件	0006(间接寻址错误),SM4.3(运行时间),SM1.1(溢出标志)		0006(间接寻址错误),SM1.1(溢出标志),SM4.3(运行时间),SM1.3(除数为 0 标志)	

4) 数学函数变换指令

数学函数变换指令包括平方根、自然对数、自然指数、三角函数指令等。

(1) 平方根(SQRT)指令　其作用是:对 IN 端指定存储器中的 32 位实数取平方根,并产生一个 32 位实数结果,从 OUT 端指定的存储单元输出。

(2) 自然对数(LN)指令　其作用是:对 IN 端指定存储器中的数值进行自然对数计算,并将结果置于 OUT 端指定的存储单元。

求以 10 为底数的对数时,用自然对数除以 2.302585(约等于 10 的自然对数)。

(3) 自然指数(EXP)指令　其作用是:对 IN 端指定存储器中的数值取以 e 为底的指数,并将结果置于 OUT 端指定的存储单元。

(4) 三角函数指令(SIN/COS/TAN)　其作用是:对 IN 端指定存储器中实数的弧度值分别求正弦、余弦、正切值,得到实数运算结果,从 OUT 端指定的存储单元输出。

数学函数变换指令格式及功能如表 4-24 所示。

表 4-24　数学函数变换指令格式及功能

梯形图	SQRT EN ENO IN OUT	LN EN ENO IN OUT	EXP EN ENO IN OUT	SIN EN ENO IN OUT	COS EN ENO IN OUT	TAN EN ENO IN OUT
指令表	SQRT IN,OUT	LN IN,OUT	EXP IN,OUT	SIN IN,OUT	COS IN,OUT	TAN IN,OUT
功能	SQRT(IN)=OUT	LN(IN)=OUT	EXP(IN)=OUT	SIN(IN)=OUT	COS(IN)=OUT	TAN(IN)=OUT

数学函数变换指令的操作数如下。

IN(实数):VD、ID、QD、MD、SMD、SD、LD、AC、常量、* VD、* LD、* AC。

OUT(实数):VD、ID、QD、MD、SMD、SD、LD、AC、* VD、* LD、* AC。

ENO=0 的错误条件:0006(间接寻址错误), SM1.1(溢出标志),SM4.3(运行时间)。

函数变换指令影响标志位 SM1.0(零标志)、SM1.1(溢出标志)、SM1.2(负数标志)。

5) 递增、递减指令

采用递增、递减指令可对输入无符号数字节、符号数字、符号数双字进行加 1 或减 1 的操作。递增、递减指令格式与功能如表 4-25 所示。

(1) 递增字节/递减字节指令(INC_B/DEC_B)　用于在输入(IN)字节上加 1/减 1,并将结果置入 OUT 端指定的存储单元。递增和递减字节运算不带符号。

递增字节、递减字节指令的操作数(字节)如下。

IN:VB、IB、QB、MB、SB、SMB、LB、AC、常量、* VD、* LD、* AC。

OUT:VB、IB、QB、MB、SB、SMB、LB、AC、* VD、* LD、* AC。

(2) 递增字/递减字指令(INC_W/DEC_W)　用于在输入字(IN)上加 1/减 1,并将结果置入 OUT 端指定的存储单元。递增和递减字运算带符号(16＃7FFF＞16＃8000)。

递增字、递减字指令的操作数(字)如下。

IN:VW、IW、QW、MW、SW、SMW、AC、AIW、LW、T、C、常量、* VD、* LD、* AC。

OUT:VW、IW、QW、MW、SW、SMW、LW、AC、T、C、* VD、* LD、* AC。

(3) 递增双字/递减双字指令(INC_DW/DEC_DW)　用于在输入(IN)双字上加 1/减 1,并将结果置入 OUT 端指定的存储单元。递增和递减双字运算带符号(16＃7FFFFFFF＞16＃80000000)。

递增双字、递减双字指令的操作数如下。

IN(双字):VD、ID、QD、MD、SD、SMD、LD、AC、HC、常量、* VD、* LD、* AC。

OUT(双字):VD、ID、QD、MD、SD、SMD、LD、AC、* VD、* LD、* AC。

表 4-25　递增、递减指令格式与功能

<table>
<tr><td>梯形图</td><td colspan="2">INC_B
EN ENO
IN OUT

DEC_B
EN ENO
IN OUT</td><td colspan="2">INC_W
EN ENO
IN OUT

DEC_W
EN ENO
IN OUT</td><td colspan="2">INC_DW
EN ENO
IN OUT

DEC_DW
EN ENO
IN OUT</td></tr>
<tr><td>指令表</td><td>INCB OUT</td><td>DECB OUT</td><td>INCW OUT</td><td>DECW OUT</td><td>INCD OUT</td><td>DECD OUT</td></tr>
<tr><td>功能</td><td>字节加 1</td><td>字节减 1</td><td>字加 1</td><td>字减 1</td><td>双字加 1</td><td>双字减 1</td></tr>
</table>

指令使用说明:

① ENO=0 的错误条件:0006(间接寻址错误),SM4.3(运行时间),SM1.1(溢出标志)。

② 递增双字、递减双字指令影响标志位 SM1.0(零标志)、SM1.1(溢出标志)、SM1.2(负数标志)。

③ 在梯形图指令中,IN 端和 OUT 端可以指定同一存储单元,这样可以节省内存,在指令表中不需使用数据传送指令。

2. 逻辑运算指令

逻辑运算是对无符号数按位进行与、或、异或和取反等操作。操作数的类型有字节、字、双字。指令格式如表 4-26 所示。

(1) 逻辑与/或/异或指令(WAND/WOR/WXOR)　用于将输入 IN1、IN2 端指定存储单元的值按位进行与/或/异或运算,得到的逻辑运算结果放入 OUT 端指定的存储单元。

(2) 取反(INV)指令 用于将输入 IN 端指定存储器中的值按位取反,将结果放入 OUT 端指定的存储单元。

表 4-26 逻辑运算指令格式

梯形图		WAND_B: EN ENO, IN1 IN2 OUT WAND_W: EN ENO, IN1 IN2 OUT WAND_DW: EN ENO, IN1 IN2 OUT	WOR_B: EN ENO, IN1 IN2 OUT WOR_W: EN ENO, IN1 IN2 OUT WOR_DW: EN ENO, IN1 IN2 OUT	WXOR_B: EN ENO, IN1 IN2 OUT WXOR_W: EN ENO, IN1 IN2 OUT WXOR_DW: EN ENO, IN1 IN2 OUT	INV_B: EN ENO, IN OUT INV_W: EN ENO, IN OUT INV_DW: EN ENO, IN OUT
指令表		ANDB IN1,OUT ANDW IN1,OUT ANDD IN1,OUT	ORB IN1,OUT ORW IN1,OUT ORD IN1,OUT	XORB IN1,OUT XORW IN1,OUT XORD IN1,OUT	INVB OUT INVW OUT INVD OUT
操作数	字节	IN1/IN2:VB,IB,QB,MB,SB,SMB,LB,AC,常量,* VD,* AC,* LD。 OUT:VB,IB,QB,MB,SB,SMB,LB,AC,* VD,* AC,* LD			
	字	IN1/IN2:VW,IW,QW,MW,SW,SMW,T,C,AC,LW,AIW,常量,* VD,* AC,* LD。 OUT:VW,IW,QW,MW,SW,SMW,T,C,LW,AC,* VD,* AC,* LD			
	双字	IN1/IN2:VD,ID,QD,MD,SMD,AC,LD,HC,常量,* VD,* AC,SD,* LD。 OUT:VD,ID,QD,MD,SMD,LD,AC,* VD,* AC,SD,* LD			

指令使用说明:

① 在梯形图指令中设置 IN2 端和 OUT 端所指定的存储单元相同,这时对应的指令表如表中所示。若在梯形图指令中,IN2 端(或 IN1 端)和 OUT 端所指定的存储单元不同,则在指令表中需使用数据传送指令,将其中一个输入端的数据先送入 OUT 端,再进行逻辑运算。如:

```
MOVB IN1,OUT
ANDB IN2,OUT
```

② ENO=0 的错误条件:0006(间接寻址错误),SM4.3(运行时间)。

③ 逻辑运算指令影响标志位 SM1.0(零标志)。

六、研讨与训练

(1) 按下启动按钮 I0.0 时,三台电动机每隔 5 s 分别依次启动;按下停止按钮 I0.1 时,三台

电动机 Q0.0、Q0.1 和 Q0.2 同时停止。请用比较指令设计实现该控制系统的程序。

(2) 图 4-26 是十字路口交通信号灯控制的时序图，其中 R 表示红灯、G 表示绿灯、Y 表示黄灯、EW 表示东西方向、SN 表示南北方向。请利用比较指令编程实现该功能。

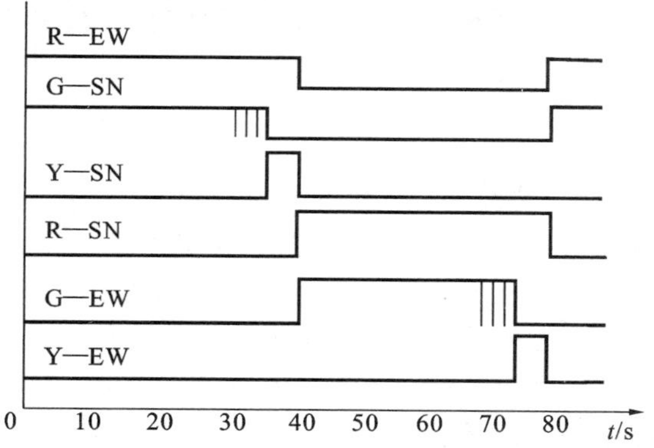

图 4-26　十字路口交通信号灯控制的时序图

(3) 当 I0.0 接通时，定时器 T37 开始定时，产生每秒 1 次的周期脉冲，T37 每次定时时间到时调用一次子程序，利用子程序将输入映像寄存器 IW0 的值送至变量存储器 VW20，试设计主程序和子程序。

(4) 如图 4-27 所示，可以用 PLC 控制天塔灯光的闪烁移位及时序的变化等。控制要求是，按下启动按钮，灯按以下顺序点亮：L12→L11→L10→L8→L1→L1、L2、L9→L1、L5、L8→L1、L4、L7→L1、L3、L6→L1→L2、L3、L4、L5→L6、L7、L8、L9→L1、L2、L6→L1、L3、L7→L1、L4、L8→L1、L5、L9→L1→L2、L3、L4、L5→L6、L7、L8、L9→L12→L11→L10……如此循环下去，直至按下停止按钮。

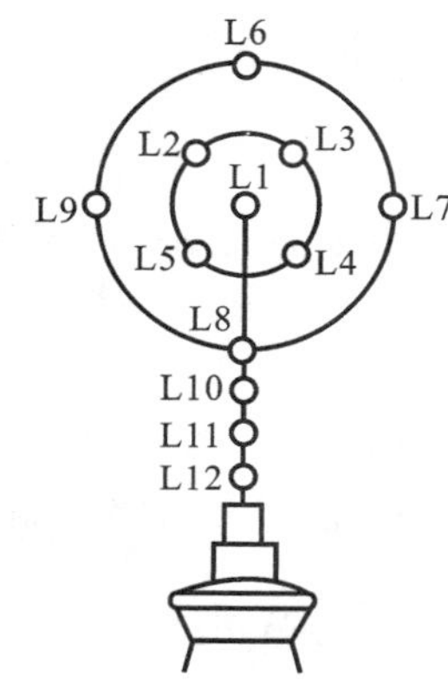

图 4-27　天塔之光的模拟控制示意图

(5) 编制检测某电平信号上升沿变化的程序。I0.0 每接通一次，使存储单元 VW0 的值加 1，如果计数值达到 5，输出 Q0.0 端接通显示，用 I0.1 使 Q0.0 复位。

项目五　步进电动机控制系统

步进电动机作为执行元件，是机电一体化的关键产品之一，它广泛用在打印机、电动玩具等消费类产品，以及数控机床、工业机器人、医疗器械等机电产品中。由于通过控制脉冲个数可以很方便地控制步进电动机转过的角位移，且步进电动机的误差不累积，可以达到准确定位的目的。通过控制频率可以很方便地改变步进电动机的转速和加速度，达到任意调速的目的，因此步进电动机可以广泛地应用于各种开环控制系统。

在这一项目中我们将循序渐进地完成对步进电动机的工作原理、控制，高速脉冲输出指令，步进电动机驱动器的使用等内容的学习。

任务一　用 PLC 直接控制步进电动机

一、任务目标

知识目标

(1) 理解步进电动机的工作原理；

(2) 掌握用 PLC 直接控制步进电动机的方法。

技能目标

(1) 正确使用比较指令编写步进电动机的控制程序；

(2) 掌握用 PLC 直接控制步进电动机的硬件连线方法。

二、任务描述

用西门子 S7-200 系列 PLC 直接控制一台额定电压为 24 V 的三相步进电动机连续运行。当按下启动按钮时，步进电动机每秒转半个步距角，一直连续运行，当按下停止按钮时，步进电动机停止转动。

三、相关知识

常见的三相反应式步进电动机结构如图 5-1 所示。电动机的定子上有六个等间距的磁极 A、C′、B、A′、C、B′，相对的两个磁极形成一相(A-A′、B-B′、C-C′)，相邻的两个磁极之间夹角为 60°。电动机的转子上共有四十个矩形小齿均匀地分布在圆周上，所以每个齿的齿距为 360°/40＝9°。定子每个磁极的极弧上也有五个小齿，且定子和转子的齿宽和齿距都相同。由于定子和转子的小齿数目分别是 30 和 40，其比值是一个分数，这就会产生所谓的错齿现象。

若 A 相磁极小齿和转子的小齿对齐，如图 5-1 所示，那么 B 相和 C 相磁极的齿就会分别和转子齿相错三分之一的齿距，即 3°。因此，B、C 磁极下的磁阻比 A 磁极下的磁阻大。若给 B 相绕组通电，B 相绕组将产生定子磁场，其磁力线会穿过 B 相磁极，并力图按磁阻最小的路

径闭合，这就使转子受到反应转矩（磁阻转矩）的作用而转动，直到 B 磁极上的齿与转子齿对齐为止。此时转子恰好转过 3°，而 A、C 磁极下的齿又分别与转子齿错开三分之一齿距。接着停止对 B 相绕组通电，而改为给 C 相绕组通电，同理，受反应转矩的作用，转子将顺时针再转过 3°。依此类推，当三相绕组按 A→B→C→A 的顺序循环通电时，转子会顺时针以每个通电脉冲转动 3°的规律步进式转动起来。若改变通电顺序，按 A→C→B→A 的顺序循环通电，则转子就逆时针以每个通电脉冲转动 3°的规律转动。因为每一瞬间只有一相绕组通电，并且按三种通电状态循环通电，故称这种运行方式为单三拍运行。单三拍运行时的步距角为 3°。

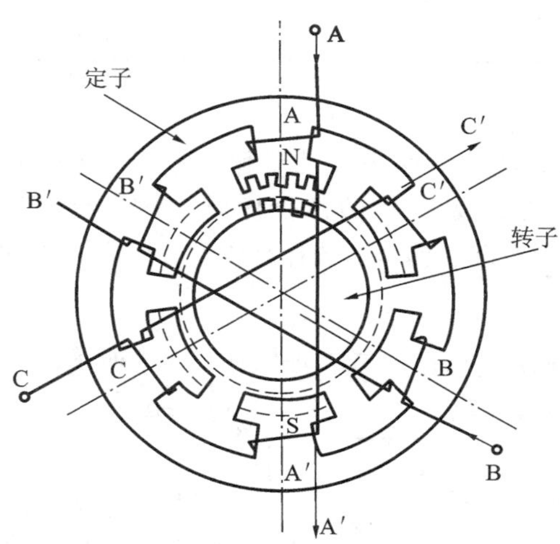

图 5-1　三相反应式步进电动机结构示意图

三相步进电动机还有其他两种运行方式，分别是双三拍运行（即按 AB→BC→CA→AB 顺序循环通电的运行方式）和单、双六拍运行（即按 A→AB→B→BC→C→CA→A 顺序循环通电的运行方式）。六拍运行时的步距角将减小一半。

控制步进电动机的三相定子绕组的得电与失电顺序，就可以改变步进电动机的步距角及转向；控制步进电动机的三相定子绕组的得电与失电时间，则可以改变步进电动机的转速。

四、任务实施

1. 任务分析

根据三相步进电动机的原理可知，要达到任务要求，只需按下启动按钮，对步进电动机按如下方式通电：首先是步进电动机定子磁极 A 相绕组通电，1 s 后 A 相绕组和 B 相绕组同时通电，又经过 1 s 后 B 相绕组通电（同时 A 相绕组失电）；再过 1 s，B 相绕组和 C 相绕组同时通电，1 s 后 C 相绕组通电（同时 B 相绕组失电）；再过 1 s，C 相绕组和 A 相绕组同时通电，1 s 后 A 相绕组通电（同时 C 相绕组失电）……依次循环进行，时间间隔均为 1 s。根据通电的先后顺序，定子磁极的工作情况为 A→AB→B→BC→C→CA→A。

按以上步骤执行到最后一步，然后返回到第一步，重复以上的过程，直到按下停止按钮，所有磁极全部失电，步进电动机停止工作。

所以可编程让 PLC 输出三路脉冲，分别送往步进电动机的三相绕组，送脉冲的顺序为 A→AB→B→BC→C→CA→A，时间间隔为 1 s。根据绕组导通的时序，可以应用数值比较指令来实现这个控制要求。

2. PLC的I/O地址分配

根据任务要求,对PLC直接控制电动机系统进行PLC的I/O地址分配,如表5-1所示。

表5-1 PLC直接控制电动机系统PLC的I/O地址分配表

输入			输出		
地址	对应元件	名称	地址	对应元件	功能
I0.0	SB1	启动按钮	Q0.0	定子绕组A	脉冲输出
I0.1	SB2	停止按钮	Q0.1	定子绕组B	脉冲输出
			Q0.2	定子绕组C	脉冲输出

3. PLC的选型

根据I/O资源的配置,系统共有两个开关量输入信号、三个开关量输出信号。考虑I/O资源利用率、以后升级的预留量及PLC的性价比要求,选用西门子S7-200系列CPU221型PLC,为了满足步进电动机的快速运行要求,选择晶体管输出型PLC,即DC/DC/DC型PLC。

4. 电气原理图

PLC直接控制步进电动机系统的电气原理图如图5-2所示。

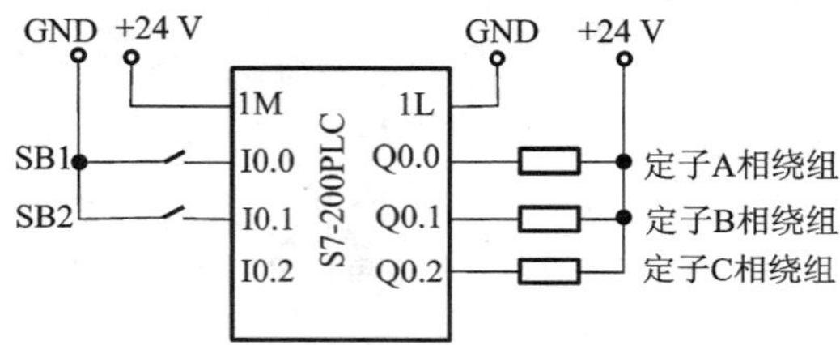

图5-2 PLC直接控制步进电动机系统的电气原理图

5. 梯形图程序设计和系统调试

采用比较指令设计的梯形图如图5-3所示。

M0.0作为总控制状态位,控制着脉冲的启动与停止。脉冲一旦启动,即可采用比较指令得到各相的脉冲信号。

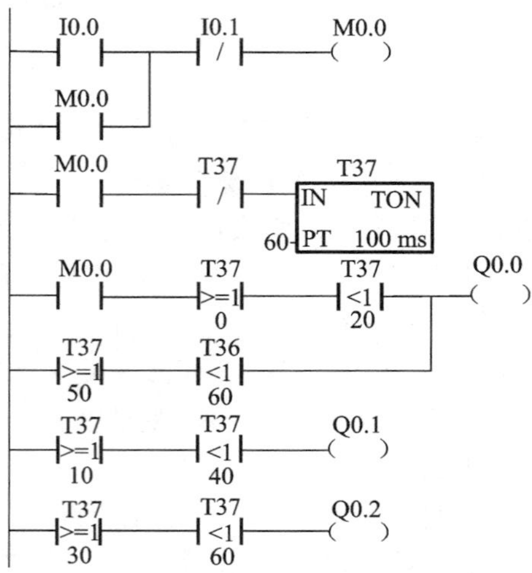

图5-3 采用比较指令设计的梯形图

6．系统调试

(1) 按图 5-2 接好线，连接好 PLC 到计算机的数据线(PC/PPI 或 USB/PPI)，打开 PLC 的 24 V 电源。

(2) 应用 Micro/WIN 软件将程序下载到 PLC 中并运行，按动按钮 SB1、SB2，观察步进电动机的运行情况是否与设计要求相符。

五、知识拓展

1．步进电动机的分类

步进电动机是一种将电脉冲转化为角位移的执行机构。步进电动机分为永磁式、反应式和混合式三种。

(1) 永磁式步进电动机转矩和体积较小，步距角一般为 7.5°或 15°，动态性能好，输出力矩较大。

(2) 反应式步进电动机可实现大转矩输出，步距角一般为 1.5°，结构简单，成本低，但噪声和振动都很大。

(3) 混合式步进电动机混合了永磁式和反应式步进电动机的优点，力矩大，动态性能好，步距角小，精度高，但结构相对来说复杂。这种步进电动机的应用最为广泛。

2．步进电动机的正反转控制

用 PLC 直接控制步进电动机时，可使用 PLC 产生控制步进电动机所需要的各种时序的脉冲。

步进电动机的正反转控制有以下三种方式。

(1) 三相单三拍控制方式：正向为 A→B→C→A，反向为 A→C→B→A。

(2) 三相双三拍控制方式：正向为 AB→BC→CA→AB，反向为 AC→CB→BA→AC。

(3) 三相六拍控制方式：正向为 A→AB→B→BC→C→CA→A，反向为 A→AC→C→CB→B→BA→A。

具体编程时，可根据步进电动机的工作方式，以及所要求的频率(步进电动机的速度)，画出 A、B、C 各相的时序图，并使用 PLC 产生各种时序的脉冲。

本任务要求步进电动机工作在三相六拍控制方式下，每拍通电时间为 1 s。可画出正向工作时序图，如图 5-4 所示。

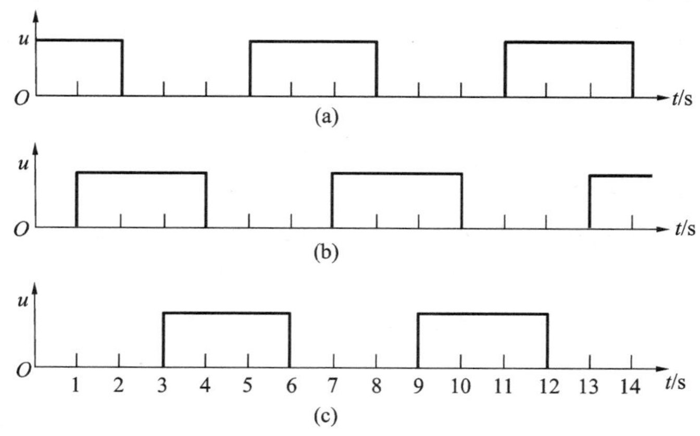

图 5-4　步进电动机三相六拍正向工作时序图

(a)A 相(Q0.0)；(b)B 相(Q0.1)；(c)C 相(Q0.2)

六、研讨与训练

在本任务的基础上,添加正转按钮、反转按钮、快速按钮、慢速按钮,使步进电动机实现相应运动,编写并调试程序。

任务二　用PLC与步进电动机驱动器控制步进电动机

一、任务目标

知识目标

(1) 掌握S7-200系列PLC高速脉冲输出指令的应用;

(2) 掌握与PLS指令相关的特殊存储器的含义。

技能目标

(1) 掌握用PLC与步进电动机驱动器控制步进电动机的硬件接线方法;

(2) 掌握Micro/WIN编程软件的位置控制向导的使用及生成的子程序的使用方法。

二、任务描述

某设备的机械回转臂由步进电动机驱动,在原点位置接收到指令时,PLC利用高速脉冲输出控制步进电动机按指定的包络线运行,电动机到达指定地点后碰到一限位开关,按指定速度返回到原点后停止。

西门子S7-200系列CPU22X型PLC有高速脉冲输出功能,输出脉冲频率可达20 kHz。脉冲输出有两种方式:PTO(脉冲串输出)方式,输出一个频率可调、占空比为50%的脉冲;PWM(脉宽调制)方式,输出占空比可调的脉冲。高速脉冲输出功能可用于对电动机进行速度控制、位置控制,同时可控制变频器实现电动机调速。指定包络线即指定了电动机的运行速度和时间,从而可实现运动装置的位置控制。

原点检测由一光电开关完成,终点检测由机械式限位开关完成。利用Micro/WIN软件位置控制向导中的脉冲输出向导生成步进电动机位置控制所需的子程序,然后在主程序中调用该子程序,实现上述要求的控制功能。

三、相关知识

1. 高速脉冲输出指令

高速脉冲由PLC的指定输出端(Q0.0或Q0.1)输出,用于驱动负载实现精确控制。

脉冲输出指令(PLS)功能为:使能有效时,检查用于脉冲输出(Q0.0或Q0.1)的特殊存储器位,然后执行特殊存储器位定义的脉冲操作,指令格式如表5-2所示。

2. 脉冲输出方式

1) PTO方式

采用PTO方式(见图5-5(a))时,PLC可按指定的脉冲数和指定的周期提供方波(50%占空比)输出。PTO脉冲可为单脉冲串或多脉冲串。在PTO方式下可指定脉冲数和周期(以微

秒或毫秒为单位递增)，周期范围为 10～65535 μs 或 2～65535 ms，脉冲计数范围为 1～4294967295 个。

表 5-2　PLS 指令格式

梯　形　图	指令表	操作数及数据类型	功　　能
PLS EN　ENO Q0.X	PLS　Q	Q：常量(0 或 1) 数据类型：字节	产生一个高速脉冲串或者一个脉宽调制波

2）PWM 方式

在 PWM 方式下，PLC 提供可变占空比的固定周期输出，如图 5-5(b)所示。可以微秒或毫秒为单位指定周期和脉宽，周期范围为 10～65535 μs 或 2～65535 ms，脉宽范围为 0～65535 μs 或 0～65535 ms。

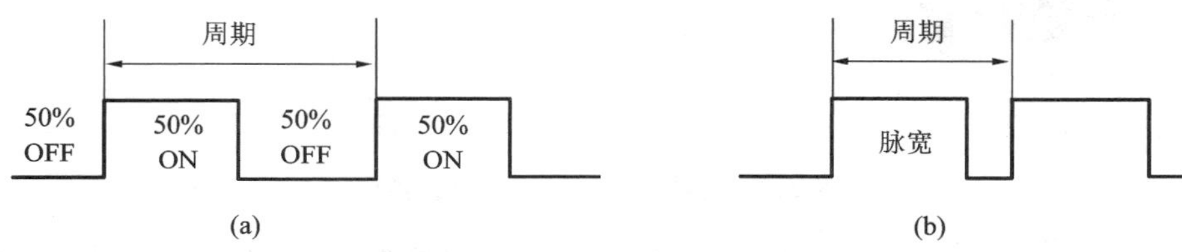

图 5-5　高速脉冲输出方式

(a)PTO 方式；(b)PWM 方式

3. 位置控制向导使用步骤

初学者大多感觉利用 PLC 的高速输出点对步进电动机进行运动控制比较麻烦，特别是控制字不容易理解。利用编程软件中的位置控制向导，则很容易编写程序，下面将具体介绍这种方法。

(1) 激活位置控制向导。在 Micro/WIN 软件命令菜单中选择“工具→位置控制向导”，将弹出图 5-6 所示的位置控制向导启动界面，在此界面中选择“配置 S7-200 PLC 内置 PTO/PWM 操作”。

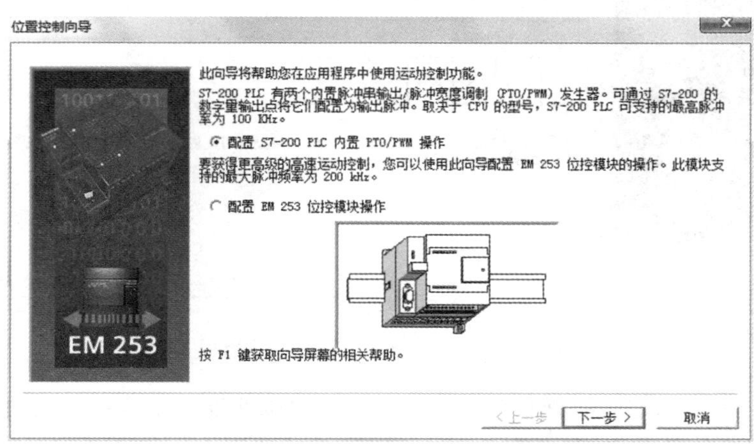

图 5-6　位置控制向导启动界面

(2) 单击"下一步"按钮,将弹出图5-7所示的脉冲发生器指定界面。S7-200系列PLC内部有两个脉冲发生器(Q0.0和Q0.1)可供选用,在本任务中选用Q0.0。

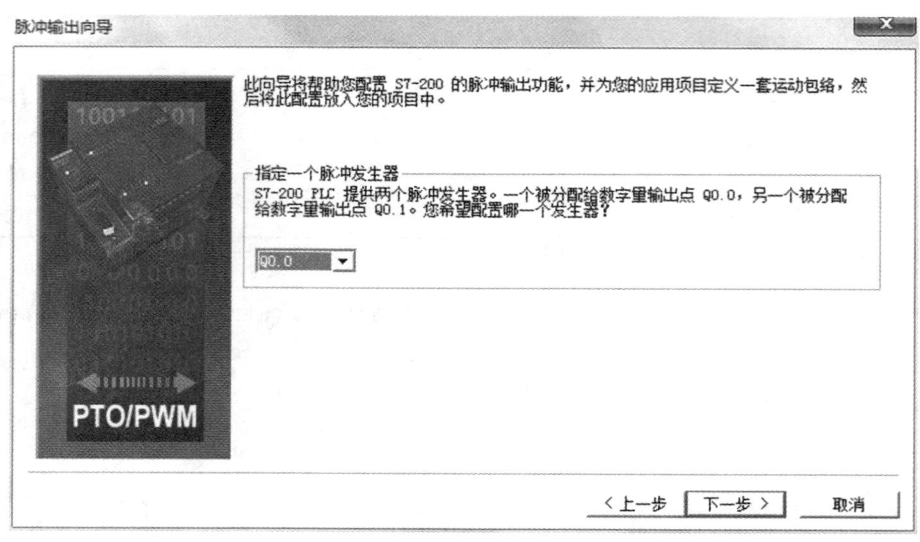

图5-7 "指定一个脉冲发生器"界面

(3) 单击"下一步"按钮,将弹出图5-8所示的模式选择界面,在此界面中可选择Q0.0为脉冲串输出(PTO)或脉宽调制(PWM)配置脉冲发生器。PTO脉冲为线性脉冲串,PTO方式主要用于步进或伺服控制;PWM脉冲为脉宽调制信号,PWM方式可用于固态继电器控制等。对于本任务,应该选择"线性脉冲串输出(PTO)"。

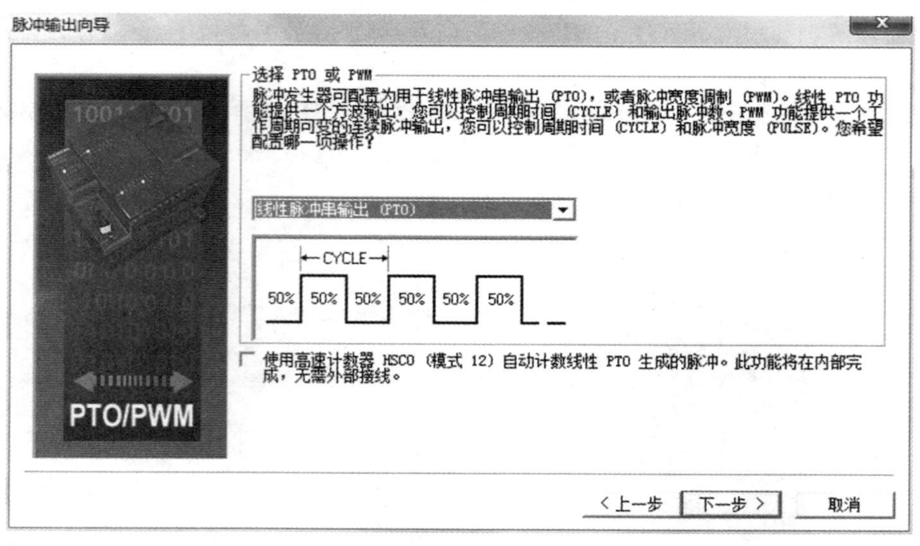

图5-8 模式选择界面

(4) 单击"下一步"按钮,将弹出图5-9所示的电动机速度指定界面。其中MAX_SPEED是应用中操作速度的最大值,它应在电动机力矩能力的范围内。驱动负载所需的力矩由摩擦

力、惯性以及加速/减速时间决定。位置控制向导根据指定的 MAX_SPEED，计算并显示位控模块所能控制的最低速度。由于启动/停止在每次运动指令执行时至少会产生一次，所以启动/停止的周期应小于加速/减速时间。

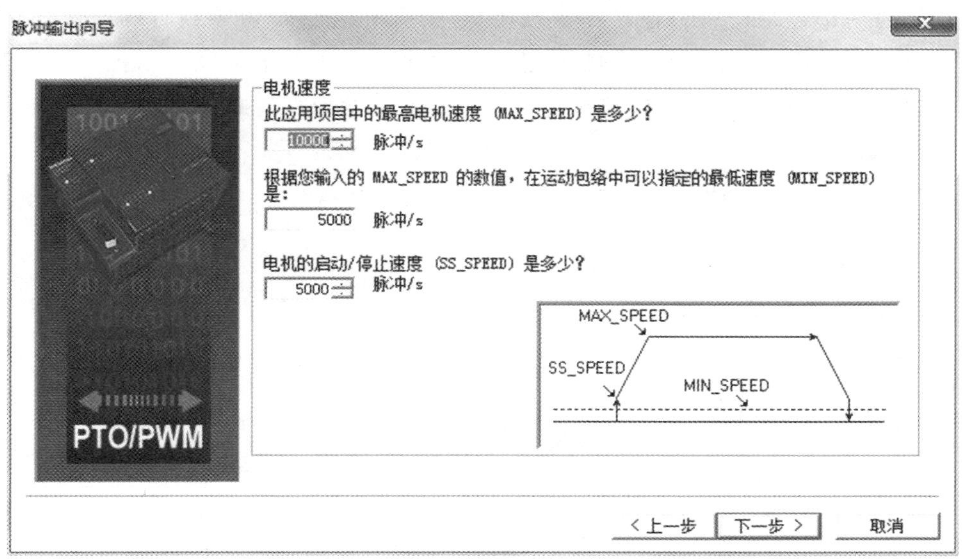

图 5-9　指定电动机速度界面

(5) 单击“下一步”按钮，将弹出图 5-10 所示的设置加、减速时间的界面。加速时间和减速时间的缺省值都是 1 s。通常电动机可在小于 1 s 的时间内工作。应该以毫秒为单位进行时间设定。图 5-10 中，ACCEL_TIME 表示电动机从 SS_SPEED(电动机的启动/停止速度)加速到 MAX_SPEED 所需的时间，DECEL_TIME 表示电动机从 MAX_SPEED 减速到 SS_SPEED 所需要的时间。

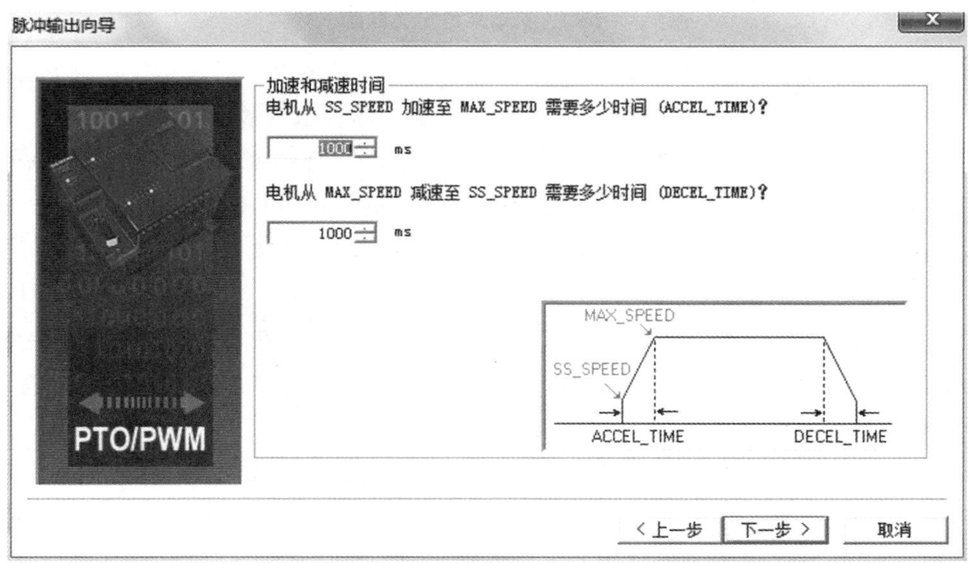

图 5-10　设置加、减速时间界面

(6) 单击“下一步”按钮，将弹出图 5-11 所示的运动包络定义界面。

一个包络是一个预先定义的移动的描述，它包括一个或多个速度，影响着从起点到终点的移动。即使不定义包络也可以使用 PTO 模块，位置控制向导提供了相关指令以用于移动控制而无须运行一个包络。一个包络由多段组成，每段包含一个由零到目标速度的加速/减速过程和以目标速度匀速运行的一串固定数量的脉冲。如果是单段运动控制或者是多段运动控制过程中的最后一段，还应该包含一个由目标速度到零的减速过程。PTO 模块支持最多 25 个包络。

单击“新包络”，系统会给出提示“增加一个新运动包络吗?”。

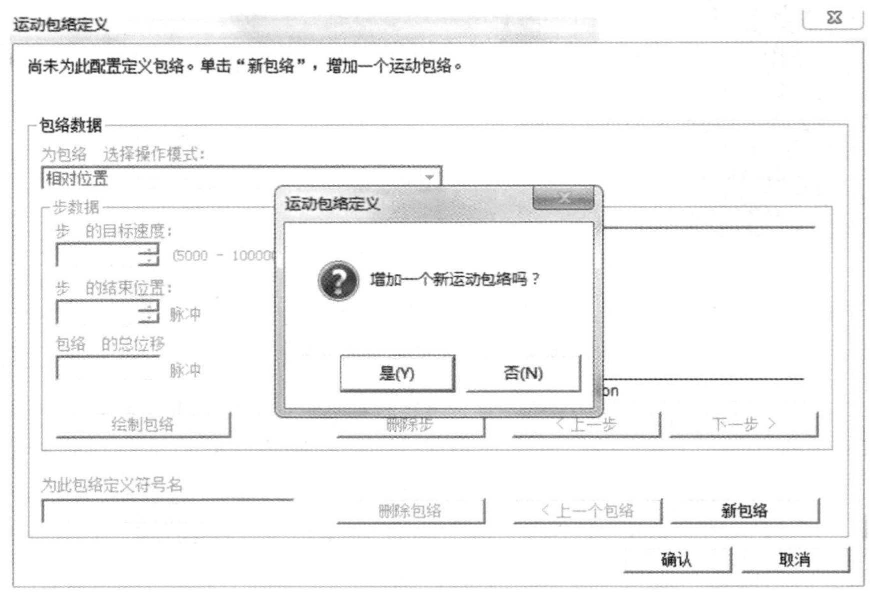

图 5-11 运动包络定义界面

(7) 单击“是”按钮，将弹出图 5-12 所示的设置包络 0 的界面。操作模式有两个选项：“相对位置”和“单速连续旋转”。“相对位置”指根据设定的脉冲数量及脉冲频率执行定位控制；“单速连续旋转”指以指定的脉冲频率连续不断地输出脉冲，直到停止命令接通。每个包络内可设定最多 29 个步，调用此包络时，这些步是自动连续执行的。本任务中操作模式选择“相对位置”，目标速度和结束位置文本框内可输入 50000。接着单击“绘制包络”按钮，即可生成包络线。

(8) 单击“确认”按钮，将弹出图 5-13 所示的设置内存地址界面。位置控制向导在 V 存储区中以受保护的数据块形式生成 PTO 轮廓模板，在编写程序时不能使用这些已经被占用的地址。内存地址可以由系统推荐，也可以人为分配。

(9) 单击“下一步”按钮，将弹出图 5-14 所示的生成项目组件提示界面，最后单击“完成”按钮可生成子程序。每个位置指令都带有前缀“PTOx_”，其中 x 是通道号($x=0$ 代表 Q0.0，$x=1$ 代表 Q0.1)，所生成的子程序就是向导中设置的参数。至此，位置控制向导的设置工作完成，接下来就是在编程时使用这些生成的子程序。

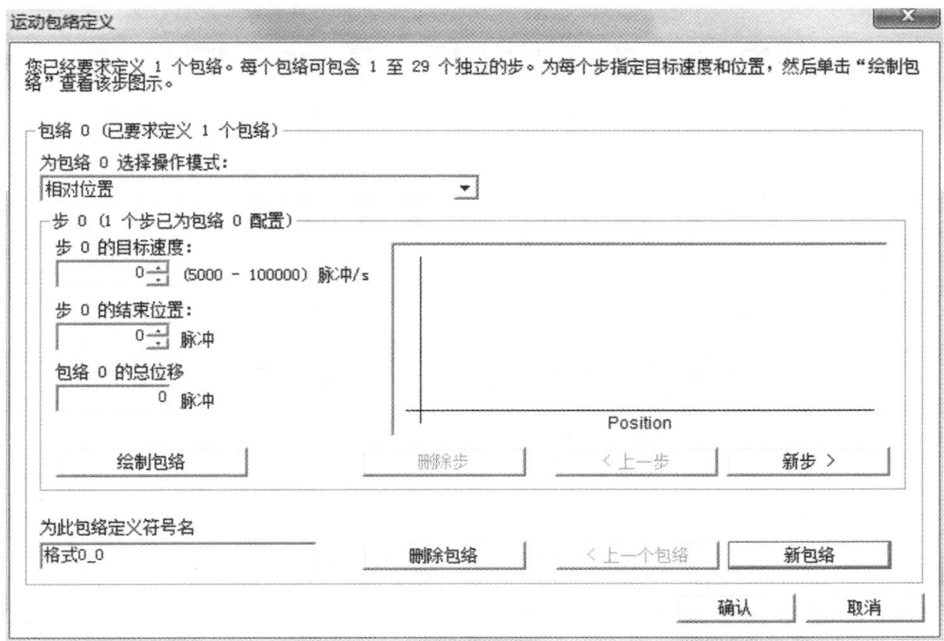

图 5-12 设置包络 0 的界面

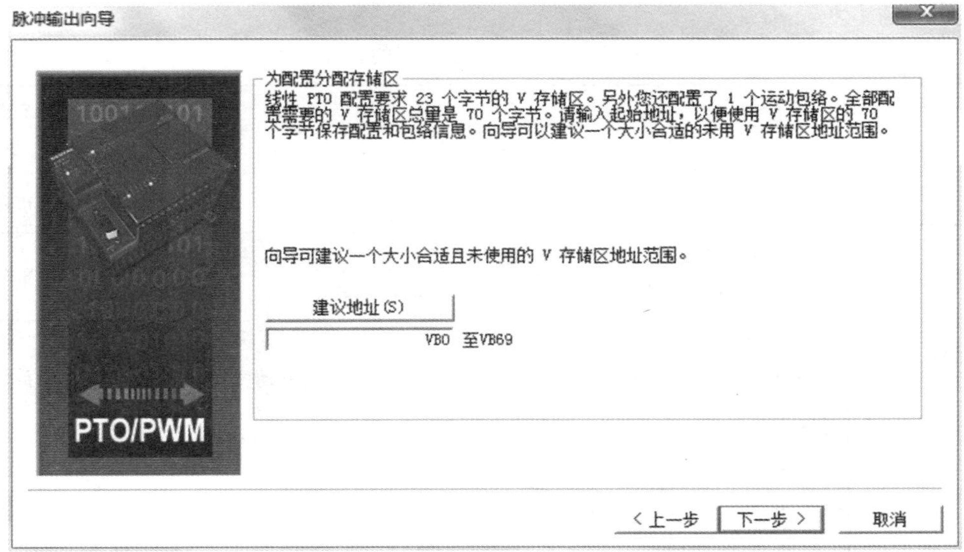

图 5-13 设置内存地址界面

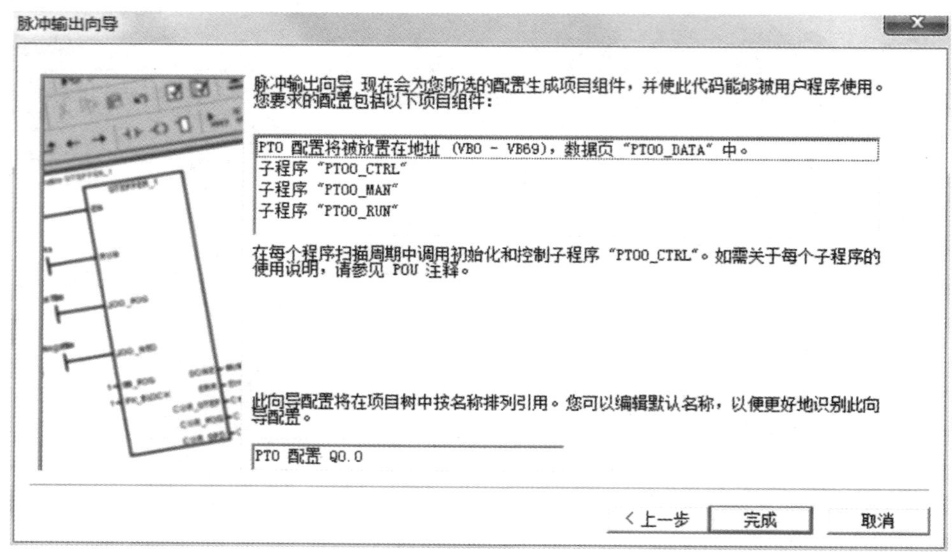

图 5-14　生成项目组件提示界面

4. 位置控制向导生成的子程序简介

(1) PTOx_CTRL 子程序(使能脉冲输出的控制子程序)　其作用是启动和初始化用于步进电动机或伺服电动机的 PTO 脉冲。在程序中仅能使用该子程序一次，并保证每个扫描周期该子程序都被执行。一般使用 SM0.0 作为 EN 端输入的输入。PTOx_CTRL 子程序的参数含义如表 5-3 所示。

表 5-3　PTOx_CTRL 子程序的参数含义

子　程　序	参 数 含 义	参数的数据类型
PTO0_CTRL EN	EN:使能端	布尔型
I_STOP	I_STOP(立即 STOP):当输入为低电平时，PTO 模块正常工作。当输入变为高电平时，PTO 模块立即终止脉冲输出	布尔型
D_STOP	D_STOP(减速 STOP):当输入为低电平时，PTO 模块正常工作。当输入变为高电平时，PTO 模块产生一个脉冲串，使电动机减速直至停止运转	布尔型
Done	Done:当 Done 位为高电平时，表明 CPU 已经执行完子程序	布尔型
Error	Error:出错时返回错误代码	字节型
C_Pos	C_Pos:如果位置控制向导的 HSC 计数器功能已启用，C_Pos 包含用脉冲数目表示的模块，否则 C_Pos 参数始终为零	双整数型

(2) PTOx_RUN 子程序(自动运行时需要调用的子程序)　用于运行在向导中生成的包络，以预定的速度输出确定个数的脉冲，也可以通过 PTOx_CTRL 子程序随时中止脉冲输出

(减速或立即中止)。PTOx_RUN 子程序的参数含义如表 5-4 所示。

表 5-4　PTOx_RUN 子程序的参数含义

子　程　序	参 数 含 义	参数的数据类型
PTO0_RUN EN START Profile　Done Abort　Error C_Profile C_Step C_Pos	EN:使能端	布尔型
	START:接通 START 端以初始化包络的执行。对于每次扫描,当 START 端接通且 PTO 模块当前未激活时,PTOx_RUN 子程序会指令激活 PTO 模块。要保证该命令只发送一次,使用边沿检测指令,通过脉冲触发使 START 端接通	布尔型
	Profile:此运动包络指定的编号或符号名	字节型
	Abort:此端口接通时,命令位置控制模块停止运行当前的包络并减速,直至电动机停止运转	布尔型
	Done:Done 端为高电平,表明 CPU 已经执行完子程序	布尔型
	Error:出错时返回错误代码	字节型
	C_Profile:位置控制模块当前执行的包络	字节型
	C_Step:目前正在执行的包络步骤	字节型
	C_Pos:如果位置控制向导的 HSC 计数器功能已启用,C_Pos 包含用脉冲数目表示的模块,否则 C_Pos 参数始终为零	双整数型

(3) PTOx_MAN 子程序(手动运行时需要调用的子程序)　用于将 PTO 模块置为手动模式,可以控制 PTO 模块以某一频率输出脉冲,并且可以通过 PTOx_CTRL 子程序随时中止输出脉冲(减速或立即中止),速度在启动/停止速度到指定的最大速度之间。在启用 PTOx_MAN 子程序时,不应执行 PTOx_RUN 子程序。PTOx_MAN 子程序的参数含义如表 5-5 所示。

表 5-5　PTOx_MAN 子程序的参数含义

子　程　序	参 数 含 义	参数的数据类型
PTO0_MAN EN RUN Speed　Error C_Pos	EN:使能端	布尔型
	RUN:运行/停止参数端,命令 PTO 加速至指定速度(Speed 参数)	布尔型
	Speed:当 RUN 端口已启用时,Speed 参数决定了电动机运行速度,速度是一个用每秒脉冲数计算的值,可以在电动机运行过程中更改此参数	双整数型
	Error:出错时返回错误代码	字节型
	C_Pos:如果位置控制向导的 HSC 计数器功能已启用,C_Pos 包含用脉冲数目表示的模块,否则 C_Pos 参数始终为零	双整数型

四、任务实施

1. 任务分析

当机械回转臂在原点时,启动后调用运行包络子程序,电动机按设定的包络线运动,到指定位置后碰行程开关;然后调用手动模式子程序,机械回转臂返回到原点后停止。

2. PLC的I/O地址分配

根据任务要求,对步进电动机位置控制系统进行PLC的I/O地址分配,如表5-6所示。

表5-6 步进电动机位置控制系统PLC的I/O地址分配表

输入			输出		
地址	对应元件	功能	地址	对应元件	功能
I0.0	SB1	启动	Q0.0	PLS+	脉冲输出给步进控制器
I0.1	SB2	停止	Q0.1	DIR+	脉冲方向控制
I0.2	SB3	终点限位			
I0.3	SB4	原点检测			

3. PLC的选型

根据I/O资源的配置,系统共有四个开关量输入信号、两个开关量输出信号。考虑I/O资源利用率、以后升级的预留量及PLC的性价比要求,选用西门子S7-200系列CPU221型PLC。为了满足高速脉冲输出要求,选择晶体管输出型PLC,即DC/DC/DC型PLC。

4. 系统电气原理图

在对步进电动机进行控制时,常常会采用步进电动机驱动器来实现控制。该步进电动机位置控制系统电气原理图如图5-15所示。步进电动机驱动器采用超大规模的硬件集成电路,具有高度的抗干扰性以及快速响应性,不易出现死机或丢步现象。使用步进电动机驱动器控制步进电动机,可以不考虑各相的时序问题(由驱动器处理),只需考虑输出脉冲的频率,以及步进电动机的方向,PLC的控制程序也简单得多。

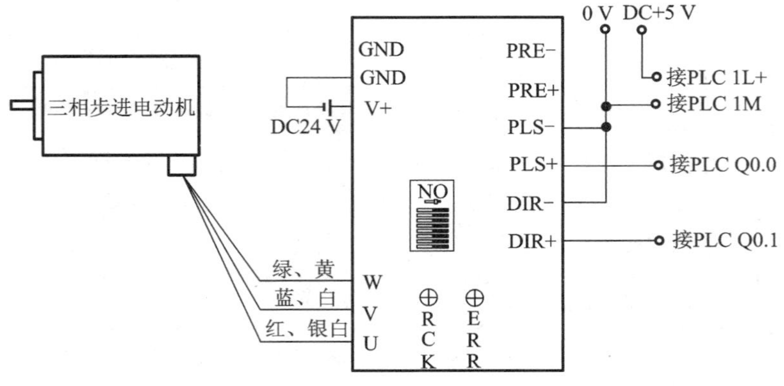

图5-15 步进电动机位置控制系统电气原理图

本任务中选用的步进电动机的型号为 3S57Q-04079,步进驱动器的型号为 3DM458。该驱动器的输入信号有三个:STEP、DIR 和 FREE。

STEP:脉冲信号,与 TTL 电平兼容,内部光电耦合器导通时触发。

DIR:方向信号,通过电平的高低变化控制电动机运行方向。

FREE:脱机信号,内部光电耦合器导通时,驱动器将切断电动机电流,使电动机轴处于可自由旋转状态,当不需要此功能时,可悬空。

5. 梯形图程序设计

根据前文所述位置控制向导的使用步骤,生成三个子程序,具体的调用方法如图 5-16 所示。

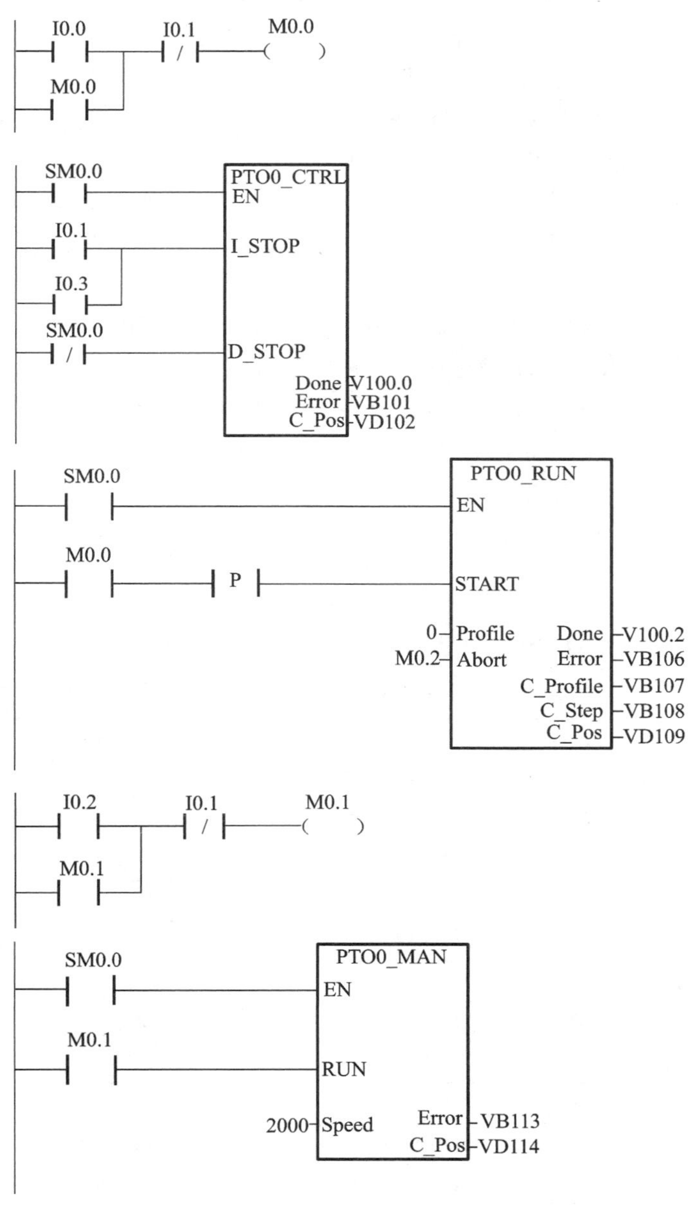

图 5-16　采用位置控制向导生成的子程序调用梯形图

注意:

(1) 位置控制向导生成上述运动控制子程序时已占用 VB0～VB69 的 70 个字节的存储区,后续编程时应注意避开这些存储区域。

(2) 本程序由位置控制向导生成的运动包络编号为 0,共有三个步。

6. 系统调试

(1) 接线步骤如下。

步骤一:将+24 V 电源的"+"端子接至 PLC 输入公共端 1M 上,将 PLC 的 I0.0、I0.1、I0.2、I0.3 端分别接至按钮 SB1、SB2、SB3、SB4 上,并将按钮公共端接至+24 V 电源的"－"端子上。

步骤二:将+5 V 电源的"+"端子接至 PLC 的输出公共端 1L+上,将 PLC 输出端 Q0.0、Q0.1 分别接至步进电动机驱动器的 PLS+、DIR+端上。

步骤三:将+5 V 电源的"－"端子接至步进电动机驱动器的 PLS－端和 DIR－端上。

步骤四:将+24 V 电源的"+"端子接至步进电动机驱动器的 V+端上,并将+24 V 电源的"－"端子接至步进电动机驱动器的 GND 端上。

步骤五:将步进电动机的绿、黄引出线接至步进电动机驱动器的 W 端上;将步进电动机的蓝、白引出线接至步进电机驱动器的 V 端上;将步进电动机的红、银白引出线接至步进电动机驱动器的 U 端上。

步骤六:连接好 PLC 到计算机的数据线(PC/PPI 或 USB/PPI)。

步骤七:打开 PLC 的 24 V 电源和步进电动机驱动器的 5 V 电源。

(2) 应用 Micro/WIN 软件将程序下载到 PLC 中并运行,分别按动按钮 SB1、SB2、SB3、SB4,观察步进电动机运行情况是否与设计要求相符。

五、知识拓展

1. 与脉冲输出指令相关的特殊存储器

与脉冲输出指令对应的控制字和状态字的特殊存储器使用见表 5-7。

表 5-7 与脉冲输出指令相关的控制字和状态字特殊存储器

	Q0.0	Q0.1	说明
状态字特殊存储器	SM66.4	SM76.4	PTO 包络由于增量计算错误异常终止(0——无错误;1——异常终止)
	SM66.5	SM76.5	PTO 包络由于用户命令异常终止(0——无错误;1——异常终止)
	SM66.6	SM76.6	PTO 流水线溢出(0——无溢出;1——溢出)
	SM66.7	SM76.7	PTO 空闲(0——运行中;1——PTO 空闲)
控制字特殊存储器	SM67.0	SM77.0	PTO/PWM 刷新周期值(0——不刷新;1——刷新)
	SM67.1	SM77.1	PWM 刷新脉冲宽度值(0——不刷新;1——刷新)
	SM67.2	SM77.2	PTO 刷新脉冲计数值(0——不刷新;1——刷新)
	SM67.3	SM77.3	PTO/PWM 时基选择(0——1 μs;1——1 ms)
	SM67.4	SM77.4	PWM 更新方法(0——异步更新;1——同步更新)
	SM67.5	SM77.5	PTO 操作(0——单段操作;1——多段操作)
	SM67.6	SM77.6	PTO/PWM 模式选择(0——选择 PTO;1——选择 PWM)
	SM67.7	SM77.7	PTO/PWM 允许(0——禁止;1——允许)

续表

	Q0.0	Q0.1	说　　明
其他存储器	SMW68	SMW78	PTO/PWM 周期时间值(范围:2～65535)
	SMW70	SMW80	PWM 脉冲宽度值(范围:0～65535)
	SMW72	SMD82	PTO 脉冲计数值(范围:1～4294967295)
	SMW166	SMW176	段号(仅用于多段 PTO 操作),多段流水线 PTO 当前运行中的段的编号
	SMW168	SMW178	包络表起始位置,用距离 V0 的字节偏移量表示(仅用于多段 PTO 操作)
	SMB170	SMB180	线性包络状态字节
	SMB171	SMB181	线性包络结果寄存器
	SMD172	SMD182	手动模式频率寄存器

2. 利用中断指令扩展系统的功能

扩展功能:利用位置控制向导所绘制的包络线控制步进电动机的运动,当包络完成时输出 Q1.0。

编程思路:当 PTO 操作完成时调用中断程序,使 Q1.0 接通。PTO 操作完成的中断事件号为 19。用中断调用指令 ATCH 将中断事件 19 与中断程序 INT0 连接起来,并全局开中断。主程序和中断程序梯形图如图 5-17 所示。

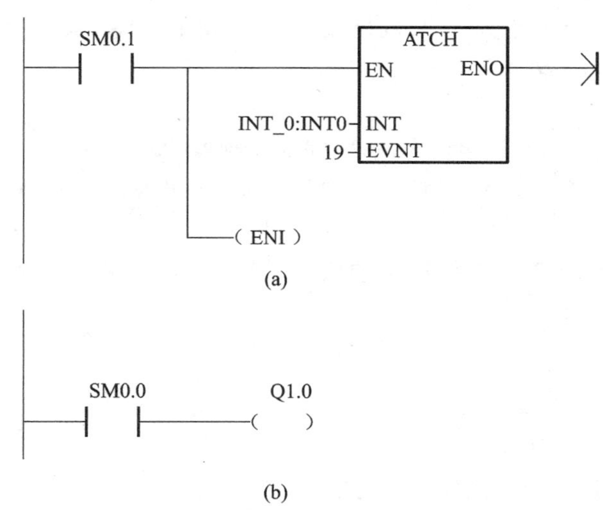

图 5-17　步进电动机控制系统扩展功能的主程序和中断程序梯形图

(a)主程序梯形图;(b)中断程序梯形图

六、研讨与训练

(1) 某设备上的机械手由步进电动机驱动,系统通电时机械手在 500 Hz 的脉冲频率下返回原点。当按下启动按钮后机械手移到一号库位取料并在 600 Hz 的脉冲频率下送料到二号库位,最后再返回到原点。试画出控制系统电气原理图并编制程序。

(2) 某设备上有两套步进驱动系统,要求:按下启动按钮时,步进电动机首先驱动设备横向复位,当设备靠近横向接近开关时横向运动停止;然后步进电动机驱动设备纵向复位,当设备靠近纵向接近开关时纵向运动停止,复位完成。试画出控制系统电气原理图并编制程序。

项目六　恒压供水控制系统

随着科技的发展，用 PLC 和变频器来实现恒压供水的技术已得到广泛应用。在这一项目中，我们首先学习变频器和 PLC 的模拟量输入、输出模块的应用，然后完成恒压供水系统的整体设计。

任务一　用 PLC 模拟量模块控制三相异步电动机转速

一、任务目标

知识目标

（1）了解西门子 S7-200 系列 PLC 的模拟量输入、输出模块种类；

（2）理解模拟量输入、输出模块相关参数。

技能目标

（1）初步掌握变频器参数设定的方法，能完成变频器的基本调试；

（2）掌握西门子 S7-200 系列 PLC 的模拟量输入、输出模块与基本模块之间的硬件电路连接；

（3）能应用西门子 S7-200 系列 PLC 的模拟量输入、输出模块完成变频调速控制系统的设计。

二、任务描述

西门子 S7-200 系列 PLC 以开关量为输入、输出的较多，但只有 PLC 的特殊功能模块才以诸如压力、温度、流量、转速等的模拟量为输入、输出。

本任务以 PLC 控制变频器为例，通过 PLC 控制变频器的输出频率，从而达到控制电动机速度的目的，并且通过电流互感器（4～20 mA）接入 PLC 模拟量输入的第一个通道，即 AIW0，来检测电动机是否过载，具体要求如下：

（1）按下启动按钮，变频器启动，指示灯亮。再次按下按钮，变频器停止，指示灯灭。

（2）变频器的运行频率给定电压（0～10 V）通过 PLC 模拟量输出模块提供。

（3）电动机运行过程中如果机械部分碰到限位开关，电动机即停止运转。

（4）电动机回路电流通过电流互感器（4～20 mA）接入 PLC 模拟量输入，当 PLC 检测到电流大于 15 mA 的时间达到 10 s 时，判定电动机过载，电动机停止运转。

（5）需要记录电动机启动次数和累计运行时间。

（6）系统有急停功能。

三、相关知识

1. 模拟量输入寄存器(AIW)和模拟量输出寄存器(AQW)

PLC 处理模拟量的过程是,模拟量信号经模/数(A/D)转换后变成数字量存储在模拟量输入寄存器中,通过 PLC 处理后将要转换成模拟量的数字量写入模拟量输出寄存器,再经数/模(D/A)将数字量转换成模拟量输出。PLC 对这两种寄存器的处理方式不同,对模拟量输入寄存器只能做读取操作,而对模拟量输出寄存器只能做写入操作。

由于 PLC 处理的是数字量,其数据长度是 16 位,因此要以偶数号字节进行编址,从而存取这些数据。

2. 模拟量输入

因为 CPU 处理不了模拟量,必须将模拟量转换成数字量之后才能处理,所以,模拟量输入模块的作用就是将模拟量转换成对应的数字量后发送给 PLC 的 CPU。模拟量按信号类型分为电压信号(电压大小为−10~10 V)和电流信号(电流大小为 0~20 mA),经过模/数转换后得到的数字量为−32000~32000,或者 0~32000。例如一个 0~10 V 的电压信号,接入模拟量模块后,模拟量将被转换成数字量 0~32000。模拟量数据转换格式有单极性和双极性之分。所谓单极性格式,是指转换后的数值只有正值或 0,没有负值,对应的数字量就是 0~32000;所谓双极性格式,是指转换后的数值可以是正值,也可以是负值,对应的数字量是−32000~32000。不同的模拟量模块,它们的数据转换格式可能会不同。有的只有单极性格式,例如 S7-200 系列 CPU224XP 型 PLC 上集成的模拟量输入模块数据转换格式是单极性的,不能设置成双极性的。有的模拟量输入模块的数据转换格式可以根据其上面的拨码开关进行设置。数据转换格式不同,数据转换的精度也不同。一般单极性数据转换的精度为 12 位,双极性数据转换的精度为 11 位,再加 1 位符号位。

3. 模拟量输出

模拟量输出模块输出的信号类型和数据转换格式与模拟量输入模块的一样,不同之处是模拟量输出模块的作用是将数字量转换为模拟量后输出,其输出也分为电压信号(电压大小为−10~10 V)和电流信号(电流大小为 0~20 mA)。

4. 模拟量精度

一个模拟量数值在 PLC 内是以一个字(16 位)的形式存放在内存空间的。精度的位数代表此模拟量数值的有效数据位,其余为非有效位或符号位。符号位总是在最高位(0 表示正值),非有效位总是在低位,且被置为 0。例如,EM231 模拟量模块单极性数据精度为 12 位,双极性数据精度为 11 位。单极性数据的 16 个位包括 1 个符号位、12 个有效数据位、3 个非有效数据位,双极性数据的 16 个位包括 1 个符号位、11 个有效数据位、4 个非有效数据位,如图 6-1 所示。

非有效位决定了数据字的最小变化单位。如有 3 个非有效位,则模拟量每变化一个单位,数据字就以 8(2^3)为最小单位变化。如有 4 个非有效位,则模拟量每变化一个单位,数据字就以 16(2^4)为最小单位变化。

MSB　　　　　　　　　　　　　　　　　　　　LSB

15	14	3	2	0
0	12位数据值	0	0	0

(a)

MSB　　　　　　　　　　　　　　　　　　　　LSB

15	14	4	3		0
0/1	11位数据值	0	0	0	0

(b)

图 6-1　EM231 模拟量模块单、双极性数据格式

(a)单极性;(b)双极性

在西门子官方提供的S7-200系列PLC模块选型样本中,已经给出了换算后的最小变化单位。如EM231模块,选择0～10 V信号输入,精度为12位,数据字以8为最小单位变化,故分辨率=8×10/32000 V=2.5 mV。即此设置下模块能识别的最小电压变化量是2.5 mV。

EM231模块上有三个拨码开关,不同的设置对应不同极性和电压或电流范围,如表6-1所示。

表 6-1　EM231 模块量程选择

类　型	SW1	SW2	SW3	满量程输入	分辨率
单极性	ON	OFF	ON	0～10 V	2.5 mV
		ON	OFF	0～5 V	1.25 mV
				0～20 mA	5 μA
双极性	OFF	OFF	ON	−5～5 V	2.5 mV
		ON	OFF	−2.5～2.5 V	1.25 mV

几种常见的西门子S7-200系列PLC普通模拟量模块如表6-2所示。除了普通的模拟量输入之外,还有两种特殊的模拟量输入,一种是热电阻模拟量输入,一种是热电偶模拟量输入,其详细参数请参考西门子官网的S7-200系列PLC模块选型样本,在此不赘述。

模拟量输入和输出地址可以通过编程软件Micro/WIN SP9下拉菜单PLC的信息菜单项查看,无须自行定义,由于模拟量输入和输出地址是16位的,所以其地址后面的编号都是偶数,如AIW0、AIW2、AQW0、AQW2等。

表 6-2　常见的西门子 S7-200 系列 PLC 普通模拟量模块

订　货　号	扩 展 模 块	尺寸/mm	输入	输出	功耗/W
6ES7 231-0HC22-0XA8	EM 231 模拟量输入,四路输入	71.2×80×62	4	—	2
6ES7 231-0HF22-0XA8	EM 231 模拟量输入,八路输入	71.2×80×62	8	—	2
6ES7 232-0HB22-0XA8	EM 232 模拟量输出,两路输出	46×80×62	—	2	2
6ES7 232-0HD22-0XA0	EM 232 模拟量输出,四路输出	71.2×80×62	—	4	2
6ES7 235-0KD22-0XA8	EM 235 模拟量组合,四路输入/一路输出	71.2×80×62	4	1	2

5．模拟量与数字量的对应关系

模拟量在 PLC 内部是一个在－32000～32000 之间的数，如果把这个数字量与模拟量对应起来，需要用下面的公式进行换算。

$$Ov=[(Osh-Osl)\times(Lv-Lsl)/(Lsh-Lsl)]+Osl$$

式中：Ov——换算结果；

Lv——换算对象；

Osh——换算结果的高限；

Osl——换算结果的低限；

Lsh——换算对象的高限；

Lsl——换算对象的低限。

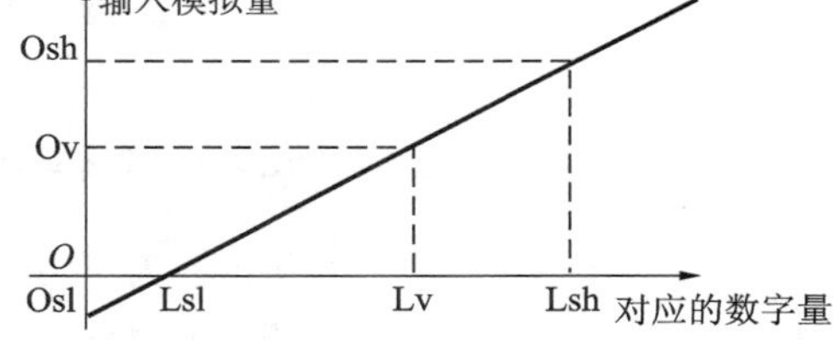

图 6-2　模拟量与数字量的对应关系

模拟量与数字量之间的对应关系如图 6-2 所示。

例 6-1　一个模拟量输入电流为 4～20 mA，对应的数字量为 6400～32000，当数字量为 20000 时，对应的模拟量电流为多少？

解　由题意知，换算对象 Lv＝20000，换算结果的高限 Osh＝20，换算结果的低限 Osl＝4，换算对象的高限 Lsh＝32000，换算对象的低限 Lsl＝6400。

换算结果为

$$Ov=[(20-4)\times(20000-6400)/(32000-6400)+4]\ mA=12.5\ mA$$

模拟量与数字量之间的关系在数学上表现为直线方程，在本例中该直线即坐标系中由(6400,4)和(32000,20)两点确定的一条直线，直线上任一点对应模拟量和相应的数字量。

6．变频器的使用

1）变频器的操作方式

在将变频器接入电路工作前，要根据通用变频器的实际应用修订变频器的功能码。功能码一般有数十至数百条，涉及调速操作端口指定、系统保护等各个方面。功能码在出厂时已按默认值存储。修订是为了使变频器的性能与实际工作任务更加匹配。变频器与外界交换信息的接口很多，除了主电路的输入与输出接线端外，控制电路还设有很多输入、输出端子，另有通信接口及一个操作面板，功能码的修订一般通过操作面板来完成。

变频器的输出频率控制有以下几种方式。

(1) 操作面板控制方式　这是通过操作面板上的按钮手动设置输出频率的一种操作方式。它具体又有两种操作方法，一种是按动面板上的频率上升或频率下降按钮来调节输出频率，另一种是通过直接设定频率数值调节输出频率。

(2) 输入端子数字量频率选择控制方式　变频器常设有多段频率选择功能。各段频率值通过功能码设定，频率段的选择通过外部端子选择，如图 6-3 中的 DIN1、DIN2、DIN3 三个端子，通过这些端子的不同组合可以选择多种速度，而它们的接通可通过机外设备如开关实现，或通过 PLC 控制实现。

(3) 外输入端子模拟量频率选择控制方式　为方便与输出量为模拟电流或电压的调节器、控制器连接，变频器还设定了模拟量输入端。如图 6-4 中 AIN＋、AIN－端为电压或电流输入端：当 AIN＋、AIN－端接电压输入时，输入电压为 0～10 V；当 AIN＋、AIN－端接电流输入时，输入电流为0～20 mA，即在 3、4 端之间接一个 500 Ω 电阻即可。当接在这些端口上的电流或电压量在一定范围内平滑变化时，变频器的输出频率也在一定范围内平滑变化。

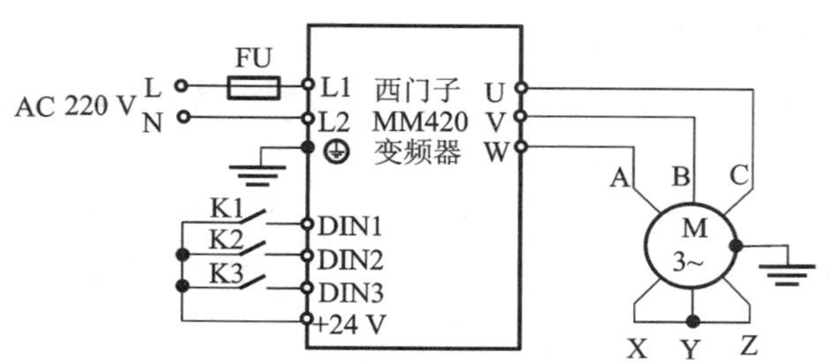

图 6-3　变频器外部数字量信号控制电气原理图

(4) 通信数字量控制方式　为了方便与网络连接,变频器一般都设有网络接口,这些接口都可以通过通信方式接收频率控制指令。不少变频器生产厂家还为自己的变频器设计了与 PLC 通信的专用协议。

2) 基本操作面板的认知与操作

西门子 MM420 变频器的操作面板如图 6-5 所示,该面板上各按钮的功能如表 6-3 所示。

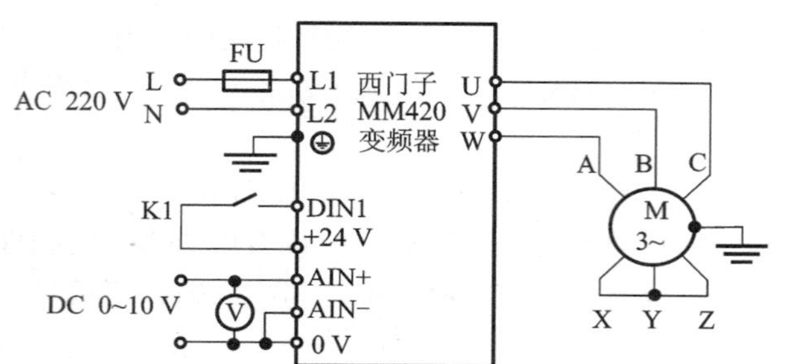

图 6-4　变频器外部模拟量控制电气原理图

图 6-5　西门子 MM420 变频器操作面板

表 6-3　西门子 MM420 变频器操作面板功能说明

显示/键图标	功　能	功 能 说 明
r0000	状态显示	LCD 显示变频器当前的设定值
	启动变频器	按此键将启动变频器。按缺省值运行时此键被封锁,为了使此键的操作有效,应设定 P0700=1
	停止变频器	OFF1:按此键,变频器将按选定的斜坡下降速率减速停车。按缺省值运行时此键被封锁,为了允许此键操作,应设定 P0700=1。 OFF2:按此键两次(或一次,但时间较长)电动机将在惯性作用下自由停车。此功能总是使能的
	改变电动机的转动方向	按此键可以改变电动机的转动方向。电动机的反向转动用负号(-)表示或用闪烁的小数点表示。按缺省值运行时此键被封锁,为了使此键的操作有效,应设定 P0700=1
jog	电动机点动	在变频器无输出的情况下按此键,将使电动机启动,并按预先设定的点动频率运行。释放此键时,变频器停车。如果电动机正在运行,按此键将不起作用

续表

显示/键图标	功　能	功能说明
Fn	功能	浏览辅助信息:变频器运行过程中,在显示任何一个参数时按下此键并保持 2 s 不动,将显示以下参数值(在变频器运行中,从任何一个参数开始): (1)直流回路电压(用 d 表示,单位为 V); (2)输出电流(A); (3)输出频率(Hz); (4)输出电压(用 o 表示,单位为 V); (5)由 P0005 选定的数值(如果 P0005 选择显示上述参数中的任何一个(3,4 或 5),这里将不再显示)。 连续多次按下此键,将轮流显示以上参数。 跳转:在显示任何一个参数(r××××或 P××××)时按下此键并保持短时,将立即跳转到 r0000,如果需要的话,可以接着修改其他的参数。跳转到 r0000 后,按此键将返回原来的显示点。 故障确认:在出现故障或报警的情况下,按下此键可以对故障或报警进行确认
P	访问参数	按此键即可访问参数
▲	增加数值	按此键即可增加面板上显示的参数值
▼	减少数值	按此键即可减少面板上显示的参数值

利用基本操作面板可更改参数值。

① 改变参数 P0004 的值　用基本操作面板更改参数 P0004 的值的操作步骤如表 6-4 所示。

表 6-4　更改参数 P0004 的值的操作步骤

序号	操作步骤	显示的结果
1	按 P 访问参数	r0000
2	按 ▲ 直到显示出 P0004	P0004
3	按 P 进入参数值访问级	0
4	按 ▲ 或 ▼ 达到所需要的数值	3
5	按 P 确认并存储参数的值	P0004
6	按 ▼ 直到显示出 r0000	r0000
7	按 P 返回标准的变频器显示(由用户定义)	

② 改变参数值中的一个数字　为了快速修改参数值,可以一个个地单独修改显示出的每个数字,操作步骤如下:

a. 按 Fn(功能键),最右边的一个数字闪烁。

b. 按 ▲/▼,修改在闪烁的数字的值。

c. 再按 Fn,与已改动的数字相邻的下一个数字闪烁。

d. 执行步骤 a~c,直到显示出所要求的数值为止。

e. 按 P,退出参数值访问级。

3) 变频器快速调试

P0010 的参数过滤功能和 P0003 选择用户访问级别的功能在调试时是十分重要的,由此可以选定一组允许进行快速调试的参数,电动机的设定参数和斜坡函数的设定参数都包括在内。在快速调试的各个步骤都完成以后,应选定 P3900,如果将它置为 1,系统将执行必要的电动机参数的计算,并使其他所有参数(P0010=1 不包括在内)的值恢复为缺省设置值。只有在快速调试方式下才进行这一操作。快速调试的流程图如图 6-6 所示。

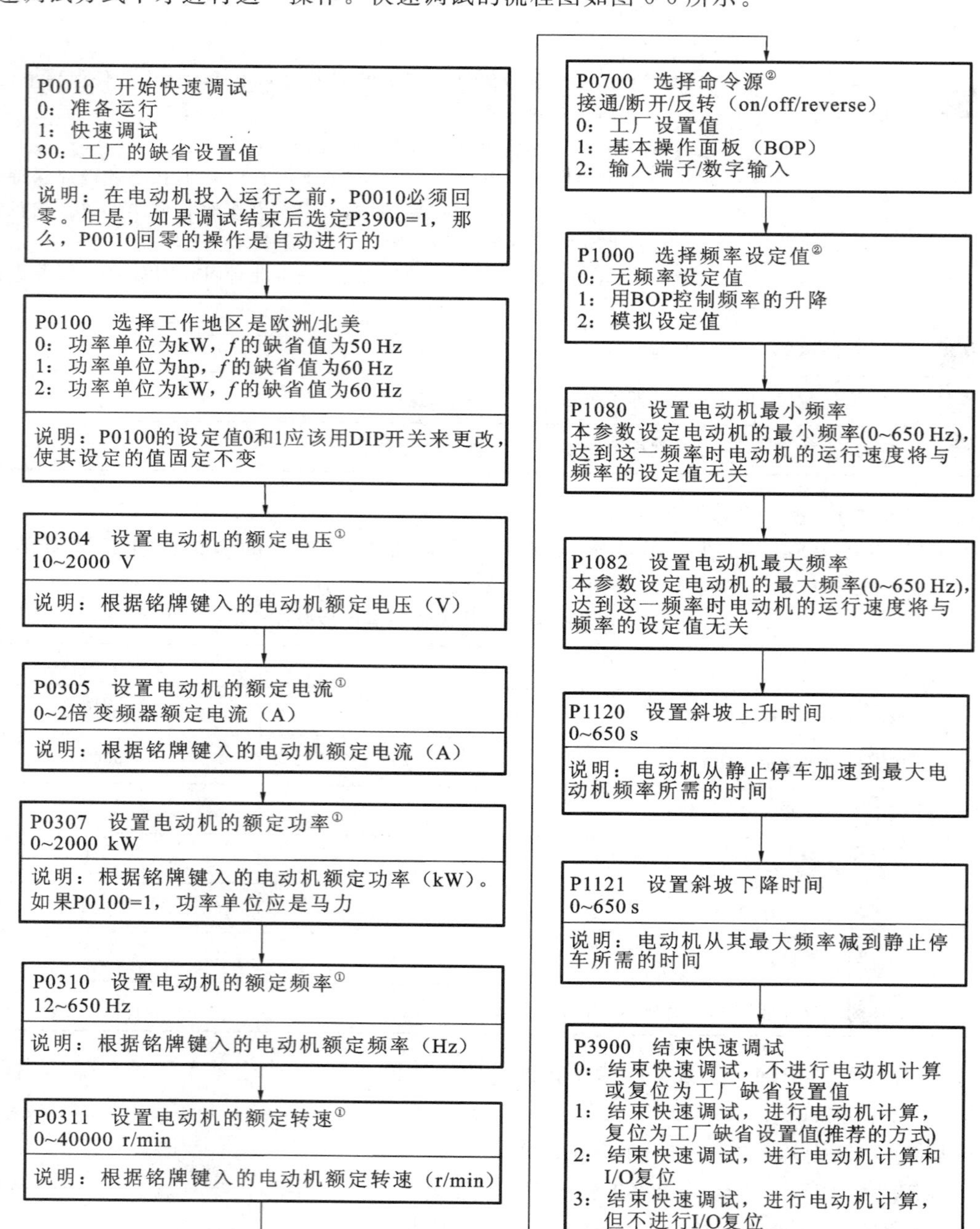

图 6-6 西门子 MM420 变频器快速调试流程图

注:①与电动机有关的参数,请参看电动机的铭牌;②表示该参数有更详细的设定值表

4）变频器复位为工厂的缺省设定值

为了把变频器的全部参数复位为工厂的缺省设定值，应设定 P0010＝30，设定 P0970＝1。

四、任务实施

1．任务分析

本任务既涉及数字量的输入和输出，又涉及模拟量的输入。数字量控制中主要难点是如何通过一个输入端既控制电动机启动，又控制电动机停止；模拟量控制中，主要难点是模拟量的线路连接和工程量与数字量之间的对应关系。

2．PLC 的 I/O 地址分配

对于一个按钮控制变频器启停的情况，需要一个输入端和一个输出端控制变频器启停，一个输出端控制指示灯，电流检测需要模拟量输入 AIW0，变频器频率控制需要模拟量输出 AQW0。三相异步电动机转速控制系统 PLC 的 I/O 地址分配情况如表 6-5 所示。

表 6-5　三相异步电动机转速控制系统 PLC 的 I/O 地址分配表

数字量				模拟量			
输入		输出		输入		输出	
启/停按钮	I0.0	变频器控制	Q0.7	电流检测	AIW0	变频器频率控制	AWQ0
限位开关	I0.1	指示灯	Q1.0				
急停按钮	I0.2						

3．PLC 的选型

根据 I/O 资源的配置，系统共有三个开关量输入信号、两个开关量输出信号，一个模拟量输入信号、一个模拟量输出信号。考虑到 I/O 资源利用率及 PLC 的性价比要求，选用西门子 S7-200 系列 CPU224XP 型 PLC，其带有两路模拟量输入，一路模拟量输出。

4．变频器参数设置

变频器参数设置如表 6-6 所示。

表 6-6　变频器参数设置

序号	变频器参数	出厂值	设定值	功能说明
1	P0010	0	30	为恢复为出厂默认值做准备
2	P0970	0	1	恢复为出厂默认值
3	P0010	0	1	进入快速调试模式
4	P0003	1	2	用户访问等级为扩展级
5	P0304	230	380	电动机的额定电压(380 V)
6	P0305	3.25	0.35	电动机的额定电流（根据实际情况调整）
7	P0307	0.75	0.06	电动机的额定功率（根据实际情况调整）
8	P0310	50.00	50.00	电动机的额定频率(50 Hz)
9	P0311	0	1430	电动机的额定转速（根据实际情况调整）
10	P0700	2	2	选择命令源（由端子排输入）

续表

序号	变频器参数	出厂值	设定值	功能说明
11	P1000	2	2	模拟量输入
12	P1080	0	0	电动机的最小频率(0 Hz)
13	P1082	50	50.00	电动机的最大频率(50 Hz)
14	P1120	10	10	斜坡上升时间(10 s)
15	P1121	10	10	斜坡下降时间(10 s)
16	P3900	0	1	结束快速调试

注:(1)设置参数前先将变频器参数复位为工厂的缺省设定值;

(2) 设定 P0003=2,允许访问扩展参数;

(3) 设定电动机参数时先设定 P0010=1(快速调试),P3900=1(结束快速调试),P0010 自动恢复为 0。

5. 系统电气原理图

根据 I/O 地址分配表画出三相异步电动机转速控制系统的电气原理图,如图 6-7所示。

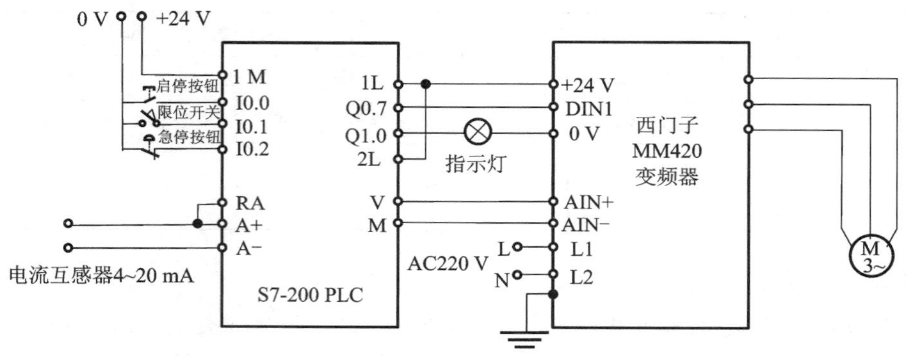

图 6-7　三相异步电动机转速控制系统的电气原理图

6. 梯形图设计和系统调试

1) 梯形图设计

用 PLC 模拟量模块控制变频器输出频率的梯形图如图 6-8 所示。

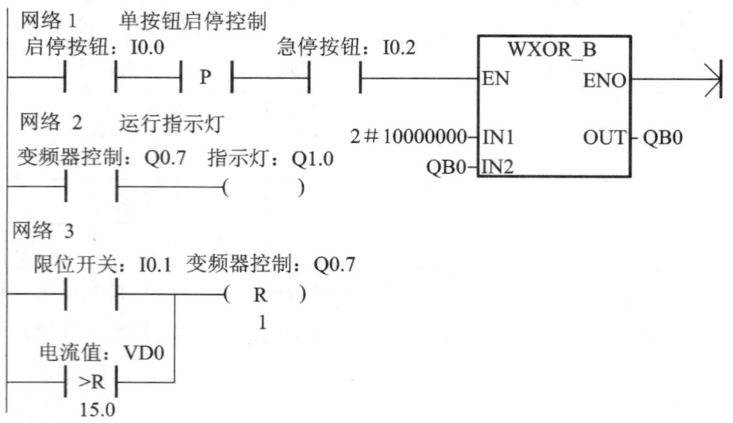

图 6-8　用 PLC 模拟量模块控制变频器输出频率的梯形图

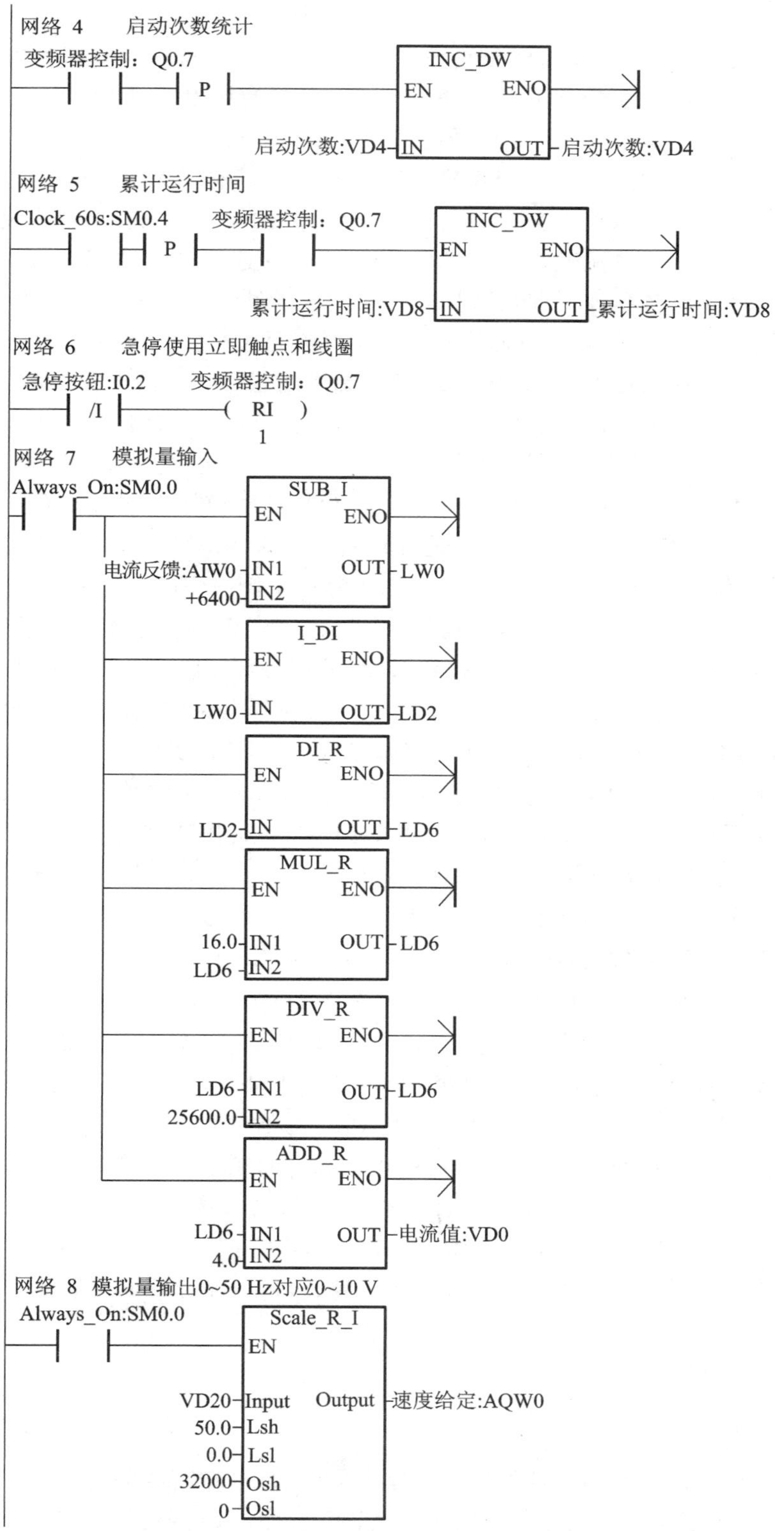

网络 4 启动次数统计

变频器控制：Q0.7 —| |—|P|— INC_DW (EN, ENO)

启动次数:VD4 - IN OUT - 启动次数:VD4

网络 5 累计运行时间

Clock_60s:SM0.4 —| |—|P|— 变频器控制：Q0.7 —| |— INC_DW (EN, ENO)

累计运行时间:VD8 - IN OUT - 累计运行时间:VD8

网络 6 急停使用立即触点和线圈

急停按钮:I0.2 —| /I |— 变频器控制：Q0.7 —(RI) 1

网络 7 模拟量输入

Always_On:SM0.0

SUB_I: EN, ENO; 电流反馈:AIW0 - IN1; +6400 - IN2; OUT - LW0

I_DI: EN, ENO; LW0 - IN; OUT - LD2

DI_R: EN, ENO; LD2 - IN; OUT - LD6

MUL_R: EN, ENO; 16.0 - IN1; LD6 - IN2; OUT - LD6

DIV_R: EN, ENO; LD6 - IN1; 25600.0 - IN2; OUT - LD6

ADD_R: EN, ENO; LD6 - IN1; 4.0 - IN2; OUT - 电流值:VD0

网络 8 模拟量输出0~50 Hz对应0~10 V

Always_On:SM0.0

Scale_R_I: EN; VD20 - Input; 50.0 - Lsh; 0.0 - Lsl; 32000 - Osh; 0 - Osl; Output - 速度给定:AQW0

续图 6-8

2) 系统调试

变频器参数按照表 6-6 进行设置就可以了,需要注意的是与电动机相关的参数需要根据实际电动机铭牌上的参数输入,否则会使电动机在运行过程中发热或者使电动机不运行,从而有可能造成设备损坏。变频器详细使用情况请参考相关资料。

本任务使用的 PLC 模拟量模块是 EM235,将 EM235 下侧 SW1 和 SW6 通道的拨码开关调至 ON 位置,其他的调至 OFF 位置,这样就将 EM235 的输入数据转换格式设置为单极性格式,电压范围为 0~5 V 或电流范围为 0~20 mA。在硬件连接时,应将模拟量输入信号的A-端与变频器的 AIN-端连接在一起,否则,当电流互感器调整到 14 mA 左右时,变频器就会停止工作。如果没有电流互感器,可以使用直流可调恒流源代替。24 V 电源可以使用变频器自带的 24 V 电源,也可以使用 PLC 自带的 24 V 电源。注意,如果是 PLC 自带的 24 V 电源,应将 PLC 上的 24 V 的 GND 端和变频器上 GND 端短接,否则变频器将不工作。

以下对图 6-8 所示的各网络予以分析。

网络 1 中使用的 WXOR_B 是异或指令。当 Q0.7 为 OFF 状态,即 Q0.7=0 时,如果 WXOR_B 前面的条件满足,则 Q0.7 与 1 进行异或运算,结果 Q0.7=1,其他位都与 0 进行异或计算,所以其他位输出结果不变;相反,当 Q0.7 为 ON 状态,即 Q0.7=1 时,如果 WXOR_B 前面的条件满足,则 Q0.7 与 1 进行异或运算,结果 Q0.7=0,其他位都与 0 进行异或计算,所以其他位输出结果不变。这样通过一个按钮既能控制变频器启动,也能控制其停止,需要注意的是 WXOR_B 前面的条件需要用到上升沿指令。在硬件电路中,急停按钮使用的是常闭开关,在网络 1 和网络 6 中分别使用常开和常闭触点,以达到急停目的。

网络 3 的作用是,当碰到限位开关或电流值大于 15.0 时,变频器停止运行。

网络 4 的作用是统计变频器启动次数,可以通过 Micro/WIN 软件查看。

网络 5 的作用是统计累计运行时间,当 PLC 运行时,在 1 min 之内,SM0.4 前 30 s 为接通状态、后 30 s 为断开状态,从而达到统计累计运行时间的目的,运行时间以 min 为单位,如果想以 h 或 d 为单位,可以修改程序。

网络 7 的作用是将模拟量输入的数值 6400~32000 转换成 4.0~20.0 的浮点数,此段程序利用了公式 Ov=[(Osh-Osl)×(Lv-Lsl)/(Lsh-Lsl)]+Osl,其中 Lv 是采样得到的模拟量值对应的数值,Lsl=6400,Lsh=32000,Osl=4.0,Osh=20.0,Ov 为输出的浮点数,范围为 4.0~20.0。网络 7 中,LW0、LD2 和 LD6 是 PLC 的临时变量。

网络 8 的作用也是利用上面的公式,将 0.0~50.0 的频率值转换成 0~32000 的数值,通过将模拟量输出到变频器的模拟量输入端,控制变频器的频率,只不过网络 8 利用的是子程序,并且是用库来实现的(关于库的使用将在知识拓展中介绍)。注意,VD20 的值要事先设置好,可以通过 Micro/WIN 软件在状态表监控中设置,也可以通过数据块设置。

五、知识拓展

1. 库及其应用

库又称库指令。库是利用已经编好的子程序生成的,可在需要的时候加以调用。库可以是系统自带的,也可以是自己编写的。例如,可以写一个加、减、乘、除子程序,做成库的形式,在不同项目中使用,且应用较方便。一个库可以由一个子程序构成,也可以由多个子程序构成。

在 Micro/WIN 软件安装完成以后，有些版本会自动安装一些库，有些则不会自动安装库。库在 Micro/WIN 软件的指令列表中的显示如图 6-9 所示。

当需要时，调用库里面的子程序就可以，调用方法和调用普通子程序一样，只需将对应的图标拖进 Micro/WIN 软件编程区域即可。

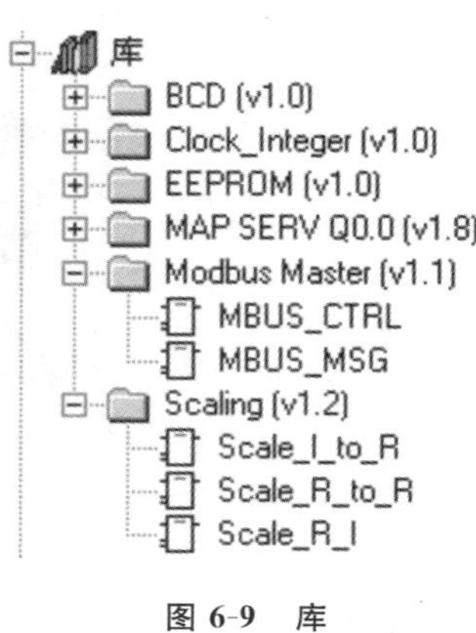

图 6-9　库

2. 添加和删除库

用鼠标右键单击库的图标，在弹出的菜单中点击“添加/删除库”，然后点击“添加”按钮，在弹出的对话框中选择需要添加的库，保存并确认，这样库就添加好了。库的后缀名为.mwl，如图 6-10 所示。

图 6-10　添加/删除库

3. 新建库与库调用

首先将需要新建的库的子程序(可为多个)写好，然后在库图标上单击鼠标右键新建库，如图 6-11 所示。注意：需要为准备生成库的子程序里用到的每一个变量定义符号。

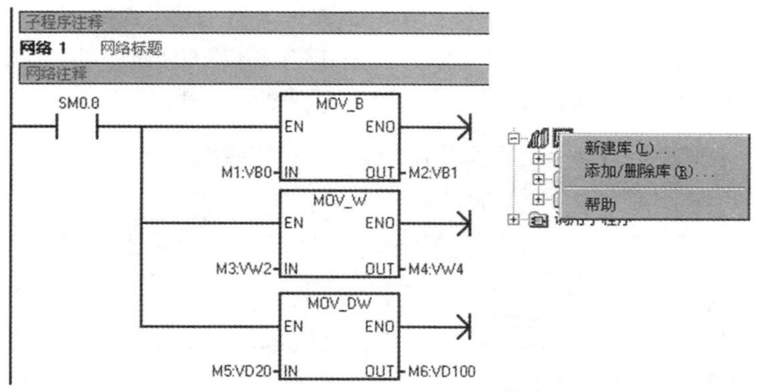

图 6-11　点击库图标新建库

选择新建库后,在弹出的“新建库”对话框里选择想要生成库的子程序,单击“添加”按钮,如图 6-12 所示。

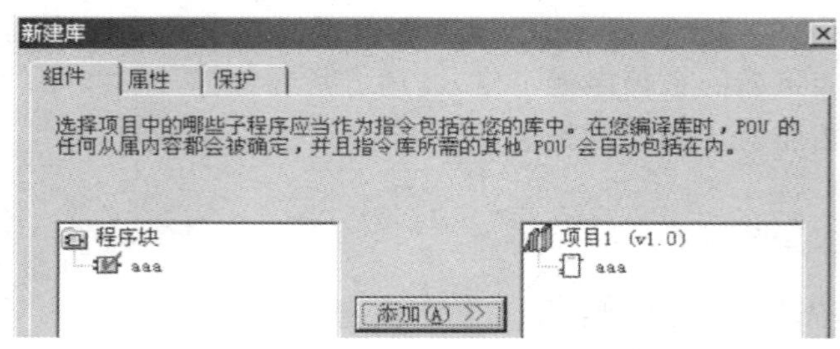

图 6-12 “新建库”对话框

“新建库”对话框的左边会列出程序块下的所有子程序。将选中的子程序添加到右边后,点击“属性”标签。如图 6-13 所示,输入库名并点击“浏览”,选择库保存的路径,可以选择默认路径,也可以选择其他路径。在“属性”标签页下面可设置库的版本号。“保护”标签页用于设置密码,如果设置了密码,当需要查看库的源程序时,就需要输入正确的密码,否则无法看到源程序。

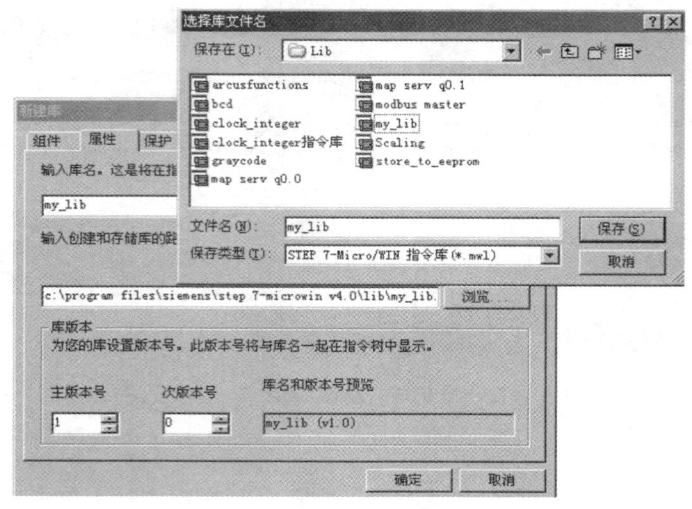

图 6-13 保存新建库

注意:在新建库时,必须为每一个 V 存储区定义一个符号名,否则建库将不成功;在调用库里面的子程序时要建立库存储区,用鼠标右键单击指令树中的程序块,选择库存储区,在弹出的“库存储区分配”对话框里选择建议地址就可以了,如图 6-14 所示。

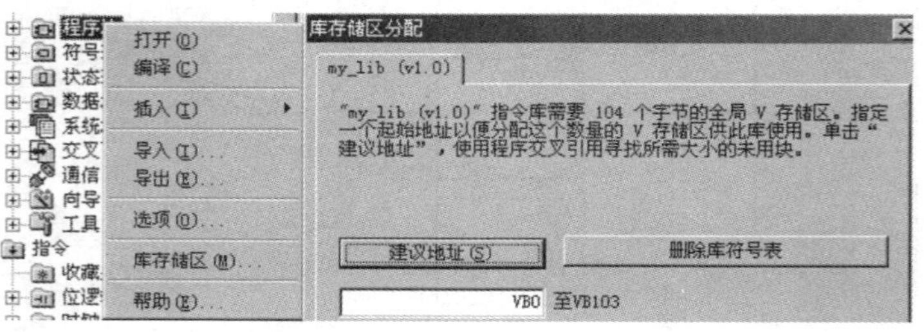

图 6-14 库存储区分配

在主界面点击“编译”按钮，系统会自动为库的子程序分配实际地址。当然，如果在建库时没有用到V存储区，在调用库时就不用分配V存储区。

4. 注意事项

(1) 待生成库的程序里使用的V存储区要连续，以免造成空间浪费。例如本例新建的库中总共使用了14个V存储区，然而在建库时使用的V存储区没有连续，造成在调用库程序时系统分配了104个V存储区，造成了空间的浪费。

(2) 对于待生成库的程序变量，使用V存储区时一定要为该存储区定义符号，否则建库将失败。如果使用的是局部变量存储区，即L存储区，则无须为其定义符号。

(3) 分配的库存储区地址不要与现有的程序地址重复，可选择建议地址，即让软件自动分配地址。后来的程序所使用的变量地址也不要与库存储区地址重复。

(4) 并非对所有的库程序都要分配库内存，对没有用到V存储区的库程序不需分配库内存。

六、研讨与训练

(1) 使用西门子MM420变频器，设计一个电动机正反转控制系统。

(2) 查找其他型号的西门子变频器，比较它们的功能特点。

(3) 简述变频器给定频率、上/下限频率、跳变频率的设置方法。

(4) 模拟量输入模块和模拟量输出模块的作用分别是什么？

(5) 与S7-200系列PLC配套的模拟量输入模块有哪几个？

(6) 如果要将EM231模拟量模块数据转换格式设为单极性格式(0～20 mA)，三个拨码开关应该怎么设置？

(7) 某频率变送器的量程为45～55 Hz，输出信号为DC 0～10 V电压信号，模拟量输入模块输入的0～10 V电压量被转换为0～32000的整数。在I0.0的上升沿，根据AIW0中模/数转换后的数据N，用整数运算指令计算出以0.01 Hz为单位的频率值。当频率大于52 Hz或小于48 Hz时，通过Q0.0发出报警信号。试编写相应程序。

(8) 将图6-8中网络7 SM0.0后面的程序写成一个库，库名和子程序的名称自定。

任务二　恒压供水控制系统的整体设计

一、任务目标

知识目标

(1) 理解PID控制原理；

(2) 了解PLC实现PID控制的方法及其优缺点。

技能目标

(1) 会利用PID向导实现PLC的PID控制；

(2) 不用PID指令，能自行设计PID控制程序。

二、任务描述

设计一个恒压供水控制系统，如图6-15所示，控制要求如下：

(1) 共有两台水泵,要求一台运行、一台备用,自动运行时水泵累计运行 100 h 轮换一次,手动时不切换;

(2) 两台水泵分别由电动机 M1、M2 拖动,由主流接触器 KM1 和 KM2 控制;

(3) 切换后启动和断电后重启时连续报警 5 s,运行异常时可自动切换到备用泵并报警;

(4) 水压在 0～1 MPa 之间。可通过外部 0～10 V 模拟量输入调节水压。

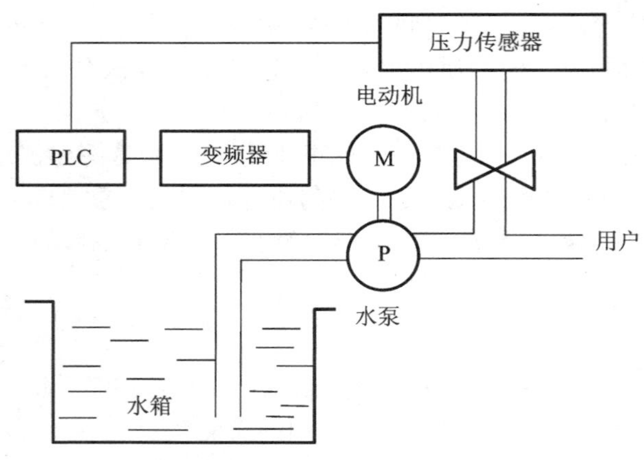

图 6-15　恒压供水控制系统示意图

三、相关知识

1. PID 控制

PID 控制指闭环控制系统的比例-积分-微分控制,PID 控制器根据设定值(给定值)与被控对象的实际值(反馈值)的差值,按照 PID 算法计算出输出值,根据此值控制执行机构去影响被控对象的变化。PID 控制原理框图如图 6-16 所示。S7-200 系列 PLC 能够进行 PID 控制,最多可以支持八个 PID 控制回路(八个 PID 指令功能块)。

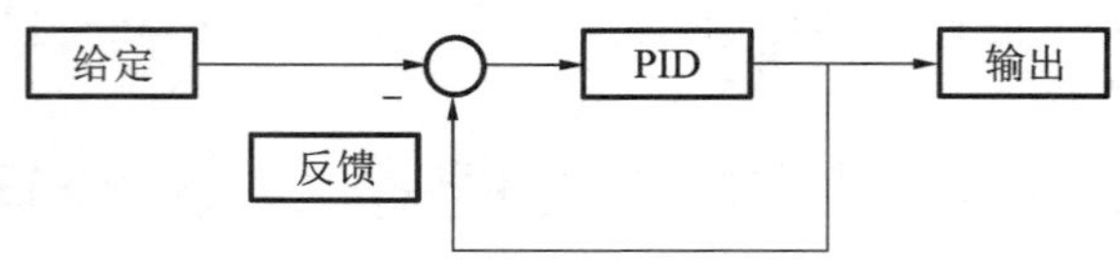

图 6-16　PID 控制原理框图

2. PID 算法

1) 基本的 PID 算法

基本的 PID 算法如下:

$$M(t) = K_c e + K_i \int_0^t e\mathrm{d}t + \mathrm{Initial} + K_d \frac{\mathrm{d}e}{\mathrm{d}t} \tag{6-1}$$

式中:$M(t)$——PID 回路输出,是时间的函数;

K_c——PID 回路增益;

K_i——积分增益;

K_d——微分增益;

e——PID 回路偏差(给定值与过程变量之差);

Initial——PID 回路输出的初始值。

由于式(6-1)是模拟量公式，而 CPU 是不能直接处理模拟量的，所以必须对上面的公式进行离散化处理。下面是离散化处理后的公式：

$$M_n = K_c e_n + K_i e_n + M_x + K_d(e_n - e_{n-1})$$

式中：M_n——第 n 次采样时 PID 回路输出的计算值；

K_c——PID 回路增益；

e_n——第 n 次采样时的偏差值；

e_{n-1}——第 $n-1$ 次采样时的偏差值(偏差前项)；

K_i——积分项比例常数；

M_x——积分项前值；

K_d——微分项比例常数。

2) PID 控制中的主要参数

(1) 采样时间 T_s：计算机只有按照一定的时间间隔对反馈进行采样，才能进行 PID 控制的相关计算。采样时间就是对反馈进行采样的间隔。发生时间短于采样时间间隔的信号变化是不能被测量到的。时间过短的采样没有必要，时间过长的采样显然不能适应扰动变化比较快，或者速度响应要求高的场合。

(2) 增益 P：增益与偏差(给定值与反馈值的差值)的乘积是控制器输出中的比例部分。过大的增益会造成反馈的振荡。

(3) 积分时间 T_i：偏差值恒定时，积分时间决定了控制器输出的变化速率。积分时间越短，偏差得到修正越快。积分时间过短有可能造成系统不稳定。积分时间相当于在阶跃给定下，增益为 1 时，使输出的变化量与偏差值相等所需要的时间。如果将积分时间设为最大值，则相当于没有积分作用。

(4) 微分时间 T_d：偏差值发生变化时，微分作用将增加一个尖峰信号到输出端，随着时间流逝峰值减小。微分时间越长，输出的变化越大。微分会使控制对扰动的敏感度增加，即偏差的变化率越大，微分控制作用越强。微分相当于对反馈变化趋势的预测性调整，如果将微分时间设置为 0 微分就不起作用。

3) PID 控制回路参数表

在工业生产过程控制中，模拟信号的 PID 调节较为常见。运行 PID 控制指令，PLC 将根据参数表中的输入测量值、控制设定值及 PID 参数进行 PID 运算，求得输出控制值。参数表中有九个参数，全部为 32 位的实数，共占用 36 个字节。PID 控制回路的参数表如表 6-7 所示。

表 6-7　PID 控制回路的参数表

地址偏移量	参　　数	数据格式	参数类型	说　　明
0	过程变量当前值 PV_n	双字，实数	输入	必须在 0.0～1.0 范围内
4	给定值 SP_n	双字，实数	输入	必须在 0.0～1.0 范围内
8	输出值 M_n	双字，实数	输入/输出	在 0.0～1.0 范围内
12	增益 K_c	双字，实数	输入	比例常量，可为正数或负数
16	采样时间 T_s	双字，实数	输入	以 s 为单位，必须为正数
20	积分时间 T_i	双字，实数	输入	以 min 为单位，必须为正数

续表

地址偏移量	参　数	数据格式	参数类型	说　明
24	微分时间 T_d	双字,实数	输入	以 min 为单位,必须为正数
28	上一次的积分值 M_x	双字,实数	输入/输出	在 0.0～1.0 之间（根据 PID 运算结果更新）
32	上一次过程变量 PV_{n-1}	双字,实数	输入/输出	最近一次 PID 运算值

4）典型的 PID 算法

典型的 PID 算法包括三项——比例项、积分项和微分项,即输出＝比例项＋积分项＋微分项。PLC 在周期性地采样并离散化后进行 PID 运算,算法如下：

$$M_n = K_c(SP_n - PV_n) + K_c(T_s/T_i)(SP_n - PV_n) + M_x + K_c(T_d/T_s)(PV_{n-1} - PV_n) \quad (6\text{-}2)$$

式(6-2)中各参数的含义已在表 6-7 中描述。

比例项 $K_c(SP_n - PV_n)$:能及时地产生与偏差 $SP_n - PV_n$ 成正比的调节作用,比例系数 K_c 越大,比例调节作用越强,系统的稳态精度越高,但 K_c 过大会使系统的输出量振荡加剧,稳定性降低。

积分项 $K_c(T_s/T_i)(SP_n - PV_n) + M_x$:与偏差有关,只要偏差不为 0,PID 控制的输出就会因积分作用而不断变化,直到偏差消失,系统处于稳定状态,所以积分的作用是消除稳态误差,提高控制精度,但积分动作缓慢,会给系统的动态特性带来不良影响,很少单独使用。T_i 增大,积分作用将减弱,消除稳态误差的速度也将减慢。

微分项 $K_c(T_d/T_s)(PV_{n-1} - PV_n)$:根据误差变化的速度(即误差的微分)进行调节,具有超前性和预测性。当 T_d 增大时,超调量将减少,动态性能将得到改善,如 T_d 过大,系统输出量在接近稳态时可能上升缓慢。

3. PID 指令

在 S7-200 系列 PLC 中,PID 功能是通过 PID 指令功能块实现的。通过定时(按照采样时间)执行 PID 功能块,按照 PID 运算规律并根据当时的给定、反馈、比例-积分-微分数据,可计算出控制量。

PID 指令功能块通过一个 PID 回路参数表(TBL)交换数据,这个参数表在 V 存储区中创建,大小为 36 个字节,因此每个 PID 指令功能块在调用时需要指定两个要素:PID 控制回路号和控制回路参数表的起始地址(以 VB 表示)。

PID 可以控制温度、压力等多种对象,它们各自都是由模拟量表示的,因此需要有一种通用的数据表示方法,以使这些模拟量数据能被 PID 功能块识别。在 S7-200 系列 PLC 中,PID 指令功能块使用模拟量数据与调节范围上、下限值之比的百分数抽象地表示被控对象的数值大小。

PID 指令功能块只接收 0.0～1.0 之间的实数(实际上就是百分数)作为反馈、给定与控制输出的有效数值,如果直接使用 PID 指令功能块编程,就必须保证数据在这个范围之内,否则会出错。

PID 指令功能块的作用是:使能有效时,使 PID 功能块根据回路参数表中的输入测量值、控制设定值及 PID 参数进行 PID 计算。PID 指令功能块格式如表 6-8 所示。

表 6-8　PID 指令格式

梯形图	指令表	说明
PID EN ENO TBL LOOP	PID TBL,LOOP	TBL:参数表起始地址 VB。 数据类型:字节。 LOOP:回路号,常量(0～7)。 数据类型:字节

说明:

(1) 程序中可使用八条 PID 指令,分别用 0～7 编号,不能重复使用,即 PID 指令在同一个项目中最多使用八次。

(2) ENO=0 的错误条件:0006(间接寻址错误),SM1.1(溢出,参数表起始地址或指令中指定的 PID 回路指令号码操作数超出范围)。

(3) PID 指令不对参数表输入值进行超出范围的检查。必须保证过程变量和给定值积分项前值和过程变量前值在 0.0～1.0 之间。

4. S7-200 系列 PLC 实现 PID 控制的方式

S7-200 系列 PLC 可以用三种方式实现 PID 控制,三种方式的特点如表 6-9 所示。

表 6-9　PID 控制实现方式

方式	控制回路数	PID 调节面板	PID 自整定
利用 PID 向导实现	8	软件支持	软件支持
利用 PID 指令实现	8	通过 HMI 趋势控件实现	不支持
自己编程实现	可大于 8,由 CPU 运算能力决定	通过 HMI 趋势控件实现	不支持

四、任务实施

1. 任务分析

在恒压供水控制系统中,通常让水泵和电动机轮换工作,在单一变频器的多泵组站中,与变频器相连的水泵也是轮流工作的。变频器在运行中达到最高频率时,增加一台工频泵投入运行,PLC 则是泵组管理的执行设备。恒压供水中的变频器常采用模拟量控制方式,这就需要采用具有模拟量输入/输出模块的 PLC 或可以扩展模拟量模块的 PLC。由水压传感器送来的模拟量信号输入 PLC 或模拟量模块输入端,而输出端送出经设定值与反馈值比较并经 PID 处理后的模拟量控制信号,变频器依据此信号的变化改变其输出频率。所设计系统除了泵组的运行管理功能外,还需要有逻辑控制功能,如手动与自动操作转换,泵站状态指示等功能。

2. PLC 的 I/O 地址分配表

根据任务要求,此恒压供水控制系统 PLC 的 I/O 地址分配情况如表 6-10 所示。

表 6-10　恒压供水控制系统 PLC 的 I/O 地址分配表

数字量				模拟量			
输入		输出		输入		输出	
自动启动按钮	I0.0	KM1	Q0.0	电流检测	AIW0	变频器频率控制	AQW0
手动 1 泵按钮	I0.1	KM2	Q0.1	模拟量给定	AIW2		

续表

数 字 量				模 拟 量			
手动 2 泵按钮	I0.2	报警器	Q1.0				
停止按钮	I0.3	变频器启动	Q1.1				
清除报警	I0.4						
过压保护	I0.5						

3. PLC 的选型

根据 I/O 资源的配置,系统共有六个开关量输入信号、四个开关量输出信号、两个模拟量输入信号、一个模拟量输出信号。考虑到 I/O 资源利用率及 PLC 的性价比要求,选用西门子 S7-200 系列 CPU222CN 型 PLC。模拟量模块采用输入、输出混合模块 EM235。

4. 系统电气原理图

在本系统中,变频器通过 EM235 模拟输出模块调节电动机转速。根据 I/O 分配表,恒压供水控制系统电气原理图如图 6-17 所示。

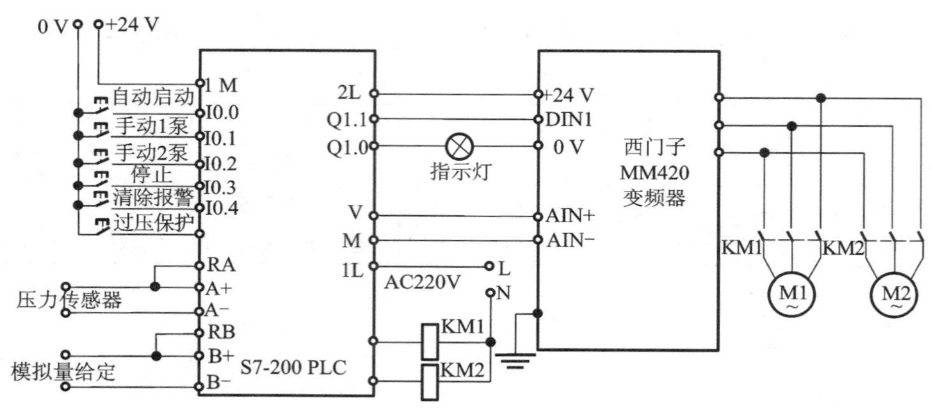

图 6-17 恒压供水控制系统电气原理图

5. 变频器参数

变频器参数设置同任务一,此处从略。

6. 梯形图设计和系统调试

恒压供水控制系统的 PID 控制回路参数如表 6-11 所示。

表 6-11 恒压供水控制系统的 PID 控制回路参数表

地 址	参 数	数值说明
VD100	过程变量当前值 PV_n	对压力检测计提供的模拟量进行模/数转换后得到的标准化数值
VD104	给定值 SP_n	可调
VD108	输出值 M_n	PID 回路的输出值(标准化数值)
VD112	增益 K_c	其值为 0.7
VD116	采样时间 T_s	其值为 0.3

续表

地　　址	参　　数	数值说明
VD120	积分时间 T_i	其值为 10
VD124	微分时间 T_d	其值为 5
VD128	上一次积分值 M_x	根据 PID 运算结果更新
VD132	上一次过程变量 PV_{n-1}	最近一次 PID 的变量值

本任务的程序由主程序、子程序、中断程序构成。主程序用来调用初始化子程序，子程序用来建立 PID 回路初始参数表和设置中断。由于需定时采样，所以采用定时中断(中断事件号为 10)，设置周期时间和采样时间相同(0.3 s)，并写入 SMB34。中断程序用于执行 PID 运算，本例标准化时采用单极性参数格式(取值范围 0～32000)。

1) PID 程序设计

本任务中 PID 程序设计采用 PID 向导实现，步骤如下。

(1) 打开向导，选择回路号，如图 6-18 所示。PID 共有八个回路号，任选一个即可。

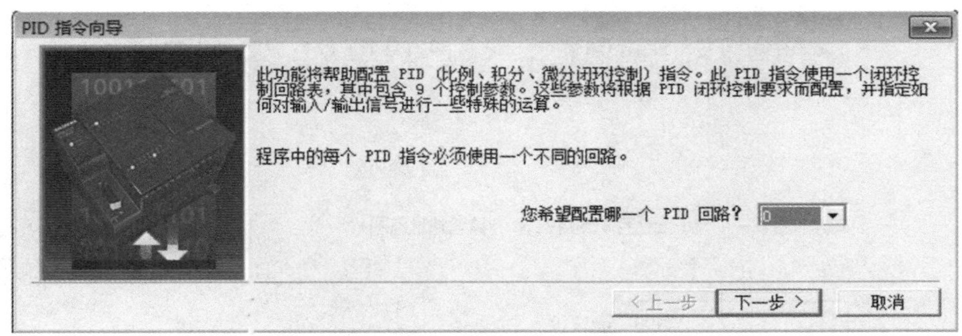

图 6-18　选择 PID 回路

(2) 设置比例增益、积分时间、微分时间、采样时间、给定值范围，如图 6-19 所示。由于以 MPa 为单位时水压可调范围很小，因此将 0～1 MPa 改为 0～1000 kPa，以 kPa 为单位，这样水压可调范围更宽。如果将水压给定值设定为 0～100，则表示给定值为 0%～100%，即 0～1.0。给定值也可以为数字量，如本任务就设定为 0～1000.0。

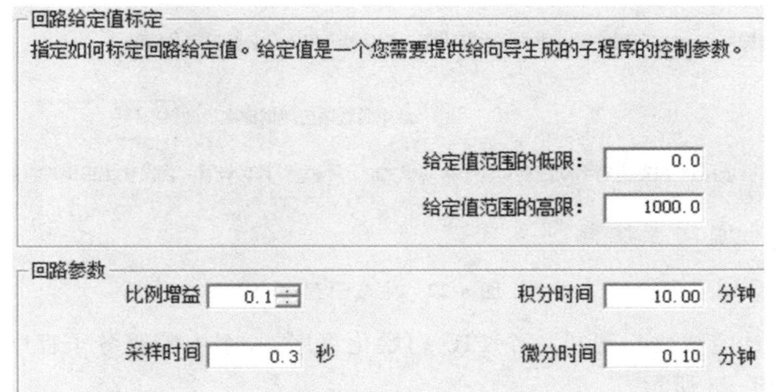

图 6-19　PID 回路给定值和回路参数设定

(3) 进行 PID 回路输入和输出选项设定,如图 6-20 所示。

回路输入选项
指定应如何标定回路过程变量 (PV)。回路 PV 是一个您需要提供给向导生成的子程序的控制参数。
标定
单极性
使用 20% 偏移量
过程变量
范围低限 0 ---- 0.0
范围高限 32000 ---- 1000.0
回路给定值

回路输出选项
指定应如何标定回路输出。回路输出是一个您需要提供给向导生成的子程序的控制参数。
输出类型
模拟量
标定
单极性
使用 20% 偏移量
范围低限 0
范围高限 32000

图 6-20　PID 回路输入和输出选项设定

(4) 为配置分配存储区,如图 6-21 所示。

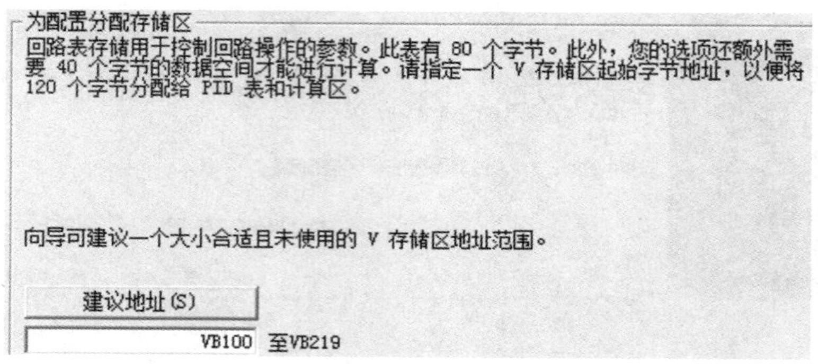

图 6-21　分配存储区

(5) 生成子程序,如图 6-22 所示。

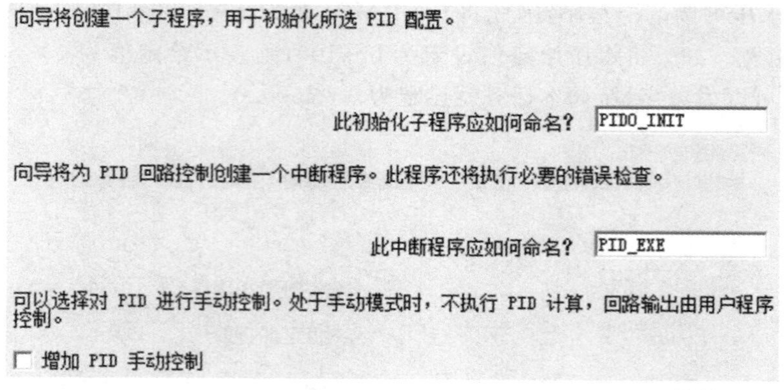

向导将创建一个子程序，用于初始化所选 PID 配置。
此初始化子程序应如何命名? PID0_INIT
向导将为 PID 回路控制创建一个中断程序。此程序还将执行必要的错误检查。
此中断程序应如何命名? PID_EXE
可以选择对 PID 进行手动控制。处于手动模式时，不执行 PID 计算，回路输出由用户程序控制。
增加 PID 手动控制

图 6-22　生成子程序

PID 程序设计完成之后形成一个 PID 初始化程序、一个中断服务子程序和一个参数表,其中参数表如图 6-23 所示。

```
//下列内容由 S7-200 的 PID 指令向导生成。
//PID 0 的参数表。
//-----------------------------------------------------------------
VD100   0.0                                   //过程变量
VD104   0.0                                   //回路给定值
VD108   0.0                                   //回路输出计算值
VD112   0.7                                   //回路增益
VD116   0.3                                   //采样时间
VD120   10.0                                  //积分时间
VD124   5.0                                   //微分时间
VD128   0.0                                   //积分项前值
VD132   0.0                                   //上次运算时存储的过程变量前值。
VB136   'PIDA'                                //扩展回路表标志
VB140   16#00                                 //算法控制字节
VB141   16#00                                 //算法状态字节
VB142   16#00                                 //算法结果字节
VB143   16#03                                 //算法配置字节
VD144   0.08                                  //从'高级'按钮或默认设置的偏差值
VD148   0.02                                  //从'高级'按钮或默认设置的滞后死区值
VD152   0.1                                   //从'高级'按钮或默认设置的起始输出步长值
VD156   7200.0                                //从'高级'按钮或默认设置的看门狗超时值
VD160   0.0                                   //由自动调节算法决定的增益值
VD164   0.0                                   //由自动调节算法决定的积分时间值
VD168   0.0                                   //由自动调节算法决定的微分时间值
VD172   0.0                                   //选择自动计算选项时由算法计算的偏差值
VD176   0.0                                   //选择自动计算选项时由算法计算的滞后死区值
```

图 6-23　生成的 PID 参数表

本任务采用结构化设计，使程序更容易阅读和分析。源程序梯形图如图 6-24 至图 6-27 所示。

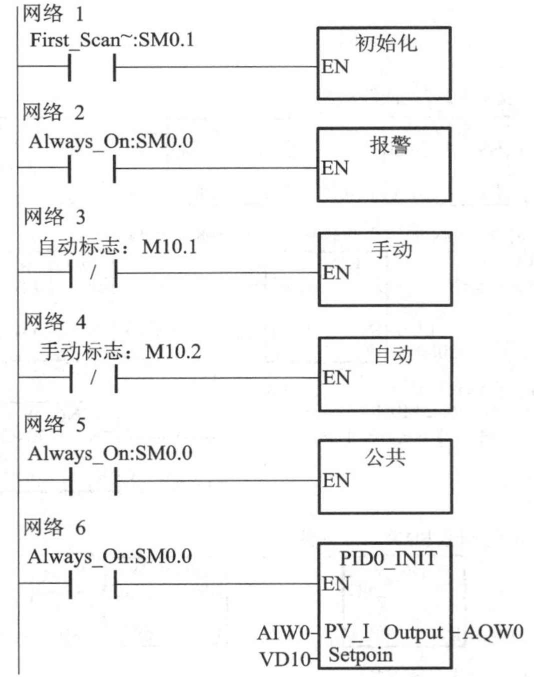

图 6-24　主程序梯形图

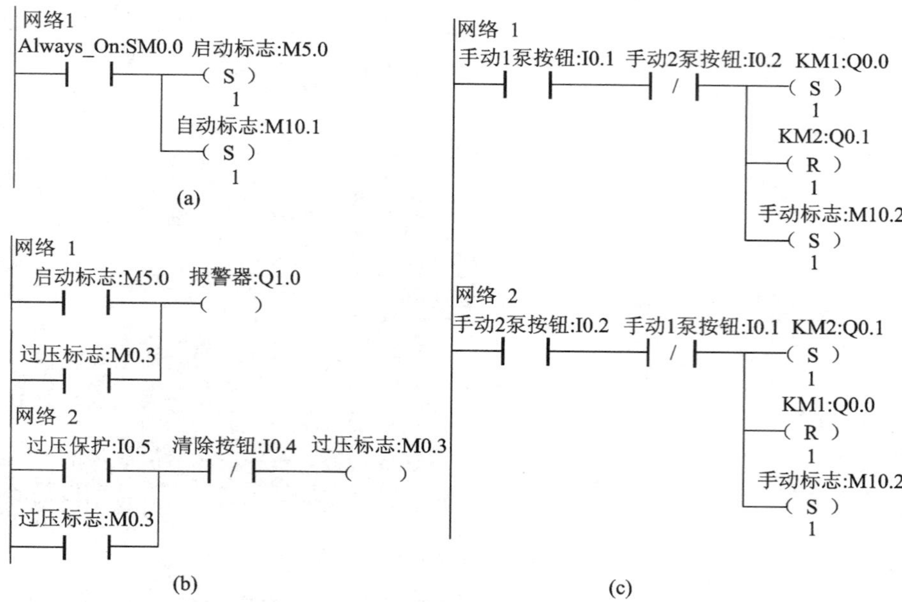

图 6-25 初始化、报警和手动子程序梯形图

(a)初始化子程序;(b)报警子程序;(c)手动子程序

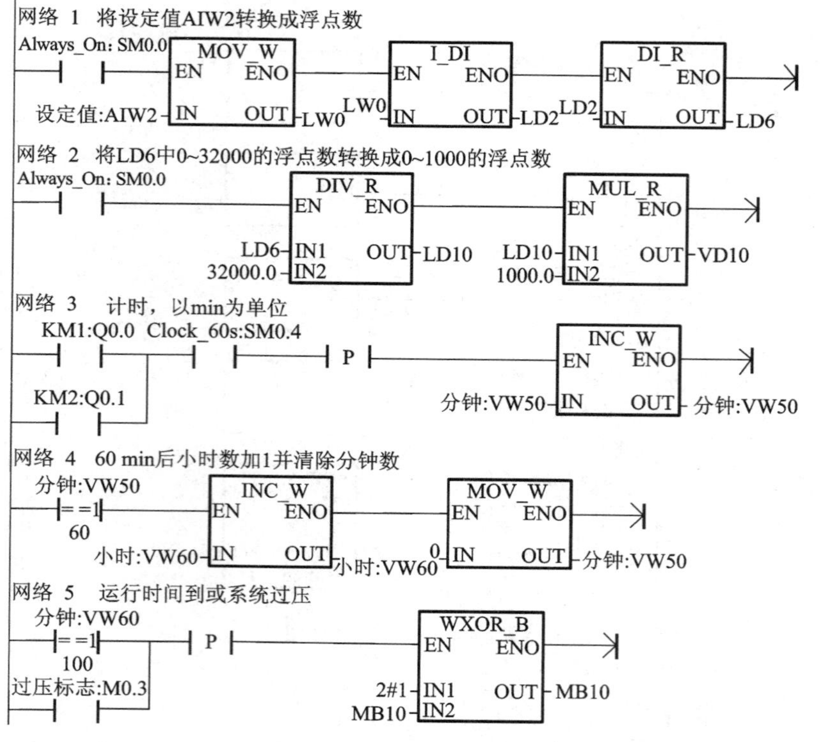

图 6-26 公共子程序梯形图

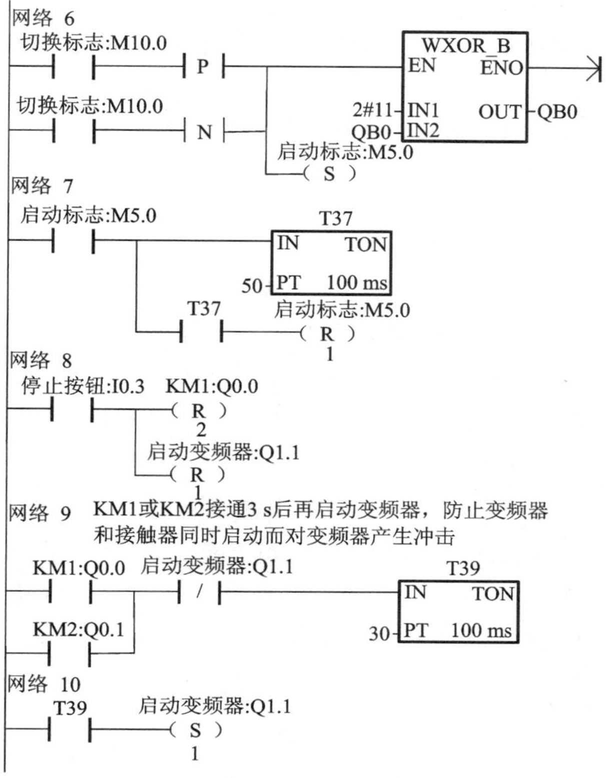

续图 6-26

网络1

自动启动按钮:I0.0　P

KM1:Q0.0 (S) 1

KM2:Q0.1 (R) 1

自动标志:M10.1 (S) 1

图 6-27　自动子程序

2）程序分析与调试

由于 PID 子程序及中断服务子程序是由向导自动生成的，在此不再列出。初始化子程序里主要设置启动标志和自动标志。启动标志置位，系统上电运行后为启动报警做准备；自动标志置位，上电后系统处于自动运行状态。报警子程序、手动子程序和自动子程序比较简单，在此不赘述。公共子程序的网络 1 用于将设定的水位值（即模拟量对应的数值 0～32000）由 INT 型数据转换成对应的浮点数。网络 2 用于将 0～32000.0 的浮点数转换成 0～1000.0 的浮点数。网络 3 和网络 4 用于系统运行后的累计计时，VW50 里存放分钟数，VW60 里存放小时数。网络 5 的功能是当运行到 100 h 或系统过压时自动将切换标志 M10.0 取反。网络 6 的功能是当切换标志变化时,使 Q0.0 和 Q0.1 切换,并置位启动标志,以便在完成切换后为报警 5 s 做准备。网络 7 的功能是定时 5 s 后复位启动标志。网络 8 的功能是在按下停止按钮后,复位 KM1 和 KM2,并且复位变频器启动 Q1.1。网络 9 和网络 10 的功能是在 KM1 或 KM2 接通 3 s 后再启动变频器,这样可以减少对变频器的冲击。

五、知识拓展

1. PID 控制回路选项

在很多控制系统中,有时只采用一种或两种控制回路。例如,可能只需要比例控制回路或比例和积分控制回路。通过设置常量参数值选择所需的控制回路。

(1) 如果不需要积分回路(即在 PID 计算中无“I”),则应将积分时间 T_i 设为无限大。由于积分项 M_x 有初始值,即便没有积分运算,积分项的数值也可能不为零。

(2) 如果不需要微分运算(即在 PID 计算中无“D”),则应将微分时间 T_d 设定为 0.0。

(3) 如果不需要比例运算(即在 PID 计算中无“P”),但需要 I 或 ID 控制,则应将增益 K_c 的值设定为 0.0。因为 K_c 是计算积分和微分项公式中的系数,将循环增益值设为 0.0 会使在积分和微分项计算中使用的循环增益值为 1.0。

2. 回路输入量的转换和标准化

每个回路的给定值和过程变量都是实际数值,其大小、范围和工程单位可能不同。在 PLC 进行 PID 控制之前,必须将其转换成标准化浮点数。步骤如下:

(1) 将实际数值从 16 位整数转换成 32 位浮点数或实数。

(2) 利用下式将实数转换成 0.0~1.0 之间的标准化数值:

$$\text{实际数值的标准化数值}=\frac{\text{实际数值的非标准化数值或原始实数}}{\text{取值范围}}+\text{偏移量}$$

其中:

取值范围=最大可能数值-最小可能数值=32000(单极数值)或 64000(双极数值)

偏移量对单极性格式的数值取 0.0,对双极性格式的数值取 0.5。

3. PID 回路输出数据转换

程序执行后,PID 回路输出的 0.0~1.0 之间的标准化实数,必须被转换成 16 位成比例的整数,才能驱动模拟输出。PID 回路输出数据转换公式为

$$\text{PID 回路输出成比例整数}=(\text{PID 回路输出标准化实数}-\text{偏移量})\times\text{取值范围}$$

4. PID 参数整定

PID 控制涉及四个重要参数,即采样时间 T_s、增益 K_c、积分时间 T_i、微分时间 T_d。其中采样时间比较容易设置,主要根据被控量的变化快慢来进行设置,比如:在温度控制中,由于温度变化比较慢,一般以 s 为单位来设置采样时间 T_s,如将采样时间 T_s 设为 1 s、2 s、5 s 等;而在速度控制系统中,由于速度变化比较快,一般以 ms 为单位来设置采样时间 T_s,如将采样时间 T_s 设为 100 ms、200 ms 等。对于西门子 S7-200 系列 PLC,如果采用 PID 向导设置采样时

间，则最小采样时间为 100 ms，如果需要更短的采样时间，就必须自己编写 PID 算法程序。至于增益 K_c、积分时间 T_i、微分时间 T_d 这三个量，可以用下面的口诀来整定：

参数整定找最佳，从小到大顺序查。
先是比例后积分，最后再把微分加。
曲线振荡很频繁，比例度盘要放大。
曲线漂浮绕大弯，比例度盘往小扳。
曲线偏离回复慢，积分时间往下降。
曲线波动周期长，积分时间再加长。
曲线振荡频率快，先把微分降下来。
动差大来波动慢，微分时间应加长。
理想曲线两个波，前高后低四比一。
一看二调多分析，调节质量不会低。

在实际调试中，只能先大致设定一个经验值，然后根据调节效果修改。

对于温度系统：$K_c=20\%\sim60\%$，$T_i=3\sim10$ min，$T_d=0.5\sim3$ min。

对于流量系统：$K_c=40\%\sim100\%$，$T_i=0.1\sim1$ min。

对于压力系统：$K_c=30\%\sim70\%$，$T_i=0.4\sim3$ min。

对于液位系统：$K_c=20\%\sim80\%$，$T_i=1\sim5$ min。

工程上，常用实验法来整定 PID 参数，先比例，再积分，最后微分。整定步骤如下。

(1) 整定比例。将比例作用由小变到大，观察各次响应，直至得到反应快、超调小的响应曲线。

(2) 整定积分。若在比例控制作用下稳态误差不能满足要求，需要加入积分控制。

先将步骤(1)中选择的比例系数减小到原来的 50%～80%，再将积分时间置于一个较大值，观察响应曲线。然后减小积分时间，以加大积分作用(积分时间越短，积分作用越强)，并相应调整比例系数，反复试凑，直至得到较满意的响应为止。

(3) 整定微分。若经过步骤(1)、(2)，实现 PI 控制，此时只能消除稳态误差，如果动态过程不能令人满意，则应加入微分，构成 PID 控制。

微分时间从零逐渐增加，同时改变比例系数和积分时间，反复试凑，直至获得满意的控制效果为止。

六、研讨与训练

(1) 应用 PID 指令代替本任务中 PID 向导完成 PID 程序设计。PID 指令编写程序步骤如下。

第一步：设计一个 PID 初始化程序，包括设定给定值 SP_n、增益 K_c、采样时间 T_s、积分时间 T_i、微分时间 T_d，并且允许定时中断。

第二步：在主程序中调用 PID 初始化程序。

第三步：设计定时中断程序。

各程序如图 6-28 至图 6-30 所示。

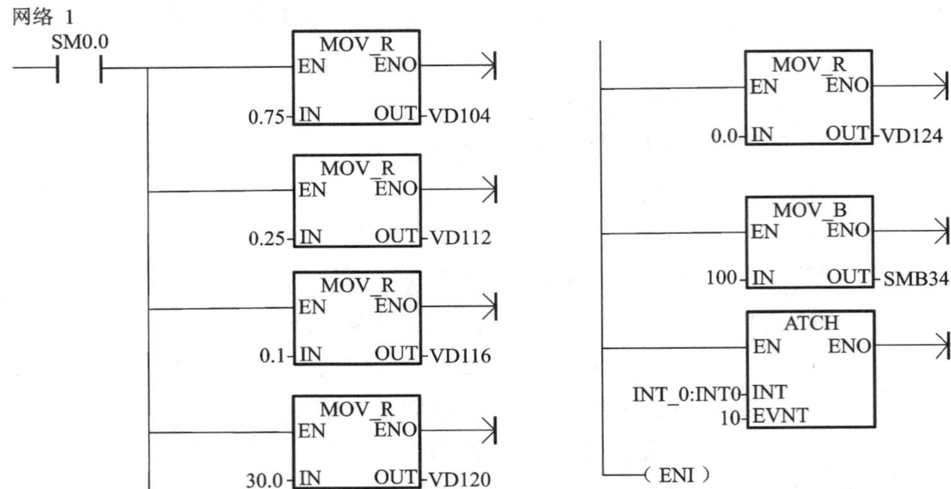

图 6-28　PID 初始化程序梯形图

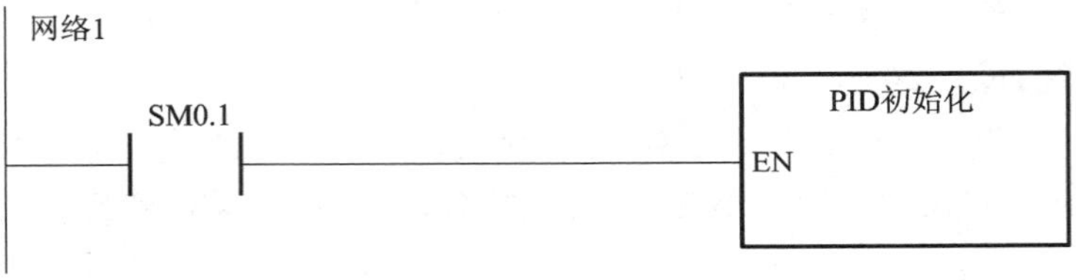

图 6-29　PID 主程序梯形图

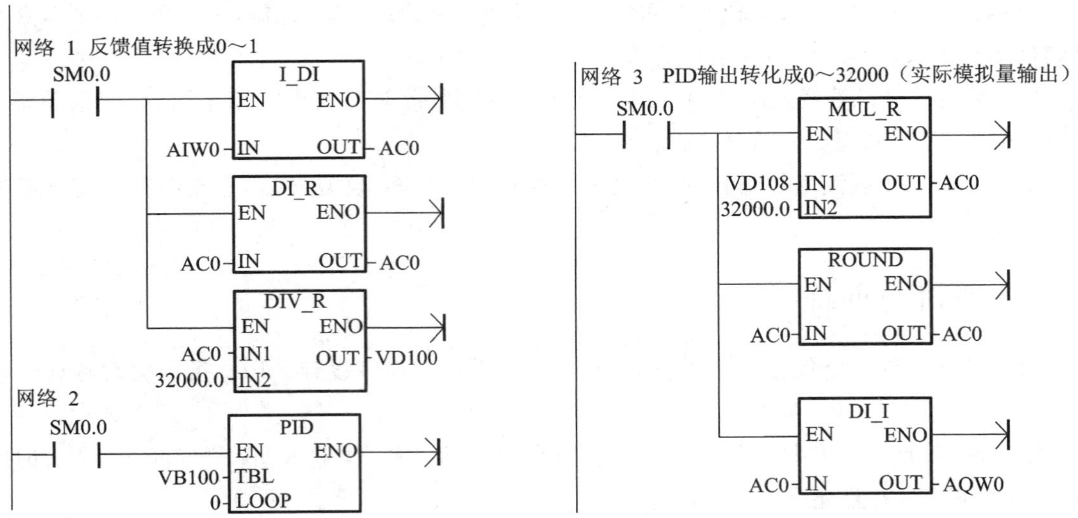

图 6-30　PID 中断服务程序梯形图

其中增益、积分时间、微分时间和采样时间可以根据实际情况进行调整。请自行分析每条指令的作用。

（2）不用 PID 指令，也不用 PID 向导，自己设计一个 PID 控制程序，完成本任务中的 PID 控制功能。

自行设计 PID 控制程序需要用到以下公式：

$$MP_n = K_c(SP_n - PV_n)$$

$$MI_n = K_c(T_s/T_i)(SP_n - PV_n) + M_x$$

$$MD_n = K_c(T_d/T_s)(PV_{n-1} - PV_n)$$

$$M_n = MP_n + MI_n + MD_n$$

$$M_x = 1.0 - (MP_n + MD_n) \quad (M_n > 1)$$

$$M_x = -(MP_n + MD_n) \quad (M_n < 0)$$

式中：M_n——第 n 个采样时刻的计算值；

MP_n——第 n 个采样时刻的比例项值；

MI_n——第 n 个采样时刻的积分项值；

MD_n——第 n 个采样时刻的微分项值。

注意：PID 运算程序要放到定时中断程序里执行，以保证采样周期的固定，如果放到主程序中或用定时器调用，则采样时间会受到扫描周期的影响，有可能导致每次采样时间不一致。

过程值、给定值、输出值和积分前项都应标准化，其取值范围是 0.0～1.0，代表 0%～100%。所以要将这些值转换为实际物理量，需要另外编程。

为了与 PID 指令一致和保证控制精度，采样时间单位是 s，积分时间和微分时间单位是 min。程序中需要把分钟数乘以 60 转换成秒数。

（3）试设计一温度 PID 控制系统，控制要求如下。

① 总体控制要求：如图 6-31 所示，模拟量模块输入端从温度变送器端采集物体温度信号，经过程序运算后由模拟量输出端输出控制信号至驱动端控制加热器。

② 程序运行后，模拟量输出端输出加热信号，对受热体进行加热。

③ 模拟量模块输入端将温度变送端采集的物体温度信号作为过程变量，经程序 PID 运算后，由模拟量输出端输出控制信号至驱动端控制加热器。

温度 PID 控制流程如图 6-32 所示。

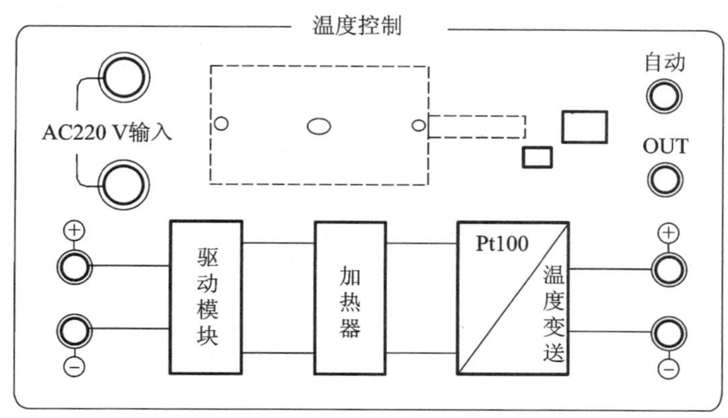

图 6-31　温度 PID 控制系统面板图

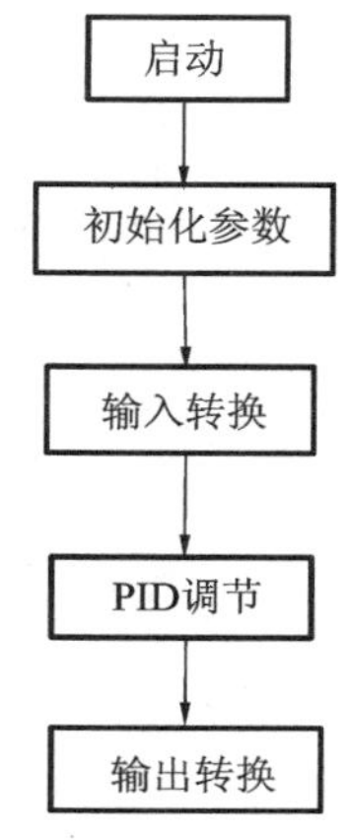

图 6-32　温度 PID 控制流程

温度 PID 控制系统的 PLC 电气原理图如图 6-33 所示。PLC 模拟量输入端子 A＋接温度变送器"＋"端,PLC 模拟量输入端子 A－接温度变送器"－"端;PLC 模拟量输出端子 V 接驱动模块"＋"端,PLC 模拟量输出端子 M 接驱动信号"－"端。

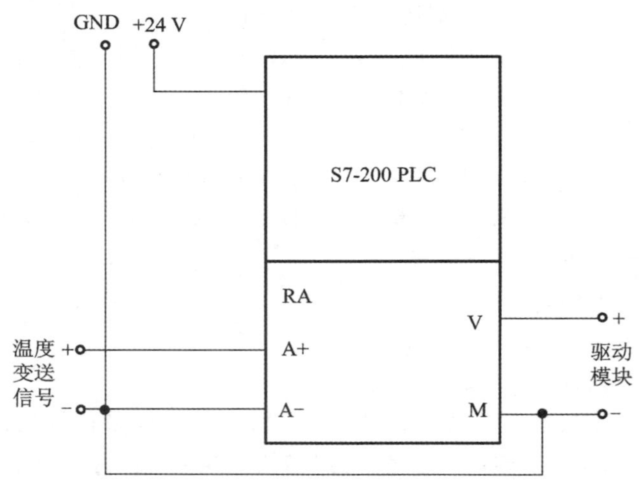

图 6-33　温度 PID 控制系统的 PLC 电气原理图

按照电气原理图完成 PLC 与模块之间的接线,认真检查,确保正确无误。自己编写控制程序并进行编译,有错误时根据提示信息修改,直至无误。打开 PLC 主机电源开关,下载程序至 PLC 中,下载完毕后将 PLC 的"RUN/STOP"开关拨至"RUN"位置。程序运行后,模拟量输出端输出加热信号,驱动加热器,对受热体进行加热,查看模块温度是否符合控制要求。

(4) 需要对某热水箱的水位和水温进行控制,要求如下:当水箱中水位低于下警戒水位时,打开进水阀给水箱加水;当水箱中的水位高于上警戒水位时,关闭进水阀。当水箱中的水温低于设定温度下限时,打开加热器给水箱中的水加热;当水温高于设定温度上限时停止加热。在加热器没有工作且进水阀关闭时打开出水阀,以便向外供水。

水箱的上警戒水位和下警戒水位,水温上、下限可以任意设定。试编写 PLC 控制程序。

项目七　PLC 的通信控制系统

随着工业生产规模的不断扩大，企业对生产管理的信息化、集成化的需求不断提高，PLC 控制系统也逐步从单机分散型控制系统向多机协同的网络化控制系统发展，这就要求 PLC 系统具有灵活的通信能力。在本项目中，我们将学习 S7-200 系列 PLC 之间的 PPI 通信系统、Modbus 通信系统等相关知识，以掌握 S7-200 系列 PLC 的通信基本知识和通信组网的基本技能。

任务一　S7-200 系列 PLC 之间的 PPI 通信系统

一、任务目标

知识目标

(1) 了解通信的基本知识；

(2) 了解 S7-200 系列 PLC 支持的通信协议；

(3) 掌握网络读写指令的使用。

技能目标

(1) 会构建两台 S7-200 系列 PLC 之间的通信网络；

(2) 会设置 PPI 通信参数。

二、任务描述

使用 PPI 通信协议实现两台 S7-200 系列 PLC 之间的通信。两个 PLC 站分别设置为 2 号和 3 号站，其中 2 号站为主站，3 号站为从站，然后用 2 号站的 IB0 控制 3 号站的 QB0，用 3 号站的 IB0 控制 2 号站的 QB0。

三、相关知识

1. 通信基本知识

数据通信就是将数据信息通过适当的传送电路从一台机器传送到另一台机器。这里的机器可以是计算机、PLC 或具有数据通信功能的其他数字设备。数据通信系统一般由传送设备、传送控制设备、传送协议和通信软件等组成。

1) 基本概念和术语

(1)并行传输与串行传输　按照传输数据的时空顺序分类，数据的传输方式可以分为并行传输和串行传输两种。并行传输是指通信中同时传送构成一个字或字节的多位二进制数据。并行传输的传输速率快，不用过多考虑同步问题，适用于距离较近时的数据通信，一般用于

PLC 的内部通信,如 PLC 内部元器件之间、PLC 与扩展模块之间的数据通信。串行传输是指通信中构成一个字或字节的多位二进制数据是一位一位地传送的。串行传输易于实现,需要的传输线较少,适于长距离的通信,但传输速率较慢,一般用于 PLC 与计算机之间、多台 PLC 之间的数据通信。

(2) 异步传输和同步传输　在串行通信中,数据传输需要同步。异步传输和同步传输是两种常见的同步方式。

异步传输方式下,字符与字符之间为异步传输,字符内部为同步传输。数据传输的单位是字符,每个字符作为一个独立的整体进行发送。发送的数据字符由 1 个起始位、7 个或 8 个数据位,1 个奇偶校验位(可有可无)和 1 个停止位(1 位、1.5 位或 2 位)组成。通信双方需要对其共同采用的信息格式和数据的传输速率做一个约定。异步传输附加的非有效信息较多,传输效率较低,一般用于低速通信。PLC 一般使用异步传输方式。

同步传输方式下,不仅字符内部同步,字符与字符之间也要保持同步。信息以数据块为单位进行传输,发送双方必须以同频率连续工作,并且保持一定的相位关系,这就需要通信系统中有专门使发送和接收同步的时钟脉冲。在一组数据之内不需要启停标志,但在传送中要将数据分组,每一组含有多个字符代码或多个独立的码元。在每组的开始和结束位需加上规定的码元序列作为标志序列。发送数据前,必须发送标志序列,接收端通过检验该标志序列实现同步。同步传输的特点是可获得较高的传输速率,但实现起来较复杂。

(3) 基带传输与频带传输　根据传输终端形成数据信号时是否搬移信号的频谱以及是否进行调制,可将数据传输方式分为基带传输和频带传输。

基带传输就是在数字通信的信道上直接传送数据的基带信号,它是最基本的数据传输方式。所谓基带就是电信号的基本频带,计算机、PLC 及其他数字设备产生的 0 和 1 的电信号脉冲序列就是基带信号,基带传输不需要调制解调,设备花费少,适用于较小范围的数据传输。

在进行远距离的数据传输时,通常将基带信号进行调制,再通过带通型模拟信道传输调制后的信号,接收方通过解调器得到原来的基带信号,这种传输方式称为频带传输。

在 PLC 网络中,大多采用基带传输方式,而不采用频带传输方式。

(4) 传输速率　传输速率是指单位时间内传输的信息量,它是衡量系统传输性能的主要指标,常用波特率(每秒传送的二进制代码的位数)表示,单位是 b/s。常用的波特率有 19200 b/s、9600 b/s、4800 b/s、2400 b/s、1200 b/s 等。

(5) 信息交互方式　常用的信息交互方式有单工通信、半双工通信和全双工通信。其中:单工通信是指信息始终保持一个传输方向、发送端和接收端固定的通信方式,如图 7-1(a) 所示,例如无线电广播、电视广播等就采用了这种方式;半双工通信是指数据可以在两个方向上传输,但同一时刻只沿一个方向传输的通信方式,如图 7-1(b) 所示,对讲机采用的就是这种通信方式;全双工通信双方能够同时进行数据的发送和接收,如图 7-1(c) 所示,RS-232、RS-422 接口采用的都是全双工通信方式。在 PLC 通信中常采用半双工和全双工通信方式。

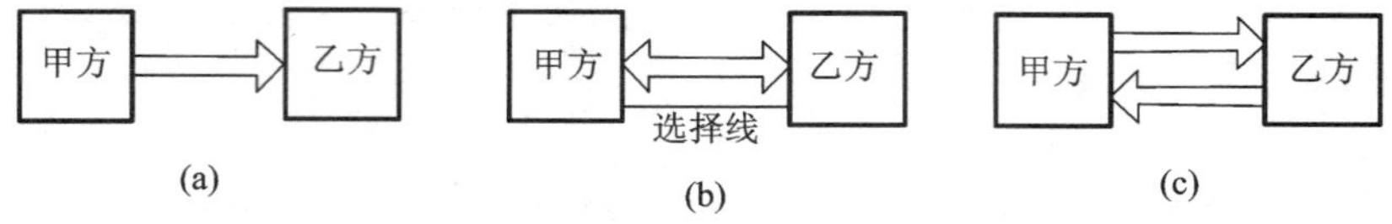

图 7-1　信息交互方式

(a)单工通信;(b)半双工通信;(c)全双工通信

2）传输介质

传输介质是网络中连接收、发双方的物理通路，也是通信中实际传送信息的载体。传输介质大致可分为有线介质和无线介质。常用的有线介质有双绞线、同轴电缆和光纤等。无线介质是指在空间传播的电磁波、红外线、微波等。在 PLC 网络中，普遍使用的是有线介质。

（1）双绞线　一对相互绝缘的线以螺旋形式绞合在一起就构成了双绞线。双绞线是一种使用广泛、价格低廉的通信线，分为非屏蔽双绞线和屏蔽双绞线两种。双绞线中的两根线以螺旋形式绞合，以减弱来自外部的电磁干扰及相邻双绞线引起的串音干扰。一条双绞线电缆中通常有一到几个这样的双绞线对。在双绞线对外面包裹上起保护作用的塑料外皮，就构成了非屏蔽双绞线。若在双绞线对与塑料外皮之间增加金属网以加强屏蔽效果，就形成了屏蔽双绞线，如图 7-2 所示。

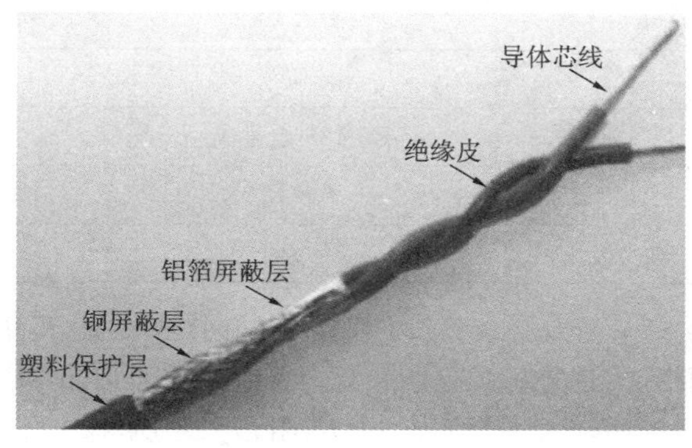

图 7-2　屏蔽双绞线示意图

（2）同轴电缆　同轴电缆（见图 7-3）由内层导体（铜质芯线）、绝缘层、铝箔屏蔽层、铜网屏蔽层和塑料保护层（塑料外皮）构成。与双绞线相比，同轴电缆抗干扰能力强，能够应用于频率更高、数据传输速率更快的场合。

（3）光纤　光纤是一种传输光信号的传输媒介，其从中心到外层分别为光纤芯、包层、保护层，如图 7-4 所示。光纤芯是一种横截面积很小、质地脆、易断裂的光导纤维，制造这种纤维的材料可以是玻璃也可以是塑料。光纤芯的外层裹有一个包层，它由折射率比光纤芯小的材料制成。正是由于在光纤芯与包层之间存在着折射率的差异，光信号到达包层的界面上会发生全反射，光纤才能实现低衰减、长距离传输。

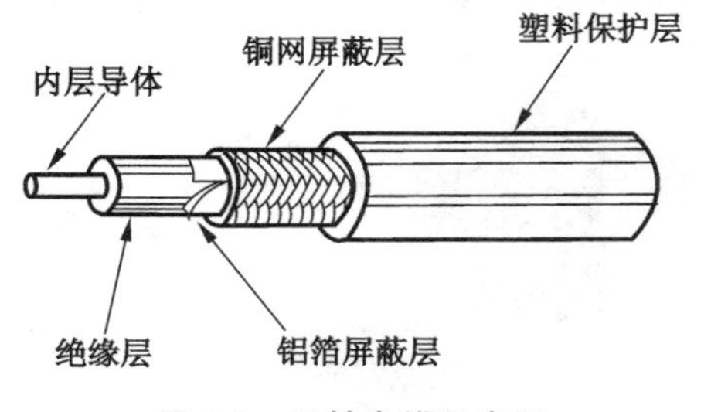

图 7-3　同轴电缆示意图

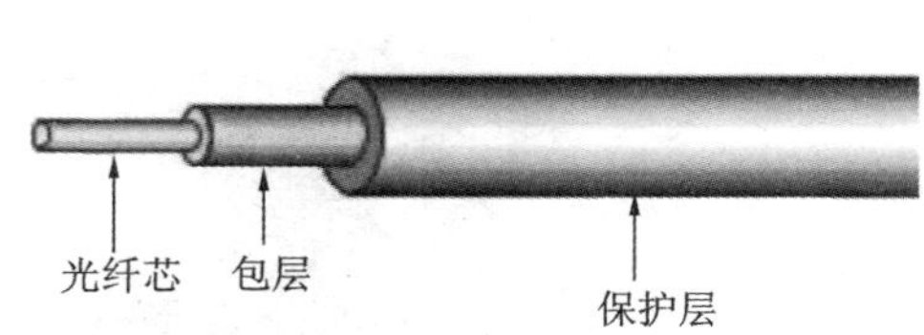

图 7-4　光纤示意图

2. S7-200 系列 PLC 通信部件介绍

1）通信端口

S7-200 系列 PLC 内部集成的 PPI 接口为 RS-485 串行接口，它是九针 D 型连接器。该端口也符合欧洲标准 EN50170 中 PROFIBUS 标准。S7-200 系列 PLC 的 PPI 端口各引脚的名称及含义如表 7-1 所示。

表 7-1　S7-200 系列 PLC 的 PPI 端口各引脚的名称及含义

连　接　器	插针号	PROFIBUS 各引脚功能	端口 0/端口 1 各引脚功能
	1	屏蔽	机壳接地
	2	24 V 返回	逻辑地
	3	RS-485 信号 B	RS-485 信号 B
	4	请求发送	RTS(TTL)
	5	5 V 返回	逻辑地
	6	+5 V	+5 V、100 Ω 串联电阻器
	7	+24 V	+24 V
	8	RS-485 信号 A	RS-485 信号 A
	9	不使用	10 位协议选择(输入)
	连接器外壳	屏蔽	机壳接地

RS-485 接口只有一对平衡差分信号线,用于发送和接收数据,使用 RS-485 接口和连接线路可以组成串行通信网络,实现分布式控制系统。网络最多可以由 32 个子站组成。为提高网络的抗干扰能力,在网络的两端要并联两个电阻,阻值一般为 120 Ω。RS-485 接口的通信距离可以达到 1200 m。在用 RS-485 接口构成的通信网络中,每个设备都有一个编号用于同其他设备区分,这个编号称为地址,地址必须是唯一的,否则会引起通信混乱。

2) 网络连接器

为了把多个设备连接到网络中,西门子公司提供了两种网络连接器——标准网络连接器和带编程接口的连接器,如图 7-5 所示,后者在不影响现有网络连接的情况下,可以再连接一个编程站或一个 HMI 设备到网络中。两种连接器都有两组螺钉端子,用来连接输入和输出电缆。这两种连接器也都有选择开关,可以对网络进行偏置和终端匹配,当开关在 ON 位置时,接通偏置电阻和终端电阻,在 OFF 位置时不接通偏置电阻和终端电阻,如图 7-6 所示。图中 A、B 线之间的终端电阻大小为 120 Ω,可以吸收网络中的反射波,从而增强信号强度。偏置电阻大小为 390 Ω,用于在电气情况复杂时确保 A、B 信号的相对关系,保证 0、1 信号的可靠性。

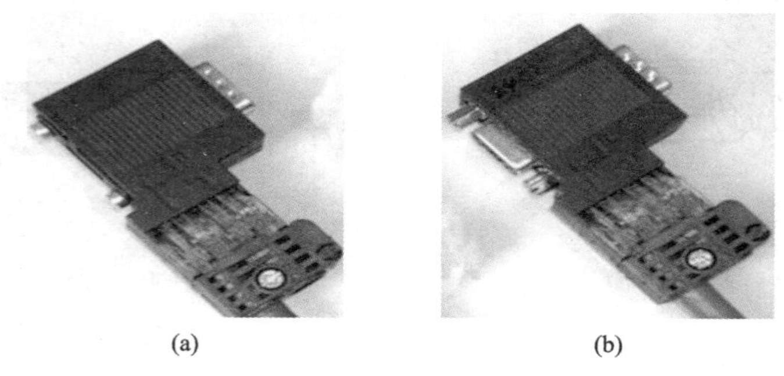

(a)　　(b)

图 7-5　网络连接器

(a)标准网络连接器;(b)带编程接口的连接器

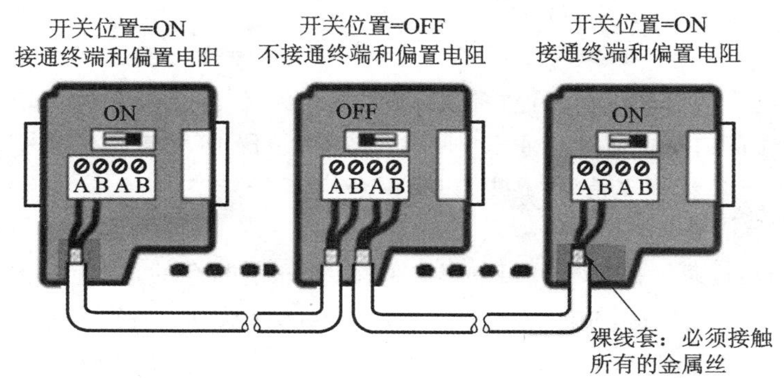

图 7-6　偏置电阻和终端电阻开关设置

3. S7-200 系列 PLC 的通信协议

西门子 S7-200 系列 PLC 支持多种通信协议。根据所使用的机型，用 S7-200 系列 PLC 构成的网络可以支持一个或多个协议，如点到点接口(PPI)协议、多点接口(MPI)协议、自由口通信协议、现场总线协议和工业以太网协议(TCP/IP)。

1) PPI 协议

PPI 协议是一种主-从协议，可能的主站有 S7-200 系列 PLC 的 CPU 和 HMI(TD400，部分触摸屏)，从站一般只有 S7-200 系列 PLC 的 CPU。主站设备发送请求到从站设备，从站设备不发信息，只能等待主站的请求并对请求做出响应。主站靠一个由 PPI 协议管理的共享连接来与从站通信。PPI 协议并不限制与任意一个从站通信的主站数量，但是在一个网络中，主站的个数不能超过 32。PPI 协议用于实现 S7-200 系列 PLC 与编程计算机之间、S7-200 系列 PLC 之间、S7-200 系列 PLC 与 HMI 之间的通信。Micro/WIN 软件与 S7-200 系列 PLC 的通信也是通过 PPI 协议实现的。若采用 PPI 协议，对 PLC 进行编程时可以使用网络读、写指令来读写其他设备中的数据。S7-200 系列 PLC 的 PPI 网络通信是建立在 RS-485 网络的硬件基础上的，因此其连接属性和需要的网络硬件设备与其他的 RS-485 网络是一致的。PPI 协议内容未公开，但是使用 PPI 协议并不复杂。

2) MPI 协议

MPI 协议允许主-主通信和主-从通信，选择何种通信模式取决于设备类型。如果设备是 S7-300 系列 PLC，由于所有的 S7-300 系列 PLC 都必须是网络主站，所以应进行主-主通信。如果设备是 S7-200 系列 PLC，那么就进行主-从通信，因为 S7-200 系列 PLC 只能做 MPI 从站。

3) PROFIBUS 协议

PROFIBUS 协议是世界上第一个开放式现场总线标准，是用于车间级和现场级的国际标准，其传输速率最大为 12 Mb/s，响应时间的典型值为 1 ms，最多可接 127 个从站。

在 S7-200 系列 CPU22X 型 PLC 中，CPU 都可以通过增加 PROFIBUS-DP 扩展模块 EM277 的方法接入 PROFIBUS 网络。

PROFIBUS 协议通常用于实现主站与分布式 I/O 的高速通信。PROFIBUS 网络通常有一个主站和若干个 I/O 从站，主站能够控制总线，并可以通过配置获取 I/O 从站的类型和站号信息。当主站获得总线控制权后，可以主动发送信息，从站可以接收信号并给予响应，但没有控制总线的权力。PROFIBUS 除了支持主/从通信模式，还支持多主/多从通信模式。对于多主站的情况,可按令牌传递顺序决定主站对总线的控制权,取得控制权的主站可以向从站发送信息和从主站获取信息,实现点对点的通信。

4) TCP/IP 协议

为了实现企业管理自动化与工业控制自动化的无缝接合,工业以太网成为工业控制系统中一种新的工业通信网络。通过工业以太网扩展模块(CP243-1)或互联网扩展模块(CP243-1 IT),S7-200 系列 PLC 将能支持 TCP/IP 以太网通信。

5) 自由口通信协议

自由口(freeport)通信是 S7-200 系列 PLC 的一个很有特色的功能。自由口通信协议的应用,使可通信的范围大大增加,控制系统配置更加灵活、方便。应用此种通信模式,S7-200 系列 PLC 可以使用任何公开的通信协议,并能与具有串口的外设智能设备和控制器,如打印机、条码阅读器、调制解调器、变频器和上位计算机等进行通信。此模式也可以用于进行两个 PLC 之间的简单数据交换。

与外部设备连接后,用户程序可以通过使用发送中断、接收中断、发送指令(XMT)和接收指令(RCV)对通信口进行操作。在自由口通信模式下,通信协议完全由用户程序控制。另外,自由口通信只有在 CPU 处于 RUN 模式时才被允许。当 CPU 处于 STOP 模式时,自由口停止通信,通信口按正常的 PPI 协议通信。目前工控领域中广泛使用的 MODUS 协议就是根据 S7-200 系列 PLC 的自由口通信中的收发指令及中断来实现的。

4. PPI 通信实现方法

进行 S7-200 系列 PLC 之间的 PPI 通信,只需在主站编写网络读/写指令,而在从站不需编程,只需处理数据缓冲区即可。

S7-200 系列 PLC 之间的 PPI 通信有两种实现方式:

① 利用向导实现;

② 使用网络读/写指令编程实现。

1) 利用向导实现 PPI 通信

在 Micro/WIN 主界面中双击指令树向导下面的“NETR/NETW”项就可以打开 PPI 向导。

第一步需要设置网络读/写操作项数,例如,要读取从站 VB0～VB10 和 VB100～VB200 两块数据,就可以将网络读/写操作项数设置为 2,最多可以设置 24 项读写操作,如图 7-7 所示。

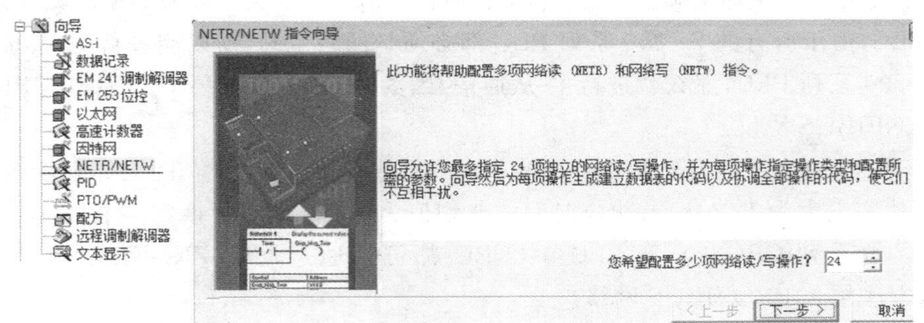

图 7-7 配置网络读/写操作项数

第二步是设置 PLC 的通信端口,以及给向导生成的子程序命名,一般接受默认设置就可以,如图 7-8 所示。

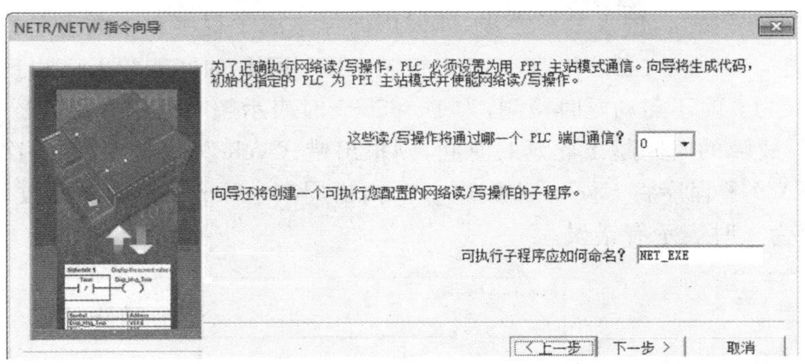

图 7-8　通信端口选择与子程序命名

第三步是设置读/写操作相关内容，包括每一项操作是读还是写，一次读或者写多少个字节（最多一项可以读或者写 16 个字节），以及从站 PLC 的地址、本地和远程的读/写首地址（尾地址自动生成），设置过程如图 7-9 所示。

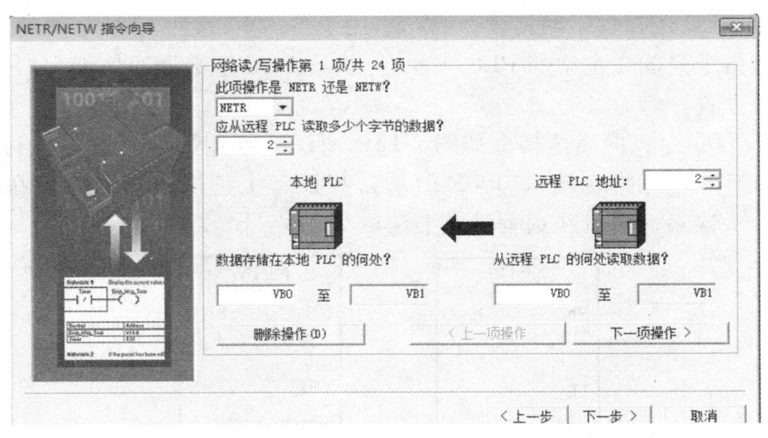

图 7-9　读/写操作设置

设置完一项后点击“下一项操作”按钮，直到所有项均设置完为止。每一项的从站地址可以不一样，根据具体情况确定。读和写可以通过箭头来区分，箭头向左表示读，箭头向右表示写。所有项配置完成以后点击“下一步”按钮，为配置分配存储区，一般选择建议地址就可以，如图 7-10 所示。

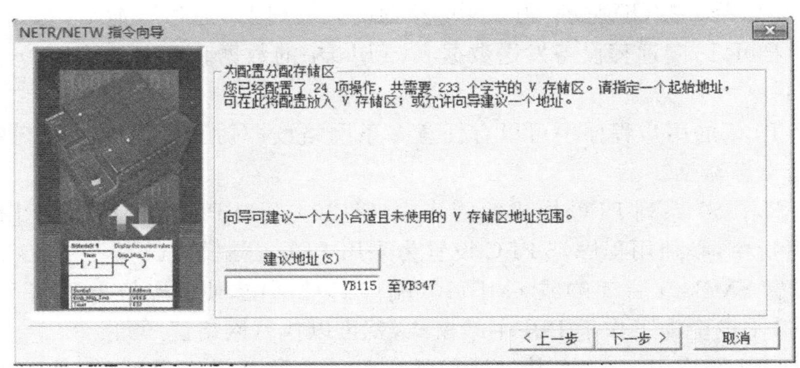

图 7-10　为配置分配存储区

再点击“下一步”按钮,进入最后一步,即使用向导生成子程序和参数表名称。最后生成的子程序名称如图 7-11 所示:必须用 SM0.0 来控制 NET_EXE 的使能端 EN,以确保子程序能正常运行;Timeout 为 0 时不启动延时检测,为 1～65535 时表示超时延迟时间为1～65535,单位为 s,如果发生通信故障的时间超出此延时时间,则报出错;Cycle 为周期参数,每次所有网络操作完成时 NET_EXE 子程序将 Cycle 端置 1(一个扫描周期);Error 为错误参数,其值为 0 时表示无错误,其值为 1 时表示有错误。

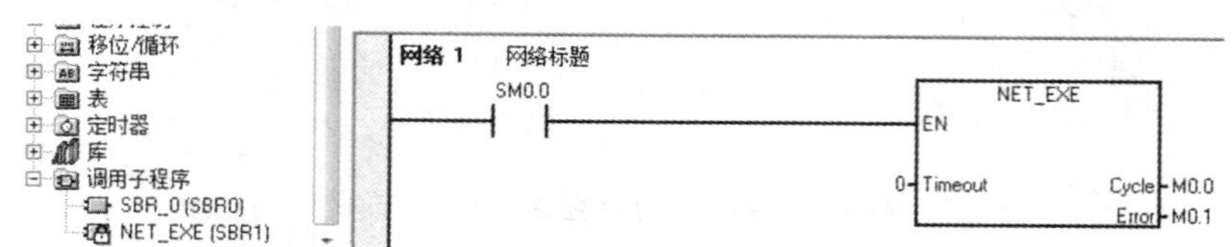

图 7-11 PPI 向导生成的子程序及其调用

2) 编程实现 PPI 通信

PPI 向导只在主站中使用,从站不需要向导。

S7-200 系列 PLC 还提供了网络读/写指令,用于 S7-200 系列 PLC 之间的通信,如图 7-12 所示,网络读/写指令只能在主站的 PLC 中执行,从站 PLC 不必做通信编程,只需准备通信数据和进行简单的设置。

(1) 网络读/写指令　网络读指令如图 7-12(a)所示,当 EN 端接通时,执行网络通信读命令,初始化通信操作,通过指定端口(PORT)从远程设备上读取数据并存储在数据表(TBL)中。NETR 指令一次最多可以从远程站点上读取 16 个字节。

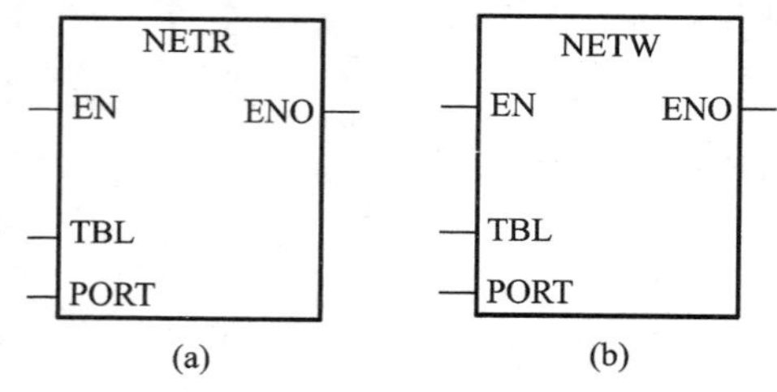

图 7-12 网络读/写指令

(a)网络读指令;(b)网络写指令

PORT 端用于指定通信端口,如果只有一个通信端口,那么其值为 0。有两个通信端口时,其值可以是 0 或 1,分别对应使用的通信端口。

网络写指令如图 7-12(b)所示,当 EN 端接通时,执行网络通信写命令,初始化通信操作,通过指定端口(PORT)向远程设备发送数据表(TBL)中的数据。

使用说明:

① 同一个 PLC 的用户程序中可以有任意多条网络读/写指令,但同一时刻最多只能有 8 条网络读/写指令被激活。

② 在由西门子 S7 系列 PLC 构成的网络中,S7-200 系列 PLC 被默认为 PPI 的从站。要执行网络读/写指令,必须用程序把 PLC 设置为采用 PPI 主站模式。

③ 通过设置 SMB30(端口 0)或 SMB130(端口 1)低两位,使其取值为 2,将 PLC 的通信端口 0 或通信端口 1 设定为工作于 PPI 主站模式,就可以执行网络读/写指令。

④ 在一个 PPI 网络中,与一个从站通信的主站的个数并没有限制,但是一个网络中主站的个数应最少为 1,最多不超过 32 个。主站既可以读/写从站数据,也可以读/写其他主站数

据。也就是说，S7-200 系列 PLC 作为主站时，仍然可以作为从站响应其他主站的数据请求。一个主站 PLC 可以读/写网络中的任何其他 PLC 的数据。

网络读/写指令可以传递 V 存储区、M 存储区、I/Q 存储区的数据。设定数据地址时，使用间接寻址方式将地址信息写入缓冲区的相应位置，地址信息中包含了存储区名称和数据的类型。

(2) TBL 的参数设置　TBL 用于存储数据缓冲区的首地址，操作数为字节。TBL 的参数定义如表 7-2 所示。

表 7-2　TBL 的参数定义

字节偏移量	名　称	描　述							
0	状态字节	D	A	E	0	E1	E2	E3	E4
1	远程地址	被访问的 PLC 从站地址							
2～5	指向远程站数据区的指针	指向远程 PLC 存储区数据的间接指针(双字)							
6	数据长度	远程站上被访问数据区的字节数(1～16)							
7	数据字节 0	接收或发送数据区，保存数据的 1～16 个字节，其长度在数据长度中定义							
22	数据字节 15								

表 7-2 中状态字节各位的含义如下。

D 位：操作完成位，为 0 表示未完成，为 1 表示已完成。

A 位：操作激活位，为 0 表示无效，为 1 表示有效。

E 位：错误信息位，为 0 表示无错误，为 1 表示有错误。

E1～E4 位：错误码位，如执行读/写指令后 E 位为 1，则由这 4 位返回一个错误码。

(3) 网络读/写指令编程的一般步骤：

① 规划本地和远程通信站的数据缓冲区；

② 写控制字 SMB30(或 SMB130)，将通信口设置为 PPI 主站，只有主站才需要设置；

③ 装入远程站(从站)地址，即将从站地址装入缓冲区；

④ 装入远程站(从站)相应的数据缓冲区(要读入的或者要写出的)地址，SMB30(或 SMB130)控制字各位含义如图 7-13 所示。

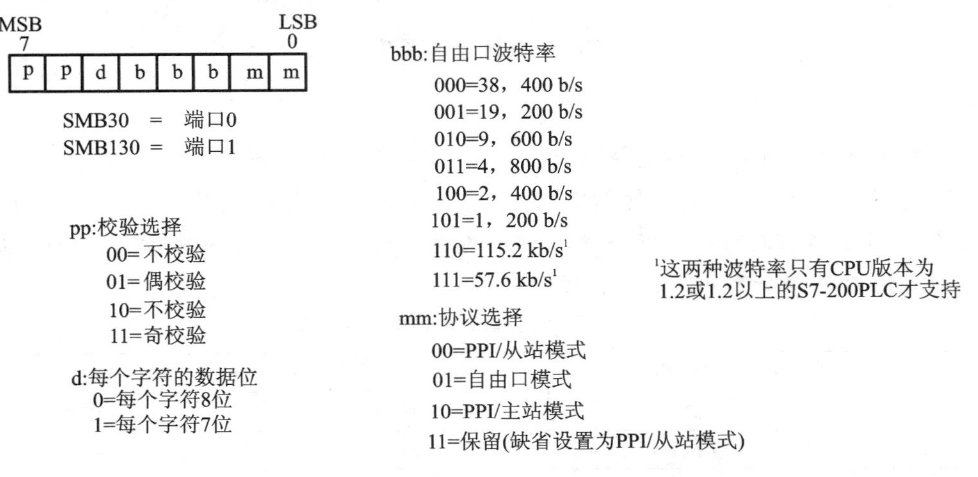

图 7-13　SMB30 和 SMB130 控制字各位含义

⑤ 装入数据字节数。

⑥ 执行网络读/写(NETR/NETW)指令。

PPI 网络地址可以在主界面中顺次点击菜单“系统块”→“通信端口”设置。也可以通过指令 GET_ADDR 读取或利用指令 SET_ADDR 设置。

四、任务实施

1. 任务分析

要在两台 S7-200 系列 PLC 之间进行通信,主要应该做好两方面的工作:建立物理连接和通信协议。物理连接使用网络连接器和 PROFIBUS 电缆实现,通信协议使用 PPI 协议实现。通信协议主要是对两台 PLC 进行通信参数的设置。系统通信实现过程如下:分别用 PC/PPI 电缆连接各 PLC,打开 Micro/WIN 编程软件。在主界面中单击“通信”标签,双击其子项“通信端口”,打开“通信端口”设置界面,如图 7-14 所示。对 2 号站进行设置时,将端口 0 的 PLC 地址设置为 2,选择波特率为 9.6 kb/s,然后把设置好的参数下载到 CPU 中。用同样的方法对 3 号站进行设置,将端口 0 的 PLC 地址设置为 3,选择波特率为 9.6 kb/s。

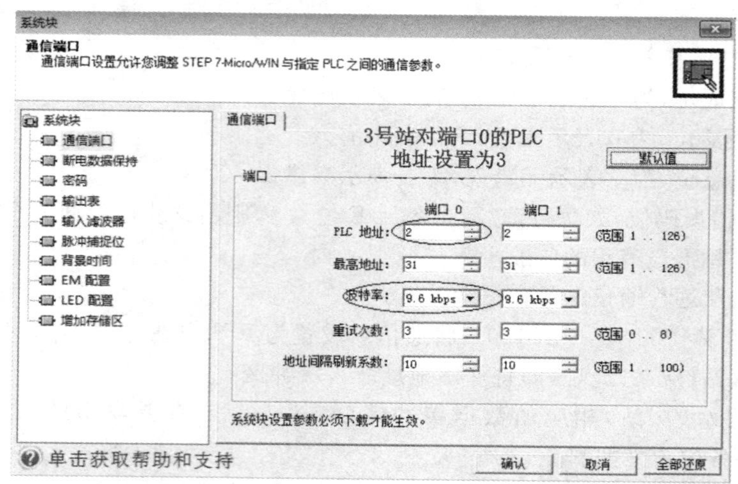

图 7-14 “通信端口”设置界面

2. 程序设计

通信程序是通过网络读/写指令完成的,其中 3 号站是从站,不需要进行通信程序的编写。只需将通过编译的程序下载到 2 号站中,并把两台 PLC 的工作模式开关置于 RUN 位置,分别改变两台 PLC 的输入信号状态,来观察通信结果。表 7-3 所示是网络读/写缓冲区的地址定义。图 7-15 所示是 2 号站的通信梯形图。

表 7-3 网络读/写缓冲区的地址定义

网络读指令数据缓冲区(接收)		网络写指令数据缓冲区(发送)	
地址	数据内容	地址	数据内容
VB100	指令执行状态字节	VB110	指令执行状态字节
VB101	3,读远程站的地址	VB111	3,写远程站的地址
VB102	&IB0,远程站数据区首地址	VB112	&QB0,远程站数据区首地址
VB106	1,读的数据长度	VB116	1,写的数据长度
VB107	数据字节	VB117	数据字节

3. 操作方法

(1) 物理连接,用 PROFIBUS 电缆将网络连接器的两个 A 端和两个 B 端分别连接在一起,检查电路正确性,确保无误。

(2) 进行通信参数的设置,如图 7-14 所示,并分别将设置的参数下载到两台 PLC 中。

(3) 输入图 7-15 所示的梯形图,将梯形图下载到主站(从站不需编程),并进行程序调试,检查其是否满足控制要求。

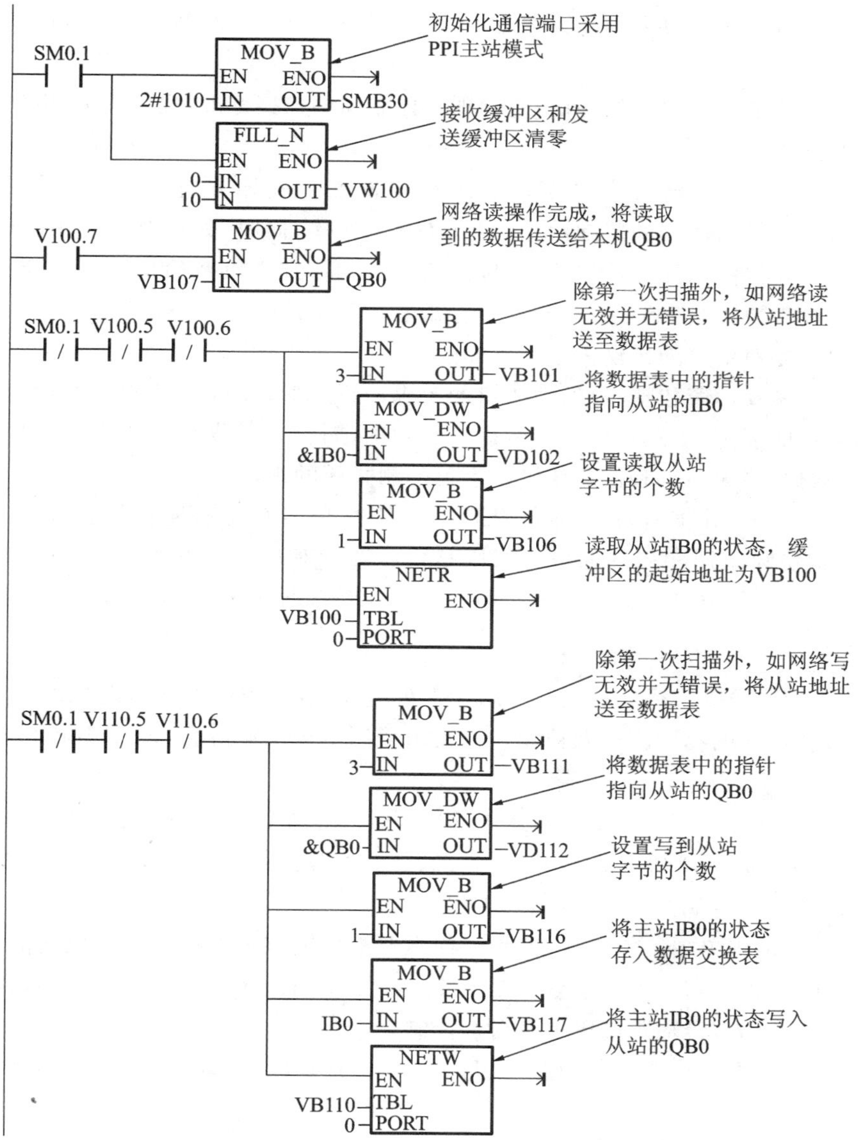

图 7-15　主站通信梯形图

五、知识拓展

1. 通信协议

所谓通信协议，从广义上来说，就是通信双方对数据传输控制的一种约定，包括对通信接口、同步方式、通信格式、传输速率、传送介质、传送步骤、数据格式及控制字符定义等一系列内容做出的统一规定，通信双方必须同时遵守，因此又称为通信规程。广义的通信协议应该包括两部分：一是硬件协议，即通信双方接口标准；二是软件协议，即狭义的通信协议。

硬件协议属于物理层面上的协议，是物理实体之间的连接标准，提供机械、电气方面的，功能性的特性和规程。

硬件协议对接口的电气特性，如逻辑状态的电平，信号传输方式、速率、介质、距离等要做出规定；此外，还要给出使用的范围，是点对点还是点对多；同时，如要对所使用的硬件做出规定，如使用什么连接件、用什么数据线，连接件的引脚如何定义以及通信时采用什么连接方式等。最常用的硬件协议是RS-232串行接口标准和RS-485串行接口标准。

软件协议主要对信息的传输内容做出规定。

信息传输的主要内容包括：对通信接口的要求，对控制设备间通信模式的规定，对查询和应答的通信周期的规定，以及对传输的数据信息帧的结构(即数据格式)、设备的地址、功能代码、所发送的数据、错误检测和信息传输中字符的制式等的规定。

通信协议分为通用通信协议和专用通信协议两种。通用的通信协议是公开的，例如MODBUS通信协议。而专用的通信协议则是供应商针对自己开发的设备专门制定的，它只对该控制设备有效，如PPI协议，它只对西门子S7-200系列PLC有效，其协议内容未公开。

2. RS-232串行数据接口标准

RS-232串行数据接口标准是一个已制定很久的标准，它描述了计算机及相关设备间较低速率的串行数据通信的物理接口及协议。它是由美国电子工业协会(EIA)为电传打印机设备而制定的。

RS-232的全称是EIA-RS-232C，其中EIA代表美国电子工业协会，RS(recommended standard)代表推荐标准，232是标识号。RS-232C标准是数据终端设备(DTE)和数据通信设备(DCE)之间串行二进制数据交换接口技术标准。

RS-232接口采用单端工作方式，这是一种不平衡传输方式，收、发端的数据信号是相对信号地而言的。RS-232接口一般用于全双工传送，也可以用于半双工传送。其传输距离仅15 m，实际使用中可达50 m，传输距离更远时需加调制。

RS-232接口易损坏接口电路的芯片，与TTL电平不兼容，同时存在传输速率较低、容易产生共模干扰、传输距离短等缺点。

3. RS-485串行数据接口标准

为了改进RS-232接口通信距离短、传输速率低的不足，1977年EIA制定了RS-422标准。RS-422标准定义了一种平衡通信接口，将传输速率提高到10 Mb/s，传输距离延长到1200 m，并允许在一条平衡总线上连接最多10个连接器。为扩展应用范围，EIA又于1983年在RS-422标准的基础上制定了RS-485标准。RS-485接口采用平衡驱动器和差分接收器

组合，具有很好的抗干扰性能，最大传输距离为 1200 m，实际可达 3000 m，传输速率最高可达 10 Mb/s。RS-485 接口采用半双工通信方式，允许在简单的一对屏蔽双绞线上进行多点、双向通信，即允许多个发送器连接到同一条总线上。利用单一的 RS-485 接口，可以很方便地建立起一个分布式控制的网络系统。因此，RS-485 标准现在已经成为首选的串行接口标准。目前，大部分控制设备和智能仪器仪表设备都配有 RS-485 标准通信接口。与 RS-232 接口不同，RS-485 接口采用差分工作方式(也称为平衡传输方式)，具有较强的抗干扰能力。它使用一对双绞线，将其中一根线定义为 A，另一根线定义为 B，如图 7-16 所示。

通常情况下，RS-485 接口的信号在传送出去之前会先分解成正、负对称的两路信号(即 A 路信号和 B 路信号)，当到达接收端时，再将信号相减，还原成原来的信号。发送驱动器 A、B 之间的正电平为 2～6 V，定义为一个逻辑状态；负电平为－2～－6 V，是另一个逻辑状态；RS-485 接口还有一个接地端，以及一个使能端。使能端用于控制发送驱动器与传输线的切断与连接。当使能端起作用时，发送驱动器处于高阻状态，称之为“第三态”，即它是有别于逻辑 1 状态与 0 状态的第三种状态。

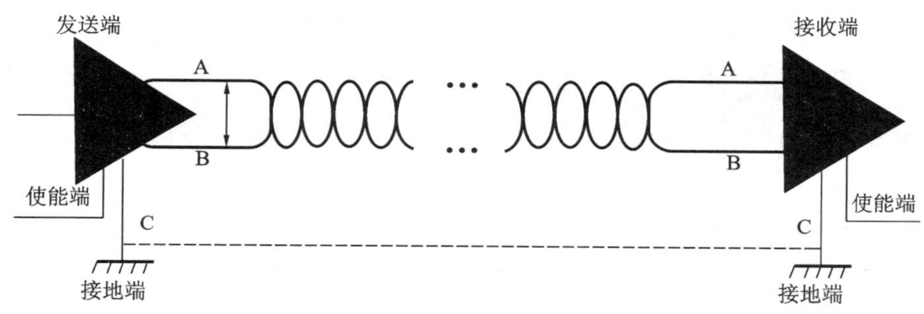

图 7-16　RS-485 接口的差分工作方式

接收器有与发送端相对应的电平逻辑规定。接收端、发送端的 A、B 端通过屏蔽双绞线对应相连，当接收端 A、B 之间有大于 200 mV 的电压时，接收端输出正逻辑电平，当接收端 A、B 之间的电压小于－200 mV 时，输出负逻辑电平。接收器屏蔽双绞线上的电压范围通常为 200 mV～6 V。

RS-485 接口的节点数配置是 1 发 32 收，即 1 台 PLC 可以带 32 台通信设备。因为它本身通信速率不高，所带通信设备多了必然会影响控制的响应速度，所以一般只带 4～8 台。由 RS-485 接口组成的半双工网络，一般只需要两根连线，所以 RS-485 接口均采用屏蔽双绞线传输，成本低、易实现。RS-485 接口的优点使它在分布式工业控制系统中得到了广泛的应用，PLC 与控制装置的通信基本上都是采用 RS-485 标准。

六、研讨与训练

(1) 试比较 RS-232 接口和 RS-485 接口的区别。

(2) S7-200 系列 PLC 的通信方式有哪几种？比较它们的不同点。

(3) 两台 S7-200 系列 PLC 通信时，PLC 运行后，甲机 PLC 的 Q0.0～Q0.7 对应的指示灯每隔 1 s 依次点亮，接着乙机 PLC 的 Q0.0～Q0.7 对应的指示灯每隔 1 s 依次点亮，然后不断循环。试设计出梯形图并调试程序，直至实现要求的功能。

(4) 三台 S7-200 系列 PLC 如何实现 PPI 通信？

任务二　PLC 与 PC 机的 MODBUS 通信

一、任务目标

知识目标

(1) 了解 MODBUS 通信协议三要素；

(2) 熟悉 MODBUS 通信协议常用功能码。

技能目标

能通过系统提供的 MODBUS 库程序，完成以 PLC 为从站与上位机通信的程序设计与调试。

二、任务描述

利用 Micro/WIN 软件提供的 MODBUS 库指令设计程序，将 S7-200 系列 PLC 作为从站，完成与计算机的通信，并分析通信数据的含义。

三、相关知识

1. MODBUS 通信协议介绍

MODBUS 通信协议是美国 MODICON(莫迪康)公司(后被施耐德公司收购)首先推出的基于 RS-485 总线的通信协议，经过改进，目前 MODBUS 通信标准协议可以采用各种传输方式，如通过 RS-232C、RS-485 线缆，光纤以及以太网、无线电等传输。在 S7-200 系列 PLC 的 CPU 通信口上实现的是 RS-485 半双工通信，使用的是 S7-200 系列 PLC 的自由口通信功能。MODBUS 通信是一种单主站的主、从通信模式。MODBUS 网络上只能有一个主站存在，主站在 MODBUS 网络上没有地址，从站的地址范围为 0～247，其中 0 为广播地址，从站的实际地址范围是 1～247。主站可单独和从站通信，也能以广播方式和所有从站通信。

MODBUS 通信接口具有两种串行传输模式，即 ASCII 模式和 RTU(远程终端单元)模式。它们定义了数据打包、解码的不同方式。S7-200 系列 PLC 的 MODBUS 指令库只支持 RTU 模式，要采用 ASCII 模式需用户自己通过自由口编程。MODBUS 通信协议是公开协议，其最简单的串行通信部分仅规定了串行线路的基本数据传输格式，详细的协议和规范可访问 MODBUS 组织的网站(其网址为 http//www.Modbus.org)查看。

2. MODBUS 通信协议三要素

任何通信协议都必须具备三个要素，MODBUS 通信协议也不例外。

1) 通信接口标准

MODBUS 通信接口标准多种多样，如 RS-232C 接口标准、RS-485 接口标准、以太网接口标准、光纤接口标准等，PLC 多采用 RS-485 接口标准，S7-200 系列 PLC 的 MODBUS 通信接口采用的就是此标准。

2) 通信格式

这里所说的通信格式主要是指串行异步通信格式，即字符数据格式(包括数据长度、校验

位、起始位、停止位等)和波特率,MODBUS通信格式如图7-13所示,其中mm设置为自由口模式。PLC中使用MODBUS通信协议时的通信模式有RTU通信模式和ASCII通信模式。两种通信模式下的通信格式略有差异,ASCII通信模式(采用ASCII字符编码方式)的主要优点是允许字符之间的时间间隔长达1 s。RTU通信模式的优点是在相同波特率下所传输字符的密度高于ASCII通信模式,即传输效率高于ASCII通信模式,但每个信息帧必须连续传输。在RTU和ASCII通信模式下,数据均用8位二进制数表示(十六进制),如数5,在RTU通信模式下表示为16#5,在ASCII通信模式下表示为16#35。在S7-200系列PLC中可使用ITA指令将整数转换成ASCII字符。

ASCII通信模式下每个字符的通信格式规定如下:

- 1个起始位;
- 7个数据位;
- 1个奇偶校验位,或无校验位;
- 1个停止位(有校验时),2个停止位(无校验时)。

RTU通信模式下每个字符的通信格式规定如下:

- 1个起始位;
- 8个数据位;
- 1个奇偶校验位,或无校验位;
- 1个停止位(有校验时),2个停止位(无校验时)。

3) 数据格式

在通信中,一个完整的信息称为一帧,也称为一个数据信息帧(有的资料上称为数据报文),每一帧都包括数据和必要的控制信息。人们发现,设计一个能够控制出错的数据信息帧结构是非常重要的。数据信息帧结构称为数据格式。上文介绍的通信格式是针对每一个字符而做出的规定,而数据格式是针对每一帧信息而做出的规定。目前在PLC与变频器等智能设备中,数据信息帧结构即数据格式基本上都是根据高级数据链路控制(HDLC)信息帧设计的。HDLC信息帧结构如图7-17所示。

起始码	地址码	控制码	信息码	校验码	停止码

图7-17　HDLC信息帧结构

(1) 起始码:一般以一个特殊的标志(某个ASCII字符)为信息帧的起始边界,又称为帧头、头码等。也可以没有起始码。

(2) 地址码:设备在网络通信中的站址。

(3) 控制码:信息帧中最主要的内容,表示发送方要求接收方做什么,又称为功能码。控制码不可缺少。

(4) 信息码:与控制码相联系,告诉接收方怎么做,又称为数据码。信息码有时可省略。

(5) 校验码:对参与校验的数据进行校验所形成的码,校验方法由通信协议规定。校验码一般不能省略。

(6) 停止码:一般为一个或两个特殊的标志(某个ASCII字符),为信息帧的结束边界,又称为结束码、尾码、帧尾等。也可以没有停止码。

一帧数据信息到底有多少个字符是没有具体规定的,主要取决于通信协议。

3. MODBUS-RTU通信模式下的数据格式

目前使用最广泛的MODBUS通信协议的实现方式为RTU通信模式,所以这里重点介绍MODBUS-RTU通信模式下的数据格式,如图7-18所示。

间隔	地址码	功能码	数据区	校验码	间隔

图 7-18　RTU 通信模式下的数据格式

RTU 通信模式下的数据格式没有起始符和结束符。MODBUS 通信协议规定，在 RTU 通信模式下，信息帧至少要在停顿 3.5 个字符的时间后才发送。在运行过程中，网络设备不断地侦测总线的停顿时间间隔，当第一个字符(地址码)被收到后，每个设备都要进行解码，判断发送的字符是否是发给自己的。在最后一个字符(校验码)被传送后，至少有 3.5 个字符的停顿才说明发送结束。如果两个信息帧的时间间隔不到 3.5 个字符，接收设备会认为第二个信息帧是第一个信息帧的延续，这将导致一个错误。

如传输速率是 9600 b/s，每个字符内有 1 个起始位、8 个数据位、1 个奇偶校验位、1 个停止位，则每秒可传输 9600/(1+8+1+1)=873 个字符，即每传输 1 个字符需要1/873×1000 ms≈1.15 ms，3.5 个字符的传输时间是 1.15×3.5≈4 ms。所以，当传输速率是 9600 b/s 时，使用 SMW90/SMW190 检测空闲状态，SMW90/SMW190 应该设置为 4。

对图 7-18 说明如下。

地址码：从站地址，是 2 位 16 进制数，范围为 16#01～16#F7。

功能码：由主站发送，告诉从站执行什么功能，用 2 位 16 进制数表示，具体代码功能见表 7-4。

数据区：具体数据内容(N×8 位，即 8×N 位 16 进制数，N 的取值范围为 0～512)。

校验码：在 RTU 通信模式下为 CRC 校验码。CRC 校验方法非常复杂，这里不做介绍，具体算法参考相关资料。

4. MODBUS 协议的功能码

表 7-4 列出了 MODBUS 协议常用功能码的名称及功能。

表 7-4　MODBUS 协议的常用功能码

功　能　码	名　　称	功　　能
01	读线圈状态位	取线圈状态
02	读输入状态位	取离散量输入状态
03	读保持寄存器	取一个或多个保持寄存器值
04	读输入寄存器	取输入模拟量值
05	写单个线圈	强制单个线圈通断
06	写单个寄存器	把字写入单个保持寄存器
15	写多个线圈	强制多个线圈通断
16	写多个寄存器	把字写入多个保持寄存器

MODBUS 协议的功能码有 127 个，但 20～127 为保留用功能码，比较复杂。表 7-4 选取的是适用于所有控制器的常用功能码。

在 PLC 控制变频器调速系统中，最常用的功能码是 03 和 06。当要监控变频器或 PLC 的运行情况时就利用功能码 03 读取其参数值和运行状态；如果想让变频器或 PLC 执行运行命令或改变运行参数，则利用功能码 06 写入命令即可。线圈指 PLC 中的位元件 Q。读 Q 状态的时候就用功能码 01。离散量指 PLC 中的位元件 I、M 的数据。

MODBUS 协议有四种类型的数据，即离散量输入型数据、线圈型数据、输入寄存器型数据和保持寄存器型数据，如表 7-5 所示。每种类型的数据，协议允许有 65535 个，在协议数据单元里地址为 0～65535。

表 7-5　MODBUS 协议四种类型的数据

数据类型	对象类型	访问类型
离散量输入型	单个比特	只读
线圈型	单个比特	读写
输入寄存器型	16b	只读
保持寄存器型	16b	读写

在协议数据单元里每种类型的数据地址为 0～65535，但没有指示出是哪种类型数据，所以要对不同类型的数据寻址，就要做一次地址映射。根据 MODBUS 数据类型，MODBUS 数据的地址使用 0××××、1××××、3××××和 4××××的形式，分别为线圈型数据、离散量输入型数据、输入寄存器型数据和保持寄存器型数据地址，且地址从 1 开始。例如，要读第 55 个保持寄存器的内容，在数据模型里的地址应该为 40055，在协议数据单元里的地址为 54，功能码是 03。

实际的设备可能有自己的储存区定义，如在 S7-200 系列 PLC 中，存储区有 V 存储区、Q 存储区、I 存储区等，要与 MODBUS 协议中的地址对应，就要做第二次地址映射。这里的“地址对应”关系，是根据实际需要自己定义的。

MODBUS 地址与 S7-200 系列 PLC 数据区地址的对应关系如表 7-6 所示。其前三行是固定不变的，第四行的对应关系可通过程序设置，如在程序中想使 MODBUS 地址 40001 对应 S7-200 系列 PLC 的 V200 存储区，那么 MODBUS 地址 40002 对应 S7-200 系列 PLC 的 V201 存储区，依此类推。第四行 MODBUS 地址也可以设置对应 S7-200 系列 PLC 的 M 存储区。

表 7-6　MODBUS 地址与 S7-200 系列 PLC 数据区地址的对应关系

MODBUS 地址	S7-200 系列 PLC 的数据区地址
00001～00128	Q0.0～Q15.7
10001～10128	I0.0～I15.7
30001～30032	AIW0～AIW62
40001～4××××	可设置

5. MODBUS 读数据请求和信息帧

在 MODBUS 通信中，读数据请求是由主站发出的，MODBUS 读数据请求信息帧格式如图 7-19 所示。

起始码	地址码	功能码	数据区	CRC 校验码	停止码
≥3.5 字符	8 位	8 位	N×8 位	16 位	≥3.5 字符

起始地址(2 个字节)	数量(2 个字节)，以字为单位

图 7-19　MODBUS 读数据请求信息帧格式

其中起始码、停止码、地址码、功能码及校验码前面已有介绍，此处不赘述，只重点介绍数据区内容。在 MODBUS 通信中，读数据请求信息帧时，数据区又分为起始地址(2 个字节)和数量(2 个字节)两部分，起始地址范围为 0～65535，数量范围为 0～65535，且数量以字为单位。例如，起始地址等于 0，数量等于 10，表示从地址 0 开始，连续读取 10 个字的数据，而读取 I、Q、V 存储区中哪一个存储区的地址，则要根据功能码来判断。

MODBUS 读数据响应信息帧是由从站发出的。这里的请求和响应就好比两个人之间的对话,例如甲发出向乙借钱的请求,乙读懂请求后发出将钱借给乙的响应。其实,设备间的通信和人与人之间的信息交流原理是一样的,只不过设备间数字通信全部用数字表示,不太容易理解。MODBUS 读数据响应信息帧格式如图 7-20 所示。

起始码	地址码	功能码	数据区	CRC 校验码	停止码
≥3.5 字符	8 位	8 位	$N\times 8$ 位	16 位	≥3.5 字符

数量(1 个字节),以字节为单位	请求的数据

图 7-20　MODBUS 读数据响应信息帧格式

其中数据区也分为两部分。第一部分表示数量(1 个字节),以字节为单位,例如数据区的数量等于 10,那么请求的数据就是 10 个字节,MODBUS 读数据响应信息帧的数据区共有 11 个字节。数据区的第二部分为请求的数据。

注意:在 MODBUS 信息帧中有些数据以字为单位,有些以字节为单位。

6. MODBUS 写数据请求信息帧和写数据响应信息帧

MODBUS 写数据请求信息帧和写数据响应信息帧格式分别如图 7-21 和图 7-22 所示。

起始码	地址码	功能码	数据区	CRC 校验码	停止码
≥3.5 字符	8 位	8 位	$N\times 8$ 位	16 位	≥3.5 字符

起始地址(2 个字节)	数量(2 个字节),以字为单位	数量(1 个字节),以字节为单位	修改的数据

图 7-21　MODBUS 写数据请求信息帧格式

MODBUS 写数据请求信息帧的数据区分为四个部分,其中第二和第三部分有冲突,但是 MODBUS 协议就是这么规定的,在实际使用时使第二和第三部分的值相等就可以。

起始码	地址码	功能码	数据区	CRC 校验码	停止码
≥3.5 字符	8 位	8 位	$N\times 8$ 位	16 位	≥3.5 字符

起始地址(2 个字节)	数量(2 个字节),以字为单位

图 7-22　MODBUS 写数据响应信息帧格式

7. MODBUS 库指令

通过 MODBUS 库指令(见图 7-23),S7-200 系列 PLC 既可作为主站,也可以作为从站。该指令库设置通信口工作模式为自由口模式。指令库使用了一些用户中断功能,编其他程序时不能在用户程序中禁止中断。调用 MODBUS 库指令后,需要为其分配库内存。

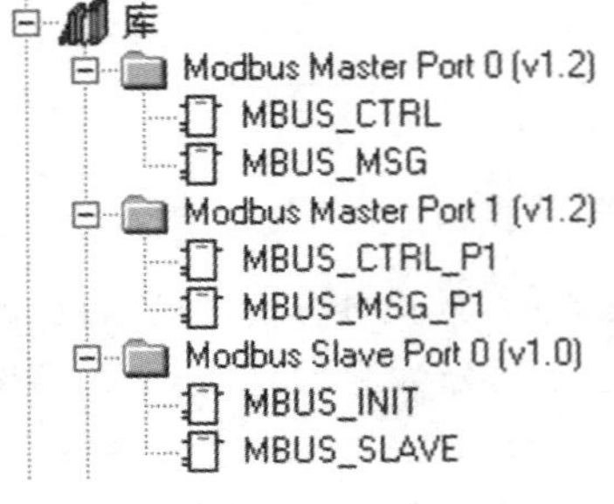

图 7-23　MODBUS 库指令

前面的理论分析相对复杂,但使用 MODBUS 库指令时,编程非常简单。MODBUS 库指令支持的功能如表 7-7 所示。

表 7-7　MODBUS 库指令支持的功能

MODBUS 地址	读/写	MODBUS 从站须支持的功能
00001～09999	读	功能码 01
数字量输出	写	功能码 05,写单输出点;功能码 15,写多输出点
10001～19999	读	功能码 02
数字量输入	写	无
30001～39999	读	功能码 04
输入寄存器	写	无
40001～49999	读	功能码 03
保持寄存器	写	功能码 06,写单寄存器单元;功能码 16,写多寄存器单元

8. 主站库指令介绍

1）MBUS_CTRL 指令

图 7-24 为 MBUS_CTRL 指令的应用示例,各端口说明如表 7-8 所示。

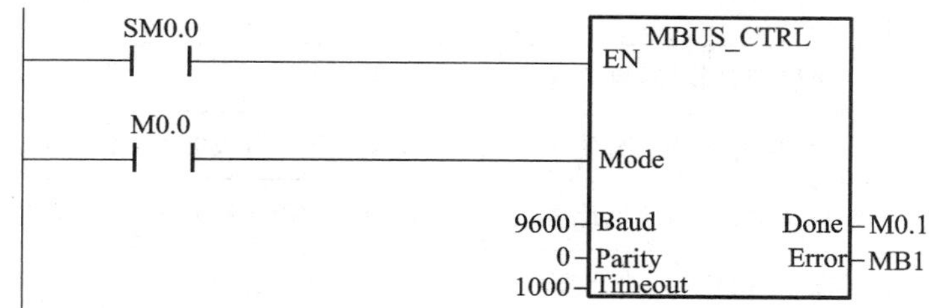

图 7-24　MBUS_CTRL 指令应用示例

表 7-8　主站库指令 MBUS_CTRL 端口说明

端　　口	描　　述
EN	使能端,要保证每一周期都接通(SM0.0)
Mode	模式端,为 1 时选择 MODBUS 协议,为 0 时选择 PPI 协议
Baud	波特率端
Parity	校验端。0=无校验,1=奇校验,2=偶校验
Timeout	超时端,允许设置的范围为 1～32767。表示主站等待从站响应时间,以 ms 为单位
Done	初始化完成端,此位会自动置 1
Error	初始化错误代码端

2）MBUS_MSG 指令

图 7-25 为 MBUS_MSG 指令的应用示例,各端口说明如表 7-9 所示。

在库指令程序图中并没有用到前面所说的功能码,也没有用到数据区中的起始地址,那是因为在程序内部都已经将其设置好,只要调用这些指令即可,最关键的是要知道 Addr 参数的四种形式,并与 PLC 的地址相对应。

图 7-25 中,Addr=40001,Slave=3,RW=0,表示当 First 上升沿有效时,主站读取从站地址为 3 的保持寄存器内容,将读取到的信息保存到以 VB100 开始的连续 8 个字的地址中。当读取完成后 Done=1,在程序中使 M2.2 置位、M2.0 复位,同时用 M2.2 控制其他的 MBUS_MSG 指令,这样就可以避免在同一时刻 PLC 同时执行多个 MBUS_MSG 指令的错误。

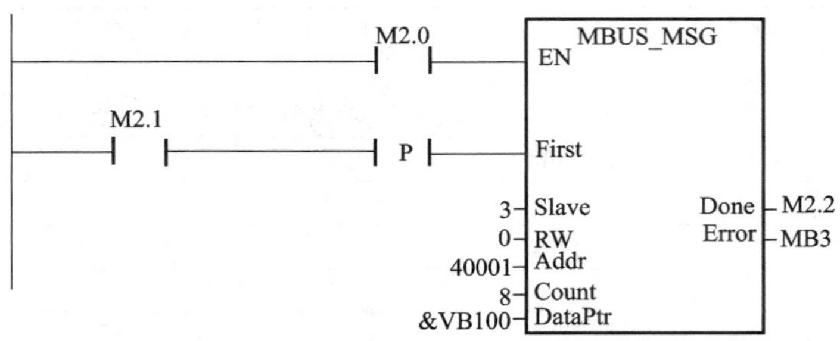

图 7-25 MBUS_MSG 指令应用示例

使用库指令大大方便了程序编写,如果不用库指令实现 MODBUS 通信,则对前面介绍的通信格式、数据格式等内容全部需要编写程序,这对初学者来讲不是件容易的事情。

表 7-9 主站库指令 MBUS_MSG **端口说明**

端口	描述
EN	使能端,同一时刻只能有一个读/写功能
First	读/写请求端。要使用边沿触发,当上升沿有效时,主站向从站发送读/写请求
Slave	从站地址端,地址范围为 1～247。该库指令不支持广播,所以不能设为 0
RW	读/写操作端。0=读,1=写
Addr	读/写从站的数据地址端。填写 MODBUS 地址
Count	数据个数(位或者字的个数)。注意最大值为 120
DataPtr	数据缓冲首地址(指针格式)端。如果是读指令,将读回的数据放到这个数据区中;如果是写指令,将要写回的数据放到这个数据区中
Done	读/写功能完成端
Error	读/写功能错误代码端,在 Done 位为 1 时才有效

9. 从站库指令介绍

1) MBUS_INIT 指令

图 7-26 为从站库指令 MBUS_INIT 的应用示例,各端口说明如表 7-10 所示。

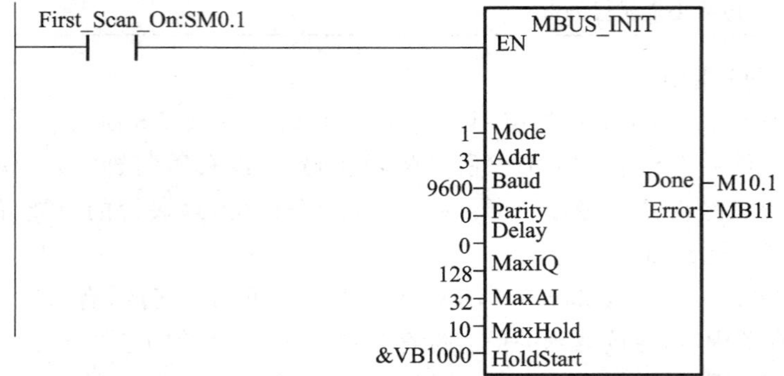

图 7-26 MBUS_INIT 指令应用示例

表 7-10　从站库指令 MBUS_INIT 端口说明

端　　口	描　　述
EN	初始化使能端，首次扫描执行一次（SM0.1）
Mode	模式端。0＝PPI，1＝MODBUS
Addr	从站地址端，取值为 1～247
Baud	波特率端
Parity	奇偶校验端。0＝无校验，1＝奇校验，2＝偶校验
Delay	附加字符间延时端，其值默认为 0 就可以，如果通信质量不好，可以适当加大
MaxIQ	参与通信的最大 I/O 点数。S7-200 系列 PLC 的 I/O 映像区为 128/128，默认值为 128
MaxAI	参与通信的最大 AI 通道数
MaxHold	参与通信的 V 储存区（VW）长度，以字为单位
HoldStart	保持寄存器区起始地址（指针形式）
Done	初始化完成端
Error	初始化错误代码端

2）MBUS_SLAVE

图 7-27 为从站库指令 MBUS_SLAVE 的应用示例，各端口说明如表 7-11 所示。

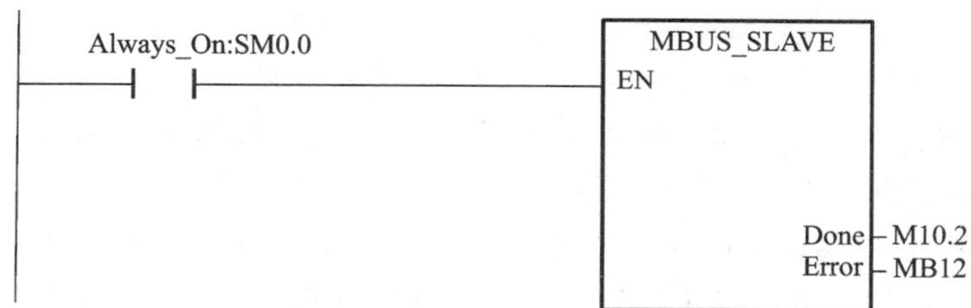

图 7-27　MBUS_SLAVE 指令应用示例

表 7-11　从站指令 MBUS_SLAVE 端口说明

MBUS_SLAVE 端口	描　　述
EN	使能端，每次扫描执行（SM0.0）
Done	通信时置 1，无 MODBUS 通信活动时为 0
Error	错误代码端，0＝无错误

四、任务实施

1. 任务分析

使用库指令实现 MODBUS 通信非常简单，甚至不用了解 MODBUS 通信协议的数据格式，只要理解库指令各参数含义就可以。本任务是要实现 PLC 与计算机通信，所以要用到 MODBUS 调试软件，即 ModScan32 软件。

2. 程序设计

本任务程序非常简单，由两个网络组成，其中网络 1 如图 7-26 所示，网络 2 如图 7-27 所

```
//
//数据页注释
//
//按 F1 键获取帮助和示范数据页
//
VW1000 1, 2, 3, 4, 5, 6, 7, 8, 9
```

图 7-28 PLC 数据块设置

示。写好程序后为了便于测试,事先将 VW1000～VW1018 中的值设置好,可以对数据块进行设置,如图 7-28 所示。也可以在程序下载完毕后,在状态表中设置数据。注意:如果在状态表中设置,程序下载完毕后必须将 PLC 上的运行开关拨至 STOP 位置,否则,Micro/WIN 软件将提示通信超时,无法进行状态表监控。这是因为,程序下载后,如果 PLC 处于运行状态,其 PLC 的通信端口的协议将变成 MODBUS 协议,而 Micro/WIN 软件与 PLC 之间的通信协议是 PPI 协议。PLC 处在停止状态时,其通信协议默认为 PPI 协议,自然就可以进行状态表监控。同理,PLC 处在运行状态时也不能下载程序,如果想下载新的程序,必须将 PLC 上的运行开关拨至 STOP 位置。

3. 系统调试

打开 ModScan32 调试软件,并进行相应设置,如图 7-29 所示。按图 7-29 设置好以后,开始进行通信连接。点击“连接设置”菜单,在出现的下拉菜单中选择“连接”,出现图 7-30 所示的“连接的详细信息”对话框,按照该对话框提示进行相关设置。设置好以后点击“协议选择”按钮,弹出“Modbus 协议的选择”对话框,在该对话框中进行进一步的设置,如图 7-31 所示。设置好以后点击两次“确认”按钮,进入图 7-29 所示界面。这时界面中“Device NOT CONNECTED!”提示消失,“Number of Polls”后面的数字不断变化,表示通信成功,如图 7-32 所示,其中 40001～400010 是 ModScan32 软件数学模型的地址,尖括号中的数据表示从 PLC 中读取的数据。双击尖括号其中的数据,在弹出的对话框中就可以修改相应的数值,如图7-33 所示。更新后将 PLC 的运行开关拨至 STOP 状态,关闭 ModScan32 软件,打开 PLC 程序,进入状态表,查看 V 存储区数据,发现 VW1008 的值变成 15,说明通过 ModScan32 软件修改 PLC 的保持存储器中的数值成功。此外,还可以打开多个窗口,同时查看多种类型参数,如图 7-34 所示。点击工具栏上显示流量工具按钮,系统会不断更新 PLC 与 ModScan32 之间的通信数据,如图 7-35 所示,其中带灰色底的是 ModScan32 发送给 PLC 的数据请求,带黑色底的是 PLC 发送给 ModScan32 的数据响应。如 ModScan32 发送的“[03][03][00][00][00][0a][c4][2f]”,其中:第一个 03 表示地址;第二个 03 是功能码,表示从 PLC 保持寄存器读取数据;00 00 表示读取数据的起始地址;00 0a 表示读取字长度,即 10 个字;c4 2f 是前面 6 个字节的 CRC 校验和。PLC 发送给 ModScan32 的数据含义请读者自行分析。通过显示流量,很容易查看协议内容。

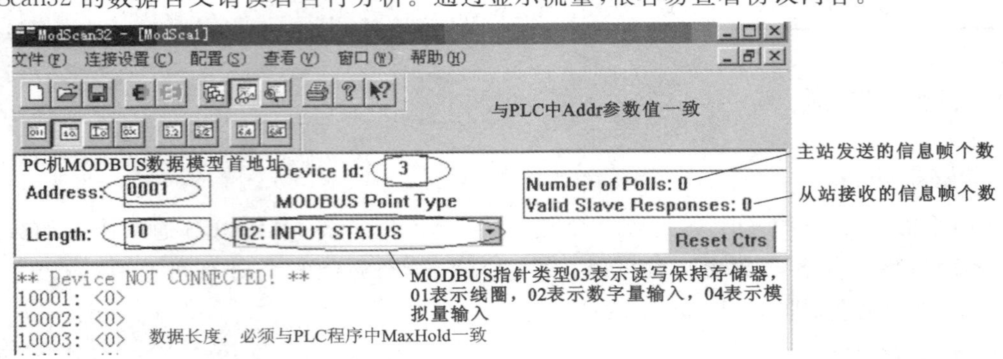

图 7-29 ModScan32 主界面

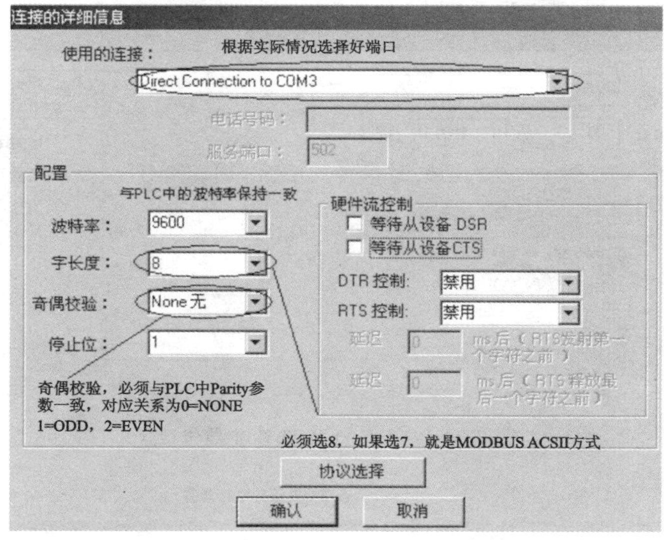

图 7-30　连接的详细信息设置

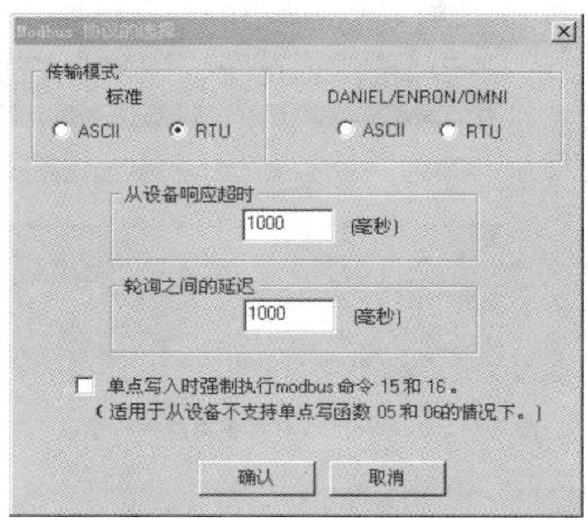

图 7-31　“Modbus 协议的选择”对话框

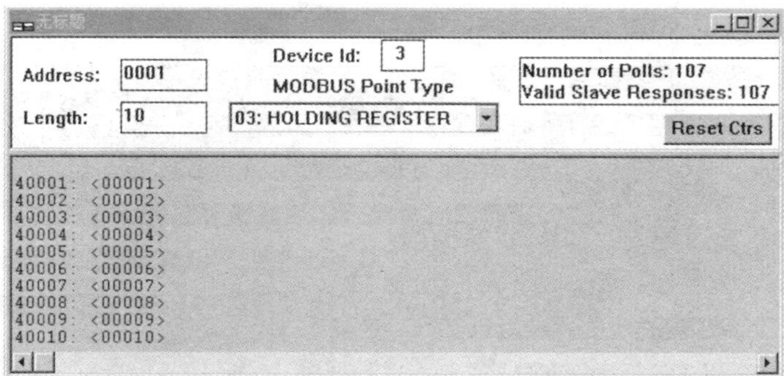

图 7-32　ModScan32 软件测试画面

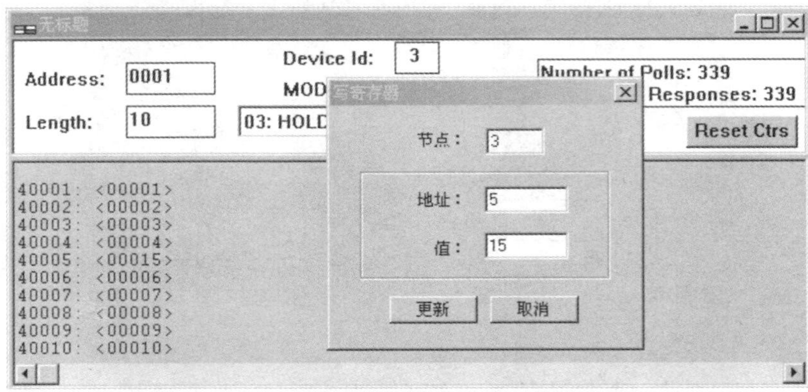

图 7-33　ModScan32 软件参数修改

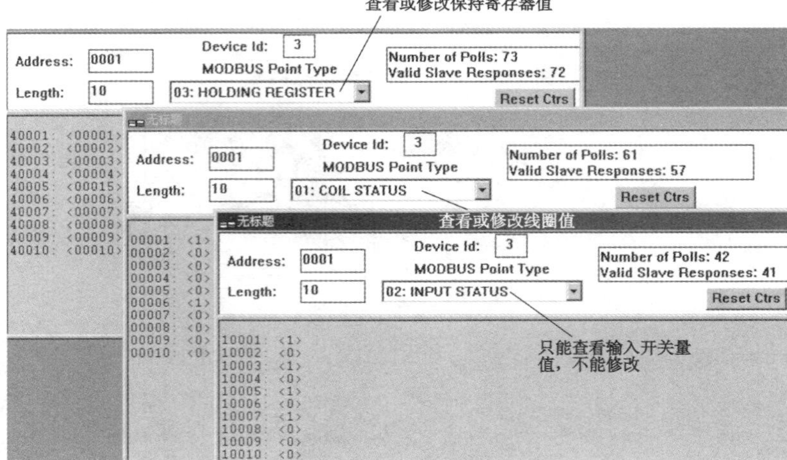

图 7-34　ModScan32 软件多类型参数修改

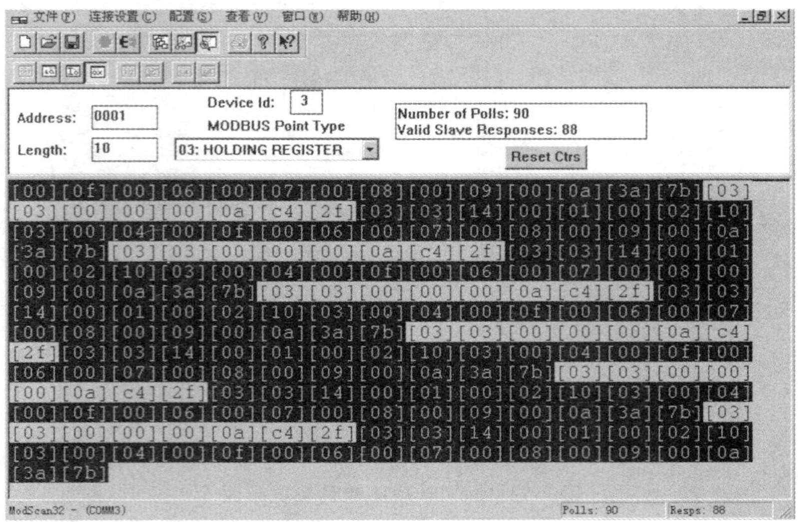

图 7-35　ModScan32 流量显示

如果调试出现异常，可将 Micro/WIN 软件关闭，将 PLC 的运行开关拨至 RUN 位置，并仔细查看 PLC 与 ModScan32 软件中的通信设置是否一致，最好在 Windows XP 系统中进行测试。

五、知识拓展

1. USS 通信协议简介

通用串行接口(universal serial interface，USS)协议是西门子专为驱动装置开发的通信协议。注意：USS 提供了一种低成本的、比较简易的通信控制途径，由于其本身的设计，USS 不能用在对传输速率和数据传输量有较高要求的场合。对于这些通信要求高的场合，应当选择实时性更好的通信方式，如 PROFIBUS-DP 通信等。在进行系统设计时，必须考虑到 USS 的这一局限性。

USS 协议的基本特点如下：

① 支持多点通信(因而可以应用在采用 RS-485 等协议的网络上)。

② 采用单主站的主-从访问机制。

③ 一个网络上最多可以有 32 个节点(最多 31 个从站)。

④ 数据信息帧格式简单可靠，使数据传输灵活高效。

⑤ 容易实现，成本较低。

USS 的工作机制是：通信由 USS 主站发起，主站不断循环轮询各个从站，从站根据接收到的指令，决定是否响应以及如何响应。从站永远不会主动发送数据。从站在以下条件满足时应答：

① 接收到的主站数据信息帧没有错误；

② 本从站在接收到的主站数据信息帧中被寻址。

上述条件不满足，或者主站发出的是广播信息帧，从站将不会做出任何响应。

从站必须在接收到主站数据信息帧之后的一定时间内发回响应，否则主站将判定通信出错。

2. USS 字符帧格式

USS 字符帧格式符合通用异步收发/传输器(universal asynchronous receiver/transmitter，UART)规范，即使用异步串行传输方式。USS 协议在串行数据总线上的字符帧长度为 11 位，如图 7-36 所示。

起始位	LSB			数据位				MSB	校验位	停止位
1	0	1	2	3	4	5	6	7	偶×1	1

图 7-36　USS 字符帧格式

连续的字符帧组成 USS 数据信息帧。在一个数据信息帧中，字符帧之间的间隔延时要小于两个字符帧的传输时间(当然这个时间取决于传输速率)。

3. USS 数据信息帧格式

USS 协议的数据信息帧简洁可靠，高效灵活。数据信息帧由一连串的字符组成，协议中定义了它们的特定功能，如图 7-37 所示。

STX	LGE	ADR	净数据值					BCC
			1	2	3	…	n	

图 7-37 USS数据信息帧格式

图7-37中每小格代表一个字符(字节),其中:

- STX为起始字符位,总是02h。
- LGE为数据信息帧长度位。
- ADR为从站地址及数据信息帧类型位。
- BCC为校验位。

在ADR和BCC之间的数据字节,称为USS的净数据。主站和从站交换的数据都包括在每个数据信息帧的净数据区域内。

净数据区由PKW区和PZD区组成,如图7-38所示。

PKW区						PZD区			
PKE	IND	PWE1	PWE2	…	PWEm	PZD1	PZD2	…	PZDn

图 7-38 净数据区的组成

图7-38中每小格代表一个字(两个字节)。

PKW区用于读写参数值、参数定义或参数描述文本,并可修改和报告参数的改变,其中:

- PKE为参数ID,包括代表主站指令和从站响应的信息及参数号等。
- IND为参数索引,主要用于与PKE配合定位参数。
- PWEm为参数值数据。

PZD区用于在主站和从站之间传递控制和过程数据。控制参数按设定好的固定格式在主、从站之间对应往返,如:PZD1为主站发给从站的控制字或从站返回主站的状态字;PZD2为主站发给从站的给定值或从站返回主站的实际反馈值。

根据传输的数据类型和驱动装置的不同,PKW区和PZD区的数据长度都不是固定的,它们可以灵活改变以适应具体的需要。

注意:

(1) 对于不同的驱动装置和工作模式,PKW区和PZD区的长度可以按一定规律定义,但一旦确定就不能在运行中随意改变。

(2) PKW区可以访问所有对USS通信开放的参数,而PZD区仅能访问特定的控制和过程数据。

(3) PKW区在许多驱动装置中都是用于后台任务处理的,因此PZD区的实时性要比PKW区好。

以上仅是对USS协议的简单介绍,以帮助读者更好地理解控制任务和选择对策。如需要了解详细的信息,请参考相应驱动产品的手册。

4. USS通信协议库相关指令

1) USS-INIT指令

USS-INIT指令用于启用、初始化或禁止MicroMaster系列驱动器通信。在使用任何其他USS协议指令之前,必须先执行USS-INIT指令,且不能有错误。图7-39所示为USS-INIT指令的应用示例。

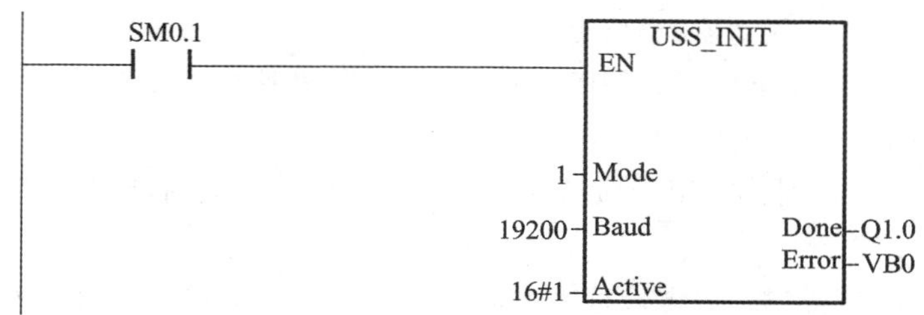

图 7-39　USS-INIT 指令应用示例

对图 7-39 中各输入端和输出端说明如下。

(1) Mode 端:用于选择不同的通信协议,输入值为 1 时指定 Port0 为 USS 协议并使能 USS 协议,输入值为 0 时指定 Port0 为 PPI 协议,并且禁止 USS 协议。

(2) Baud(波特率)端:可将波特率设为 1200 b/s、2400 b/s、4800 b/s、9600 b/s、19200 b/s、38400 b/s、57600 b/s 或 115200 b/s。

(3) Active(激活)端:用于激活 MicroMaster 驱动器。Active 参数的格式如图 7-40 所示。

31	30	29	…	2	1	0
D31	D30	D29	…	D2	D1	D0

图 7-40　Active 参数的格式

图 7-40 中:

D0 为驱动器 0 激活位,其值为 0 时表示驱动器未激活,为 1 时表示驱动器激活。

D1 为驱动器 1 激活位,其值为 0 时表示驱动器未激活,为 1 时表示驱动器激活。

(4) Done(完成)端:当 USS_INIT 指令完成时,输出 1。

(5) Error(错误)端:输出字节中包含 USS_INIT 指令的执行结果。

2) USS_CTRL 指令

USS_CTRL 指令用于将选择的命令放到通信缓冲区,如果已经在 USS_INIT 指令的激活参数中选择了驱动器,则此命令将被发送到所选择的驱动器中。对每一个驱动器只能使用一个 USS_CTRL 指令。图 7-41 为 USS_CTRL 指令的应用示例。

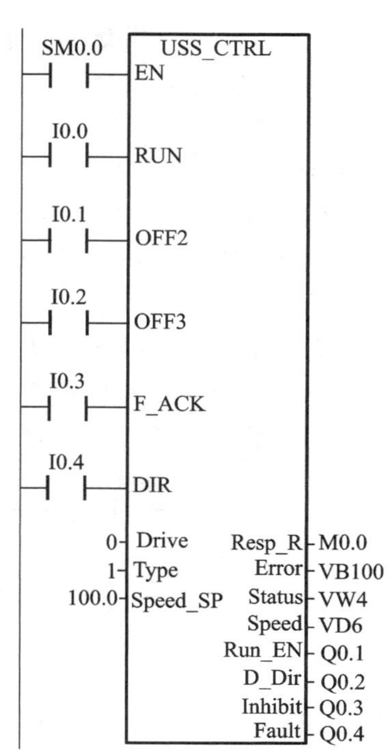

图 7-41　USS_CTRL 指令的应用示例

对图 7-41 中各输入端和输出端说明如下。

(1) EN 端:必须打开才能启用 USS_CTRL 指令。USS_CTRL 指令应当始终启用。

(2) RUN(运行)端:表示驱动是接通(1)或断开(0)的。当 RUN 端接通时,MicroMaster 驱动接收命令,以指定的速度和方向运行。

(3) OFF2 端和 OFF3 端:其值为 1 时电动机会停止转动。

(4) F_ACK(故障应答)端:用于应答驱动的故障。当其值从 0 变 1 时,驱动将清除该故障。

(5) DIR(方向)端:指示驱动向哪个方向运动。

(6) Drive(驱动地址)端:MicroMaster 驱动的地址,有效地址为 0～31。

(7) Type(驱动类型)端:用于选择驱动的类型。对于 4 系列的 MicroMaster 驱动器,类型参数为 1。

(8) Speed_SP(速度设定值)端:用于驱动的速度,是满速度的百分比,为负值时驱动反向旋转。其值的范围是－200.0%～200.0%。

(9) Resp_R(响应收到)端:用于应答来自驱动的响应,轮询所有激活的驱动以获得最新的驱动的状态信息。

(10) Error 端:错误字节,包含最近一次向驱动发出的通信请求的执行结果。

(11) Status 端:存储驱动返回的状态字的原始值。

(12) Speed 端:用于设定驱动速度,是满速度的百分比,其值的范围是－200.0%～200.0%。

(13) Run_EN(RUN 使能)端:用于指示驱动器是运行(1)还是停止(0)。

(14) D_Dir 端:用于指示驱动器转动的方向,正转(1)或反转(0)。

(15) Inhibit 端:用于指示驱动器上禁止位的状态(0 表示未禁止,1 表示禁止)。要清除禁止位,Fault(故障)位必须为零,而且 RUN 端、OFF2 端和 OFF3 端输入必须断开。

(16) Fault 端:用于指示故障位的状态(0 表示无故障,1 表示有故障)。要清除故障,必须排除故障并接通 F_ACK 端。

为使驱动器运行,必须满足以下条件:

① Drive(驱动器)端在 USS_INIT 中必须被选为 Active(激活)。

② OFF2 端和 OFF3 端必须被设为 0。

③ Fault(故障)端和 Inhibit(禁止)端必须为 0。

3) USS_RPM 读指令

USS_RPM 指令为读指令,包括 USS_RPM_W 指令、USS_RPM_D 指令、USS_RPM_R 指令。

(1) USS_RPM_W 指令,用于读取一个无符号字型参数。

(2) USS_RPM_D 指令,用于读取一个无符号双字型参数。

(3) USS_RPM_R 指令,用于读取一个浮点数型参数。

4) USS_WPM 写指令

用于 USS 协议的写指令有三个。

(1) USS_WPM_W 指令,用于写一个无符号字型参数。

(2) USS_WPM_D 指令,用于写一个无符号双字型参数。

(3) USS_WPM_R 指令,用于写一个浮点数型参数。

同时只能有一个读(USS_RPM)或写(USS_WPM)指令被激活。

当 MicroMaster 系列驱动器对接收的命令有应答或报错时,USS_RPM 指令的处理结束,逻辑扫描继续执行。图 7-42 所示为 USS_RPM 指令的应用示例。

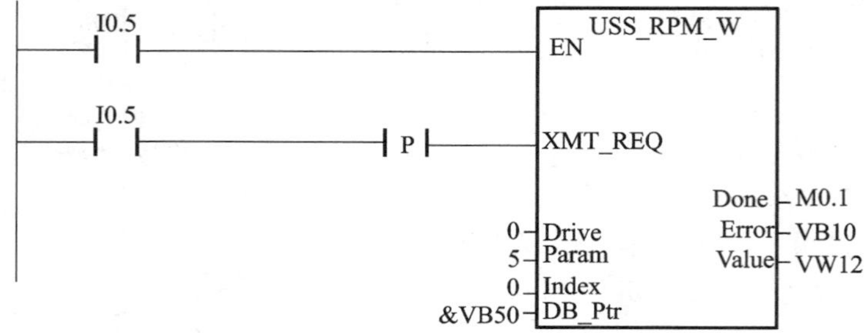

图 7-42 USS_RPM 指令的应用示例

对图 7-42 中各输入端和输出端的说明如下。

EN 端：要传送一个请求，该端必须接通并且保持接通直至 Done 端置 1。

XMT_REQ 端：使用脉冲边沿检测，每当 EN 端输入有一个正的改变时，发送一个请求。

Drive 端：用于存储向该端发送 USS_RPM 命令的 MicroMaster 驱动器的地址。

Param 端：用于存储参数号码。

Index 端：用于存储要读的参数的索引值。

DB_Ptr 端：一个 16 字节缓存区的地址，用于存储执行结果。

Done 端：当 USS_RPM 指令结束时，Done 位输出接通。

Error 端：输出字节包含该指令的执行结果。

Value 端：用于存储返回的参数数值。

只有 Done 端接通时，Error 端和 Value 端的输出才有效。

六、研讨与训练

（1）查阅资料，详细了解 CRC 校验算法，并通过 S7-200 系列 PLC 编程实现 CRC 校验。

（2）利用 STEP7-Micro/WIN 软件提供的 MODBUS 库指令设计程序，使 S7-200 系列 PLC 作为主站，计算机作为从站，利用 ModSim32 调试软件完成与计算机的通信，并分析通信数据的含义。

（3）编程实现两台 S7-200 系列 PLC 之间的 MODBUS 通信。

（4）如何实现 S7-200 系列 PLC 与三菱变频器之间的 MODBUS 通信？

项目八　风光互补发电控制系统

本项目以 KNT-WP01 型风光互补发电实训系统为蓝本，详细介绍各功能模块的工作原理。KNT-WP01 型风光互补发电实训系统主要由光伏供电装置、光伏供电系统、风力供电装置、风力供电系统、逆变与负载系统、监控系统组成，如图 8-1 所示。KNT-WP01 型风光互补发电实训系统采用模块式结构，各装置和系统具有独立的功能，可以组合成光伏发电实训系统、风力发电实训系统。

图 8-1　KNT-WP01 型风光互补发电实训系统

任务一　太阳自动跟踪系统的控制

一、任务目标

知识目标

(1) 了解太阳能光伏发电系统的组成和原理；

(2) 了解太阳自动跟踪系统的工作原理。

技能目标

(1) 完成太阳能光伏发电系统的组装与调试；

(2) 掌握太阳能光伏发电系统 PLC 控制程序的设计。

二、任务描述

普通光伏供电装置的电池板不具有自动跟踪功能，为了提高光伏发电效率，KNT-WP01 型风光互补发电实训系统采用能自动跟踪太阳的控制系统，使太阳光始终以垂直角度照射到太阳能电池板上，实现光伏发电效率的最大化。

本任务以太阳能光伏发电系统为例，说明太阳自动跟踪系统实现的方法，完成太阳能光伏发电系统的组成、安装与调试。

三、相关知识

1. 光伏供电装置

光伏供电装置主要由光伏电池组件、投射灯、光线传感器、光线传感器控制盒、水平方向和俯仰方向运动机构、摆杆、摆杆减速箱、摆杆支架、单相交流电动机、电容器、直流电动机、接近开关、微动开关、底座支架等设备与器件组成。

光伏供电装置的光伏电池组件偏移方向的定义和摆杆移动方向的定义如图 8-2 所示，靠近摆杆的投射灯定义为投射灯 1(简称灯 1)，另一盏投射灯定义为投射灯 2(简称灯 2)。

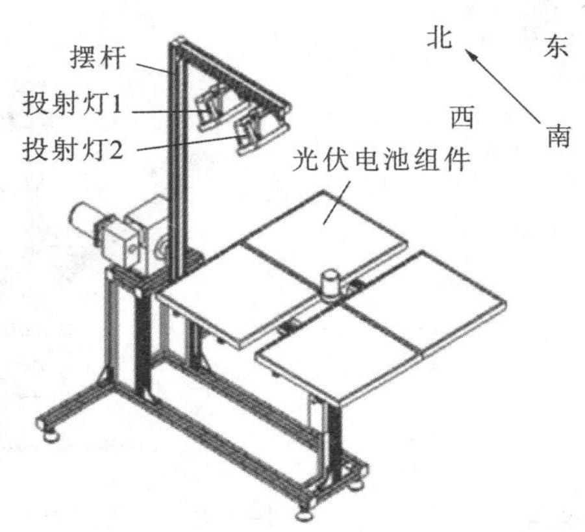

图 8-2　光伏供电装置外形及方向定义

1) 光伏电池组件及运动

四块光伏电池组件并联组成光伏电池方阵，光线传感器安装在光伏电池方阵中央。水平方向和俯仰方向运动机构如图 8-3 所示，它由水平运动减速箱、俯仰运动减速箱、水平运动和俯仰运动直流电动机、接近开关、微动开关组成。由 PLC 控制水平运动和俯仰运动直流电动机旋转，水平运动减速箱驱动光伏电池方阵做东西方向的水平移动，俯仰运动减速箱驱动光伏电池方阵做南北方向的俯仰移动。光伏电池方阵偏转移动如图 8-4 所示。水平方向和俯仰方向运动机构中所装的接近开关和微动开关可提供光伏电池方阵做水平偏转和俯仰偏转的极限位置信号。

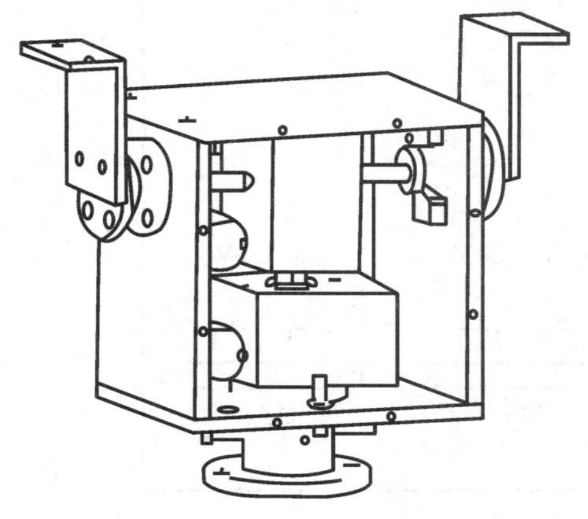

图 8-3　水平方向和俯仰方向运动机构

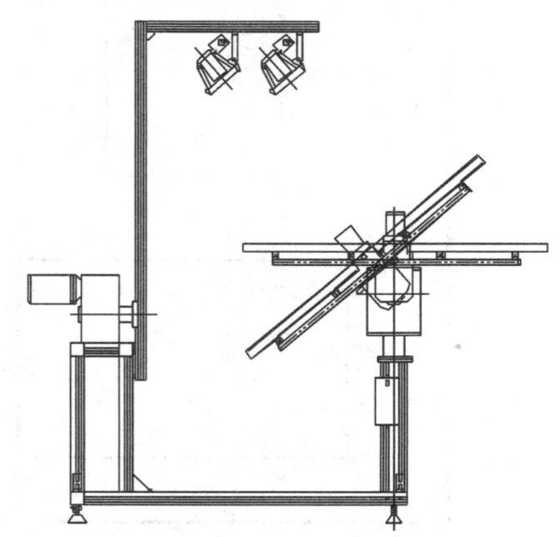

图 8-4　光伏电池方阵偏转移动示意图

光线传感器安装在光伏电池方阵中央,用于获取不同位置的投射灯的光照强度。光线传感器通过光线传感控制盒,将东、西、南、北方向的投射灯的光强信号转换成开关量信号传输给光伏供电系统的PLC,由PLC进行相应的控制。

2)光源及其运动

光源移动机构如图8-5所示。两盏300 W的投射灯安装在摆杆支架上,用来模拟太阳;摆杆底端与减速箱输出端连接;减速箱输入端连接单相交流电动机。由PLC控制单相交流电动机通过减速箱驱动摆杆做圆周摆动。与光源移动机构连接的底座支架部分装有接近开关和微动开关,微动开关用于限位,接近开关用于提供正午位置信号。图8-6为投射灯光源连续运动示意图。

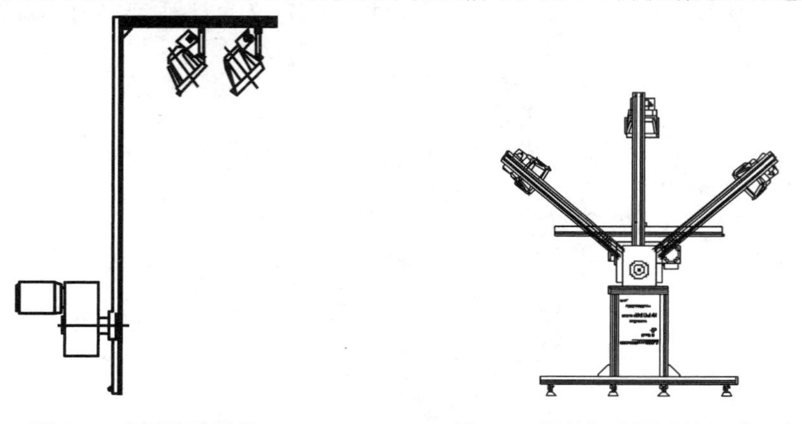

图8-5　光源移动机构　　　图8-6　投射灯光源连续运动示意图

2. 光伏供电系统

光伏供电系统主要由光伏电源控制单元、光伏输出显示单元、触摸屏、光伏供电控制单元、数字信号处理(DSP)核心单元、信号处理单元、接口单元、西门子S7-200系列CPU226型PLC、继电器组、蓄电池组、可调电阻、断路器、开关电源、接线排、网孔架等组成。

1)光伏电源控制单元面板

光伏电源控制单元主要由断路器、+24 V开关电源、AC 220 V电源插座、指示灯、接线端DT1和DT2等组成。光伏电源控制单元面板如图8-7所示。

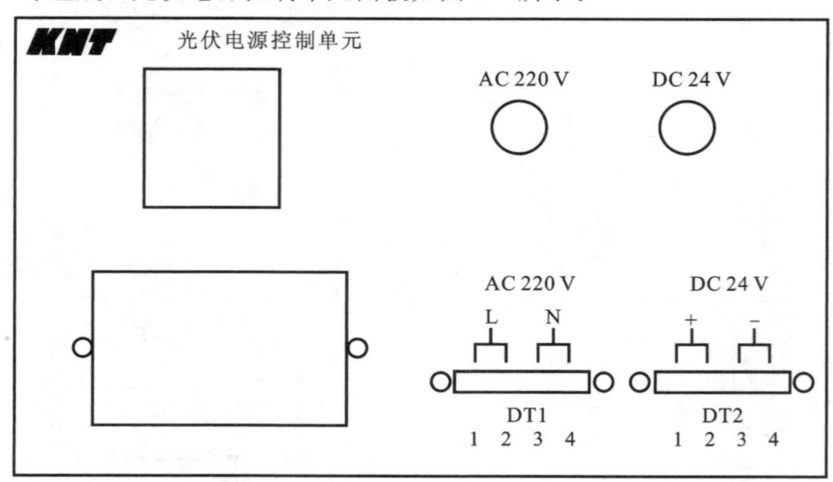

图8-7　光伏电源控制单元面板

接线端子 DT1.1、DT1.2 接 AC 220 V 电源的 L 端，DT1.3、DT1.4 接 AC 220 V 电源的 N 端。接线端子 DT2.1、DT2.2 接 DC 24 V 电源的"＋"端子，DT2.3、DT2.4 接 DC 24 V 电源的"－"端子（即 0 V 端子）。

2）光伏供电控制单元

光伏供电控制单元主要由手动/自动选择开关，急停按钮，带灯按钮，接线端 DT5、DT6 和 DT7 等组成。光伏供电控制单元面板如图 8-8 所示。

选择开关自动挡、启动按钮、向东按钮、向西按钮、向北按钮、向南按钮、灯 1 按钮、灯 2 按钮、东西按钮、西东按钮、停止按钮均使用常开触点，顺次分别接在接线端子 DT5.2、DT5.3、DT5.5、DT5.6、DT5.7、DT5.8、DT6.1、DT6.2、DT6.3、DT6.4、DT6.5 等上。急停按钮使用常闭触点，接在接线端子 DT5.4 上。接线端子 DT5.1 和 DT6.6 分别接 24 V 的"＋"端子和"－"端子（即 0 V 端子）。接线端 DT7 有十个端子，分别接入相应按钮的指示灯。

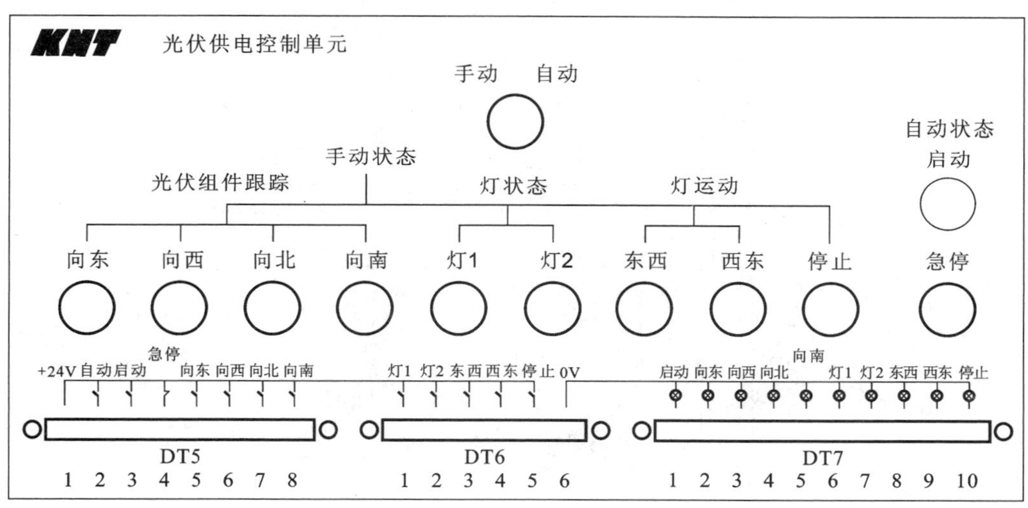

图 8-8　光伏供电控制单元面板

3）光伏供电主电路电气原理

光伏供电主电路电气原理如下。

继电器 KA1 和继电器 KA2 将单相 AC 220 V 电源通过接插座 CON2 提供给摆杆偏转电动机，电动机旋转时，安装在摆杆上的投射灯做东西方向移动。摆杆偏转电动机是单相交流电动机，正、反转分别由继电器 KA1 和继电器 KA2 实现，如图 8-9(a)所示。

继电器 KA7 和继电器 KA8 将单相 AC 220 V 电源通过接插座 CON3 分别提供给投射灯 1 和投射灯 2，如图 8-9(a)所示。

光伏电池方阵的东西方向偏转是由水平运动直流电动机控制的，继电器 KA3 和继电器 KA4 通过接插座 CON4 向直流电动机提供不同极性的 DC 24 V 电源，实现直流电动机的正反转。光伏电池方阵南北方向偏转由俯仰运动直流电动机控制，正反转由继电器 KA5 和继电器 KA6 实现。如图 8-9(b)所示。

DC 12 V 开关电源供光线传感器控制盒中的继电器使用。继电器 KA1 至继电器 KA8 的线圈使用 DC 24 V 电源。

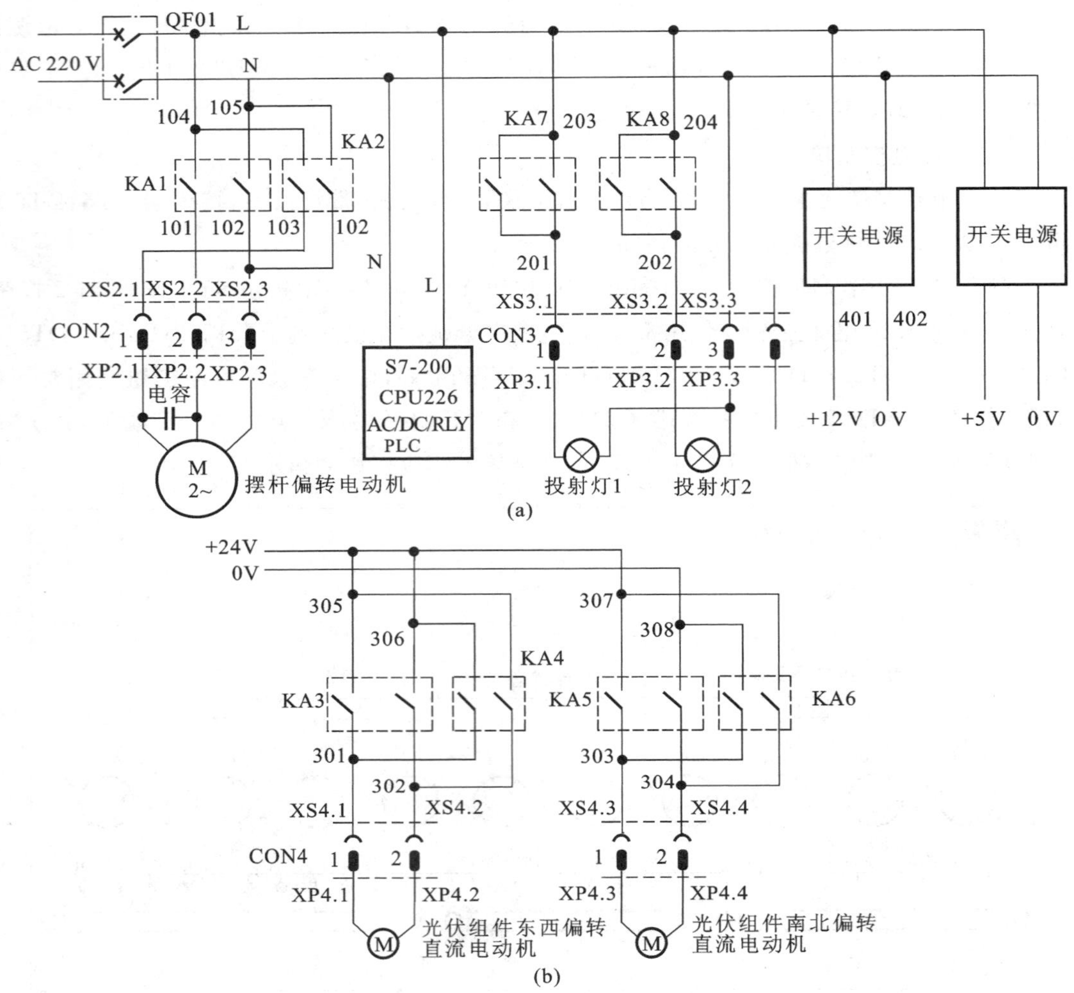

图 8-9 光伏供电主电路电气原理图

(a)摆杆和投射灯主电路;(b)组件偏转控制主电路

四、任务实施

1. 任务分析

本任务是综合性较强的任务,难度较大,安装调试复杂,在本任务中需完成以下几个分任务。

(1) 光伏供电装置组装。

(2) 光伏供电系统接线。

(3) 光伏电池组件光源跟踪控制程序设计。

2. 控制要求

(1) 光伏供电控制单元的选择开关有两个状态,选择开关拨向手动控制挡时,S7-200 系列 PLC 的 CPU226 可以进行灯 1 和灯 2 的状态控制,以及光伏电池组件跟踪光源、摆杆运动的手动控制。选择开关拨向自动控制挡时,按下启动按钮,PLC 执行光伏电池组件跟踪光源的自动控制程序。

(2) PLC 处在手动控制状态下时,按下向东按钮,向东按钮的指示灯亮,光伏电池组件向

东偏转。在光伏电池组件向东偏转的过程中，再次按下向东按钮或停止按钮或急停按钮时，向东按钮的指示灯熄灭，光伏电池组件停止偏转运动。光伏电池组件向东偏转后处于极限位置时，向东按钮的指示灯熄灭，光伏电池组件停止偏转运动。

如果按下向西按钮，向西按钮的指示灯亮，光伏电池组件向西偏转。在光伏电池组件向西偏转的过程中，再次按下向西按钮或停止按钮或急停按钮时，向西按钮的指示灯熄灭，光伏电池组件停止偏转运动。光伏电池组件向西偏转处于极限位置时，向西按钮的指示灯熄灭，光伏电池组件停止偏转运动。光伏电池组件向东偏转和向西偏转在程序上具有互锁关系。

向北按钮和向南按钮的作用与向东按钮和向西按钮的功能相同，光伏电池组件向北偏转和向南偏转在程序上也具有互锁关系。

(3) PLC 处在手动控制状态下时，按下灯 1 按钮(或灯 2 按钮)，灯 1 按钮(或灯 2 按钮)的指示灯亮，灯 1(或灯 2)亮。再次按下灯 1 按钮(或灯 2 按钮)或停止按钮或急停按钮时，灯 1 按钮指示灯(或灯 2 按钮指示灯)熄灭，灯 1(或灯 2)熄灭。

(4) PLC 处在手动控制状态下时，按下东西按钮，东西按钮指示灯亮，摆杆由东向西移动。在摆杆由东向西移动的过程中，再次按下东西按钮或停止按钮或急停按钮时，东西按钮指示灯熄灭，摆杆停止运动。摆杆由东向西移动，经垂直位置而到达极限位置(也可能不经过垂直位置而到达极限位置)时，东西按钮指示灯熄灭，摆杆停止移动。

如果按下西东按钮，西东按钮指示灯亮，摆杆由西向东移动。在摆杆由西向东移动的过程中，再次按下西东按钮或停止按钮或急停按钮时，西东按钮指示灯熄灭，摆杆停止运动。摆杆由西向东移动，经垂直位置而到达极限位置(也可能不经过垂直位置而到达极限位置)时，西东按钮指示灯熄灭，摆杆停止移动。

摆杆由东向西移动和由西向东移动在程序上具有互锁关系。

(5) PLC 处在自动控制状态下时，按下启动按钮，灯 1 和灯 2 亮，摆杆向东移动，光伏电池组件进行对光跟踪。摆杆向东移动，经垂直位置而到达极限位置(也可能不经过垂直位置而到达极限位置)时停止移动。当光伏电池组件跟踪结束时，摆杆由东向西移动，光伏电池组件又进行对光跟踪。摆杆向西移动，经垂直位置而到达极限位置时停止移动。当光伏电池组件跟踪结束时，摆杆由西向东移动，光伏电池组件再次进行对光跟踪。摆杆到达垂直于接近开关的位置时停止移动，光伏电池组件对光跟踪结束，灯 1 和灯 2 熄灭，自动程序结束运行。在光伏电池组件进行对光跟踪的过程中，按下停止按钮或急停按钮时，自动程序也将结束运行。

3. 系统电气原理图

(1) 光伏电源控制单元的电气原理图如图 8-10 所示。

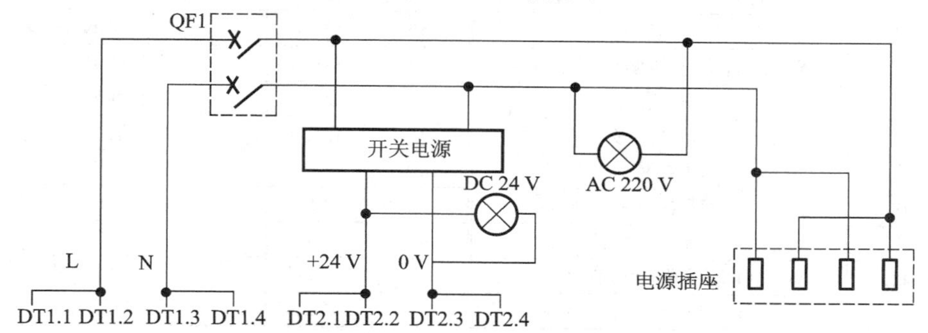

图 8-10　光伏电源控制单元的电气原理图

(2) 光伏供电主电路电气原理图如图 8-9 所示。

(3) 光伏供电控制单元的电气原理图如图 8-11 所示。

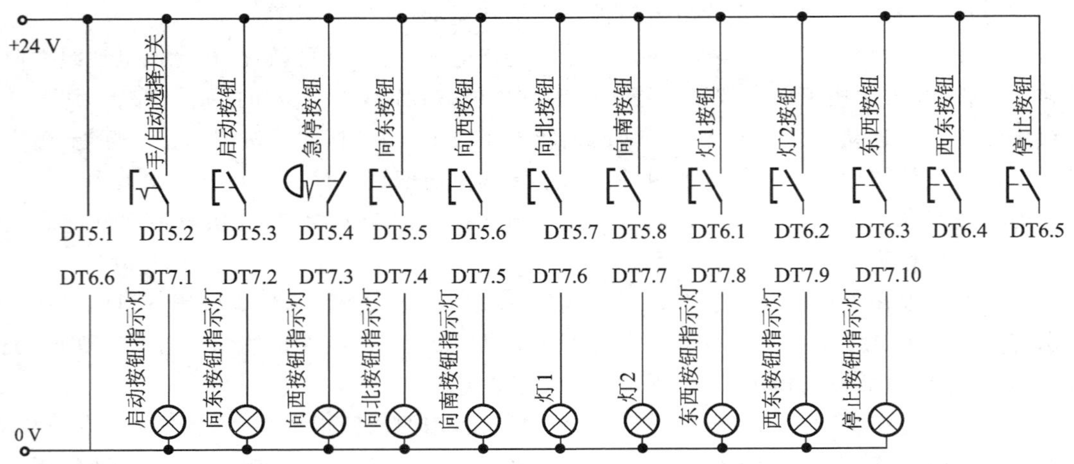

图 8-11　光伏供电控制单元的电气原理图

4. PLC 的 I/O 地址分配

PLC 的 I/O 地址分配情况如表 8-1 所示。

表 8-1　S7-200 系列 PLC 的 I/O 地址分配表

序号	符号	说　　明	序号	符号	说　　明
1	I0.0	选择开关自动挡	23	I2.6	摆杆东西限位开关
2	I0.1	启动按钮	24	I2.7	摆杆西东限位开关
3	I0.2	急停按钮	25	Q0.0	启动按钮指示灯
4	I0.3	向东按钮	26	Q0.1	向东按钮指示灯
5	I0.4	向西按钮	27	Q0.2	向西按钮指示灯
6	I0.5	向北按钮	28	Q0.3	向北按钮指示灯
7	I0.6	向南按钮	29	Q0.4	向南按钮指示灯
8	I0.7	灯 1 按钮	30	Q0.5	灯 1 按钮指示灯、KA7 线圈
9	I1.0	灯 2 按钮	31	Q0.6	灯 2 按钮指示灯、KA8 线圈
10	I1.1	东西按钮	32	Q0.7	东西按钮指示灯
11	I1.2	西东按钮	33	Q1.0	西东按钮指示灯
12	I1.3	停止按钮	34	Q1.1	停止按钮指示灯
13	I1.4	摆杆接近开关(垂直限位)	35	Q1.2	继电器 KA1 线圈
14	I1.5	未定义	36	Q1.3	继电器 KA2 线圈
15	I1.6	光伏组件向东西偏移限位开关	37	Q1.4	继电器 KA3 线圈
16	I1.7	未定义	38	Q1.5	继电器 KA4 线圈
17	I2.0	光伏组件向北偏移限位开关	39	Q1.6	继电器 KA5 线圈
18	I2.1	光伏组件向南偏移限位开关	40	Q1.7	继电器 KA6 线圈
19	I2.2	光线传感器向东信号端	41	1M	0 V
20	I2.3	光线传感器向西信号端	42	2M	0 V
21	I2.4	光线传感器向北信号端	43	1L	DC 24 V
22	I2.5	光线传感器向南信号端	44	2L	DC 24 V

光伏供电系统使用西门子 S7-200 系列 CPU226 型 PLC 作为光伏供电装置工作的控制

器，该 PLC 有二十四个开关量输入信号、十六个继电器输出信号。PLC 控制系统的电气原理图如图 8-12 所示。

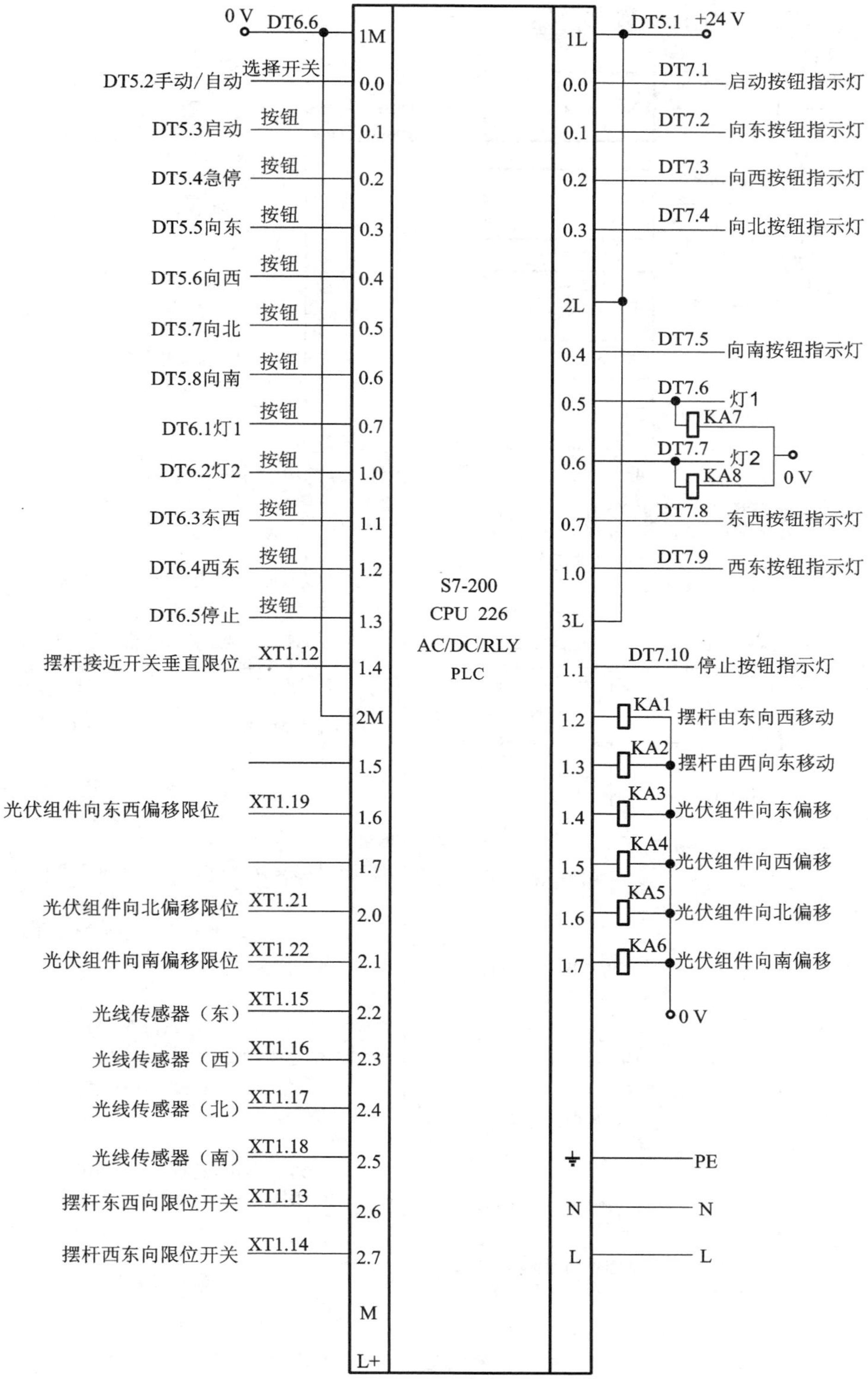

图 8-12　PLC 控制系统的电气原理图

5. 程序设计

本任务采用结构化程序设计思想，主程序中只调用子程序，具体任务在子程序中完成。太阳自动跟踪系统的梯形图如图 8-13 至图 8-16 所示。

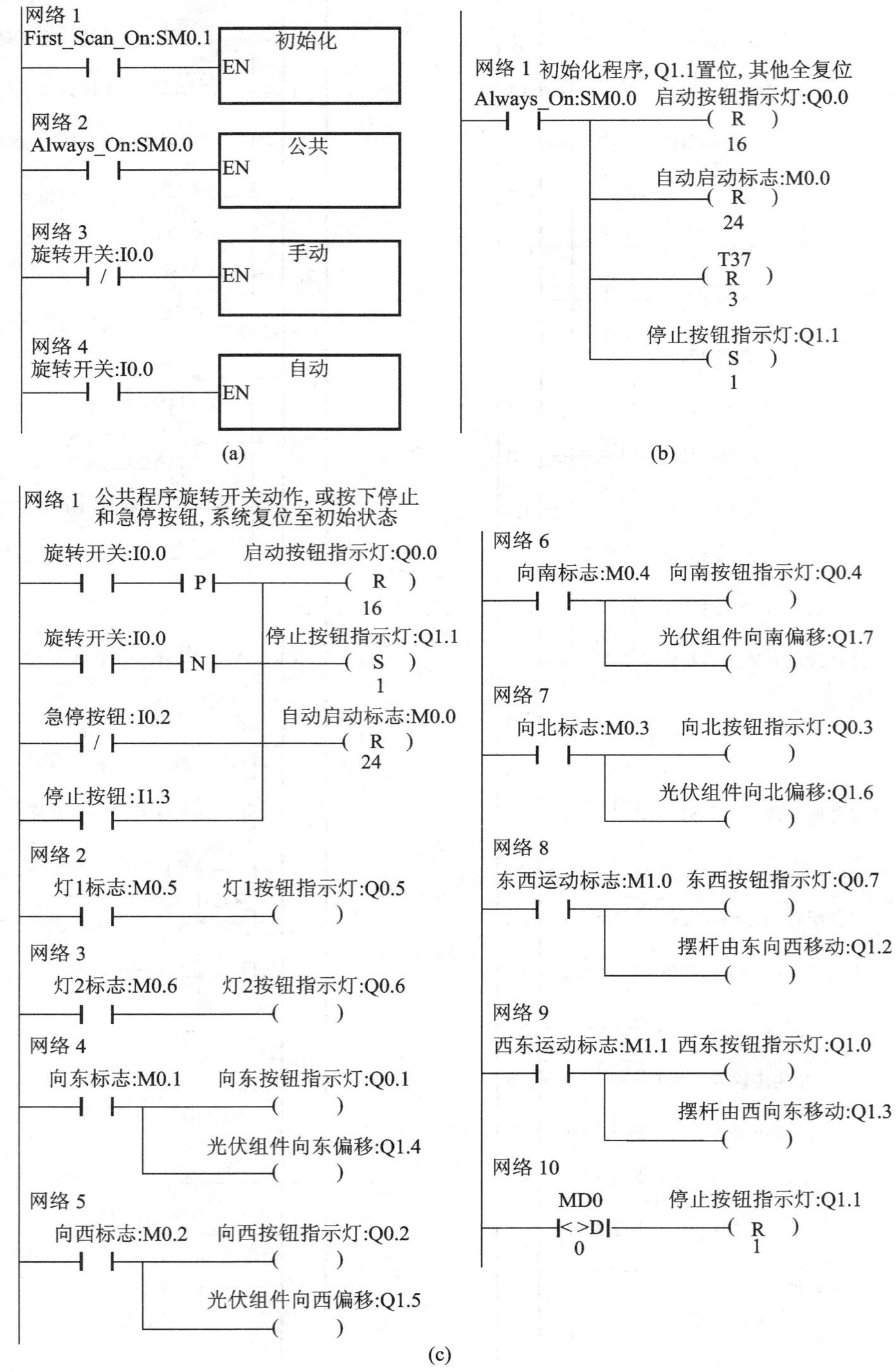

图 8-13　主程序、初始化程序和公共程序梯形图

(a)主程序梯形图；(b)初始化程序梯形图；(c)公共程序梯形图

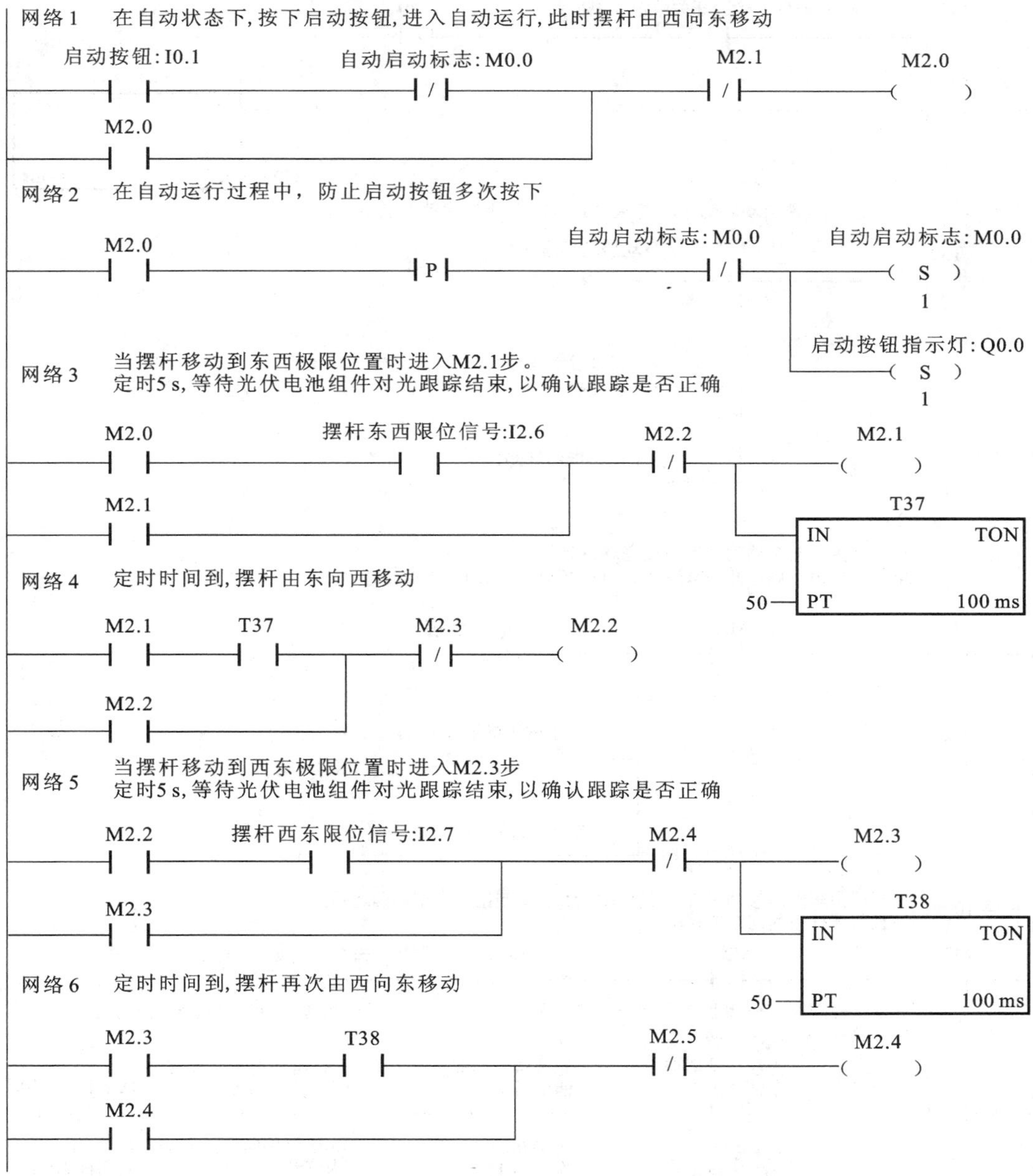

网络 1　在自动状态下，按下启动按钮，进入自动运行，此时摆杆由西向东移动

启动按钮:I0.1　自动启动标志:M0.0　M2.1　M2.0

M2.0

网络 2　在自动运行过程中，防止启动按钮多次按下

M2.0　P　自动启动标志:M0.0　自动启动标志:M0.0

S

1

启动按钮指示灯:Q0.0

S

1

网络 3　当摆杆移动到东西极限位置时进入M2.1步。
定时5 s，等待光伏电池组件对光跟踪结束，以确认跟踪是否正确

M2.0　摆杆东西限位信号:I2.6　M2.2　M2.1

M2.1　T37

IN　TON

50　PT　100 ms

网络 4　定时时间到，摆杆由东向西移动

M2.1　T37　M2.3　M2.2

M2.2

网络 5　当摆杆移动到西东极限位置时进入M2.3步
定时5 s，等待光伏电池组件对光跟踪结束，以确认跟踪是否正确

M2.2　摆杆西东限位信号:I2.7　M2.4　M2.3

M2.3　T38

IN　TON

50　PT　100 ms

网络 6　定时时间到，摆杆再次由西向东移动

M2.3　T38　M2.5　M2.4

M2.4

图 8-14　自动跟踪程序梯形图

网络 7
当摆杆移动到垂直于接近开关限定极限位置时进入M2.5步。
定时30 s,等待光伏电池组件对光跟踪结束,以确认跟踪是否正确
M2.4
摆杆垂直于接近开关限定极限位置:I1.4
T39
M2.5
M2.5
T39
IN
TON
300
PT
100 ms
网络 8
跟踪结束,复位自动启动标志,熄灭灯1和灯2,为下次启动做准备
T39
自动启动标志:M0.0
R
8
自动按钮指示灯:Q0.0
R
1
停止按钮指示灯:Q1.1
S
1
网络 9
在摆杆由西向东移动过程中点亮灯1和灯2。
熄灭停止指示灯，并使M1.0为1，以控制摆杆由西向东运行
M2.0
M2.2
灯1标志:M0.5
S
2
M2.4
停止按钮指示灯:Q1.1
R
1
东西运动标志:M1.0
网络 10
在摆杆由东向西移动过程中,使M1.1为1,以控制摆杆由东向西运行，
并且与摆杆由西向东的移动形成互锁
M2.2
M2.4
M2.0
西东运动标志:M1.1
网络 11
光伏组件跟踪部分,其原理是哪个方向有光照,组件中间部位的传感器就检测到哪个方向的信号,
组件就朝哪个方向运动
启动按钮指示灯:Q0.0
光线传感器向
东信号:I2.2
光线传感器向
西信号:I2.3
光伏组件向东西偏移
限位开关:I1.6
向东标志:M0.1
光线传感器向
西信号:I2.3
光线传感器向
东信号:I2.2
光伏组件向东西偏移
限位开关:I1.6
向西标志:M0.2
光线传感器向
北信号:I2.4
光线传感器向
南信号:I2.5
光伏组件向北偏移
限位开关:I2.0
向北标志:M0.3
光线传感器向
南信号:I2.5
光线传感器向
北信号:I2.4
光伏组件向南偏移
限位开关:I2.1
向南标志:M0.4

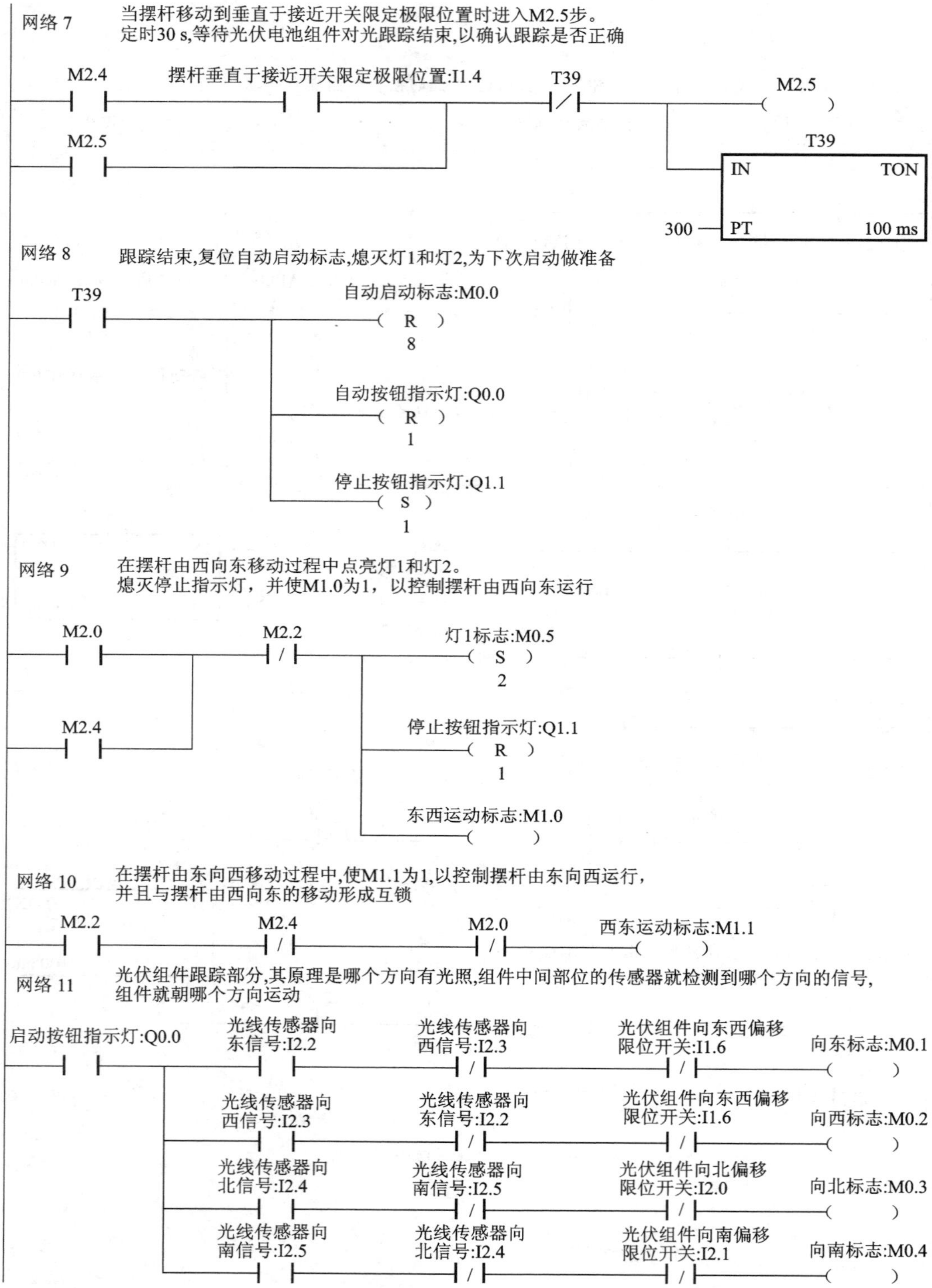

图 8-15 自动跟踪程序梯形图

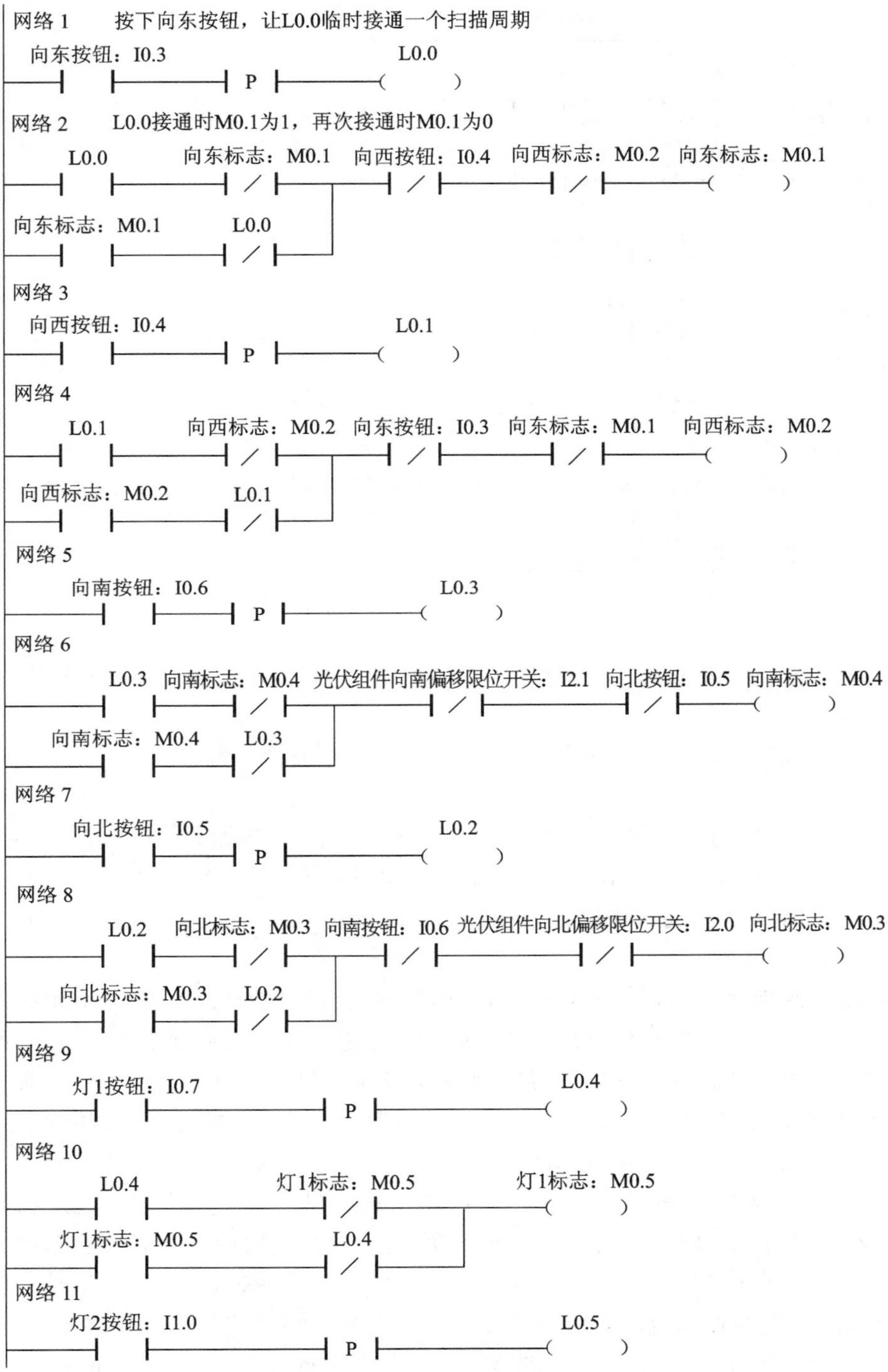

网络 1　　按下向东按钮，让L0.0临时接通一个扫描周期

向东按钮：I0.3　P　L0.0

网络 2　　L0.0接通时M0.1为1，再次接通时M0.1为0

L0.0　向东标志：M0.1　向西按钮：I0.4　向西标志：M0.2　向东标志：M0.1

向东标志：M0.1　L0.0

网络 3

向西按钮：I0.4　P　L0.1

网络 4

L0.1　向西标志：M0.2　向东按钮：I0.3　向东标志：M0.1　向西标志：M0.2

向西标志：M0.2　L0.1

网络 5

向南按钮：I0.6　P　L0.3

网络 6

L0.3　向南标志：M0.4　光伏组件向南偏移限位开关：I2.1　向北按钮：I0.5　向南标志：M0.4

向南标志：M0.4　L0.3

网络 7

向北按钮：I0.5　P　L0.2

网络 8

L0.2　向北标志：M0.3　向南按钮：I0.6　光伏组件向北偏移限位开关：I2.0　向北标志：M0.3

向北标志：M0.3　L0.2

网络 9

灯1按钮：I0.7　P　L0.4

网络 10

L0.4　灯1标志：M0.5　灯1标志：M0.5

灯1标志：M0.5　L0.4

网络 11

灯2按钮：I1.0　P　L0.5

图 8-16　手动程序梯形图(一)

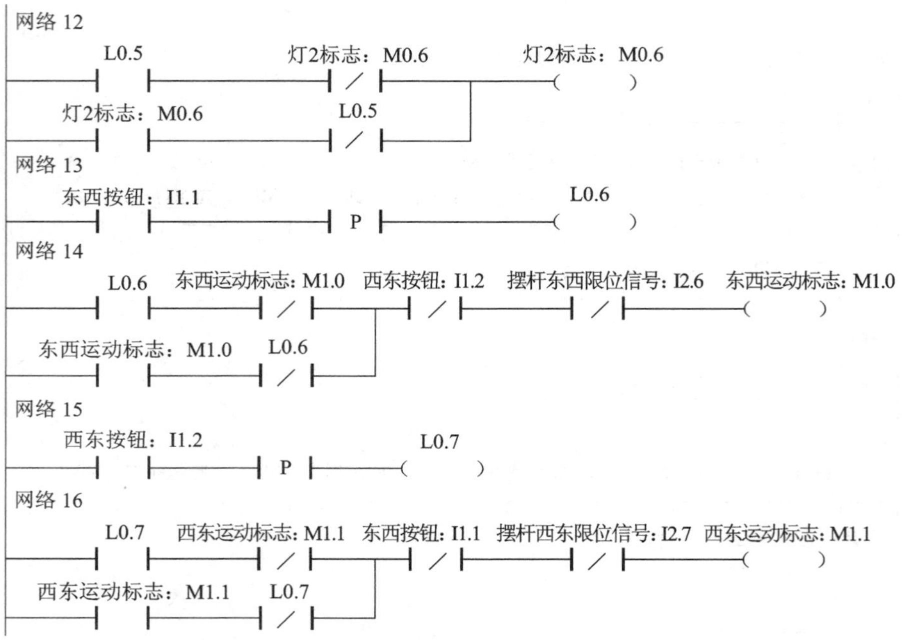

网络 12

L0.5　灯2标志：M0.6　灯2标志：M0.6

灯2标志：M0.6　L0.5

网络 13

东西按钮：I1.1　P　L0.6

网络 14

L0.6　东西运动标志：M1.0　西东按钮：I1.2　摆杆东西限位信号：I2.6　东西运动标志：M1.0

东西运动标志：M1.0　L0.6

网络 15

西东按钮：I1.2　P　L0.7

网络 16

L0.7　西东运动标志：M1.1　东西按钮：I1.1　摆杆西东限位信号：I2.7　西东运动标志：M1.1

西东运动标志：M1.1　L0.7

续图 8-16

下面对程序进行简要分析。为了编程和调试方便，主程序主要调用几个子程序，具体功能在子程序中完成。

(1) 初始化程序主要用于对输出、程序中使用的寄存器、定时器进行复位，并将停止按钮指示灯置位。

(2) 公共程序中：网络 1 的作用是，当旋转开关位置发生变化或按下停止或急停按钮时，进行系统复位操作；网络 2 至网络 9 的作用是对输出进行操作，某个标志位为 1 时，相应的输出为 1，标志位在手动或自动程序中控制；网络 10 的作用是在手动或自动控制过程中将停止按钮指示灯复位。

(3) 自动跟踪程序采用顺序控制思想，整体思路是：在自动状态下按下启动按钮，摆杆由西向东移动。当摆杆碰到东西限位开关时停止运动并定时 5 s，以便光伏组件进行对光跟踪，时间到后摆杆由东向西移动；当摆杆碰到西东限位开关时停止运动并定时 5 s，以便光伏组件进行对光跟踪，时间到后摆杆再次由西向东移动；当摆杆在垂直于接近开关的位置挡住接近开关时停止运动并定时 30 s，以便光伏组件进行对光跟踪，时间到后整个自动运行停止。再次按下启动按钮后进行下一次循环。网络 8 的作用是运行结束后使系统进入复位状态，其中 M0.0 是自动启动标志。网络 8 用于防止在自动运行过程中多次按下启动按钮，造成程序混乱。网络 9 的作用是在 M2.0 和 M2.4 状态下控制摆杆由西向东运行，并与 M2.2 状态互锁，防止因程序混乱，摆杆控制电动机的两个接触器同时接通而造成短路。网络 10 与网络 9 类似，网络 11 是光伏组件跟踪程序，其原理是哪个方向有光照组件就朝哪个方向运动，其四个方向的光线传感器安装在光伏组件中心(见图 8-2)，再加上限位开关和互锁就可以了。

(4) 手动程序中：网络 1 的作用是，按下向东按钮时，使 L0.0 临时接通一个扫描周期；网络 2 的作用是，临时变量 L0.0 为 1 时，使向东标志为 1，当临时变量 L0.0 再次为 1 时，使向东标志为 0，其中向西按钮和向西标志形成软件联锁与互锁。

手动程序中的其他网络原理与网络 1 和网络 2 相同，在此不赘述。手动程序中没有使用停止和急停按钮，它们的功能在公共程序中实现。

6. 系统安装与调试

1）安装与接线

(1) 按图 8-12 所示的 PLC 控制系统的电气原理图在光伏供电系统上进行正确安装，安装要准确、紧固，配线导线要紧固、美观，导线要进入线槽并要有端子标号，引出端要压端子。

(2) 将图 8-2 所示的光伏供电装置安装好，并将光伏电源控制单元、光伏供电控制单元，以及接触器、PLC 装在光伏供电系统控制柜上。

2）程序录入与调试

(1) 正确编写程序并将程序写入 PLC。

(2) 在手动状态下，分别按下向东、向西、向北、向南按钮，观察光伏电池组件的运动方向，当按下停止按钮时，光伏电池组件停止运动；观察光伏电池组件处在极限位置时是否停止运动。如果光伏电池组件运动状态不正常，检查接线和程序后再重新调试。

(3) 在手动状态下，分别按下灯 1 和灯 2 按钮，观察投射灯 1 和投射灯 2 是否发光，当按下停止按钮时，点亮的投射灯熄灭，如果不正常，检查接线和程序后再重新调试。

(4) 在手动状态下，分别按下东西按钮和西东按钮，观察摆杆的运动状态，当按下停止按钮时，摆杆停止运动；观察摆杆处在极限位置时是否停止运动。如果摆杆运动状态不正常，检查接线和程序后再重新调试。

(5) 在自动状态下，按下启动按钮时，投射灯 1 或投射灯 2 亮，摆杆由东向西移动，光伏电池组件跟踪投射灯运动；当摆杆运动到东西向极限位置时，摆杆由西向东移动，光伏电池组件跟踪投射灯运动。若上述运动不正常，重点检查程序。

五、知识拓展

1. 蓄电池使用寿命

蓄电池的有效寿命称为使用寿命。蓄电池的使用寿命包括使用期限和使用周期。使用期限指包括存放时间在内蓄电池可供使用的时间；使用周期指蓄电池可以重复使用的次数。蓄电池每经过一次全充电和全放电过程称为一次循环，也是一个使用周期。蓄电池的有效寿命包括经受充放电循环的寿命。

2. 蓄电池的自放电

蓄电池的自放电是指蓄电池在未使用的情况下，电量自动减少或消失的现象。

3. 蓄电池的运行方式

根据使用要求，同型号的蓄电池一般串联使用。蓄电池有三种方式运行：循环充放电、连续浮充和定期浮充。

(1) 循环充放电　循环充放电属于全放全充方式，采用这种方式会使蓄电池寿命缩短。

(2) 连续浮充　连续浮充也称为全浮充。正常情况下，光伏电池输出的直流电加在蓄电池电极两端，当蓄电池电压低于光伏电池输出的直流电时，蓄电池被充电；当光伏电池的电量低或没有电时，启用蓄电池对负载供电。

(3) 定期浮充　定期浮充也称半浮充，部分时间由光伏电池输出的直流电直接向负载供电,部分时间由蓄电池向负载供电,蓄电池定期补充放出的电量。

连续浮充和定期浮充的蓄电池使用寿命比采用循环充放电方式蓄电池的使用寿命长,连续浮充比定期浮充合理。

4. 蓄电池的充电

蓄电池的充电方式可以分为:恒流充电、恒压充电、恒压限流充电和快速充电。

(1) 恒流充电　恒流充电是指以恒定不变的电流进行充电。其不足之处是开始充电阶段恒流值比可充值小,充电后期恒流值比可充值大。恒流充电适合蓄电池串联的蓄电池组。分段恒流充电是恒流充电的变形,在充电后期充电电流会减小。

(2) 恒压充电　恒压充电是对单体蓄电池以恒定电压充电,充电初期电流很大,随着充电的进行,电流将减小,充电终止阶段只有很小的电流。其缺点是在充电初期,如果蓄电池放电深度过深,充电电流会很大,从而危及充电器的安全,蓄电池也可能因过流而受到损坏。

(3) 恒压限流充电　恒压限流是在充电器与蓄电池之间串联一个电阻。当电流较大时,电阻上的压降也大,从而使充电电压较小;当电流较小时,电阻上的压降也小,充电器输出压降损失就小。这样就实现了充电电流的自动调整。

(4) 快速充电　快速充电是使电流以脉冲形式输出给蓄电池,蓄电池有一个瞬时大电流放电,使其电极去极化,蓄电池因而能在短时间内充足电。

5. 蓄电池的充电控制方法

蓄电池的充电过程一般分为主充、均充和浮充。主充一般是快速充电,脉冲式充电是常见的主充模式。恒流充电以慢充作为主充模式。蓄电池组深度放电或长期浮充后,串联的单体蓄电池的电压和容量会出现不平衡现象,为了消除这种不平衡现象而进行的充电称为均衡充电,简称均充。为了保护蓄电池不过充,在蓄电池充电达到80%～90%容量后,一般转为浮充(恒压充电)模式。

六、研讨与训练

(1) 查阅资料,了解蓄电池的主要性能参数。

(2) 调整光伏电池组件与投射灯1、投射灯2的位置,改变光伏电池组件负载的阻值,记录光伏电池组件的输出电压值和电流值,绘制光伏电池的 *I-V* 特性曲线和输出功率曲线。

(3) 在本任务中,编写自动跟踪控制程序,使摆杆在运动过程中走2 s停3 s,做间断运动,以便光伏组件更好地跟踪光源。

任务二　风向和风量的检测控制

一、任务目标

知识目标

(1) 了解可变风向的控制方法;

(2) 了解可变风量的控制方法。

技能目标

(1) 完成风力发电系统的组装与调试;

(2) 掌握风力发电系统 PLC 控制程序的设计。

二、任务描述

在可变风场中，风力发电机利用尾舵实现被动偏航迎风，从而输出最大电能。利用测速仪检测风场的风量，当风场的风量超过安全值时，侧风偏航机械传动机构动作，使尾舵侧风偏航45°，风力发电机叶片转速变慢。本任务主要完成风力供电装置和风力供电系统的安装与调试，风向及风量的检测与 PLC 控制。

三、相关知识

1. 风力供电装置的组成

风力供电装置(见图 8-17)主要由叶片、轮毂、发电机、机舱、尾舵、侧风偏航机械传动机构、直流电动机、塔架和基础、测速仪、测速仪支架、轴流风机、轴流风机支架、轴流风机框罩、单相交流电动机、电容器、风场运动机构箱、传动齿轮链机构、护栏、连杆、滚轮、万向轮、微动开关和接近开关等设备与器件组成。

叶片、轮毂、发电机、机舱、尾舵和侧风偏航机械传动机构组装成水平轴永磁同步风力发电机，安装在塔架上。风场传动齿轮链机构由轴流风机、轴流风机支架、轴流风机框罩、测速仪、测速仪支架、风场运动机构箱、传动齿轮链机构、单相交流电动机、滚轮和万向轮等组成。轴流风机和轴流风机框罩安装在风场运动机构箱体上部，传动齿轮链机构、单相交流电动机、滚轮和万向轮组成风场运动机构。当风场运动机构中的单相交流电动机旋转时，传动齿轮链机构带动滚轮转动，风场运动机构箱围绕风力发电机的塔架做圆周旋转运动，当轴流风机输送可变风量的风时，在风力发电机周围形成风向和风速可变的风场。

2. 风力供电系统的组成

风力供电系统(见图 8-18)主要由风电电源控制单元、风电输出显示单元、触摸屏、风力供电控制单元、DSP 控制单元、接口单元、西门子 S7-200 系列 PLC、变频器、继电器组、接线排、可调电阻器、断路器、网孔架等组成。

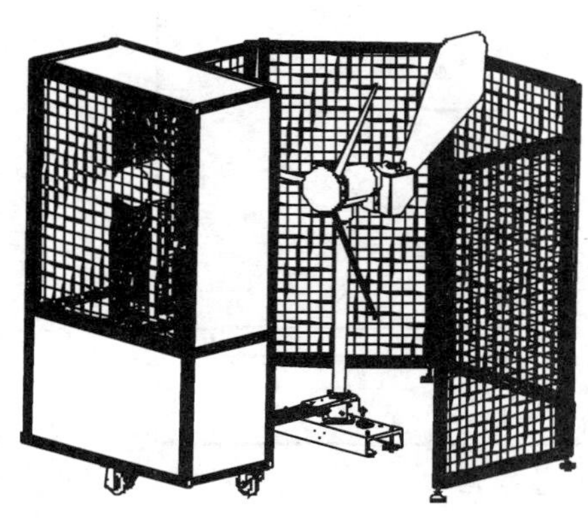

图 8-17　风力供电装置

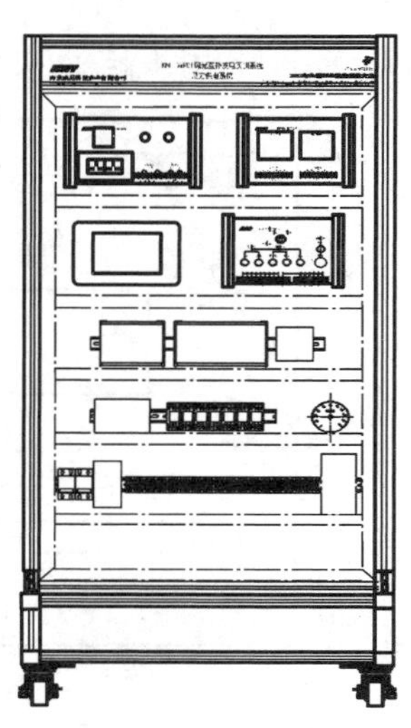

图 8-18　风力供电系统

1）风电电源控制单元

风电电源控制单元主要由断路器、24 V 开关电源、AC 220 V 电源插座、指示灯、接线端 DT8 和 DT9 等组成。风电电源控制单元面板如图 8-19 所示。

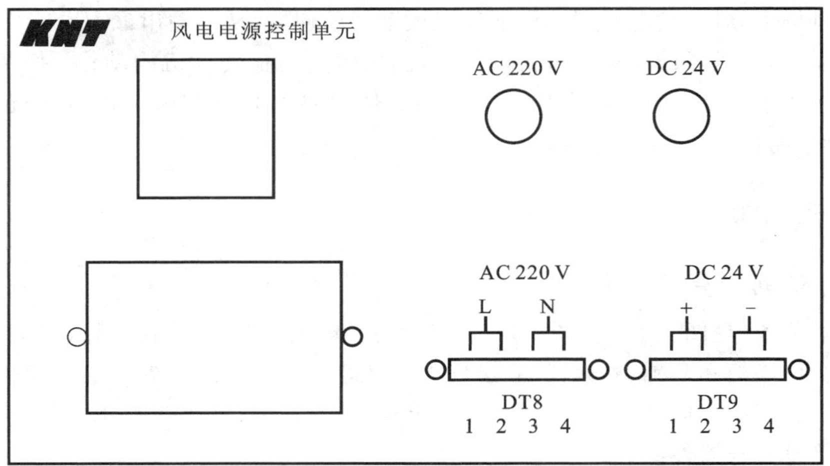

图 8-19　风电电源控制单元面板

接线端子 DT8.1、DT8.2 接 AC 220 V 电源的 L 端子，接线端子 DT8.3、DT8.4 接 AC 220 V 电源的 N 端子。接线端子 DT9.1、DT9.2 接 24 V 的"+"端子，接线端子 DT9.3、DT9.4 分别接 24 V 的"－"端子(即 0 V)。风电电源控制单元的电气原理图和光伏电源控制单元的电气原理图相同。

2）风电输出显示单元

风电输出显示单元主要由直流电流表、直流电压表、接线端 DT10 和 DT11 等组成。风电输出显示单元面板如图 8-20 所示。

接线端子 DT10.3、DT11.3 接 AC 220 V 电源的 L 端子，接线端子 DT10.4、DT11.4 接 AC 220 V 电源的 N 端子。接线端子 DT10.5、DT10.6、DT11.5、DT11.6 均为 RS-485 通信接口。接线端子 DT10.1、DT10.2 用于显示风力发电机输出的经过整流的直流电流值，接线端子 DT11.1、DT11.2 用于显示风力发电机输出的经过整流的直流电压值。

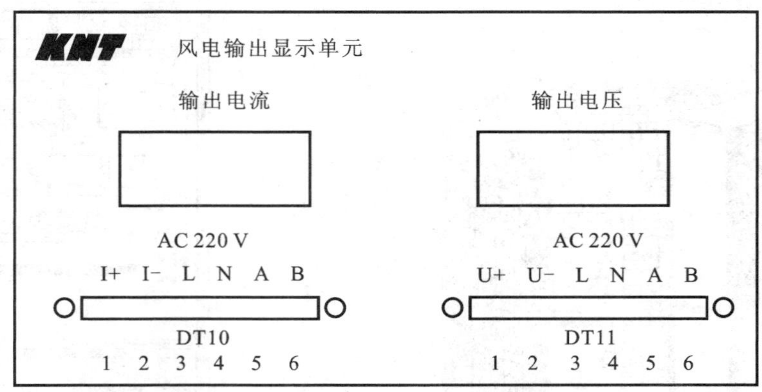

图 8-20　风电输出显示单元面板

3）风力供电控制单元

风力供电控制单元主要由手动/自动选择开关、急停按钮、带灯按钮、接线端 DT12 和 DT13 等组成。风力供电控制单元面板如图 8-21 所示。

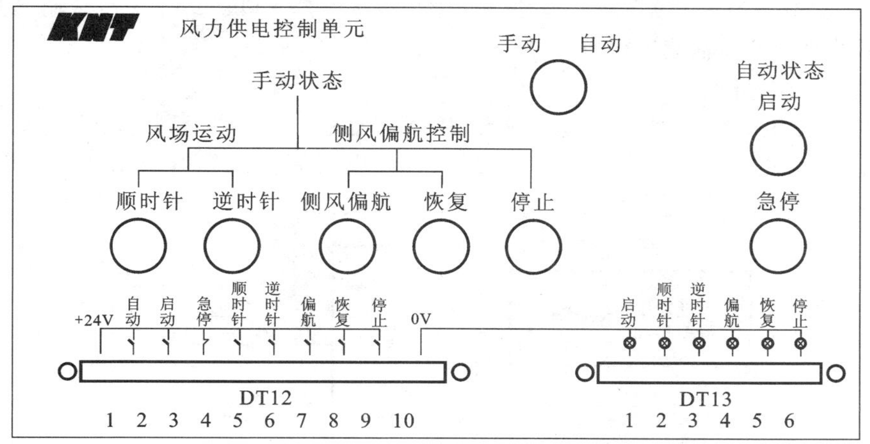

图 8-21　风力供电控制单元面板

选择开关自动挡、启动按钮、顺时针按钮、逆时针按钮、侧风偏航按钮、恢复按钮、停止按钮均使用常开触点，顺次接接线端子 DT12.2、DT12.3、DT12.5、DT12.6、DT12.7、DT12.8、DT12.9。急停按钮使用常闭触点，接接线端子 DT12.4。接线端子 DT12.1、DT12.10 分别接 +24 V 端子和 0 V 端子。接线端 DT13 有 6 个端子，分别接入相应按钮的指示灯。

4）风力供电主电路电气原理

风力供电主电路由风力供电装置和风力供电系统组成。

如图 8-22 所示，继电器 KA9 和继电器 KA10 将单相 AC 220 V 电源通过接插座 CON9 提供给风场运动机构的单相交流电动机，单相交流电动机正、反转分别由继电器 KA9 和继电器 KA10 实现。

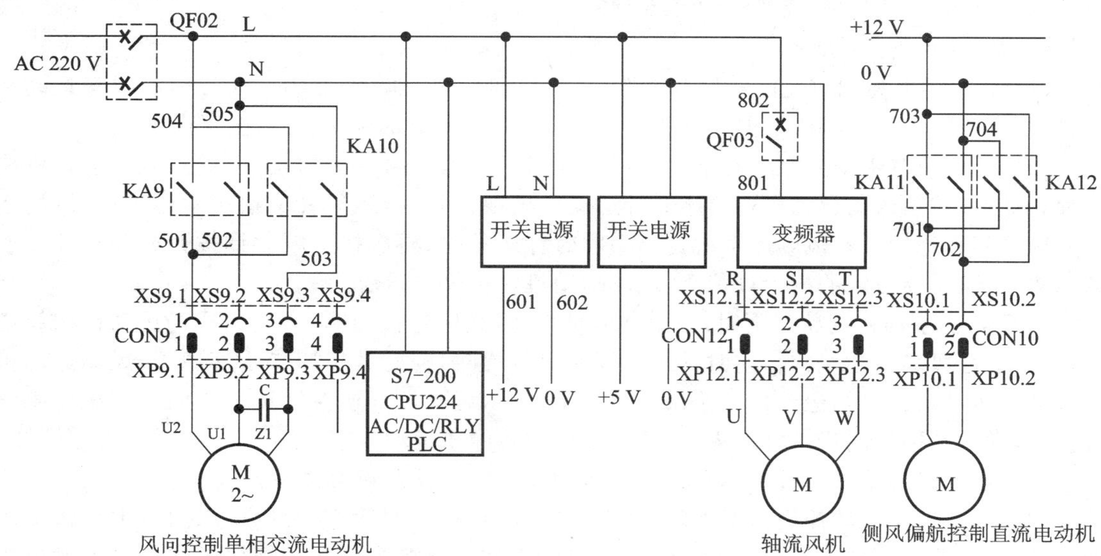

图 8-22　风力供电主电路电气原理图

风力发电机的侧风偏航由直流电动机控制,直流电动机的工作电压为 24 V。继电器 KA11 和继电器 KA12 通过接插座 CON10 向直流电动机提供不同极性的直流电源,实现直流电动机的正反转。

AC 220 V 电源通过开关 QF03 向变频器供电,接插座 CON12 将变频器输出的三相 AC 220 V 电源供给风场的轴流风机。

5) 风速检测电路

当风场的风速过大、达到预定值时,DSP 控制单元通过 JP9 的 2 端送出信号,利用光电耦合器发送给 PLC 的 I1.0 信号端,PLC 控制风力发电机做侧风偏航运动。风速检测电路如图 8-23 所示。

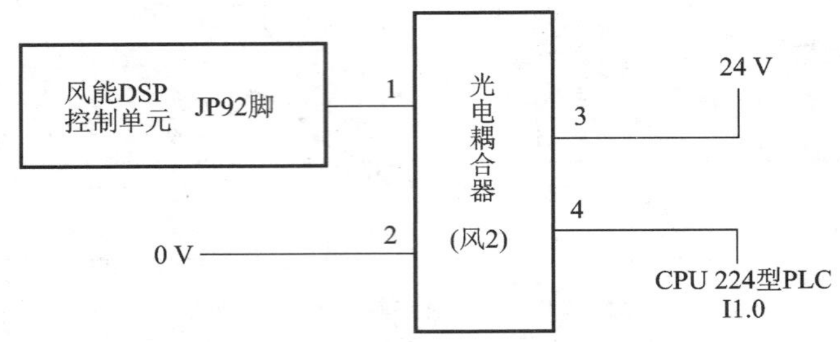

图 8-23　风速检测电路

四、任务实施

1. 任务分析

本任务是综合性较强的任务,安装调试较为复杂,需完成以下几个分任务。

(1) 模拟风场装置完成侧风偏航装置的组装。

(2) 风力供电系统接线。

(3) 模拟风场控制程序设计。

(4) 风力发电机侧风偏航控制程序设计。

2. 控制要求

(1) 风力供电控制单元的选择开关拨向手动挡时,S7-200 系列 PLC 可以进行风场运动和侧风偏航运动的手动控制,拨向自动挡时,按下启动按钮,PLC 执行自动控制程序。

(2) PLC 处在手动控制状态下时,按下顺时针按钮,顺时针按钮指示灯亮,风场运动机构箱顺时针运动,当风场运动机构箱顺时针运动到极限位置时,顺时针按钮指示灯熄灭,风场运动机构箱停止运动。在风场运动机构箱做顺时针运动时,再次按下顺时针按钮或停止按钮或急停按钮,顺时针按钮的指示灯熄灭,风场运动机构箱停止运动。

PLC 处在手动控制状态下时,按下逆时针按钮,逆时针按钮指示灯亮,风场运动机构箱逆时针运动,当风场运动机构箱逆时针运动到极限位置时,逆时针按钮指示灯熄灭,风场运动机构箱停止运动。在风场运动机构箱做逆时针运动时,再次按下逆时针按钮或停止按钮或急停按钮时,逆时针按钮的指示灯熄灭,风场运动机构箱停止运动。

风场运动机构箱顺时针运动和逆时针运动在程序上具有互锁关系。

(3) PLC 处在手动控制状态下时,按下偏航按钮,偏航按钮指示灯亮,风力发电机做侧风偏航动作,尾翼偏转到 45°左右的位置,侧风偏航结束,偏航按钮指示灯熄灭。在风力发电机侧风偏航的过程中,再次按下偏航按钮或停止按钮或急停按钮,侧风偏航结束,偏航按钮指示

灯熄灭。侧风偏航结束时，按下恢复按钮，恢复按钮指示灯亮，风力发电机撤销侧风偏航，在此过程中，再次按下恢复按钮或停止按钮或急停按钮，撤销侧风偏航动作停止，恢复按钮指示灯熄灭。在撤销侧风偏航的过程中，当尾翼回到初始状态时，撤销侧风偏航动作结束，恢复按钮指示灯熄灭。

(4) PLC处在自动控制状态下时，按下启动按钮，启动按钮指示灯亮，风场运动机构箱做顺时针运动(运动 2 s 停 1 s，间断运动)。变频器频率先从 20 Hz 上升至 50 Hz(上升速率为 2 Hz/s)，然后从 50 Hz 下降至 20 Hz(下降速率为 2 Hz/s)，如此循环，轴流风机相应地做变速旋转(此功能通过上位机控制变频器实现)。当风场运动机构箱顺时针运动到极限位置时，开始做逆时针运动(运动 2 s 停 1 s，间断运动)，当风场运动机构箱逆时针运动到极限位置时，再开始进行顺时针运动 2 s 停 1 s 的间断运动，40 s 后风场运动机构箱停止运动，以使风场运动机构停在中间位置，自动运行程序结束。PLC 处在自动控制状态下，当风速超过 DSP 控制器规定值时，风力发电机侧风偏航，当风速低于 DSP 控制器规定值时，风力发电机撤销侧风偏航。

风场运动机构箱的顺时针运动和逆时针运动在程序上具有互锁关系。

3. PLC 的 I/O 地址分配

风力发电系统 PLC 的 I/O 地址分配情况如表 8-2 所示。

表 8-2　风力发电系统 PLC 的 I/O 地址分配表

序号	地址	名　称	序号	地址	名　称
1	I0.0	选择开关自动挡	23	Q0.0	启动按钮指示灯
2	I0.1	启动按钮	24	Q0.1	顺时针按钮指示灯
3	I0.2	急停按钮	25	Q0.2	逆时针按钮指示灯
4	I0.3	顺时针按钮	26	Q0.3	侧风偏航按钮指示灯
5	I0.4	逆时针按钮	27	Q0.4	恢复按钮指示灯
6	I0.5	侧风偏航按钮	28	Q0.5	停止按钮指示灯
7	I0.6	恢复按钮	29	Q0.6	风场运动机构箱顺时针运动
8	I0.7	停止按钮	30	Q0.7	风场运动机构箱逆时针运动
9	I1.0	风速检测信号	31	Q1.0	侧风偏航启动
10	I1.1	侧风偏航初始位开关	32	Q1.1	侧风偏航恢复
11	I1.2	侧风偏航 45°限位开关	33	1M	0 V
12	I1.3	侧风偏航 90°限位开关	34	2M	0 V
13	I1.4	风场运动机构箱顺时针限位开关	35	1L	24 V
14	I1.5	风场运动机构箱逆时针限位开关	36	2L	24 V

4. PLC 选型

风力供电系统使用西门子 S7-200 系列 CPU224 AC/DC/RLY 型 PLC，该 PLC 有十四个开关量输入信号、十个继电器输出信号。

5. 系统电气原理图

(1) 风力供电主电路电气原理图如图 8-22 所示。

(2) 风力供电系统 PLC 的电气原理图如图 8-24 所示。

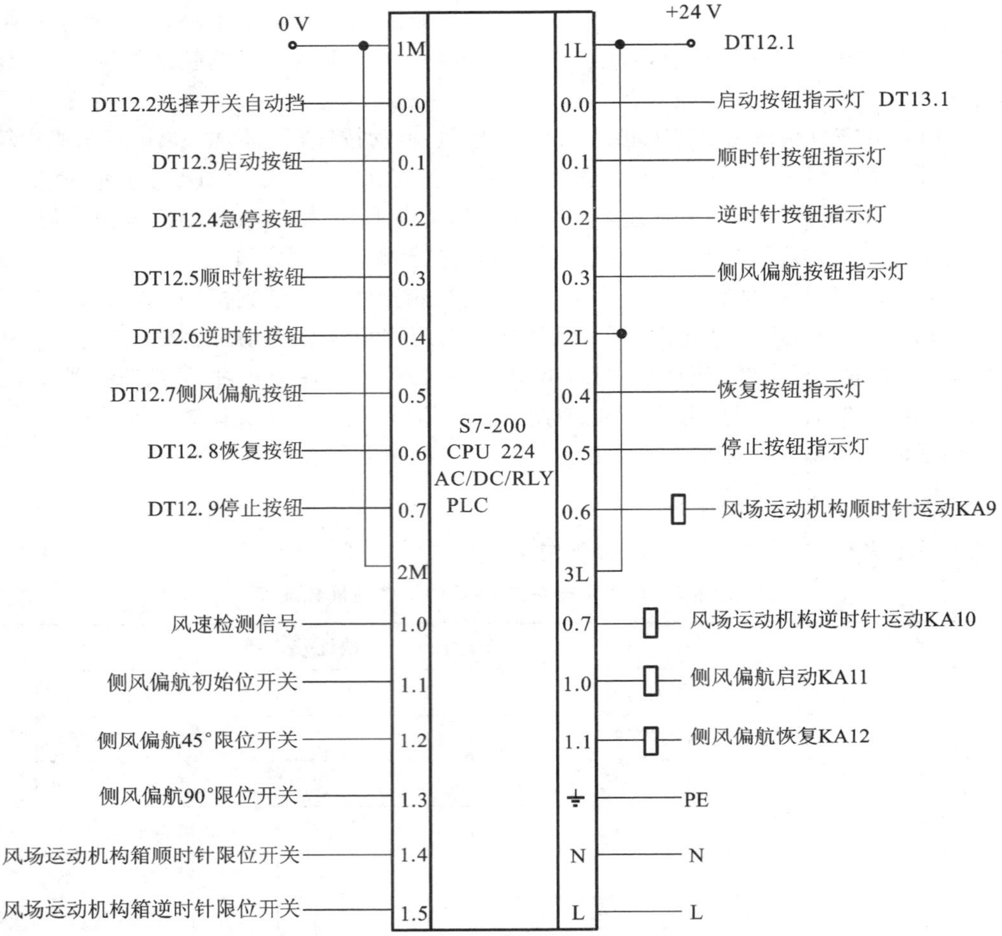

0 V
+24 V
DT12.1
1M
1L
DT12.2选择开关自动挡
0.0
0.0
启动按钮指示灯 DT13.1
DT12.3启动按钮
0.1
0.1
顺时针按钮指示灯
DT12.4急停按钮
0.2
0.2
逆时针按钮指示灯
DT12.5顺时针按钮
0.3
0.3
侧风偏航按钮指示灯
DT12.6逆时针按钮
0.4
2L
DT12.7侧风偏航按钮
0.5
0.4
恢复按钮指示灯
S7-200
CPU 224
AC/DC/RLY
PLC
DT12. 8恢复按钮
0.6
0.5
停止按钮指示灯
DT12. 9停止按钮
0.7
0.6
风场运动机构顺时针运动KA9
2M
3L
风速检测信号
1.0
0.7
风场运动机构逆时针运动KA10
侧风偏航初始位开关
1.1
1.0
侧风偏航启动KA11
侧风偏航45°限位开关
1.2
1.1
侧风偏航恢复KA12
侧风偏航90°限位开关
1.3
PE
风场运动机构箱顺时针限位开关
1.4
N
N
风场运动机构箱逆时针限位开关
1.5
L
L
图 8-24 风力供电系统 PLC 的电气原理图

(3) 风力供电控制单元的电气原理图如图 8-25 所示。

+24 V
手动/自动选择开关
启动按钮
急停按钮
顺时针按钮
逆时针按钮
侧风偏航按钮
恢复按钮
停止按钮
DT12.1 DT12.2 DT12.3 DT12.4 DT12.5 DT12.6 DT12.7 DT12.8 DT12.9
DT12.10 DT13.1 DT13.2 DT13.3 DT13.4 DT13.5 DT13.6
启动按钮指示灯
顺时针按钮指示灯
逆时针按钮指示灯
侧风偏航按钮指示灯
恢复按钮指示灯
停止按钮指示灯
0 V
图 8-25 风力供电控制单元电气原理图

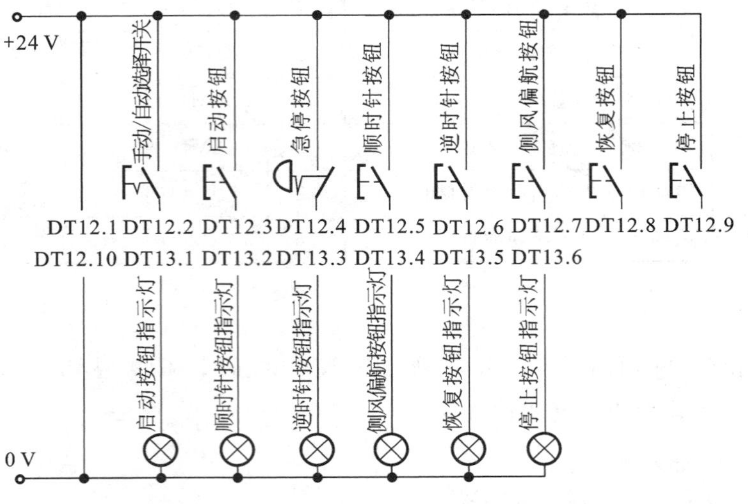

6．程序设计

本任务采用结构化程序设计思想，主程序中只调用子程序，具体任务在子程序中完成。与上一个任务的区别是本任务采用了带参数形式的手动子程序。各程序梯形图如图 8-26 至图 8-28 所示。

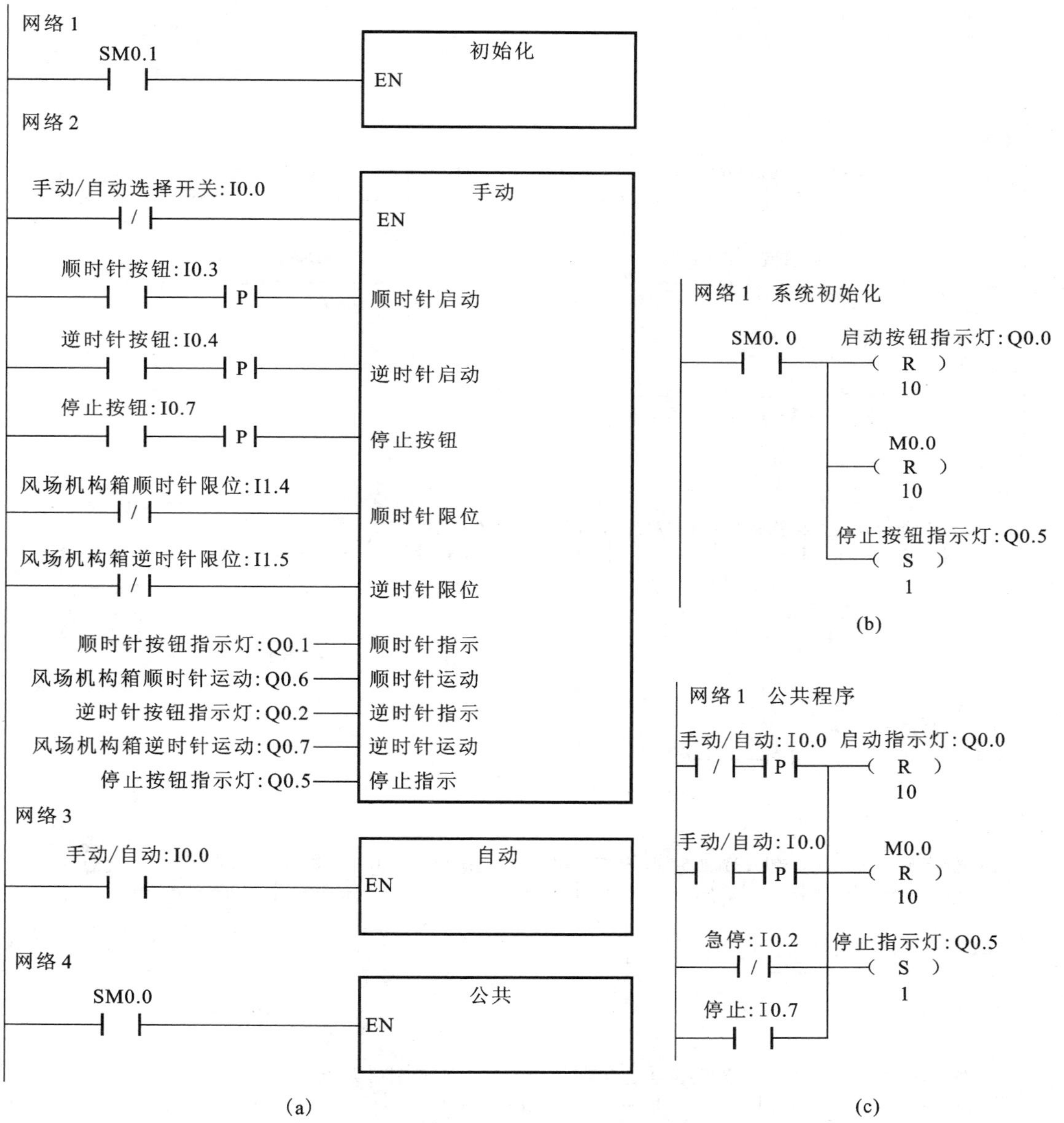

网络 1
SM0.1
初始化
EN
网络 2
手动/自动选择开关:I0.0
手动
EN
顺时针按钮:I0.3
P
顺时针启动
逆时针按钮:I0.4
P
逆时针启动
停止按钮:I0.7
P
停止按钮
风场机构箱顺时针限位:I1.4
顺时针限位
风场机构箱逆时针限位:I1.5
逆时针限位
顺时针按钮指示灯:Q0.1
顺时针指示
风场机构箱顺时针运动:Q0.6
顺时针运动
逆时针按钮指示灯:Q0.2
逆时针指示
风场机构箱逆时针运动:Q0.7
逆时针运动
停止按钮指示灯:Q0.5
停止指示
网络 3
手动/自动:I0.0
自动
EN
网络 4
SM0.0
公共
EN

(a)

网络 1　系统初始化
SM0. 0
启动按钮指示灯:Q0.0
(R)
10
M0.0
(R)
10
停止按钮指示灯:Q0.5
(S)
1

(b)

网络 1　公共程序
手动/自动:I0.0
P
启动指示灯:Q0.0
(R)
10
手动/自动:I0.0
P
M0.0
(R)
10
急停:I0.2
停止指示灯:Q0.5
(S)
1
停止:I0.7

(c)

图 8-26　主程序、初始化程序和公共程序梯形图

(a)主程序；(b)初始化程序；(c)公共程序

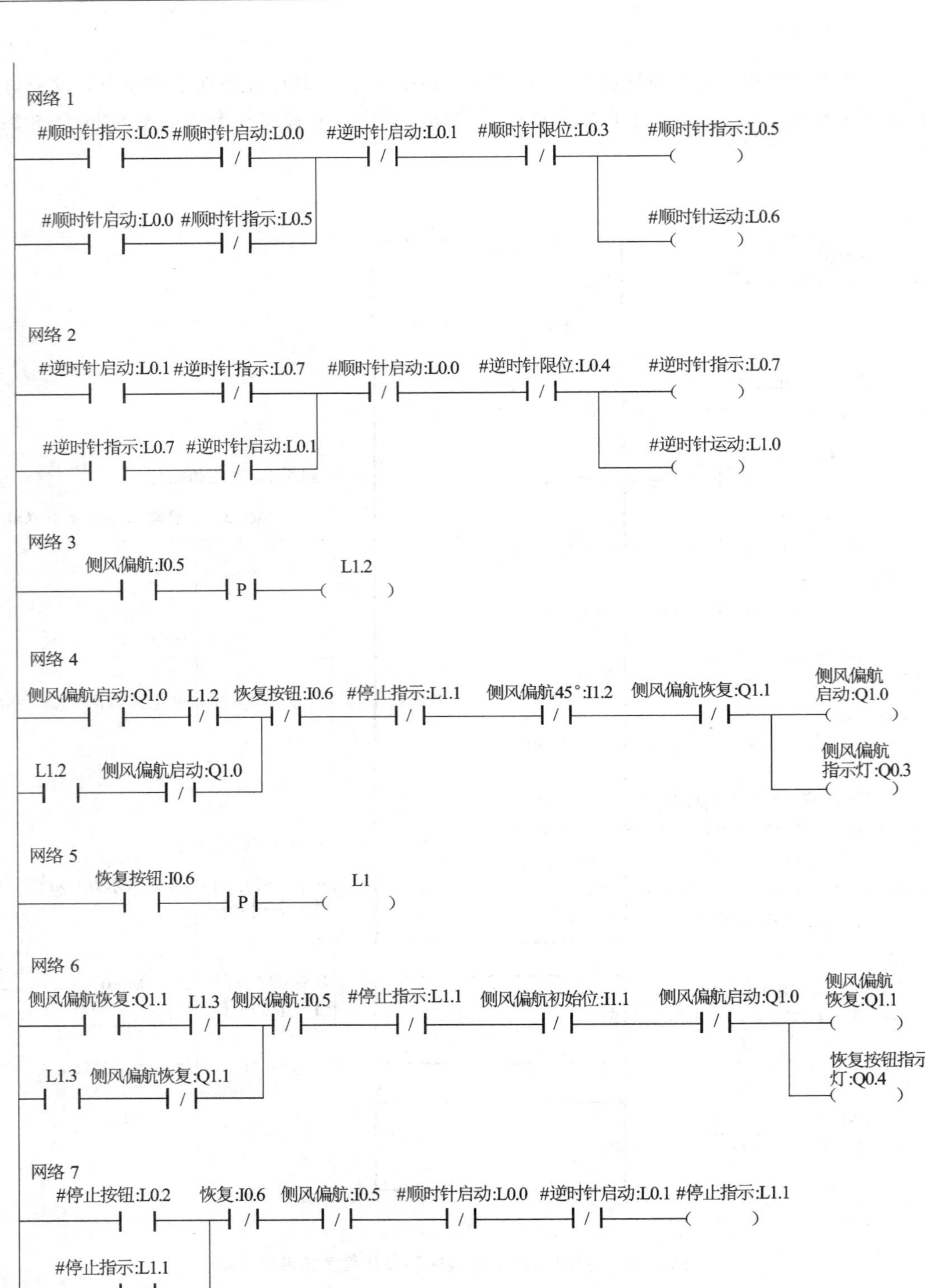

图 8-27 手动程序梯形图(二)

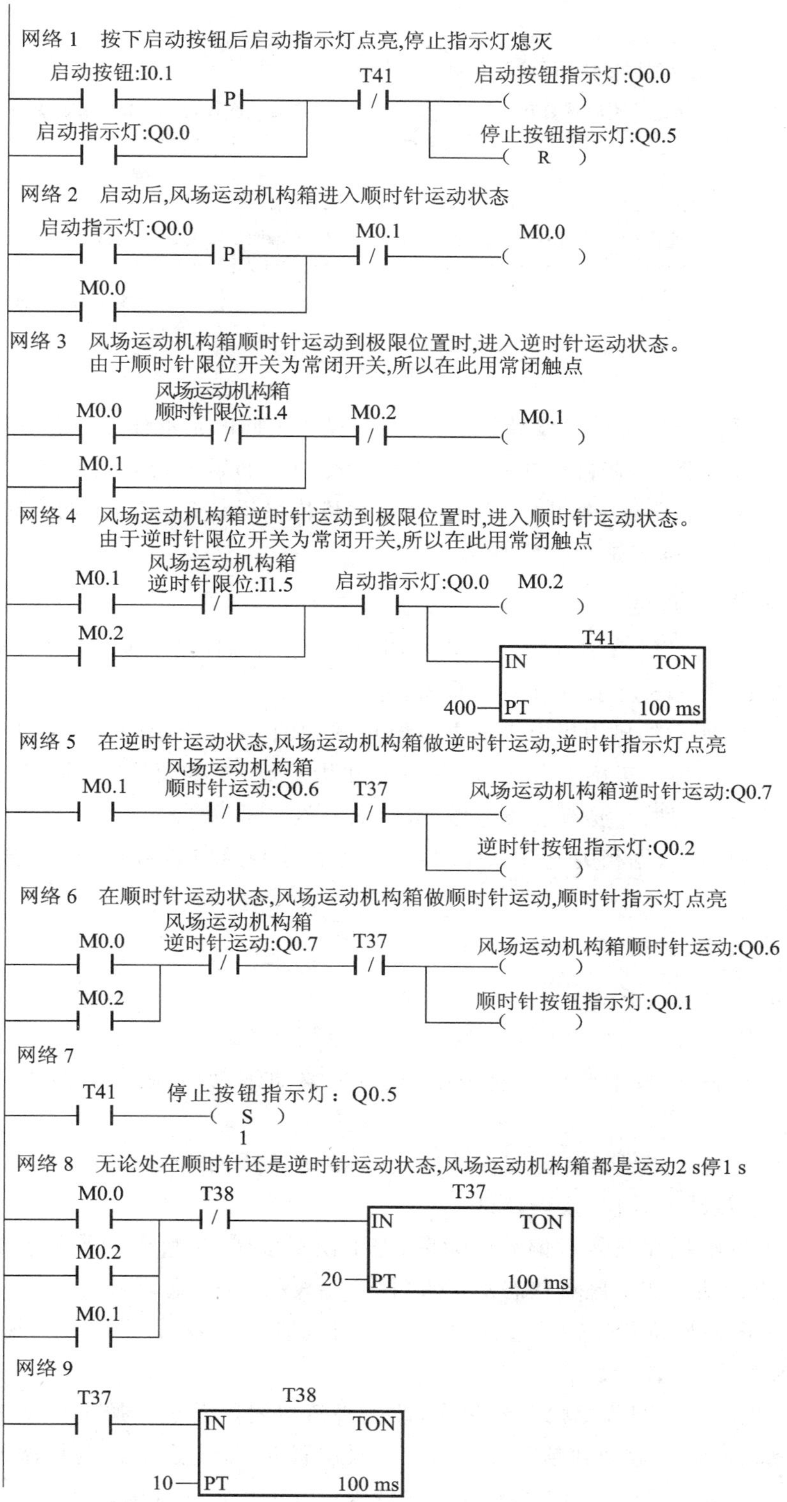

网络 1　按下启动按钮后启动指示灯点亮,停止指示灯熄灭

启动按钮:I0.1　P　T41 /　启动按钮指示灯:Q0.0 ( )
启动指示灯:Q0.0　停止按钮指示灯:Q0.5 (R)

网络 2　启动后,风场运动机构箱进入顺时针运动状态

启动指示灯:Q0.0　P　M0.1 /　M0.0 ( )
M0.0

网络 3　风场运动机构箱顺时针运动到极限位置时,进入逆时针运动状态。由于顺时针限位开关为常闭开关,所以在此用常闭触点

M0.0　风场运动机构箱顺时针限位:I1.4 /　M0.2 /　M0.1 ( )
M0.1

网络 4　风场运动机构箱逆时针运动到极限位置时,进入顺时针运动状态。由于逆时针限位开关为常闭开关,所以在此用常闭触点

M0.1　风场运动机构箱逆时针限位:I1.5 /　启动指示灯:Q0.0　M0.2 ( )
M0.2　T41 IN TON　400 PT 100 ms

网络 5　在逆时针运动状态,风场运动机构箱做逆时针运动,逆时针指示灯点亮

M0.1　风场运动机构箱顺时针运动:Q0.6 /　T37 /　风场运动机构箱逆时针运动:Q0.7 ( )
逆时针按钮指示灯:Q0.2 ( )

网络 6　在顺时针运动状态,风场运动机构箱做顺时针运动,顺时针指示灯点亮

M0.0　风场运动机构箱逆时针运动:Q0.7 /　T37 /　风场运动机构箱顺时针运动:Q0.6 ( )
M0.2　顺时针按钮指示灯:Q0.1 ( )

网络 7

T41　停止按钮指示灯：Q0.5 (S) 1

网络 8　无论处在顺时针还是逆时针运动状态,风场运动机构箱都是运动2 s停1 s

M0.0　T38 /　T37 IN TON　20 PT 100 ms
M0.2
M0.1

网络 9

T37　T38 IN TON　10 PT 100 ms

图 8-28　自动控制程序

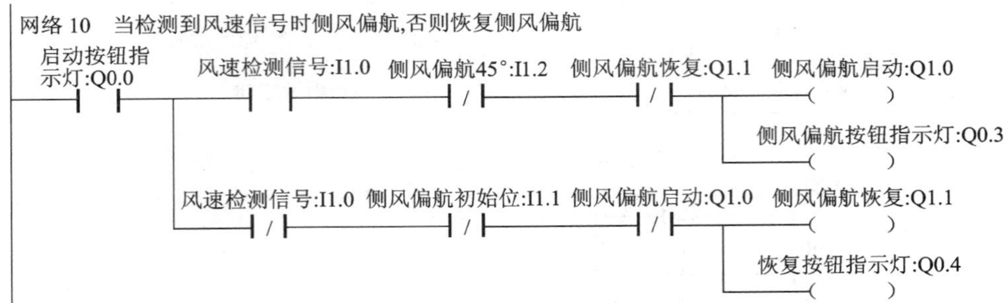

续图 8-28

本任务同样采用结构化程序设计方法,与上一任务不同的是本任务中有带参数的子程序。编程思路与上一任务类似,在自动控制程序中仍然使用步的思想,其中:网络 8 和网络 9 的作用是在 M0.0 或 M0.1 或 M0.2 步中实现风场运动机构箱运动 2 s 停 1 s 的定时;网络 10 主要用于检测风速信号,以确定是否需要侧风偏航。

7. 系统安装与调试

(1) 将图 8-17 所示风力供电装置安装好,并将风电电源控制单元、风力供电控制单元、接触器、PLC 装在如图 8-18 所示风力供电系统上。

(2) 按图 8-24 所示的风力供电系统电气原理图和图 8-25 所示的风力供电控制单元电气原理图在风力供电系统上正确安装 PLC 各按钮和指示灯,安装要准确、紧固,配线导线要紧固、美观,导线要进入线槽并要有端子标号,引出端要压端子。

接线工作结束后,根据相关电气原理图,用万用表检测接线是否正确、接线工艺是否符合要求。

8. 程序录入与调试

(1) 将所编程序录入 PLC。

(2) 利用万用表检查相关电路的接线,并设置变频器参数。

(3) 在手动状态下,按下侧风偏航按钮,观察尾翼动作,如果尾翼不动作,检查接线和程序,重新调试。

(4) 风力发电机做侧风偏航运动时,按下停止按钮,侧风偏航运动停止。如果风力发电机状态不正常,检查接线和程序,重新调试。

(5) 在风力发电机完成侧风偏航运动后,按下恢复按钮,尾翼向初始位置偏转,尾翼到达初始位置后停止运动。如果尾翼状态不正常,检查接线和程序,重新调试。

(6) 在尾翼向初始位置偏转的过程中,按下停止按钮,尾翼停止运动。如果尾翼状态不正常,检查接线和程序,重新调试。

(7) 在自动状态下,调节变频器的频率,改变轴流风机的转速。按下启动按钮时,风场运动机构箱做顺时针运动,运动到顺时针运动的极限位置时,风场运动机构箱做逆时针运动,逆时针运动 40 s 后,风场运动机构大概位于顺时针限位开关和逆时针限位开关中间位置,风场运动机构箱停止运动。无论顺时针还是逆时针运动,风场运动机构箱都运动 2 s 停 1 s;当 PLC 接收到超风速信号时,风力发电机做侧风偏航运动。如果状态不正常,检查接线和程序,重新调试。

五、知识拓展

光伏电池是利用半导体 PN 结接收太阳光照产生的光生电势效应，将光能变换为电能的变换器。当太阳光照射到具有 PN 结的半导体表面时，P 区中的价电子受到太阳光子的冲击，获得能量，摆脱共价键的束缚而产生电子和空穴多数载流子。被太阳光子激发产生的电子和空穴多数载流子在半导体中复合，不呈现导电作用。同理，N 区中的价电子受太阳光子激发产生电子和空穴在半导体中复合，也不呈现导电作用。在 PN 结附近 P 区被太阳光子激发产生的电子少数载流子受漂移作用到达 N 区，同样，PN 结附近 N 区被太阳光子激发产生的空穴少数载流子受漂移作用到达 P 区，少数载流子漂移形成与 PN 结电场方向相反的光生电场。如果接入负载，N 区的电子将通过外电路负载流向 P 区，形成电子流，进入 P 区后与空穴复合。电子流动方向与电流流动方向相反，光伏电池接入负载后，电流从电池的 P 区流出，经过负载流入 N 区回到电池。

光伏电池单体是光电转换最小单元，尺寸为 4～100 cm^2。光伏电池单体的工作电压约为 0.5 V，单位面积工作电流大小为 20～25 mA/cm^2。光伏电池单体不能单独作为光伏电源使用，将光伏电池单体进行串、并联封装后，即构成光伏电池组件，其功率一般为几瓦至几十瓦，是单独作为光伏电源使用的最小单元。光伏电池组件的光伏电池的标准数量是 36 片（10 cm×10 cm），大约能产生 17 V 的电压，能为额定电压为 12 V 的蓄电池进行有效充电。光伏电池组件经过串、并联组合安装在支架上，构成光伏电池方阵，可以满足光伏发电系统负载所要求的输出功率。

目前主要有三种商品化的硅光伏电池：单晶硅光伏电池、多晶硅光伏电池和非晶硅光伏电池。单晶硅光伏电池所使用的单晶硅材料与半导体行业所使用的材料有相同的品质。单晶硅光伏电池的成本比较高，光电转换效率为 13%～15%。多晶硅光伏电池的制造成本比单晶硅光伏电池低，光电转换效率比单晶硅光伏电池要低，一般为 10%～12%。非晶硅光伏电池属于薄膜电池，造价低廉，光电转换效率比较低，一般为 5%～8%。

光伏电池组件正面采用高透光率的钢化玻璃，背面是聚乙烯氟化物膜，光伏电池两边用乙烯-乙酸乙烯酯共聚物（EVA）或聚乙烯醇缩丁醛（PVB）胶热压封装，四周用轻质铝型材边框固定，由接线盒引出电极。由于玻璃、密封胶的透光率的影响以及光伏电池之间性能失配等因素，组件的光电转换效率一般要比光伏电池单体的光电转换效率低 5%～10%。

六、研讨与训练

（1）功率特性是风力发电机发电能力的一种表征。功率特性曲线是以风速 v_i 为横坐标，以风力发电机输出的净电功率 P_i 为纵坐标的一系列规格化数据对（v_i，P_i）所描绘的特性曲线。图 8-29 所示是某风力发电机的输出功率特性曲线。功率特性是风力发电机重要的运行特性，其优劣将影响风力发电机的发电量。试进行风力发电机输出特性测试，作出风力发电机的输出功率特性曲线。

（2）本任务中的停止按钮和急停按钮的作用一样，只是停止按钮是常开的，急停按钮是常闭的。请设计程序，在本任务的基础上，增加如下功能：

选择开关处在手动挡时：按下顺时针按钮，风场运动机构箱顺时针运动；按下停止按钮，风场运动机构箱停止运动，停止指示灯点亮；再次按下停止按钮，风场运动机构箱又顺时针运动，停止指示灯熄灭，其他手动部分也有此功能。选择开关处在自动挡时：按下启动按钮，进入自动运行状态；按下停止按钮，系统停止运行；再次按下停止按钮，系统又恢复为自动运行。

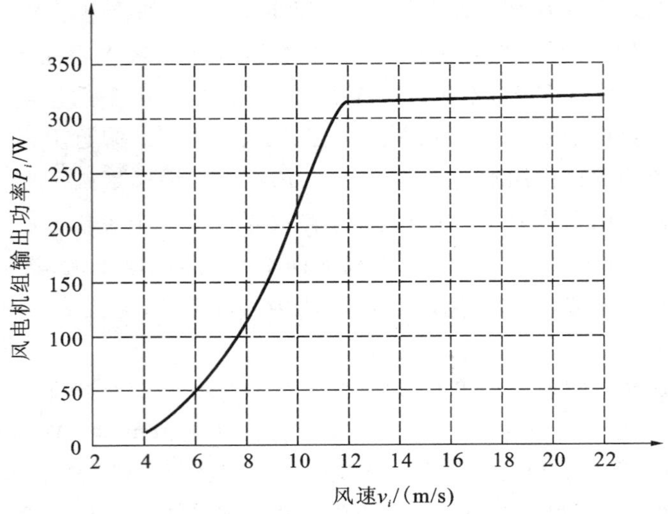

图 8-29　某风力发电机的输出功率特性曲线

附录A　可编程序控制系统设计师国家职业标准

一、职业概况

1. 职业名称

可编程序控制系统设计师。

2. 职业定义

从事可编程序控制器选型、编程，并对应用系统进行设计、集成和运行管理的人员。

3. 职业等级

本职业共设四个等级，分别为：四级可编程序控制系统设计师（国家职业资格四级）、三级可编程序控制系统设计师（国家职业资格三级）、二级可编程序控制系统设计师（国家职业资格二级）、一级可编程序控制系统设计师（国家职业资格一级）。

4. 职业环境

室内，常温。

5. 职业能力特征

具有较强的学习能力、逻辑思维能力和计算能力；色觉正常，动作协调。

6. 基本文化程度

高中毕业（或同等学力）。

7. 培训要求

1）培训期限

全日制职业学校，根据其培养目标和教学计划确定。晋级培训期限：四级可编程序控制系统设计师不少于240标准学时；三级可编程序控制系统设计师不少于180标准学时；二级可编程序控制系统设计师不少于180标准学时；一级可编程序控制系统设计师不少于100标准学时。

2）培训教师

培训四级、三级的教师应具有本职业二级及以上职业资格证书或相关专业中级及以上专业技术职务任职资格；培训二级的教师应具有本职业一级职业资格证书或相关专业高级专业技术职务任职资格；培训一级的教师应具有本职业一级职业资格证书2年以上或相关专业高级专业技术职务任职资格2年以上。

3）培训场地设备

理论知识培训在配备计算机的多媒体教室进行。专业能力培训在具有计算机及其网络、可编程序控制器硬件和相关软件、外围设备与被控对象以及万用表等必要的检测设备的场地进行。

8. 鉴定要求

1）适用对象

从事或准备从事本职业的人员。

2）申报条件

——四级可编程序控制系统设计师(具备以下条件之一者)

(1) 连续从事本职业工作1年以上。

(2) 具有中等职业学校相关专业毕业证书。

(3) 经本职业四级正规培训达规定标准学时数,并取得结业证书。

——三级可编程序控制系统设计师(具备以下条件之一者)

(1) 连续从事本职业工作6年以上。

(2) 取得本职业四级职业资格证书后,连续从事本职业工作4年以上。

(3) 取得本职业四级职业资格证书后,连续从事本职业工作3年以上,经本职业三级正规培训达规定标准学时数,并取得结业证书。

(4) 具有相关专业大学专科及以上学历证书。

(5) 具有其他专业大学专科及以上学历证书,连续从事本职业工作1年以上。

(6) 具有其他专业大学专科及以上学历证书,取得本职业四级职业资格证书后,经本职业三级正规培训达规定标准学时数,并取得结业证书。

——二级可编程序控制系统设计师(具备以下条件之一者)

(1) 连续从事本职业工作13年以上。

(2) 取得本职业三级职业资格证书后,连续从事本职业工作5年以上。

(3) 取得本职业三级职业资格证书后,连续从事本职业工作4年以上,经本职业二级正规培训达规定标准学时数,并取得结业证书。

(4) 取得相关专业大学本科学历证书后,连续从事本职业工作5年以上。

(5) 具有相关专业大学本科学历证书,取得本职业三级职业资格证书后,连续从事本职业工作4年以上。

(6) 具有相关专业大学本科学历证书,取得本职业三级职业资格证书后,连续从事本职业工作3年以上,经本职业二级正规培训达规定标准学时数,并取得结业证书。

——一级可编程序控制系统设计师(具备以下条件之一者)

(1) 连续从事本职业工作19年以上。

(2) 取得本职业二级职业资格证书后,连续从事本职业工作4年以上。

(3) 取得本职业二级职业资格证书后,连续从事本职业工作3年以上,经本职业一级正规培训达规定标准学时数,并取得结业证书。

(4) 取得相关专业大学本科学历证书后,连续从事本职业工作13年以上。

(5) 取得硕士研究生及以上学位或学历证书后,连续从事本职业工作10年以上。

3）鉴定方式

分为理论知识考试和专业能力考核。理论知识考试采用闭卷笔试方式，专业能力考核采用现场实际操作方式进行。理论知识考试和专业能力考核均实行百分制，成绩皆达 60 分及以上者为合格。二级、一级可编程序控制系统设计师还须进行综合评审。

4）考评人员与考生配比

理论知识考试考评人员与考生配比为 1∶20，每个标准教室不少于 2 名考评人员；专业能力考核考评员与考生配比为 1∶6，且不少于 3 名考评员；综合评审委员不少于 5 人。

5）鉴定时间

理论知识考试时间为 90 min；专业能力考核时间不少于 120 min；综合评审时间不少于 20 min。

6）鉴定场所设备

理论知识考试在标准教室进行。专业能力考核在具备每人一套的计算机及其网络、可编程序控制器硬件和相关软件、外围设备与被控对象以及万用表等必要的检测设备的场所进行。

二、基本要求

1. 职业道德

1）职业道德基本知识

2）职业守则

（1）遵守法律、法规和有关规定。

（2）爱岗敬业，忠于职守，自觉履行各项职责。

（3）工作认真负责，团结协作。

（4）刻苦学习，钻研业务，努力提高思想和科学文化素质。

（5）严格执行电气工艺文件，保证质量。

（6）重视安全、环保，坚持文明生产。

2. 基础知识

1）电路与电子技术基础知识

（1）电路的基本概念。

（2）正弦交流电的基本知识。

（3）电子元件的基础知识。

（4）直流稳压电源的基础知识。

（5）基本逻辑器件的基础知识。

（6）组合逻辑的基础知识。

（7）时序逻辑的基础知识。

（8）模/数、数/模转换的基础知识。

2）电气控制系统基础知识

（1）机电控制中的低压电器知识。

(2) 常用传感器基础知识。

(3) 电机及控制技术的基础知识。

3) 可编程序控制器基础知识

(1) 可编程序控制器的分类与特点。

(2) 可编程序控制器的结构及工作原理。

4) 安全生产知识

(1) 电气安全知识。

(2) 防触电保护知识。

(3) 触电急救知识。

5) 质量管理知识

(1) 质量管理的性质与特点。

(2) 质量管理的基本方法。

6) 相关法律法规知识

(1)《中华人民共和国劳动法》的相关知识。

(2)《中华人民共和国经济合同法》的相关知识。

三、工作要求

本标准对四级可编程序控制系统设计师、三级可编程序控制系统设计师、二级可编程序控制系统设计师和一级可编程序控制系统设计师的专业能力要求依次递进,高级别涵盖低级别的要求。

1. 四级可编程序控制系统设计师

职业功能	工作内容	能力要求	相关知识
一、系统设计	(一)项目分析	1. 能分析由数字量、模拟量组成的单机控制系统的控制对象的工艺要求; 2. 能确定由数字量、模拟量组成的单机控制系统的开关量与模拟量参数; 3. 能统计由数字量、模拟量组成的单机控制系统的开关量输入/输出点数和模拟量输入/输出点数,并归纳其技术指标	1. 控制对象的类型; 2. 开关量的基本知识; 3. 模拟量的基本知识
	(二)控制方案设计	1. 能设计由数字量、模拟量组成的单机控制系统的方框图; 2. 能设计由数字量、模拟量组成的单机控制系统的流程图	1. PLC 控制系统设计的基本原则与要求; 2. PLC 系统设计流程图的图例及绘制规则

续表

职业功能	工作内容	能力要求	相关知识
二、硬件配置	(一)设备选型	1. 能根据输入/输出点容量、程序容量及扫描速度选取PLC型号； 2. 能根据技术指标选取开关量输入/输出单元； 3. 能根据技术指标选取模拟量输入/输出单元并对硬件进行设置； 4. 能选取适合于开关量单元、模拟量单元的外部设备并对硬件进行设置； 5. 能根据系统配置计算系统功率，选取PLC电源单元及外部电源	1. PLC机型的选择原则； 2. 开关量输入/输出单元的选择原则； 3. 模拟量输入/输出单元的选择原则； 4. PLC电源单元的选择原则
	(二)硬件图的识读与设备安装	1. 能识读电气原理图； 2. 能识读接线图； 3. 能识读元器件布置图； 4. 能识读元器件现场位置图； 5. 能根据图纸要求现场安装由数字量、模拟量组成的单机控制系统	1. 电气图形符号及制图规范； 2. 电气布线的技术要求； 3. 电气设备现场安装与施工的基本知识
三、程序设计	(一)地址分配、内存分配	1. 能编制开关量输入/输出单元的地址分配表； 2. 能编制模拟量输入/输出单元的地址分配表	1. PLC存储器的结构与性能； 2. PLC各存储区的特性； 3. 模拟量输入/输出单元占用内存区域的计算方法
	(二)参数设置	1. 能根据技术指标设置开关量各单元的参数； 2. 能根据技术指标设置模拟量各单元的参数	使用工具软件设置开关量与模拟量单元参数的方法
	(三)编程	1. 能使用编程工具编写梯形图等控制程序； 2. 能使用传送等指令设置模拟量单元； 3. 能使用位逻辑、定时、计数等基本指令实现由数字量、模拟量组成的单机控制系统的程序设计	1. 梯形图的编程规则； 2. 工具软件的使用方法； 3. 位逻辑、定时、计数及传送等基本指令的使用方法
四、系统调试	(一)校验信号	1. 能校验现场开关量输入/输出信号的连接是否正确； 2. 能校验现场模拟量输入/输出信号的连接是否正确； 3. 能检查模拟量输入/输出单元设置是否正确	1. 万用表等常用检测设备的使用方法； 2. 现场连线的检查方法； 3. 模拟量单元信号的检测方法
	(二)联机调试	1. 能利用编程工具调试梯形图等控制程序； 2. 能联机调试由数字量、模拟量组成的单机控制系统的控制程序	1. PLC控制系统的现场调试方法； 2. 工具软件的调试方法

续表

职业功能	工作内容	能力要求	相关知识
五、运行管理	(一)日常维护	1. 能定期检查PLC系统的硬件设备运行状况; 2. 能填写PLC系统维护档案	1. PLC系统维护的注意事项; 2. PLC各单元及外围设备的更换方法
	(二)故障诊断与处理	能使用万用表等检测设备诊断并排除PLC系统故障	常用故障检测方法

2. 三级可编程序控制系统设计师

职业功能	工作内容	能力要求	相关知识
一、系统设计	(一)项目分析	1. 能分析配有人机接口、设备层总线及单回路闭环单机控制系统的控制对象的工艺要求; 2. 能确定人机接口技术要求; 3. 能确定设备层总线通信技术要求; 4. 能确定单回路闭环控制系统技术要求	1. 人机接口的概念及特点; 2. 设备层总线的概念、结构及特点
	(二)控制方案设计	1. 能设计人机接口监控方案; 2. 能设计制定设备层联网方案; 3. 能设计单回路闭环控制方案	1. 人机接口画面的组态规则; 2. 设备层总线的通信协议类型与传输知识
二、硬件配置	(一)设备选型	1. 能根据控制要求选取人机接口设备并对硬件进行设置; 2. 能根据通信要求及技术指标选取设备层总线单元并对硬件进行设置	1. 人机接口设备选取原则; 2. 设备层总线主/从单元选取原则
	(二)硬件图的绘制与设备安装	1. 能绘制电气原理图; 2. 能绘制接线图; 3. 能绘制元器件布置图; 4. 能绘制元器件现场位置图; 5. 能根据图纸要求对配有人机接口、设备层总线及单回路闭环的单机控制系统进行现场安装	

续表

职业功能	工作内容	能力要求	相关知识
三、程序设计	(一)内存分配	1. 能编制人机接口单元内存分配表； 2. 能编制设备层总线单元内存分配表	1. 人机接口单元占用内存的计算方法； 2. 设备层总线单元占用内存的计算方法
	(二)参数设置	1. 能根据技术指标设置人机接口单元参数； 2. 能根据技术指标设置设备层总线单元参数	1. 使用工具软件设置人机接口单元参数的方法； 2. 使用工具软件设置设备层总线单元参数的方法
	(三)编程	1. 能编写人机接口单元交互程序； 2. 能编写设备层总线单元的控制程序； 3. 能使用 PID 等指令实现单回路闭环控制系统的程序设计	1. 运算、数制换算及 PID 等指令的使用方法； 2. 人机接口画面的组态方法
四、系统调试	(一)校验信号	1. 能检查人机接口输入/输出信号动作是否正确； 2. 能检查设备层总线的连接及设置是否正确	1. 人机接口设备的调试方法； 2. 设备层总线的调试方法
	(二)联机调试	1. 能联机调试人机接口设备的控制程序； 2. 能联机调试设备层总线的控制程序； 3. 能联机调试单回路闭环控制系统的控制程序	
	(三)编制技术文件	1. 能整理程序清单、硬件接线图等技术资料； 2. 能编写用户使用说明书	1. 技术文件归档方法； 2. 用户使用说明书的撰写方法与规范
五、运行管理	(一)日常维护	能设计 PLC 系统维护日志	PLC 故障自诊断的功能
	(二)故障诊断与处理	能根据报警指示灯及故障代码诊断并排除 PLC 系统的故障	

3. 二级可编程序控制系统设计师

职业功能	工作内容	能力要求	相关知识
一、系统设计	(一)项目分析	1.能分析多自由度运动控制系统及多回路闭环控制系统的控制对象的工艺要求; 2.能归纳多自由度运动控制系统技术指标; 3.能归纳多回路闭环控制系统技术指标	1.运动控制的概念、结构与特点; 2.过程控制的概念、结构与特点
	(二)控制方案设计	1.能设计多自由度运动控制系统功能图并描述其设计方案; 2.能设计多回路闭环控制系统功能图并描述其设计方案	1.多自由度运动控制系统的设计知识; 2.多回路闭环控制系统的设计知识
二、硬件配置	(一)设备选型	1.能根据控制要求及技术指标选取相应运动控制单元并对硬件进行设置; 2.能选取适合于运动控制单元的外部设备并设置参数; 3.能根据技术指标构建多回路闭环控制系统,选取相应单元或板卡,对硬件进行设置	1.多自由度运动控制单元技术要求; 2.多回路闭环控制单元技术要求
	(二)硬件图的绘制	1.能绘制多自由度运动控制系统及其外部设备元件的电气图; 2.能绘制多回路闭环控制系统及其外部设备元件的电气图	
三、程序设计	(一)内存分配	1.能编制运动控制单元内存分配表; 2.能编制过程控制单元内存分配表	1.运动控制单元占用内存的计算方法; 2.过程控制单元占用内存的计算方法
	(二)参数设置	1.能根据技术指标设置运动控制单元参数; 2.能根据技术指标设置过程控制单元参数	1.使用工具软件设置运动控制单元参数的方法; 2.使用工具软件设置过程控制单元参数的方法
	(三)编程	1.能编写运动控制系统程序; 2.能编写过程控制系统程序	1.运动控制系统的编程方法; 2.过程控制系统的编程方法

续表

<table>
<tr><th>职业功能</th><th>工作内容</th><th>能力要求</th><th>相关知识</th></tr>
<tr><td rowspan="2">四、系统调试</td><td>(一)校验信号</td><td>1. 能检查运动控制系统接线是否正确；
2. 能检查过程控制系统接线是否正确</td><td rowspan="2">1. 运动控制系统的调试方法；
2. 过程控制系统的调试方法</td></tr>
<tr><td>(二)联机调试</td><td>1. 能联机调试运动控制系统的控制程序；
2. 能联机调试过程控制系统的控制程序</td></tr>
<tr><td rowspan="2">五、运行管理</td><td>(一)培训</td><td>1. 能编制培训计划；
2. 能对三级、四级可编程序控制系统设计师进行理论培训</td><td>培训计划的撰写方法</td></tr>
<tr><td>(二)指导</td><td>能指导三级、四级可编程序控制系统设计师进行实际操作</td><td>技术指导的要点、方法及注意事项</td></tr>
</table>

4. 一级可编程序控制系统设计师

<table>
<tr><th>职业功能</th><th>工作内容</th><th>能力要求</th><th>相关知识</th></tr>
<tr><td rowspan="2">一、系统设计</td><td>(一)项目分析</td><td>1. 能分析串行通信控制层网络及信息层网络的多机控制系统的控制对象的工艺要求；
2. 能确定串行通信技术要求；
3. 能确定控制层网络技术要求；
4. 能确定信息层网络技术要求</td><td rowspan="2">1. 数据通信基本原理；
2. 计算机网络拓扑结构；
3. 串行通信基本原理；
4. PLC 控制层网络的结构与特点；
5. PLC 信息层网络的结构与特点</td></tr>
<tr><td>(二)控制方案设计</td><td>1. 能制定串行通信总线联网方案；
2. 能设计控制层通信网络控制系统拓扑结构图并描述其设计方案；
3. 能设计信息层通信网络控制系统拓扑结构图并描述其设计方案；
4. 能构建多层网络系统</td></tr>
<tr><td rowspan="2">二、硬件配置</td><td>(一)设备选型</td><td>1. 能根据通信要求及技术指标选取串行通信单元并对硬件进行设置；
2. 能根据通信要求及技术指标选取控制层通信单元并对硬件进行设置；
3. 能根据通信要求及技术指标选取信息层通信单元并对硬件进行设置</td><td>1. 串行通信单元技术要求；
2. 控制层通信单元技术要求；
3. 信息层通信单元技术要求</td></tr>
<tr><td>(二)硬件图的绘制</td><td>能绘制通信单元的网络接线图</td><td>网线的选取与连接方法</td></tr>
</table>

续表

职业功能	工作内容	能力要求	相关知识
三、程序设计	(一)内存分配	1. 串行通信单元占用内存的计算方法; 2. 能编制控制层通信系统内存分配表; 3. 能编制信息层通信系统内存分配表	1. 能编制串行通信单元内存分配表; 2. 控制层通信单元占用内存的计算方法; 3. 信息层通信单元占用内存的计算方法
	(二)参数设置	1. 能根据技术指标设置串行通信单元的参数; 2. 能根据技术指标设置控制层通信单元的参数; 3. 能根据技术指标设置信息层通信单元参数	1. 使用工具软件设置串行通信单元参数的方法; 2. 使用工具软件设置控制层通信单元参数的方法; 3. 使用工具软件设置信息层通信单元参数的方法
	(三)编程	1. 能编写串行通信控制程序; 2. 能编写控制层网络通信程序; 3. 能编写信息层网络通信程序	1. 网络读/写指令; 2. 发送和接收指令; 3. 串行协议编写方法
四、系统调试	(一)校验信号	1. 能检查串行通信单元通信是否正确; 2. 能检查控制层通信单元通信是否正确; 3. 能检查信息层通信单元通信是否正确	1. 串行通信单元的调试方法; 2. 控制层通信网络的调试方法; 3. 信息层通信网络的调试方法
	(二)联机调试	1. 能联机调试串行通信控制程序; 2. 能联机调试控制层通信网络程序; 3. 能联机调试信息层通信网络程序	
五、运行管理	(一)培训	能编写培训讲义	培训讲义的撰写方法
	(二)指导	能进行新知识、新技术及新工艺的专题讲座	可编程序控制器的最新技术与前沿发展动态

四、比重表

1. 理论知识

项目		四级设计师(%)	三级设计师(%)	二级设计师(%)	一级设计师(%)
基本要求	职业道德	5	5	5	5
	基础知识	20	15	10	5
相关知识	系统设计	10	10	20	25
	硬件配置	20	20	25	25
	程序设计	30	30	20	20

续表

项　　目		四级设计师(%)	三级设计师(%)	二级设计师(%)	一级设计师(%)
相关知识	系统调试	10	15	15	15
	运行管理	5	5	—	—
	培训与指导	—	—	5	5
合　　计		100	100	100	100

2．专业能力

项　　目		四级设计师(%)	三级设计师(%)	二级设计师(%)	一级设计师(%)
能力要求	系统设计	12	12	12	16
	硬件配置	20	20	20	22
	程序设计	32	34	30	24
	系统调试	24	20	26	26
	运行管理	12	14	—	—
	培训与指导	—	—	12	12
合　　计		100	100	100	100

附录 B　可编程序控制系统设计师(四级)理论考核试卷

注意事项

1. 考试时间:90 分钟。
2. 请首先按要求在试卷的标封处填写您的姓名、准考证号和所在单位的名称。
3. 请仔细阅读各种题目的回答要求,在规定的位置填写您的答案。
4. 不要在试卷上乱写乱画,不要在标封区填写无关的内容。

题　号	一	二		总分
应得分	80	20		100
实得分				

一、单项选择题:共 80 分,每题 1 分(请从四个备选项中选取一个正确答案填写在括号中)。

1. 关于职业纪律具有的特点不正确的是(　　)。
   A. 明确的规定性　　B. 一定的强制性
   C. 一定的弹性　　D. 不具备自我约束性
2. 在劳动法律建立前,劳动者和用人单位的关系是(　　)。
   A. 领导与被领导的关系　　B. 隶属关系
   C. 不平等关系　　D. 平等关系
3. 如果一直线电流的方向由北向南,在它的上方放一个可以自由转动的小磁针,则小磁针的 N 极偏向(　　)。
   A. 西方　　B. 东方　　C. 南方　　D. 北方
4. 一般要求模拟放大电路的(　　)。
   A. 输入电阻大,输出电阻小　　B. 输入电阻小,输出电阻大
   C. 输入电阻、输出电阻都大　　D. 输入电阻、输出电阻都小
5. 或非门的逻辑功能为(　　)。
   A. 入 1 出 0,全 0 出 1　　B. 入 1 出 1,全 0 出 0　　C. 入 0 出 0,全 1 出 1　　D. 入 0 出 1,全 1 出 0
6. 在十进制加法计数器中,当计数器状态为 0101 时,则表示十进制数的(　　)。
   A. 3　　B. 4　　C. 5　　D. 6
7. 电力场效应管 MOSFET (　　)现象。
   A. 有二次击穿　　B. 无二次击穿　　C. 可防止二次击穿　　D. 无静电击穿低
8. 使用示波器之前,宜将“Y 轴衰减”置于(　　),然后视所显示波形的大小再适当调节。
   A. 最大　　B. 最小　　C. 正中　　D. 任意挡

9. 变压器做空载试验时，要求空载电流一般在额定电流的(　　)左右。

A. 5%　　B. 10%　　C. 12%　　D. 15%

10. 变频调速中变频器的作用是将交流供电电源变成(　　)电源。

A. 变频变压　　B. 变压不变频　　C. 变频不变压　　D. 不变压变频

11. 下列被测物理量适合使用红外传感器进行测量的是(　　)。

A. 压力　　B. 力矩　　C. 温度　　D. 厚度

12. 三相异步电动机既不增加启动设备，又能适当增加启动转矩的一种降压启动方式是(　　)。

A. 定子串电阻降压启动　　B. 定子串自耦变压器降压启动

C. 星形-三角形降压启动　　D. 延边三角形降压启动

13. 熔断器的极限分断能力是指在规定的额定电压和额定功率的条件下，能分断的(　　)。

A. 额定电流　　B. 最大过载电流　　C. 最大启动电流　　D. 最大短路电流

14. 下列电器中不能实现短路保护的是(　　)。

A. 熔断器　　B. 过电流继电器　　C. 热继电器　　D. 低压断路器

15. 1 万伏输电线与建筑物的最小安全间距为(　　)。

A. 2.5 m　　B. 3.0 m　　C. 3.5 m　　D. 4.0 m

16. 在潮湿场所照明电源电压不超过(　　)。

A. 6 V　　B. 12 V　　C. 24 V　　D. 36 V

17. 下列信号中不是开关量信号的是(　　)。

A. 按钮信号　　B. 行程开关　　C. 热继电器动作　　D. 温度传感器信号

18. 下列信号中不是模拟量信号的是(　　)。

A. 温度　　B. 湿度　　C. 速度　　D. 光电编码盘信号

19. 以下关于模拟量的描述错误的是(　　)。

A. 模拟量有电量与非电量之分

B. 非电量在送入 PLC 之前要先转换成电量

C. 电量在送入 PLC 之前不需要转换

D. 不管是电量还是非电量，它们的变化都反映客观事物的变化规律

20. 数字信号转换成模拟信号的过程称为(　　)。

A. 量化　　B. 采样　　C. A/D 转换　　D. D/A 转换

21. PLC 是在(　　)基础上发展起来的。

A. 继电器控制系统　　B. 单片机　　C. 工业计算机　　D. 机器人

22. 工业中控制电压一般是(　　)。

A. 24 V　　B. 36 V　　C. 110 V　　D. 220 V

23. 西门子 S7-200 系列 PLC 中继电器型输出点的接通延时时间大约是(　　)。

A. 100 ms　　B. 10 ms　　C. 15 ms　　D. 30 ms

24. SM0.5 脉冲输出周期是(　　)。

A. 5 s　　B. 60 s　　C. 10 s　　D. 1 s

25. 下列数据寄存器中，可作为模拟量输入寄存器的是(　　)。

A. AIW0　　B. AQW0　　C. AIW1　　D. AQW1

26. 对于工业级模拟量，更容易受干扰的是(　　)模拟量。

A. μA 级　　B. mA 级　　C. A 级　　D. 10A 级

27. 西门子 S7-200 系列 PLC 的数据储存区中 M 表示(　　)。

A. 变量存储器　　B. 内部位存储器

C. 顺序控制状态寄存器　　D. 局部变量存储器

28. 西门子 S7-200 系列 PLC 中,加计数器的计数数值最大可设定为(　　)。

A. 32768　　B. 32767　　C. 10000　　D. 100000

29. 西门子 S7-200 系列 PLC 中 TOF 表示(　　)指令。

A. 接通延时定时器　　B. 断开延时定时器

C. 保持型接通延时定时器　　D. 以上都不对

30. 下列顺序控制指令中,可以在 SCR 程序段中使用的是(　　)。

A. LD　　B. JMP　　C. FOR　　D. END

31. MB0 中,M0.0、M0.3 的数值都为 1,其他的数值都为 0,那么,MB0 的数值等于(　　)。

A. 10　　B. 9　　C. 11　　D. 5

32. SM0.0 属于(　　)。

A. 普通继电器　　B. 计数器　　C. 特殊辅助继电器　　D. 高速计数器

33. 定时器相当于继电控制系统中的时间继电器。在 S7-200 系列 PLC 中的定时器最大设定单位为(　　)。

A. 0.1 s　　B. 1 s　　C. 0.01 s　　D. 0.001 s

34. 晶体管输出型 PLC 适用于(　　)负载。

A. 感性　　B. 交流　　C. 直流　　D. 交直流

35. PLC 采用了一系列可靠性设计,如(　　)、掉电保护、故障诊断和信息保护及恢复等。

A. 简单设计　　B. 简化设计　　C. 冗余设计　　D. 功能设计

36. SM0.1 有(　　)功能。

A. 置位　　B. 复位　　C. 常数　　D. 初始化

37. 步进电动机加减速是通过改变(　　)来实现的。

A. 脉冲数量　　B. 脉冲频率　　C. 电压　　D. 脉冲占空比

38. PLC 在(　　)阶段根据读入的输入信号状态,解读用户程序,按用户逻辑得到正确的输出。

A. 输出采样　　B. 输入采样　　C. 程序执行　　D. 输出刷新

39. 为确保安全生产,在某系统中采用了多重的检测元件和联锁系统。这些元件和系统的(　　)都由 PLC 来实现。

A. 逻辑运算　　B. 算术运算　　C. 控制运算　　D. A/D 转换

40. AC 是(　　)的标识符。

A. 高速计数器　　B. 累加器　　C. 内部辅助寄存器　　D. 特殊辅助寄存器

41. 在 PLC 运行时,总处在接通状态的特殊存储器位是(　　)。

A. SM1.0　　B. SM0.1　　C. SM0.0　　D. SM1.1

42. 定时器预设值 PT 采用的寻址方式为(　　)。

A. 位寻址　　B. 字寻址　　C. 字节寻址　　D. 双字寻址

43. S7-200 系列 PLC 有 6 个高速计数器,只有 1 种工作模式的是(　　)。

A. HSC0、HSC1　　B. HSC1、HSC2　　C. HSC3、HSC5　　D. HSC2、HSC4

44. 下列采用字节寻址方式的是(　　)。

A. VB10　　B. VW10　　C. ID0　　D. I0.2

45. 字节传送指令的操作数 IN 和 OUT 可寻址的寄存器不包括下列的寄存器(　　)。

A. V　　B. I　　C. Q　　D. AI

46. 顺序控制段转移指令的操作码是(　　)。

A. SCR　　B. SCRP　　C. SCRE　　D. SCRT

47. 双线圈问题是指当指令线圈(　　)使用时,会发生同一线圈同时接通和断开的现象。

A. 两次　　B. 八次

C. 七次　　D. 两次或两次以上

48. PLC 是一种专门为在(　　)环境下的应用而设计的数字运算操作的电子装置。

A. 工业　　B. 军事　　C. 商业　　D. 农业

49. PLC 的编程语言有(　　)、布尔助记符、功能表图、功能模块图和语句描述。

A. 安装图　　B. 梯形图　　C. 原理图　　D. 逻辑图

50. PLC 在(　　)阶段读入输入信号,将按钮、开关触点、传感器等输入信号读入存储器,读入的信号一直保持到下一次该信号再次被读入时为止,即经过一个扫描周期。

A. 输出采样　　B. 输入采样　　C. 程序执行　　D. 输出刷新

51. PLC 采用大规模集成电路构成的微处理器和(　　)来组成逻辑部分。

A. 运算器　　B. 控制器　　C. 存储器　　D. 累加器

52. 西门子 S7-200 系列 PLC 输入继电器用(　　)表示。

A. X　　B. I　　C. Q　　D. R

53. 下列地址编码错误的是(　　)。

A. I0.6　　B. I1.8　　C. Q0.1　　D. Q1.0

54. PLC 辅助继电器和其他继电器、定时器、计数器一样,每一个继电器有(　　)供编程使用。

A. 无限多的常开、常闭触点　　B. 有限多的常开、常闭触点

C. 无限多的常开触点　　D. 有限多的常闭触点

55. “电磁兼容性”的英文缩写为(　　)。

A. MAC　　B. EMC　　C. CME　　D. AMC

56. 十六进制数 2A,转变为十进制数是(　　)。

A. 31　　B. 30　　C. 42　　D. 43

57. 西门子 S7-200 系列 PLC 一个晶体管输出点的输出电压是(　　)。

A. DC 12 V　　B. AC 110 V　　C. AC 220 V　　D. DC 24 V

58. 步进电动机的细分数代表(　　)。

A. 转一圈的频率　　B. 转一圈的脉冲　　C. 速度　　D. 电动机电流

59. 触摸屏通过(　　)与 PLC 交流信息。

A. 通信　　B. I/O 信号控制　　C. 继电连接　　D. 电气连接

60. 下列不是现代工业自动化的三大支柱之一的是(　　)。

A. PLC　　B. 机器人　　C. CAD/CAM　　D. 继电控制系统

61. 为避免程序和(　　)丢失,PLC 装有锂电池,当锂电池电压降至相应的信号灯亮时,要及时更换电池。
A. 地址　B. 程序　C. 指令　D. 数据
62. 程序检查包括(　　)。
A. 语法检查、线路检查、其他检查　B. 代码检查、语法检查
C. 控制线路检查、语法检查　D. 主回路检查、语法检查
63. 高速计数器 HSC2 的控制字节是(　　)。
A. SMB37　B. SMB47　C. SMB57　D. SMB137
64. MUL-X 指令中,"X"代表数据的长度,下列选项中能作为"X"的是(　　)。
A. B　B. W　C. I　D. D
65. 若整数的乘/除法指令的执行结果为负数则影响(　　)位。
A. SM1.0　B. SM1.1　C. SM1.2　D. SM1.3
66. CPU224 型 PLC 共有(　　)个计数器。
A. 64　B. 255　C. 128　D. 256
67. 一个二位五通的单电控电磁阀需要占用(　　)PLC 的输出点。
A. 1 个　B. 2 个　C. 3 个　D. 5 个
68. 对于继电器输出的 PLC,当输出点接交流感性负载时,需(　　),以保证输出点的安全。
A. 并联续流二极管　B. 串联续流二极管　C. 并联阻容电路　D. 串联阻容电路
69. 当计数器 CTUD 的当前值达到最小计数值(-32768)时,下一个 CD 上升沿将使计时器的当前值变为(　　)。
A. 32768　B. 0　C. 32767　D. -32767
70. 定时器 T0 在使能端 IN 由 1 变为 0 时,当前值寄存器(　　)。
A. 保持不变　B. 清零　C. 减 1　D. 加 1
71. 气动回路中改变气缸活塞运动方向的元件是(　　)。
A. 气泵　B. 电磁阀　C. 溢流阀　D. 节流阀
72. 十进制数 23 对应的 BCD 码是(　　)。
A. 00100011　B. 00010111　C. 00010011　D. 无法确定
73. 下列关于模拟量的描述错误的是(　　)。
A. 只有通、断两种状态　B. 在时间上是连续的
C. 在数值上是连续的　D. 在一定范围内可以取任何值
74. 通常规定标准的模拟电压信号是(　　)。
A. 0～10 V　B. 0～20 V　C. 0～24 V　D. 0～220 V
75. 定时器的最小计时单位是(　　)。
A. 1 s　B. 100 ms　C. 10 ms　D. 1 ms
76. PLC 在输入扫描时,将输入端子的状态放到(　　)。
A. 输入映像寄存器　B. 输出映像寄存器　C. 中间寄存器　D. 辅助寄存器
77. 某 PLC 输出指示灯正常工作,但控制的执行元件不工作,可能的故障原因有(　　)。
A. 输出端子烧毁　B. 端子接线松动　C. 传感器损坏　D. 以上都是

78. 触摸屏实现数值输入时，要对应 PLC 内部的(　　)。

A. 输入点 I　　B. 输出点 Q

C. 变量寄存器 V　　D. 定时器

79. 设累加器 AC2 中的低四位存有十进制数 3，现执行附图 B1 所示指令，则指令的执行结果 VW40 的内容是(　　)。

A. 0008H

B. 08H

C. 03H

D. 0003H

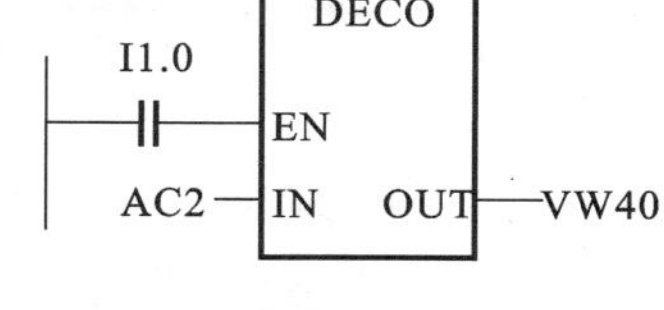

附图 B1

80. PLC 产生的以下故障中，发生率最高的是(　　)。

A. 电源故障　　B. CPU 故障

C. 接口故障　　D. 存储器故障

二、判断题：共 20 分，每题 1 分(正确的填"√"，错误的填"×"。错答、漏答均不得分，也不反扣分)。

(　　)81. 爱岗敬业是职业道德的基础和核心，是社会主义职业道德所倡导的首要内容。

(　　)82. 磁场强度和磁感应强度是描述磁场强弱的同一个物理量。

(　　)83. 把直流变交流的电路称为变频电路。

(　　)84. PLC 的存储器分为系统程序存储器和用户程序存储器两大类。前者一般采用 RAM 芯片，而后者则采用 ROM 芯片。

(　　)85. 在 PLC 中，软元件的触点可以无数次使用。

(　　)86. 输出线圈指令可以驱动 I、Q、M、T、AI 等元件。

(　　)87. 强供电回路的管线应尽量避免与 PLC 的输出、输入回路平行，且线路不在同一根管路内。所有金属外壳(不应带电部分)均应良好接地。

(　　)88. 西门子 S7-200 系列 PLC 中输入/输出地址是按十进制编制的。

(　　)89. 在进行系统软件调试时，可直接到控制现场运行调试。

(　　)90. 若输出负载电压为直流 24 V，可选用继电器型输出。

(　　)91. 变压器同心式绕组，常把低压绕组装在里面，高压绕组装在外面。

(　　)92. 石英晶体多谐振荡器的频率稳定性比 TTL 与非门 *RC* 环形多谐振荡器的高。

(　　)93. 网络读/写指令既可在主站中使用，又可在从站中使用。

(　　)94. 定时器定时时间长短取决于定时分辨率。

(　　)95. RS-232 串行通信接口的传输速率较高，可以远距离传输。

(　　)96. PLC 可以向扩展模块提供 24 V 直流电源。

(　　)97. PTO 为高速脉冲串输出，它可输出一定脉冲个数和一定周期的占空比为 50%的方波脉冲。

(　　)98. PLC 是采用并行方式工作的。

(　　)99. 子程序可以嵌套，嵌套深度最多为 8 层。

(　　)100. 当移位寄存器 EN 端状态字由 0 变 1 时，寄存器按要求移位一次。

附录C　可编程序控制系统设计师(四级)实操考核试卷

注意事项

一、本试卷依据《可编程序控制系统设计师》国家职业标准命制。

二、请根据试题考核要求,完成考试内容。

三、请服从考评人员指挥,保证考核安全顺利进行。

试题1　智能红绿灯系统设计

(1)本题分值:25分

(2)考核时间:40 min

(3)考核形式:笔试

(4)具体考核要求

附图C1中为一十字路口的交通灯,其中,R、Y、G分别代表红、黄、绿灯。

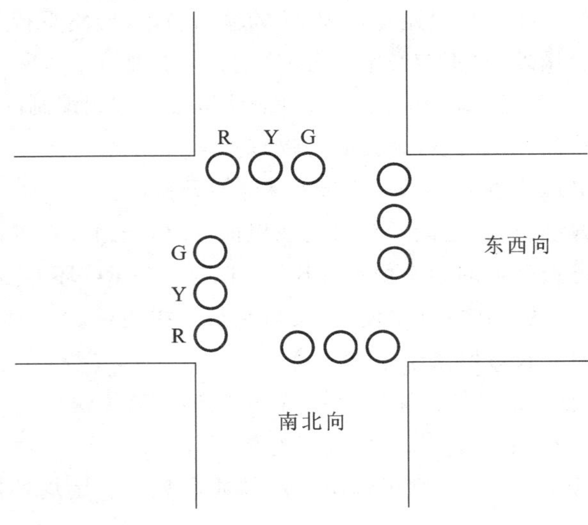

附图C1

设置启动按钮、停止按钮。正常启动情况下,东西向绿灯亮30 s,转东西向绿灯以0.5 s时间间隔闪烁4 s,转东西向黄灯亮3 s,转南北向绿灯亮30 s,转南北向绿灯以0.5 s时间间隔闪烁4 s,转南北向黄灯亮3 s,再转东西向绿灯亮30 s,依此类推。

假设PLC内部时钟为北京时间,上午7:30—9:00及下午16:30—18:00为上、下班高峰时段,在这一时间段内,绿灯的常亮时间为45 s,其余灯的闪烁时间及黄灯亮时间不变。

在东西向绿灯亮时,南北向应亮红灯。当东西向转黄灯亮时,南北向红灯以0.5 s间隔闪烁。同理,南北向绿灯亮时,东西向应亮红灯。当南北向黄灯亮时,东西向红灯应以0.5 s时间间隔闪烁。

根据题目要求,采用PLC系统完成设计任务。

1.选择题。下列每题给出的四个选项中,至少有一个选项是符合题目要求的。请仔细分析上述项目的需求,通过查阅考场准备的技术手册来选择正确的选项。将所选项的字母填写在括号内,多选或少选均不得分。

(1) PLC供电电源的选择:该PLC系统中要求采用交流电源进行供电,下列PLC不能满足系统要求的是(　　)(4分)

A. 6ES7 211-0BA23-0XB0　　B. FX1S-20MT-D

C. TWDLCAA10DRF　　D. H1U-0806MR

(2) PLC输出规格的选择:从控制方式考虑,当控制系统要求PLC的输出点为继电器型时,下列PLC不能作为本系统的控制器的是(　　)(4分)

A. 6ES7 211-0BA23-0XB0　　B. FX2N-16MT

C. TWDLCAA10DRF　　D. H2U-1616MR

(3) PLC输入/输出点数的选择:从PLC容量角度考虑时,下列PLC不能作为系统控制器的是(　　)(4分)

A. 6ES7 216-2BD23-0XB8　　B. H2U-1616MR

C. FX2N-16MR　　D. TWDLCAA40DRF

(4) PLC扩展单元的选择:当PLC的控制模块已有可用输出点10个时,需要增加下列哪几种模块才能实现功能(　　)(4分)

A. 6ES7 222-1HF22-0XA8　　B. FX2N-8ER

C. H2U-0016ERN　　D. TWWDDDI16DT

2.根据系统要求,画出控制系统框图,信号按功能分类,驱动元件按驱动控制元件分类(9分)。

试题2　五相十拍步进驱动器控制系统设计

(1) 本题分值:60分

(2) 考核时间:120 min

(3) 考核形式:实操

(4) 具体考核要求

采用逻辑指令实现五相十拍步进驱动器控制系统的控制。

1. 系统描述

步进电动机是一种将电脉冲信号转换为电动机旋转角度的执行机构。当步进驱动器接收到一个脉冲时,就驱动步进电动机按照设定的方向旋转一个固定的角度(称为步距角)。因此步进电动机是按照固定的角度一步一步转动的,可以通过脉冲数量控制步进电动机的运行角度,并通过相应的装置,控制运动的动程。

2. 控制任务

(1) 对于五相十拍步进电动机,其控制要求为:按下启动按钮,定子磁极A通电,1 s后A、B同时通电;再过1 s,B通电,同时A失电;再过1 s,B、C同时通电……依此类推,如附图C2所示。

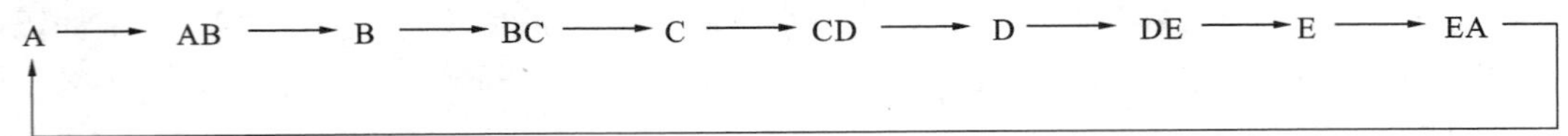

附图 C2

(2) 控制系统应有两种工作模式。

模式一:按下停止按钮,所有信号均停止输出,按下启动按钮后,总是按照附图 C2 所示方式输出信号。

模式二:按下停止按钮,信号锁相输出(如输出 B、C 相信号时按下停止按钮,系统在 B、C 相停止并保持输出 B、C 相信号,按下启动按钮,下一个信号 C 开始输出)。

3. 编写程序

根据系统的功能要求,完成下列操作。

(1) 根据现场设备,编制开关量 I/O 地址分配表,并画出相应的外部接线图。

(2) 根据现场提供的 PLC,合理设置以下的系统参数。

① 设置 PLC 与计算机通信的波特率;

② 设置 PLC 中定时器与计数器的比例;

③ 根据输入信号的类型,合理设置输入延时滤波,将输入滤波时延调整为 12.8 ms 或 16 ms;

④ 设置 PLC 的掉电保持存储区。

(3) 编写 PLC 程序,程序的编写要求应符合 IEC 61131-3 标准规范。

4. 系统调试

① 要求使用万用表检测系统的供电电源电压、输入端口电流、输出端口电压;

② 使用万用表检测传感器信号,调整传感器的位置、灵敏度及极性;

③ 编写程序时要求给程序块、输入/输出端口标明注释;

④ 调试时,要求使用时序图监控各个输入/输出端口的时序变化;

⑤ 要求使用在线监控功能检测各个输入/输出端口,内部寄存器的状态以及存储器的数值;

⑥ 要求使用强制指令测试各个输出端口的状态变化;

⑦ 要求使用断点进行程序的单步调试。

5. 操作要求

① 在鉴定站提供的实训考试装置上,按照题目要求完成系统的设计。在使用计算机编写程序时,保存的文件名为工位号。

② 按照系统功能的要求正确安装元器件,元件在配线板上布置要合理,安装要正确、紧固,布线要求横平竖直,应尽量避免交叉跨越,接线紧固、美观。

③ 操作过程中正确使用工具和仪表。

④ 设备组装与调试的工艺步骤合理、方法正确,PLC 控制程序编写简明可靠、条理清晰、科学合理;参数设置可靠合理,符合技术规范和安全要求。

⑤ 完成工作任务的所有操作符合安全操作规程;工具摆放、导线线头等的处理符合电工操作安全的要求;遵守考场纪律,尊重考场工作人员,爱惜考场的设备和器材,保持工位的

整洁。

⑥ 编写程序完成控制要求中所有的功能,完成考核设备的整体调试。

⑦ 考核员在验收程序时完成相应的功能测试。

(说明:考试时间到,考生必须停止操作并离场等候,由考评员通知进场测试一次。)

6. 否定项说明

若考生出现下列情况之一,则本题成绩记为0分。

① 现场设备的安装不能完成控制要求,未完成硬件的组装;

② 验收测试时未出现与要求相符的动作过程或有主要硬件严重损坏;

③ 在考试过程中使用移动的数字存储装置进行程序拷贝;

④ 考核时间到后仍继续操作或有其他不服从考评员管理的行为;

⑤ 在考试过程中严重违反电工安全操作规程。

试题3　程序中断运行的故障诊断

(1) 本题分值:15分

(2) 考核时间:20 min

(3) 考核形式:笔试

(4) 具体考核要求

现有一套PLC系统,在正常运行一段时间后,系统未按程序指定功能完成动作,经勘查,PLC的供电电源正常,输入信号和执行机构正常,程序未出现人为的改动,请分析现场可能出现的故障原因及解决方案。

1. 将每种引起故障的原因分别罗列出来,根据原因分析检测方法和排除手段,当故障原因和解决方法及排除手段不一致时,该故障原因描述无效。

2. 故障原因应从系统正常工作一段时间以后发生的故障原因角度来解释,检测手段切实可行,主要工具应以万用表为主,配合其他常见工具。

参考文献

[1] 李海波,徐瑾瑜. PLC 应用技术项目化教程[M]. 北京:机械工业出版社,2012.

[2] 田淑珍. S7-200 PLC 原理及应用[M]. 北京:机械工业出版社,2009.

[3] 祝福,陈贵银. 西门子 S7-200 系列 PLC 应用技术[M]. 2 版. 北京:电子工业出版社,2015.

[4] 廖常初. PLC 编程及应用[M]. 2 版. 北京:机械工业出版社,2013.

[5] 刘晓燕. S7-200 西门子 PLC 基础教程[M]. 北京:中国铁道出版社,2012.

[6] 胡晓林. 电气控制与 PLC 应用技术[M]. 2 版. 北京:北京理工大学出版社,2014.

[7] 夏庆观. 风光互补发电系统实训教程[M]. 北京:化学工业出版社,2012.

[8] 西门子(中国)有限公司自动化与驱动集团. 深入浅出西门子 S7-200PLC[M]. 2 版. 北京:北京航空航天大学出版社,2005.

[9] 张威. PLC 与变频器项目教程[M]. 北京:机械工业出版社,2013.

[10] 王建,杨秀双,刘来员. 变频器实用技术(西门子)[M]. 北京:机械工业出版社,2012.